深空飞行器

——行星际飞行概览

Deep Space Craft
An Overview of Interplanetary Flight

[美] Dave Doody 著

刘建平 李 晶 熊 菁 朱 俊 吴功友 译

国防工业出版社

National Defense Industry Press

著作权合同登记　图字：军 –2014 –208 号

图书在版编目（CIP）数据

深空飞行器: 行星际飞行概览/（美）杜迪（Doody, D.）著; 刘建平等译.
— 北京: 国防工业出版社, 2015. 10
（国防科技著作精品译丛）
书名原文: Deep Space Craft: An Overview of Interplanetary Flight
ISBN 978–7–118–10195–9

Ⅰ. ①深… Ⅱ. ①杜… ②刘… Ⅲ. ①行星际航天器 Ⅳ. ①V47

中国版本图书馆 CIP 数据核字（2015）第 249743 号

深空飞行器——行星际飞行概览
[美] Dave Doody　著
刘建平　李　晶　熊　菁　朱　俊　吴功友　译

出版发行	国防工业出版社
地址邮编	北京市海淀区紫竹院南路 23 号　100048
经　售	新华书店
印　刷	北京嘉恒彩色印刷有限责任公司
开　本	710×1000　1/16
印　张	28½
字　数	458 千字
版 印 次	2015 年 10 月第 1 版第 1 次印刷
印　数	1—2000 册
定　价	158.00 元

(本书如有印装错误，我社负责调换)

国防书店: (010) 88540777　发行邮购: (010) 88540776

发行传真: (010) 88540755　发行业务: (010) 88540717

译者序

当人类探索太空的脚步逐步延伸至月球乃至行星际时，我们迫切需要了解和掌握星际航天器的导航、通信以及科学探测的理论、原理和实现方法。*Deep Space Craft — An Overview of Interplanetary Flight* 一书由美国航空航天局 (NASA) 喷气推进实验室 Dave Doody 编著。

本书作者是"旅行者"号飞行团队的一员，参加实施了"旅行者"2 号的科学探测过程。书中描述了卡西尼号飞往土星旅程中的难忘场景，探讨了深空航天器星地导航与数据传输信道的设计方法，分析了深空导航及航天器姿态、轨道控制的基本原理，介绍了星载科学仪器功能和星体的组成结构。本书深入浅出、充满乐趣，对于提高我国深空探测的任务实施能力有着很好的借鉴意义。

本书可供从事深空探测任务设计和测控运控管理的研究人员和工程技术人员参考，也可作为大专院校相关专业的高年级本科生和研究生的参考资料。

全书由宇航动力学国家重点实验室刘建平、李晶、熊菁、朱俊、吴功友翻译和审校。其中，李晶翻译了第 1 章和第 6 章，朱俊翻译了第 2 章和第 5 章，熊菁翻译了第 3 章和第 4 章，刘建平翻译了第 7 章和第 8 章，吴功友翻译了附录和名词术语，黄静琪对所有的图表进行了编辑。在本书的翻译和成稿过程中，得到了西安卫星测控中心领导的大力支持和宇航动力学国家重点实验室许多同志的帮助，另外，许可、姜博、张天骄、李杰、李涵秋、李海玥、薛志嘉、杨杰、李超等也提出了宝贵意见，在此表示衷心的感谢。

　　由于译者水平有限, 书中难免出现纰漏和不妥之处, 敬请广大读者批评指正。

刘建平

2015 年 7 月

前言

当我们在生活中忙忙碌碌时，可能没有意识到，我们生活的周边环境充满着新奇。理所当然地，我们把地球这个具有巨大价值的星球看作我们的家园，却不了解这个世界和太阳系的本质，我们身在其中，时刻受到哺育和保护。纵观几千年的历史以及史前文明，我们从来没有了解到另一个星球或其他太阳系的特征，但最近几十年却发生了显著的变化。行星际飞行是我们一直梦想着的冒险，直到最近才得以实现，它带来了关于我们所处宇宙空间的前所未有的认识！

当前的行星际任务毫无羁绊，不需要复杂的生命支持系统，而以前我们一直认为该系统是穿越浩渺宇宙到达外星世界的必备之物。无人航天器先于人类到达月球，并且运行成本仅仅是宇航员探索近地轨道的一小部分①。机器人探测器远远地超越了这个距离，途经成千上万倍甚至一亿倍地月距离之远，一直在延伸和拓展着我们有限的人类感官。此刻它们正孤独飞行，没有太多的公众关注，也谈不上生命危险，正如我们忙碌生活中的一个脚注。

对于任何与星际飞行无关但又对此好奇的读者，如艺术家或动物学家，本书是对深空探索航天器的惊鸿一瞥。通过查看章节标题，你可以驻足挑选感兴趣的内容，细细品味。在内容设计上，本书更注重广度而非深度。你想深入了解任何主题，都可以参考相关文献。书中我们多次关注到某个具

---

① 这并不是贬低载人飞行。尽管人类的太空飞行也有一段时间，但作者仍然最敬佩 NASA 的 "阿波罗" 团队和 12 个登上月球的宇航员，以及那些在地球轨道上的伟大工作者。

体的深空项目, 跟踪任务中的事件并发现它的内在含义, 最终探究一个深空任务所涉及的主要方面。本书中, 深空 (deep space) 定义为到月球及更远距离。

撰写过程中, 本书希望提供读者发现的乐趣, 这种方式也是美国物理学家理查德·费曼[①] (Richard Feynman, 1918—1988) 所推崇的。读者在新闻和其他媒体中会遇到一些行星际飞行中的发现、任务及仪器, 读完这本书将会无形中形成一个大致的框架, 也可以更好地跟从事相关行业的朋友、家人和同事进行交流。

对于正选择职业道路的年轻学生来说, 本书涉及行星际飞行的所有相关学科, 并阐释了各个学科的基本要素。你将会发现一些熟悉的工程与科学领域巨匠的名字, 星际飞行的实现源于他们的原创成果: 我们站在巨人的肩膀, 才到达时空深处。

除了本书中的参考文献, 互联网为查找更多的信息提供了丰富的途径, 而且信息更新迅速。需要注意的是, 一些有效的搜索可能需要授权, 尤其对于没有多少互联网使用经验的读者。为了聚焦兴趣点, 你可以从文中挑选两三个关键词, 用一个好的搜索引擎来查找。还需要注意, 本书中的许多图和参考文献中提到了一个图像 ID, 如 "图像 ID: PIA08329"。只要搜索这个 ID, 大多数搜索引擎会立刻给出它的索引, 你可以浏览或下载全分辨率和全彩色图片, 并且读取原标题。

[①] Jeffrey Robbins 编著 *The Pleasure of Finding Things out* 一书包含了许多费曼的文章及其演讲访谈的手稿, 其中一个是 1981 年在 BBC 电视上的访谈。

作者序言

　　成为 "旅行者" 号飞行团队的一员是我一生中最大的荣耀。1989 年 8 月的一个夜晚, 我们在监视器上看着来自 "旅行者" 2 号从非常遥远的太空传来的一幅幅图像, 激动万分。我们一直与 "旅行者" 2 号保持着联系, 直到它消失在海王星寒冷的北部云层中, 并直接飞过引力走廊, 接近巨大而逆行的海卫一。经过几个小时的传输中断后, 在航天器上安装的图像运动补偿程序开始工作, 寒冷的外星景象再次通过清晰的图像展现出来。后来, 经过图像分析, 发现了从海卫一冻结氮表面喷发的活性氮间歇泉。这是 "旅行者" 2 号在太阳系内最后的探索活动, 后来, "旅行者" 2 号就永远地运行在远离太阳的双曲线轨道上。

　　几天后, 当海王星稀薄的前所未有的新卫星出现在餐厅天花板上悬挂的电视机上时, 整个飞行团队沉浸在欢快的气氛中, 尤其是团队的图像处理科学家 Carl Sagan (1934—1996)。Chuck Berry (1926—)[1] 在 JPL 行政大楼前抱着电子吉他摇摆和鸭式行走, 穿过宽宽的水泥台阶出去, 向我们展示了正飞出太阳系出口的 "旅行者" 2 号。

　　欢迎您了解星际飞行航天器, 探索它们的运行方式。

Dave Doody
阿尔塔迪纳, 加利福尼亚, 2009 年 3 月 10 日

---

　　① Chuck Berry 简介见 wikepedia.org/wiki/Chuck_Berry。

致谢

非常感谢对本书有关章节提供意见和建议的那些人。由于水平所限，本书不可避免地存在一些缺漏，欢迎大家反馈[①]。感谢 Jim Taylor, Laura Sakamoto Burke 和 Julie Webster 提供的通信专业知识, Jitu Mehta 提供的姿态控制知识, Todd Barbe 提出了推进方面的建议, Mary Beth Murill 对电源方面的技术进行了审核，以及 Pam Chadbourne, Ken Fujii 和 Charles Kohlhase 在任务总体和任务规划方面给出了帮助。感谢 Jim Hodder 提供了 DSN 建议, Bill Owen 在导航方面提供了帮助, Brent Ware 对引力辐射的内容进行了耐心检查，还有 Sooz Kurtik 发来的电子邮件也给出很多的意见。感谢 Rob Smith, Arden Accord, Kuei Shen, Vicki Ryan 和 Kathy Lynn 审阅原稿, Roger Lighty 也在审阅过程提供了帮助，还有 Mitch Scaff 在技术质量上进行了认真检查。感谢 Ray Sabersky 的鼓励和 Dolores Simpson 的一些好的建议。

感谢艺术家 Don Davis, Don Dixon 和 Gordon Morrison 分享了他们富有想象力的作品，以及本书中 NASA 和其他研究结构提供效果图的所有人。感谢 JAXA、NASA、ESA 和 ASI 提供广泛而实用的图像和信息。

感谢 Clive Horwood 提供来自 Praxis 的周到建议，以及 John Mason 和编辑 Michael McMurtrey，他们使我的句子更生动，更具有活力。

感谢 Rosaly Lopes 带来的灵感。

嘀! 火箭起飞了!

---

① 见 www.linkedin.com。

序

太空时代大约诞生于半个世纪前，当时一个篮球大小的卫星"伴侣"号 (Sputnik) 从苏联发射升空，成为首次绕地球轨道飞行的人造物体。"伴侣"号没有携带任何科学仪器，只是一个简单的无线电广播台，发出容易检测的蜂鸣信号。"伴侣"号的任务不是探索，但它向世界证明了它在太空中，而以前没有任何人造物体去过那里。

"伴侣"号取得了巨大的成功，令人振奋。太空时代开始了。美国、苏联和许多其他国家开始以惊人的速度将航天器送上太空，包括无人的和载人的，进入地球轨道和更远的地方。

在这些航天器中，飞行地球轨道以远的深空探测器获取的图像最多。在"伴侣"号发射以后的几十年里，航天器已经飞过了所有的行星，除了冥王星 (我是一个念旧的人，我认为冥王星仍是一颗行星，尽管近来科学争论怎么称呼它)。它们已经飞越了金星、火星、木星和土星，而且着陆在金星、火星和土星的卫星土卫六上。在很短的时间内，太阳系的行星已经从望远镜上的光点变成了具有自己天气、山峰、峡谷和平原的真实世界，你甚至可以看到它表面上蜿蜒几千米的车轮轨迹。

这一切都来之不易。在这些壮观的图像和新的科学解释背后，是航天器制造、行星际导航、运行管理等各种复杂的问题。本书中，作者 Dave Doody 给出了这些问题是如何解决的。Dave 用通俗易懂的语言解释了星际任务的产生、设计和实施。很多想象力丰富的读者看见过土星光环或火星日落的壮观景象，如果想知道"它们如何做到"，在这本书中就能找到答案。

那些有幸从事这个行业的人都知道,毫不夸张地说,成为深空任务团队的一员是终生的冒险。这本书分享了这次冒险。更重要的是,我确信它将激发一些幸运的读者积极参与成为这个冒险团队的一份子。

Steve Squyres

Goldwin Smith Professor of Astronomy, 康纳尔大学

火星探测轨道器项目首席研究员

献给那些正在参与
太阳系航天探索项目并
在星际探险中享受每个
激动瞬间的"大使们"！

目录

第 1 章

远程呈现

1.1 现场描述

2007 年 9 月 10 日, 卡西尼号 (Cassini) 航天器正以相对土星 4400 km/h 的较慢速度飞向土星。此刻, 它位于土星轨道远拱点 —— 赤道上空 3.6×10^6 km 处, 距离地球 1.5×10^9 km。像许多在太阳系或太阳系之外运行的星际航天器一样, 卡西尼号飞行的目标是: 拓展人类的生存空间, 验证星载仪器在遥远太空的工作能力, 增加人类对于宇宙的认识。

由于星载通信设备具有较强的能力, 且 NASA 拥有全球深空网 (Deep Space Network, DSN), 因此尽管距离如此遥远, 与太阳系中无人操纵航天

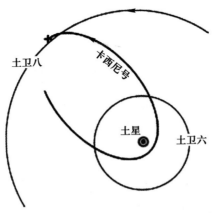

图 1.1 卡西尼号的运行轨道高度远高于土星的卫星运行轨道。符号 "+" 表明卡西尼号与土卫八号相遇后在轨道的最远点。土卫六号的轨道相距土星 1.22×10^6 km, 土卫八号当前位置距土星 3.56×10^6 km。

器的通信就像与同事用 Email 交换信息一样可靠和普通。但是面对遥远的距离, 值得注意的是: 航天器与地球之间的信息传输时延约为 1 h。

图 1.2　1980 年 11 月旅行者号在距离 2.5106 km 处拍摄的土卫八号的外观, 图中清晰看到其明亮的一侧与黑暗的一侧。即使明亮的一侧在相机的视角内, 黑暗的一侧也依稀可见。这幅图像由 JPL/NASA 提供 (ID:PIA02291)。

　　这是自 2004 年 7 月 1 日卡西尼号首次到达土星后的第 50 圈飞行。任务规划与操作团队已经计划在一个月前借助于来自土星巨大卫星 —— 土卫六的引力, 提高卡西尼大椭圆轨道的远拱点[1]。最后, 在这个高度上, 航天器将能够与一个未知的目标相会 —— 轨道半径为 1436 km 的土卫八。这颗冰冷卫星运行在绕土星的圆轨道上, 周期为 79.33 天, 正进入历史性的交会地点。届时, 卡西尼号将经过土卫八上空距其表面 1229 km 处。

　　卡西尼号的星载计算机正在执行一个月前上注至存储单元的指令序列, 意在控制航天器的每一个动作。该指令序列称作 "S33" ("S" 表示土星之旅, "33" 是指令序列的计数), 该指令的功能是: 以优于毫弧度级的精度对太空船进行滚动控制, 使星载光学设备逐步对准这个神奇的目标。这些指令不时地慢慢转动星体以补偿土卫八的相对运动对星载光学仪器视场的影响, 使星载相机的特写镜头能够以航天器运动的速度保持静止和清晰的状态跟踪目标。

　　土卫八已经困惑科学家 300 多年, 并且出现在著名科学家的幻想小说中[1]。卡西尼号航天器是以法籍意大利天文学家乔凡尼·多美尼科·卡西尼 (Giovanni Domenico (Jean-Domenico) Cassin, 1625—1712) 的名字命名的, 他于 1671 年 10 月 25 日在巴黎用天文望远镜发现了土卫八。他强调只有当土卫八在土星的西侧时, 能够观测得到; 当土卫八在土星的东侧时, 他不曾有所观测。他断言像月球围绕地球运动一样, 土卫八与土星同步运动。因此, 当它在轨道上运动时, 只有它的一侧能够被看到。他由此推断土卫八的一侧一定比另一侧黑暗。通过 1980 年和 1981 年两颗 "旅行者"号 (Voyager) 航天器抓拍的照片证实了卡西尼的推断。照片显示土卫八较暗的一面的确像沥青一样漆黑，而沿着土星轨道运动的一面却像雪一样明亮。为了纪念这位天文学家，土卫八较暗的一面被命名为卡西尼区域 (Cassin Regio)。

卡西尼号的主要任务计划是在整个 4 年在轨运行期间一次接近土卫八，而对土星的其他卫星将进行多次访问。这是由于它们的轨道接近土星且轨道周期较土卫八短，由此给卡西尼号提供了更多的接近机会。例如：由于土卫六每 16 天绕土星 1 圈，因此卡西尼号的每一轨都能接近土卫六。对于唯一接近土卫八的机会以及对冰冷土星卫星的好奇，使得这些在接近土卫八时存储在卡西尼号固态存储器中的图像和数据具有很高的科学价值。科学家们热切地期待接收这些图像和数据。

几天后，卡西尼号将开始以急转而下的姿态接近这颗环状行星，需要用 16 天完成这个过程，并以与土星相对的速度 57188 km/h 通过轨道拱点 (距土星的最近点)。此刻，由于卡西尼号不得不花几个小时与地球建立通信，而暂停了对土卫八的观察。卡西尼号将自己的抛物面天线向东指向靠近太阳的明亮的、蓝色的行星，在 S33 序列中的指令将保持卡西尼号在这个方向停留 2.25 h。在此期间，卡西尼号的发射机以 19 W 的功率持续将无线电信号发送至地球。

当卡西尼号稳定建立地球指向姿态后，它接收到来自美国加利福尼亚西南的莫哈韦沙漠地面站的无线电信号。该地面站是戈达德深空通信综合设施的一部分，是全球深空网的 3 个地面站之一，其发射功率是 18 kW。显然，此信号已经由戈达德 25 号地面站发射多时了，该信号以光速在空间传播 1 小时 24 分钟 41 秒后到达卡西尼号。

用于测距的侧音信号调制在来自地面站的上行信号上，同时调制的还有指令信号，其码速率为 500 b/s。[2] 早在 3 个多月前，便与深空网的一些用户代表协商安排地面向卡西尼号发射控制信号。随后，工程师团队生成指令序列 S33，并将其上注至卡西尼号。

卡西尼号指向地球 1 分钟后，在 S33 指令序列之后逐步安排执行另一个时间指令，其功能是以 99541 b/s 的下行速率传送来自航天器上固态存储器之前抓拍的土卫八图像信息。卡西尼号的通信系统采用相移键控的调制方式将数据发送至地球，深空网将通过解码真实地复现观测土卫八获取的数字图像、频谱和遥测数据，在遥测数据中涵盖了磁强计数据、等离子测量结果以及土卫八周围的尘埃测量结果。

除了这些数字信息, 来自卡西尼号无线电信号的精确频率信息也十分重要。因为此时航天器仍然距土卫八很近, 当航天器接近土卫八时, 其引力将致使航天器的飞行速度逐渐增加; 而现在离开时, 土卫八的引力正在逐渐减小航天器的飞行速度。利用多普勒效应产生的频移, 能够计算得到重力加速度, 由此计算出土卫八的质量。该质量是计算土卫八密度的重要依据, 并且是推断土卫八组成成分的基本线索。

在进行了 2 小时 15 分钟的通信过程之后, 卡西尼号在指令序列 S33 的控制下, 逐步降低其数传 (输) 速率, 中止其数据回放, 并开始下一步的工作。卡西尼号的上行波束仍然指向神秘的土卫八附近, 并且承担着大量的观测工作。在后续 6.5 小时, 卡西尼号根据 S33 指令操作 11 个星载科学仪器, 将接近土卫八时获取的新数据重新记录至固态记录设备中。由于卡西尼号上的光学仪器均用螺栓固定在一侧的托盘上, 因此需要再一次调整星体姿态, 使光学仪器的孔径准确地对准目标。

在指定时间内, 卡西尼号完成了对土卫八的所有观测工作, 并转动天线 ("大耳朵") 指向地球, 但是此时没有接收到来自地球的信号。这是一种常规的工作模式, 前一次通信过程采用了提前分配资源的调度方法, 使得深空网提前向土星发送上行信号[3]。这次, 在卡西尼号接收到调制有测距音和指令数据的信号时, 它已经向地球发送了整整 3 个小时的信息。

1.1.1 繁忙之夜

正当卡西尼号下传土卫八观测数据的同时, 约翰·土乐斯 (John Tullius) 在 JPL (Jet Propulsion Laboratory) 空间飞行任务操作中心三楼办公, 并且正在打开卡西尼号实时操作台上的计算机。此时正是太平洋夏令时 22:30, 由于来自卡西尼号的数据正在以光速传播, 将于 23:55 到达地球。因此, 他有足够的时间进行准备工作。

在太平洋夏令时 23:00, 约翰与西班牙马德里深空网的工作人员进行语音联络, 此时马德里时间是上午 8:00。他们正在计划用 63 号深空站与卡西尼号建立通信链路。63 号深空站是深空网中三个巨大的 70 m 射电望远镜之一。除此之外, 一个在澳大利亚的堪培拉, 另一个在戈达德。约翰通过语音设备与 63 号深空站的操作人员进行了 2 分钟的简单沟通, 通报了将要发生的飞行事件并提供了最新信息。深空站确认了来自约翰的信息, 并告知, 目前马德里站的天空晴朗, 有微风且风向有所变化, 所有的设备均处于正常工作状态。

在太平洋夏令时 (PDT) 23:55, 由于几个月前充分的规划与协商准备, 正当 63 号深空站移动重达 2.7×10^6 kg 的天线将其准确指向土星时, 太阳从马德里东方地平线升起, 接收到来自卡西尼号的微弱信号。

"卡西尼 Ace, 这里是 63 号深空站, 接收机已经处于锁定状态。"

本弧段的工作在进行中。通常, 一个深空地面站被调用的时段称作一个空间链路时段 (a space-link session), 但我们也称之为弧段或跟踪弧段。在此过程, 航天器经过地面站上空, 地面站同时对其进行跟踪。不同于地球轨道航天器只有几分钟的可见弧段, 深空探测器将以行星或恒星的运动速率用一整天的时间经过地面站上空。

约翰在语音调度中的代号叫 "Ace"[4], 他确认来自西班牙地面站的语音, 并且在在线日志上敲出信息 —— 当前的数据传输速率是 110601 b/s。这是所期待的土卫八数据回放速率, 包括接近土卫八期间的所有观测数据, 上百幅宽幅图像正在下传, 显示土卫八黑暗面神秘的表面、明亮尾随的一面以及两者的边界。来自紫外光谱仪和视觉红外地图分光计的光谱, 以及其他仪器的测量数据将记录土卫八的表面成分、特性和环境, 包括电压、压力、温度和计算机状态等, 描述航天器健康状态的工程遥测数据与科学遥测数据交织在一起。几分钟后, 回放速率增加至 124426 b/s, 并且将该速率保持了 15 h。土星将从马德里的西地平线离开, 在太阳从加利福尼亚升起前进入戈达德 14 号地面站 70 m 射电望远镜的工作视野, 土卫八的数据回放任务将在太平洋夏令时下午完成。约翰检查了计算机中来自卡西尼号的工程数据, 数据表明: 遥远的卡西尼号工作正常。

"63 号, 我是卡西尼 Ace。我已经接收到来自你的遥测数据, 经检查数据有效。"

63 号地面站回应了约翰的报告, 十分高兴得到长距离通信链路工作畅通的消息。十分钟后, 当土星出现在清晨的天空时, 西班牙地面站跟踪了来自卡西尼的信号。此时, 西班牙地面站开通了 18kW 发射机, 上行信号调制了测距音和约翰在其计算机终端发送的遥控指令, 一切都按计划进行。

"卡西尼 Ace, 我是 63 号。发射机工作正常。"

1.1.2　任务节点

通常, 实时是指事件发生的实际时间。然而, 无线电信号的传输需要一个时间过程, 因此无法立即反映指令的执行效果。所以, 我们将实时定义为: 在以光速传输信息的前提下, 在尽可能短的时间内完成交互操作。约翰负责实时操作团队的工作, 其主要任务是完成前期任务规划和后期数据处理之间的操作过程。在后续章节中, 我们将再次强调这个独特的观点。Ace的实时任务包括: 监视数据流和数据处理器的状态, 观察任何任务规划实施过程中的异常现象, 记录发生的每一个事件。一旦任何参数超出正常范围, 实时计算机将分析航天器的工程测量结果, 并告警提醒 Ace 注意。

在对航天器实施实时操作的前几年, 在 Ace 操作台一楼工作的任务规划团队便与科学实验规划者和飞行导航人员协调确定航天器的飞行轨道, 以及姿态和轨道控制策略, 所有这些将为发射和其他事件的规划提供依据和约束。他们也对天线、接收机、发射机及相关设备的使用时间提出很高的需求, 并将其提交至深空网资源调度团队, 用以与所有 DSN 用户协商设备的使用时机问题。

在对航天器实施实时操作的前几个月, 科学实验规划团队的成员与科学实验规划者、飞行导航人员以及航天器工程师齐心协力研究由科学探测团队提出的观测计划。他们制定了简单的适用于轨道保持和工程应用活动的机动导航策略, 这个任务需求是由航天器系统团队提出的, 目的在于解决航天器的日常在轨管理和软件升级。所有这些活动的开展取决于以下几个因素: 用哪一副天线跟踪航天器, 天线的指向如何, 如何使用航天器上的燃料资源。

在对航天器实施实时操作的前几周, 指令操作团队的工程师将最终的任务计划翻译成将要发送至航天器的指令序列, 并且确认深空网的最终调度结果与规划的航天器任务事件相互吻合。

在下传数据流的事后处理过程中, 针对航天器的轨道模型, 利用深空站接收的数据进行迭代并用于导航。同时, 将接收数据送至航天器工程师, 用于分析航天器系统的健康状态、长期健康趋势和剩余燃料的情况。最后, 代表科学实验任务实施效果的数据将被发送至世界各地的科学探测团队。大多数情况下, 这些团队参与了早期的航天器设计和星载仪器设计。这些科学家将与他们的同事和学生一起进行数据分析, 发表经过同行评议的科技论文[5], 以及在参加各种学术团体组织的会议上提出个人见解。他们也将努力工作, 不断改进与卡西尼观测目标相关的现有模型和理论。

1.1.3　突发事件

约翰清楚他发送的遥控指令将在 1 小时 25 分钟后到达卡西尼号航天

器, 且需要另外 1 小时 25 分钟才能收到指令执行效果的确认信息。因此, 他检查了卡西尼航天器的相关数据, 填写了完整的工作日志, 发送了遥控指令且检查了地面系统, 将闹铃定时在凌晨。但是 10 分钟后, 他的睡梦被打断了。原计划需要用 15 小时完成回放的土卫八数据, 在 20 分钟后突然异常中断。在他的计算机上, 深空网的接收机状态显示为橙红色的"失锁"。

"卡西尼 Ace, 我是 63 号, 接收机失锁。"

作为一名经验丰富的 Ace, 约翰很快便梳理了分析思路。他检查了来自西班牙方向的卡西尼号接收信号电平强度, 发现: 在几秒钟内, 信号强度下降幅度很大。他分析或许是由于马德里突降暴雨致使信号严重衰减。但是, 他注意到此时的噪声温度为 21 K, 这意味着当地并未下雨。63 号地面站通过语音调度确认: 当地天气晴朗, 且地面系统没有明显的故障。

为了分离信号衰减的故障原因, 约翰通过语音调度联系在一楼大厅工作的深空网操作主管, 建议另用一套设备接收来自土星的信号。几分钟后, 同在马德里的 55 号深空站将其 34 m 口径的天线转向土星, 由于此时目标不可见, 故未接收到信号。

约翰用电话联系相关专家, 初步确定: 地面系统工作正常。或许航天器已经中断向地球发射信号, 或许星载高增益天线 (High-Gain Antenna, HGA) 的指向已经偏离地球。此时没有更好的手段解决问题。因此, Ace 电话联系卡西尼号异常处理团队的成员, 叫醒他们并通知凌晨 1:00 前往 JPL 开会。朱莉·韦伯斯特 (Julie Webster, 1953—) 是团队的负责人, 该团队由 45 个工程师组成, 她主管整个航天器系统和分系统。她经常接听来自 Ace 的电话, 讨论一些小问题, 但是半夜通知开会却是很少有的。

在土星轨道的远地点附近, 卡西尼号的天线的确偏离了地球指向。这是因为, 它执行了一系列的应急指令, 这些指令于一年前注入至卡西尼号, 且从未使用过。这样操作后, 航天器不再执行 S33 中的指令序列。在卡西尼号的系统中一直运行着"故障保护"程序, 一旦发现航天器出现故障, 主计算机将执行一个"应急"处理, 即将高增益天线 (HGA) 的指向偏离地球。

1.5×10^9 km 外, 卡西尼号异常处理团队的成员们正在一楼会议室讨论处理方案。在楼上的实时控制台前, 约翰知道如果故障保护调用"安全"处理模块, 航天器将会切换使用另一副星载天线。这是一个全向的低增益 (Low-Gain Antenna, LGA) 收发天线。尽管卡西尼号没有将其高增益天线 (HGA) 指向地球, 虽然信号很弱, 但在地球上仍然能够接收到信号。正常情况下, 来自卡西尼号 HGA 的信号到达 63 号地面站天线口面的强度是 −147 dBm, 如果使用低增益天线, 信号强度将为 −171 dBm。[6] 因此, 他要求 63 号地面站在很弱的信号强度范围内搜索信号。

找到了! 这个弱信号中调制了速率很低的遥测信息, 其速率为 5 b/s, 它对于地面计算机处理信息是有帮助的。处理结果证实, 航天器确实工作在安全模式。下一步, Ace 将等待 63 号地面站进行参数配置, 以开展后续

图 1.3　在 "卡西尼" 号处于应急模式关闭土卫八号的图像获取程序后, 进行数据恢复。图中明亮与黑暗的山脉早在 25 年前 "旅行者" 号用很低分辨率获取的图像中就已进行过识别。这个跨度 56 km 的地域在西经 199° 的赤道上, 是在黑暗一侧与明亮一侧之间的透明区域。现在我们已经明白, 黑暗的部分将由外至内覆盖明亮的冰川地带。这幅图像是 2007 年 9 月 10 日用卡西尼号上的窄视角相机在距土卫八号大约 9240 km 处拍摄的, 由卡西尼号图像拍摄团队和 NASA/JPL/空间科学研究所提供 (ID:PIA08375)。

工作。

如果航天器的姿态控制系统没有出现问题, 且卡西尼号仍然知道如何在天空中搜索地球, 安全管理程序将在 1 小时后发送遥控指令, 改变航天器姿态使其 HGA 再次指向地球。同时, 安全管理程序将调整数据传输速率至 1896 b/s, 以便能够在几分钟内提供完整的在轨状态。如果由于某种原因, 航天器失去了姿态自主控制的能力, 那么异常处理团队的成员们将通过分析 5 b/s 速率[7] 的遥测信息查找故障原因。

由于 S33 指令序列已经中断, 目前除了等待约翰发送指令, 将 HGA 再次指向地球, 别无它事。因此, 在等待的过程中, 约翰团队的另一名成员查找资源调度计划以便将深空网中的天线用于其他飞行项目, 或者进行必要的维护。

1.1.4 解决方案

非常幸运, 1 小时后, 来自卡西尼号 HGA 的信号相对变强, 并且 63 号深空站很快将速率为 1896 b/s 的遥测数据发送至卡西尼号异常处理团队。20 分钟后, 朱莉团队的工程师们找到了问题所在: 由于宇宙射线的影响, 卡西尼号主发射机的 X 频段行波管放大器关机。可以具体地解释为: 由于银河系中出现天体爆炸致使固态功率开关被产生的质子击坏。这种现象平均每年在多路开关器件中发生 3 ~ 4 次, 但通常影响不大。常常被击中的开关已经位于 "关" 的状态, 也有时受到影响的是备份电路。像今天晚上这样, 由于射频器件损失致使星载故障保护程序被激活, 使得航天器进入安全模式的情况是首次出现。

朱莉团队的工程师们与飞行团队的成员们共同准备读取卡西尼号存储器的指令, 目的是为了进一步确认故障诊断的正确性。通过向数据库发送遥控指令, 他们试图找回关键数据。3 小时后, 在存储器数据回传之前, 与会者已经确定了后续工作策略。

整个故障恢复工作得益于朱莉团队在一年前准备的操作预案。为确保万无一失, 他们选择了最恶劣的故障进行训练, 其场景与今晚发生的情况十分相似。据朱莉解释: 这个故障十分复杂, 需要进行很多判断, 更换大量的硬件。去年, 他们团队用了 5 天的时间集中研究故障策略预案。

针对后续工作, 出现了不同的意见。应予优先考虑的事情是: 在重新启动 S33 指令之前, 继续回放来自土卫八的数据, 因为 S33 指令序列将使航天器进入观察状态, 并且获取的数据将覆盖记录器中来自土卫八的观测数据。为了实现这个目标,团队成员挑灯夜战,他们的每一个工作步骤都将跨越 1.5×10^9 m 的深空。在后续的几天中,所有来自土卫八的高质量观测数据均被恢复出来。星载计算机在恰当的位置重新启动 S33 指令序列,并且一切工作均恢复正常。航天器飞向土星的第 5 个近拱点,位于其上空 217180 km 处。

按计划将于 2007 年 9 月 17 日上午在冯·卡门 (Von Karman) 会议室举行记者招待会,会上,科学家们将宣读土卫八第一幅图像的分析报告。但是,突如其来的故障使会议不得不推迟。鲍勃·米歇尔 (Bob Mitchell, 1940—) 是 "卡西尼 – 惠更斯" 项目的负责人,他第一个登上讲台说: "昨天上午,航天器接近土卫八,目前正在下传观测数据,我还没有看到。非常重要的是,在座的科学家们将评论这些数据的质量,尽管之前他们也没有看到这些数据。" 现场发出笑声。接着,科学家们对接收到的图像进行了即席分析。

英国作家阿瑟·克拉克爵士 (Sir Arthur C. Clarke, 1917—2008) 通过来自斯里兰卡 (Sri Lanka) 的视频链路发表视频演讲,他说: "过去,我对土星以及它的行星家族充满了好奇,因为它以令人难以想象的速度成长。在卡西尼号升空前,我们认为有 18 颗行星卫星,现在我终于知道了共有 60 颗,并且还将增加。我不得不说: '我的天哪,天空中到处都是卫星!'"

1.2 天地链路

对遥远的航天器实施操作和导航取决于绝对可靠的通信系统。通常,航天器管理系统需要同时具有三种功能:

(1) 遥测功能。下传由星载传感器采集的科学数据,包括航天器健康和工作状态的监视数据。

(2) 遥控指令。控制航天器的动作,进行星载软件的安装和更新。

(3) 跟踪。测量航天器的运动轨迹。

本节将探索实现上述三个功能的原理和相关部件,同时也将涉及诸如无线电科学团队利用无线电链路探测感兴趣现象的内容。实例之一是土卫八的质量确定方法。在第 2 章中,将涉及更多对航天器跟踪和导航方面的内容。

感兴趣的读者可以将本节的内容与文献 [2] 进行比较。这篇文章允许在线免费阅读。

1.2.1 航天器与深空网

星际航天器具有重量轻、结构紧凑以及自主性强等特点，在飞行中不会与地面发生物理接触。深空网是一个巨大的、高精度的系统，它像一个具有超高精度、超强计算能力的电子机械系统。工人、科学家、液压技术人员、工程师、学者、程序员、操作人员、管理人员以及每个团队成员的作用不亚于深空航天器上的基础部件。尽管航天器与深空站之间的无线电波是不可见且没有质量的，但它是星际系统的根基。

深空网是历史上最大、科学能力最强的通信和无线电导航系统。自1957 年至 1961 年先后支持 "先驱者" (Pioneer) 探月任务，环绕地球的回波反射气球通信试验，以及金星雷达试验。随后，为了满足深空航天器的新需求，深空网的能力不断得到提升，它与 NASA 共同成长，文献 [3] 提供了它们详细的成长历史。

如今，深空网的主要职责是支持星际航天器的通信和深空探测过程中的射电天文观测。该网由 3 个深空通信地面站组成，分别布设在南加利福尼亚莫哈韦沙漠的戈达德 (Goldstone)、西班牙的马德里 (Madrid) 附近和澳大利亚的堪培拉 (Canberra) 附近。在文献 [4] 中，描述了深空网的现状。由于地球的自转，至少有一个地面站能够跟踪星际航天器。每一个地面站均是全功能的，包括高功率发射系统、高灵敏度接收系统和大口径抛物面天线。每个站均安装有多副 34 m 口径天线和一副 70 m 口径天线。操作人员在地面站的信号处理中心远程控制 34 m 和 70 m 口径天线完成星际通信和 (上行) 数据产生。

三个地面站的信号处理中心通过 NASA 的综合服务网络 (NISN) 与位于加利福尼亚 JPL 操作控制中心[8] 建立联系。这个网络租用商业的地基和天基线路资源传输数据、视频和语音，目前使用的数据传输协议能够保证 100% 的安全传输。操作中心依次与不同的飞行任务操作团队建立联系，如卡西尼号或 "旅行者" 号，然后存储航天器管理、导航和科学应用等相关数据。

1.2.2 微波

星际航天器与地面深空站通过微波信号建立联系。发射频率为吉赫 (GHz) 量级[9] 的信号波长在厘米量级，远小于陆地广播信号的波长。最早，微波系统主要应用于军用雷达，目前不但在航天器通信中有所应用，而且在射电天文观测，天、地基雷达系统，被动式遥感、天气观测，固定和移动陆基通信, 甚至烹饪 (微波炉) 中均有所应用。

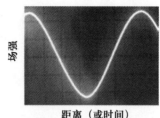

图 1.4　当电磁波中的磁场或正交电场场强增加、减小、再增加时,无线电频率就用来描述其循环往复的周期,波长则是其在空间传播过程中两个峰值之间的距离。

　　20 世纪以来, 随着无线通信技术的发展和通信频段的升高, 不断出现新的术语, 经历了高频 (HF), 其频率定义为 30 MHz, 也称为短波; 甚高频 (VHF), 其频率达到 300 MHz; 随后出现特高频 (UHF), 其频率为 3 GHz, 由此进入微波范围; 随之而来的是超高频 (SHF), 其频率定义为 30 GHz; 极高频 (EHF), 频率达到 300 GHz。SHF 信号的波长接近毫米, 亚毫米波工作在更高的频段, 然后将进入到远红外领域。附录 D 对电磁波的频谱将有详细描述。

　　国际无线电技术委员会 (IEC) 和 IEEE[10] 定义微波频段的起始频率为 1 GHz (波长为 30 cm), 微波频率被划分为 9 个不同的频段, 其中 4 个频段在星际飞行任务中得到了重要的应用: S 频段 (2~4 GHz) 和 X 频段 (8~12 GHz) 主要用于遥测、遥控和无线电测量功能; Ku 频段 (12~18 GHz) 是星载测量设备的工作频段; Ka 频段 (26.5~40 GHz) 是目前无线电科学应用的频段, 已被指定为月球勘测飞行器 (Lunar Reconnaissance Orbiter) 和詹姆斯·韦伯太空望远镜 (James Webb Space Telescope) 任务的遥测接收频段。上述 3 个频段的具体频率范围已被国际无线通信联盟分配为深空通信的应用频率。

　　微波的物理特性决定了它的应用, 相同的电磁场方程可以应用于所有的无线电频率、光学和 X 射线领域。振荡的电磁波以光速在空气和真空中传播, 不需要任何传输介质。当电磁波在诸如导线之类的导体中传播时, 便会感应产生交流电流, 该电流能够被检测, 且被放大。

　　电磁波能够以调幅、调频和调相的方式携带信息, 后者在微波通信中应用非常广泛, 微波通信非常适用于星地之间的信息传输, 其能力达到 $10^3 \sim 10^6$ b/s 数量级。

　　当波长接近电子器件的物理尺寸时, 实际电路的设计需要服从不同的规则, 同轴电缆传输的信号频率较波导低。在电路中, 用谐振腔或谐振线代替电阻、电容和电感。在微波传输过程中, 反射、极化、散射、衍射和大气吸收的影响十分严重。例如: 微波接收天线的设计思想是获取无线电来波并将其反射至曲面天线的焦点上。

微波抛物面天线是星载和地面站中常用的天线, 在文献 [5] 和 [6] 中详细介绍了其技术背景。通常, 住宅使用的卫星电视接收天线均为抛物面天线, 其偏馈安装在来波方向。采用双反射面使用短焦距实现长焦距的性能 (图 1.5)。在深空网中, 所有的天线都采用双反射面结构, 这种结构是1672 年由尼古拉斯·卡塞格伦 (Nicolas Cassegrain, 1625—1712) 发明的。深空网中的天线系统与专业和业余天文爱好者使用的卡塞格伦光学望远镜基本相似, 每一副天线的口面是由精确赋形的铝板组成, 其精度保持在毫米量级, 安装在开放的钢架构上。这些反射面天线不但能够接收输入信

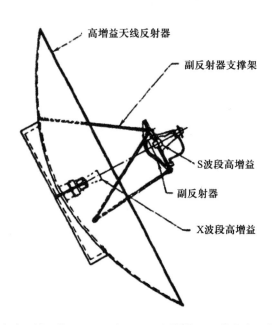

图 1.5 在 "旅行者" 号上的 3.7 m 口径 HGA, 用抛物面天线的主反射器接收信号。S频段的接收信号通过波导传输至飞船电子设备舱 (图中未标出) 的接收设备。X 频段发射信号通过位于主反射面中心的馈源喇叭输出, 并由副反射面反射照在主反射面后传播至地球。S 频段的发馈源在副反射面后端, 发射信号由此直接照到主反射面上。X频段的增益是 48 dB, S 频段的增益是 36 dB。由图可见, 安装在副反射面上部, 有一副S 频段低增益天线 (LGA), 用于近距离通信, 其增益是 1 dB。专为 NASA/JPL/ 加利福尼亚理工学院提供使用。

号, 而且能够聚集发射信号的能量并将其发射至航天器。通常, 发射和接收是同时进行的。在附录 B 中, 将对深空网天线有所描述。

1.2.3　天线增益

反射和聚焦产生了天线增益, 它不仅能够聚集发射信号的波束提高信号强度, 还能够收集宽范围的输入弱信号并且聚焦到工作门限。对于微波天线来说, 增益起到重新分配能量的杠杆作用。最常使用的高增益天线是一个被动的反射器[11], 它无法增加信号的能量, 仅仅在既定的方向重新分配能量。

例如: 如果航天器的 HGA 在既定的方向上使 1 W 发射功率放大到 100 W, 它的增益为 100 倍。像许多无线通信中的参数一样, 增益也用对数 dB 表示。下式表示了 dB 的含义:

$$n\text{dB} = 10^{n/10}, \text{ 则 } 20 \text{ dB} = 10^{20/10} = 100$$

在此, 将借助理论模型, 假设 1 W 的发射功率是各向同性的。实际上, 发射系统不可能完全实现各向同性, 但是这个假设有利于开展分析和研究。为了清晰地解释上述假设, 将功率增益表示为 dBi, 这里 "i" 意为以各向同性的 1 W 功率作为基准。20 dBi 等于 100 倍的各向同性强度。

由于天线的增益与其尺寸密切相关, 因此 HGA 是星际航天器系统中最大的部件。增益 G 与反射器口径面积 A_e 成正比, 与工作波长 λ 成反比:

$$G = \frac{4\pi A_e}{\lambda^2} \tag{1.1}$$

这里, 天线有效口径 A_e 等于实际口径乘以天线效率 μ, μ 与反射面赋形精度、涂层反射以及副反射面的结构有关。在很多情况下, μ 低于 50%[12]。然而, 航天器上 HGA 的性能将更好一些。"旅行者" 号航天器的工作频率是 X 频段, 其 HGA 的增益是 48.2 dB, 这意味着将发射机的发射功率放大了 6.6×10^4 倍。对于一副天线来说, 其发射增益与接收增益应该是一致的, 但由于两者的工作频率略有差异, 导致上、下行链路的增益有所差异。

1.2.4　链路功率

微波信号是由星载发射系统发射的, 由于重量和功耗的限制, 其输出功率十分有限。基本的无线电信号称为载波, 它能够携带遥测信息。有时, 为了开展各类无线电科学试验, 系统工作在纯载波方式。

经过遥远距离的传输后, 发射信号将出现功率损失[13]。如果星载发射系统的发射信号是各向同性的, 那么在地球上接收到的信号是球面波, 其半径为信源至地球的距离, 在地球上任意一点的接收功率通量密度[14] 等于发射功率除以球的面积, 在传播的过程中信号不断延伸至球面前沿。

"旅行者" 2 号的 X 频段发射功率是 12 W, 经过 HGA 后的有效辐射功率 (EIRP) 达到 $8×10^5$ W, 尽管如此, 地面站接收到的信号强度仍然十分微弱。对于 X 频段和 S 频段信号来说, 通常大气衰减不严重, 传输信号变弱的主要原因是空间距离导致的衰减, 称之为自由空间损耗, L_S:

$$L_S = \left(\frac{4\pi r}{\lambda}\right)^2 \tag{1.2}$$

式中: $4\pi r$ 表示半径为 r 的球表面面积; λ 是信号的工作波长。

需要解释的是: 波长与空间损耗没有直接的关系, 但是地面接收信号的强度与天线增益相关, 而天线增益与波长有关 (见式 (1.1))。

1.2.5 所有因素

在进行载波调制信息分析之前, 首先梳理一下在深空通信链路中影响载波信号电平的因素。它们中的多数导致信号减弱, 仅有 2 个增益项对增强信号有贡献。链路预算可用下式表示, 式中的单位均为 dB:

$$P_R = P_T - L_T + G_T - L_{TP} - L_S - L_A - L_P - L_{RP} + G_R - L_R \tag{1.3}$$

这里 P_R 是深空网地面站接收系统低噪声放大器输入端的接收功率, 单位用 dBm 表示 ($n\text{dBm}=10^{(n/10)}\text{mW}$)。

P_T 是航天器的发射功率, 也用 dBm 表示, 例如 10 W 发射功率相当于 10000 mW, 可用 40 dBm 表示。

L_T 是发射电缆或波导损耗的总和, 是一个比较小的量, 用 dB 表示, 1 dB=1.26 倍。

G_T 是航天器天线的发射增益, HGA 可将信号放大上万倍。增益与天线的口径、效率及工作波长相关 (如式 (1.1))。

L_{TP} 是发射系统的指向损失, 如果地球不在星载天线的最佳方向图内, 将产生指向损失。例如, 星载 HGA 不可能一直指向地球, 在最恶劣的情况, L_{TP} 可以无限变差。"旅行者" 号上 HGA 的指向靠推进器 (喷管) 保持, L_{TP} 将在航天器姿态的极限环内连续变化, 保持在 1 dB 以内。

L_S 是空间损耗, 也是产生链路损耗的主要成分。如式 (1.2) 所描述, 空间损耗与星地距离的平方有关。在一些文章中, 用 L_P 表示, 称为自由空间的 "路径损耗", 此路径特指深空通信的链路, 与地基通信系统相比不需要考虑建筑物的遮挡和信号反射 (多径效应)。

L_A 是大气损耗, 即信号通过大气后产生的衰减。当航天器距离地球比较远时, 气候比较干净, 大气损耗小于 1 dB; 当航天器接近地球或者急速下降返回地面时, 大气损耗值急剧增加。当航天器接近火星或土卫六时, 也会产生大气损耗。

L_P 是极化[15] 损失, 是由于航天器上发射系统的极化与地面接收系统的极化不匹配而产生的。典型情况下, 该值为零或接近于零, 但有时失配会产生 10 dB 量级的损失。

L_{RP} 是接收天线的指向损失, 是由于深空网地面站天线没有完全对准空中航天器的位置而产生的。值得注意的是: 当航天器由地平线出现时, 天线指向的设置必须考虑大气折射, 这时天线的指向角应该比实际角度 (仰角) 高。典型情况下, 该值为零或接近于零, 大风天气将影响指向精度, 并且致使该值出现波动。

G_R 是链路预算过程中出现的最大增益值, 即为深空地面站卡塞格伦天线的接收增益。以 34 m 口径天线和 70 m 口径天线为例, X 频段的典型增益值分别是 68 dB 和 74 dB。

L_R 是接收损耗, 信号通过电缆、波导或其他硬件后导致接收信号衰减。通常, 此损耗很小, 1 dB 左右。

表 1.1 比较了三个星际航天器的操作参数设计情况。

为了提高接收功率 P_R, 在航天器的设计和制造过程中, 改变了链路预算中的 2 个关键部分, 第 3 个部分随时间进行变化。

(1) 增加航天器的发射功率 P_T。一个大功率的发射系统拥有较大的质量, 而且需要较大的电源功耗, 由此将影响航天器的质量和电源系统的设计。发射机需要的电源功耗将大于其发射功率, "旅行者" 号的 X 频段发射机需要 48 W 的直流功耗, 其发射功率为 12 W。

(2) 增加星载天线的尺寸和效率, 以提高天线增益。这意味着增加 HGA 的口径, 甚至质量。天线直径的尺寸将对运载火箭的整流罩 (动力保护罩) 产生约束, 像跟踪与数据中继卫星 (TDRSS)[16] 这样的航天器就需要克服发射升空后天线展开的问题。一个典型的例子来自伽利略 (Galileo), 其 4.8 m 口径 HGA 在飞往木星的过程中展开失败, 导致不得不使用低增益天线执行任务。文献 [7] 提供了详细的案例描述。

(3) 最后, 即使在航天器设计、安装完成, 甚至发射升空后也可以改善链路性能的因素, 即地面接收天线的增益。通过改进、调整或更换天线反射面提高天线的效率, 也可以通过增加天线口径达到获取更多信号能量的目的。这些需要安装新的、大的天线, 也可以对现有天线进行工程改进。当然, 通过天线组阵合成信号也能实现提高 G_R 的目的。

在 1978 年, 确实对地面站天线的效率和口径进行了改善, 将 3 个深空地面站的 26 m 口径天线的主反射面增加至 34 m。1988 年, 将 3 个 64 m 口径天线更换为 70 m 口径, 并且采用几种方法改善了天线效率 (见文献 [8]), 等待着 "旅行者" 2 号航天器与海王星相遇任务的实施。在 1989 年两者接近的过程中, 用 70 m 口径天线、34 m 口径天线和 27 个位于新墨西哥州索科罗附近的 25 m 口径天线的大型阵列共同完成了此次任务, 接收到的来自 "旅行者" 2 号航天器的信号质量良好。

表 1.1　以式 (1.3) 为依据, 参考文献 [9-11], 比较三个星际航天器的下行通信参数

航天器名称	伽利略[①]	卡西尼	"旅行者" 1 号
飞行轨道	木星	土星	太阳系以外
距离	7.41×10^8 km	1.52×10^9 km	1.57×10^{10} km
历元	2002.3	2007.9	2008.1
工作频段	S	X	X
工作频率/GHz	2.3	8.4	8.4
基本链路预算:			
P_T-L_T, dBm	40.8	41.7	40.9
天线, 增益/dBi	LGA, 8.1	HGA, 47.2	HGA[②], 48.2
L_S, dB	−276.9	−294.5	−314.8
70 m 天线/G_R, dBi	63.3	73.7	73.7
=P_R, dBm	−164.7	−131.9	−152.0
=P_R, mW	3.39×10^{-17}	6.46×10^{-14}	6.31×10^{-16}

① 伽利略任务于 2003 年 9 月 21 日结束, 至此环绕木星轨道约 8 年。
② 数据似乎令人诧异, "旅行者" 号的星载天线口径仅有 3.66 m, 但确比卡西尼上口径 4 m 天线的增益高。原因是: 卡西尼的天线性能优化是在 Ka 频段实现的, 该频段用于无线电测量科学试验, 增益达到 56.4 dB。

与单个天线相比, 用多天线组阵方式能够适当地提高天线接收增益 G_R。在组阵应用过程中, 要求所有的天线指向同一个目标。4 个 34 m 口径

天线提供的增益等效于 1 个 70 m 口径天线的增益。尽管很少这样做, 但有时仍然用 1 个 70 m 口径天线和 1 个 34 m 口径天线组阵提高链路性能。甚至可以用 2 个位于不同地点的 70 m 口径天线组阵应用。虽然, 天线组阵技术能够充分地改善地面接收天线的性能, 但是需要解决多输入信号的合成、处理问题。或许天线组阵的最大障碍是多天线资源的调度问题, 因为深空网中的天线资源十分有限, 很难实现用多副天线支持同一个任务。

用多个天线组成阵列提高接收信号的功率, 目标是增加天线的等效口径, 更广泛地收集信号来波。这个目标, 与天文学家用单个天线或光学望远镜进行探测的目标不同, 天文学家利用相距 r 的单天线, 采用干涉测量技术获得直径为 r 的单个天线接收效果。干涉仪的应用实例包括凯克望远镜 (Keck Telescope) 干涉仪[12] 和甚大天线阵 (Very Large Array, VLA)[17]。

1.2.6 信噪比 SNR

可以将接收遥远太空的航天器信号比作在足球场听一个人低声说话, 背景的嘈杂程度决定了说话声音的清晰度。在安静的环境下, 你或许能听到 1km 以外的鸟叫声, 但在球迷尖叫的球场上却办不到。在特定频率上的信号功率与噪声功率之比, 称为信噪比 (SNR)。

庆幸的是, 深空中的噪声很弱。这些噪声是由于深空中发生的宇宙爆炸事件的少数残留而来的。这种辐射将作为微波频段的背景噪声被测量, 其峰值大概在 160 GHz 处。如果用于无线通信的目的, 我们可以假设背景噪声是各向同性的, 即噪声功率在每个方向的强度都是相同的。对于细微变化或各向异性的测量是科学研究的内容, 一些科学家利用航天器研究宇宙的起源, 如宇宙背景探测 (Cosmic Background Explorer, COBE)[18], 威尔金森微波各向异性探测器 (Wilkinson Microwave Anisotropy Probe, WMAP)[19] 和普朗克测量仪 (Planck Surveyor)[20]。

通常, 用开尔文温度表示微波噪声。理论上, 0 K 时, 表示原子和分子完全没有运动, 噪声为零。任何高于 0 K 的物质都会辐射电磁能量, 即噪声, 其频率跨度从无线电波到红外, 频率越高, 噪声温度越高。掉入银河系中心黑洞的物体, 其噪声温度达到 100000000 K 量级, 频率为 X 射线频段。测量结果表明: 宇宙中的背景噪声温度为 2.73 K。比较起来, 地面温暖地带辐射[21] 的微波噪声能够达到 300 K, 太阳噪声温度大概是 5780 K。

X 频段 SNR 的范例:

沿用上述提到的足球场的例子, 如果用高于人类能听到的频率吹口哨代替喊叫, 那么将不影响人们现场交流。我们仅仅关心通信频段内的噪声, 当一副天线发射的信号穿过地球大气层到深空, 中间没有地球和太阳的遮挡, 那么设备中的热噪声将是重要因素。当天气晴朗、干燥, 天线的跟踪仰角高于地平面时, 63 号地面站向 Ace 报告, 此时的噪声温度是 21 K (见 1.1.3 节)。我们知道, 航天器的信号功率用 W 表示, 如果将噪声温度从 K 转换到噪声功率普密度 —— 单位带宽内的噪声功率, 则可以使用如下由奥地利物理学家路德维希·玻耳兹曼 (Ludwig Boltzmann, 1844–1906) 发明的公式:

$$N_0 = kT \tag{1.4}$$

式中: N_0 是 1 Hz 内的噪声功率谱密度, 用 W 表示; k 是玻耳兹曼常数, 1.38×10^{-23} J/K; T 是噪声温度, 用 K 表示, 该值由深空网提供。

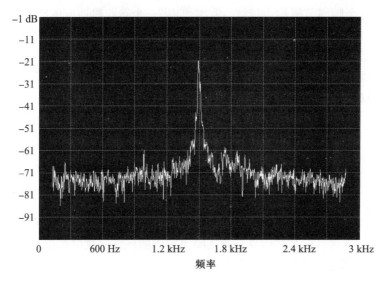

图 1.6　与很多熟悉现象中的信号与噪声一样, 该图示出的是快速傅里叶变换结果, 这种数学方法是由法国数学和物理学家 Jean Baptiste Joseph Fourier (1768—1830) 提出的, 用于便携式电脑接收的声音信号分析。音频频率比微波频率低很多, 其表示方法与电磁波不同, 虽然如此, 它却是说明信号与噪声关系的很好范例。图中纵坐标表示进行 1024 次采样后的功率测量值, 频率范围为 0 ~ 3 kHz。图中显示: 信号附近的噪声电平是 −81 ~ −71, 是计算机的内部噪声, 峰值功率出现在 1.5 kHz 附近, 其功率值是 −21 dB。这是一幅哨音信号的处理结果, 信号高出噪声 50 dB, 约 100000 倍。这种快速傅里叶变换方法对于处理特定频率范围内的信号与噪声十分有效, 被广泛应用于无线通信领域。比较该图与图 1.11。

　　这里, 焦耳 (Joule) 是能量的测量单位, 通常将其转换为 W/Hz 形式。

因此, 在上述例子中将有:

$$N_0 = 1.38 \times 10^{-23} x21 = 2.90 \times 10^{-23} \text{W/Hz} \tag{1.5}$$

为了方便起见, 将上式中的值换算为 -185.4 dBm/Hz。用表 1.1 中卡西尼号的接收功率 P_R 除以式 (1.5) 中的噪声电平, 将得到航天器的接收功率与噪声谱密度比 P_t/N_0:

$$P_t/N_0 = \frac{-131.9 \text{ dBm}}{-185.4 \text{ dBm/Hz}} = 53.5 \text{ dB/Hz} \tag{1.6}$$

上式的结果表明: 在地面接收机输入端, 来自卡西尼号的信号比噪声强 223000 倍。尽管信号仍然很弱, 但它可以从噪声中被清晰地检测出。

接收系统需要在一定的频率范围接收信号, 而不是在一个特定的频率上, 这个频率范围称为带宽。例如: 如果一个接收机适应的频率范围是 $8.3 \sim 8.5$ GHz, 其带宽即为 0.2 GHz 或 200 MHz。后续将看到: 考虑带宽内的噪声总功率是十分有用的。只要假设在接收带宽内噪声是均匀分布的, 那么噪声总功率便可以通过带宽 B 和噪声谱密度 N_0 决定。在这种情况下, 接收带宽 B 内的噪声总功率 N 表示为

$$N = BN_0 \tag{1.7}$$

式中: N 用 dBm 表示; B 的单位是 Hz;N_0 用 dB/Hz 表示。

需要强调的是, 增加接收带宽将提高噪声功率, 因此为了提高信噪比, 在系统设计时通常采用减小带宽的策略。

通常, 我们讨论的深空站接收来自航天器的信号功率包括载波和数据部分。后续将针对载波信息与背景噪声比例的评估问题继续进行讨论, 但是首先要考虑噪声来源的问题。

1.2.7 放大器

尽管在地面站接收端, 来自航天器的信号功率高于噪声, 但它的功率仍需要放大。放大器是一种输入弱信号、输出强信号的装置, 它忠实于原输入信号的幅度和相位特征, 并产生增益。

我们知道: 所有温度高于绝对零度的物质都将产生电磁噪声, 并且温度越高, 辐射出的噪声越强。当电子信号通过接收设备中的晶体管时, 将遭遇噪声, 这个噪声是由于晶体管内部电子撞击原子而产生的, 就像一条在充满岩石的河道中急速流淌的小溪, 突然遇到了障碍。在晶体管中, 原

子的温度越高, 其对噪声电平的贡献越大, 就像穿过岩石快速流淌的小溪一样。当输入信号很弱时, 如何减少电子器件产生的电噪声是一项重要的挑战。

就像反射望远镜处理光信号一样, 来自航天器的微弱信号通过深空站天线主、副反射面收集、聚焦后进入天线面中心的馈源喇叭, 之后沿波导, 通过滤波器、极化器到达低噪声放大器 (LNA), LNA 可以安装在天线的旋转机构里 (高频箱) 或者安装在机房里。为了减小由于原子和分子振荡而产生的噪声, 采用液氦制冷的方式将其温度降至 7K 或更低。此外, 在 LNA 的设计过程中, 采用物理方法减少原子、分子和流动的电子之间的无序碰撞。

早期放大器:

1906 年, 美国发明家德福雷斯特 (Lee DeForest, 1873—1961) 设计发明了第一个电子放大器, 取名为 "电子三极管"。早先两年, 英国物理学家弗莱明 (Sir John Ambrose Fleming, 1849—1945) 已经研制了第一个电子真空管, 命名为 "弗莱明电子管"。我们将简要地回顾这些早期真空管的工作情况, 以便与用于支持星地链路信号放大的 LNA 进行功能比较。

在爱迪生 (Thomas Alva Edison, 1847—1931) 完成其白炽灯传导实验后, 弗莱明发明了一种叫做 "阴极" 的金属部件, 它是由于电热而产生可见光。热阴极在图 1.7 中示出, 在每一个真空管电路的底部用符号 Λ 表示。图中, 电池符号的左边和右边分别标有 "+" 和 "-", 表示用热阴极提供电源。当一个大的高压电池的负极连接到阴极, 则直流电流[22] 将通过真空管至另一端叫做阳极的金属部件, 阳极连接到电池的正极。电流的方向在真

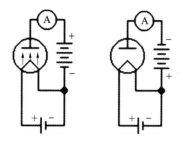

图 1.7　热电子发射, 也称作 "爱迪生效应" 和 "阴极射线"。"阴极射线" 的发现早于电子, 是由英国物理学家 J. J. Thomson (1856—1940) 于 1897 年发现的。左图中, 当阳极的电势高于阴极时, 在真空管中便产生了电流。如果采用相反的连接方法 (见右图), 真空管中将没有电流产生。

空管中用 3 个箭头表示, 即由阴极到阳极。电路图中 "A" 表示用来记录电流的安培表 (电流表)。作为爱迪生先前的同事, 弗莱明理解这是爱迪生效应[23], 并且他将该表用于检测信号。

当弗莱明在英国无线电电报公司供职时, 他曾经用电流计观察无线电波的接收情况, 但是该电流计检测输入的电磁波的交流电流的效果不佳。当信号到达时, 电流计的指针摆动很迅速, 以致无法确定指针在一个方向上的偏移。于是, 弗莱明将来自接收天线的信号接入阀门的阴极, 电磁波循环地通过正极时产生电流。这种器件起到了整流器的作用, 滤除了电波的偏移 (波动), 从此电流计的表针不再来回摆动, 并且能够检测到输入的小信号。(一段时间内, 无线电爱好者用一块被称作半导体的矿物质晶体连接一根精细的导线去检测微弱的信号。)

由于弗莱明真空管具有阴极和阳极两部分, 因此称作 "二极管"[24]。这个小小的固态电子元器件一直被使用到今天, "二极管" 的名称也一直沿用至今。像弗莱明真空管一样, 二极管的中的电流传输是单向的。虽然弗莱明二极管具有检测电流的能力, 但它不能对信号进行放大。随后, 德福雷斯特解决了这个问题。

我们知道, 在弗莱明真空管中, 仅当阴极的正电荷聚集到一定程度后便产生电流。德福雷斯特在他的真空管中引入第三极 —— 栅极, 栅极位于阴极和阳极之间, 由此第一支 "三极管" 诞生了。当给定栅极少量的负电荷时, 便可以减少或防止电流流向阳极。用这种方法, 电子三极管通过检测无线电波控制电流的流动, 直至功率足以驱动如耳机、麦克风之类的换能器。三极管放大器的输出信号与与输入信号特征相同, 这种电子放大技术引领了一个新的电子时代。

1.2.8　HEMT 低噪声放大器

如今, 用于深空地面站第一级放大接收信号的器件是一种称作高电子迁移率晶体管 (HEMT) 的场效应晶体管 (FET)[25]。这种固态器件应用电场的变化控制电子在强电流中的流动。

HEMTS 如何工作:

二维电子气是用来高度集中电子的薄层, 用非常纯的半导体材料加工而成。这种材料或许是在铝镓砷化物上的镓砷化物层, 也可能是在磷化铟锑上的铟磷化物。因此, 用这种材料加工的二极管也称作异质结构场效应晶体管 (HFET)。电子流可以大量地无阻通过 HFET, 由于电阻系数低, 使得器件产生的噪声也很低。这个固态器件的第三个组成部分与三极管中的栅极相似, 称作门。它将直接接收来自 DSN 天线的微波信号, 使该信号的电压发生出现微小变化, 从而改变高迁移率电子层的电导率, 其放大的机理与德福雷斯特的电子三极管不一样, 但十分平稳。

在真空管放大器中, 通过加热阴极激活原子达到发光且发射电子的目的。在微波频率上, 如式 (1.4) 描述, 提高温度 T 将导致噪声增加的问题。在深空地面站,HEMT 和与之连接的波导均需采用低温制冷的方法将温度降至几开尔文之内。从两个方面来降低噪声, 其一, 从量子物理学角度考虑, HEMT 的自由流动电子层使得极少发生无序碰撞; 其二, 较低的温度状态致使 HEMT 和波导中的原子与分子产生很少的振荡噪声[26]。

HEMT 也在其他一些微波接收机中有所应用, 如家用电视接收系统, 其接收信号来自地球同步轨道卫星, 也包括其他有大功率需求的应用。因此, 出现 DSN 中复杂、昂贵的低温制冷系统[27]。

1.2.9 Master 低噪声放大器

与 HEMT 相比, Master LNAs 具有更好的低噪声和抑制杂波的性能。Master 是 "Microwave Amplification by Simulated Emission of Radiation" 的缩写, 激光器也将同样的原理应用到光信号。这种放大器的原理与三极管或晶体管用弱的输入信号控制强电势流进行放大不同。Master 原理是由德国出生的物理学家阿尔伯特·爱因斯坦 (Albert Einstein, 1879—1955) 基于物质吸收和辐射微波频率的能力, 于 1917 年提出的。美国物理学家查尔斯·汤斯 (Charles Hard Townes, 1915—) 和他的同事于 1954 年在谐振腔中用氨分子实现了第一个 Master。1964 年, 由于其在 Mater 和激光领域的成就, 获得诺贝尔物理学奖。

Master 如何工作:

发射和辐射是每一天都要发生的现象。家庭用照明电是通过加热日光灯管一端的阴极而产生的。阴极通过热辐射释放电子, 一些电子与荧光管中的汞蒸气分子或其他气体分子发生碰撞。很快, 气体便电离并沿灯管产生电流。每一次快速运动的电子撞击气体原子后, 导致拥有电子的原子跳到更高一级的能量层, 部分或全部吸收由于碰撞而释放的能量。由于原子所处的新的能量状态是不稳定的, 它很快便返回到更低一级, 稳定的能量层。在这个过程中, 原子发射出光子。该过程不断重复, 直至产生电流。(典型地, 荧光管内气体分子发射光子的波长在紫外线谱段, 其作用于管内的化学涂层, 产生荧光, 持久地辐射光子, 产生可见光, 房间便被照亮。)

在深空站 Master LNA 中, 对氧化铝晶体 —— 红宝石进行类似荧光管的气体处理过程, 所不同的是, 处理结果是对接收信号进行放大, 而不是照明。Master 的内部结构是非常复杂和多样的, 包括合成晶体、谐振腔和电磁场, 其工作原理是: 红宝石中的原子和分子被工作在谐振频率上较强的输入微波信号激励, 其情形与家用日光灯中荧光管的气体原子被激励至更高一级能量层十分相似。红宝石的原子在新的、较高能量层的状态也是不稳定的, 可谓 "一触即发", 它们将与来自航天器的弱信号相互作用一同跳回较低的、稳定的能量级。在上述过程中, 晶体中上万亿原子发射与输入信号相干的光子能量。这种与输入信号频率发生谐振的现象, 每秒钟出现近十亿次, 其结果实现了对输入微波信号的功率放大。被放大的信号通过 Master 的输出波导输出。在深空站中, Master 能够产生 50 dB 甚至更高的增益, 但是它本身引入的噪声却很小。

1.2.10　LNA 带宽

由于某些原因, 无论是采用 HEMT 还是 Master 对航天器的信号进行第一级放大, LNA 都必须对很宽的频率范围具有信号敏感能力。首先, 深空站支持不同型号的飞行任务, 每一个任务使用的工作频率均不相同。其次, 由于航天器与地球之间的相对运动产生多普勒频移, 致使接收频率发生变化, 下一章我们将对多普勒效应进行细致的分析。这些因素导致深空站 LNA 的带宽不可能太窄, 随之对改进信噪比性能带来了潜在的影响 (见式 (1.7))。在深空站中, LNA 的典型带宽是 100 MHz 左右。虽然, 深空站的天线支持很宽的工作频段, 包括 S 频段、X 频段和 Ka 频段, 但是 LNA无法覆盖如此之宽的频带, 这样不利于改善信噪比 (SNR)。因此, 在 LNA的输出端, 增加一级窄带放大器。

1.2.11　微波信号传输

在低噪声放大器之前, 深空设备针对来自遥远太空的微弱航天器信号进行了包括天线反射面和波导的结构精确设计及低温制冷器件研制在内的特别处理。之后, 信号在 HEMT 或 Master 低噪声放大器中进行放大。放大后的信号足以传输至距天线数千米外的信号处理中心 (SPC)。这里, 采用光缆进行信号传输, 其工作过程描述为:

在 LNA 输出端, 有一个输出功率为 25 mW 的激光器, 经过放大的航天器信号由 LNA 输出，馈入光调制器。光调制器通过改变激光的强度复制微波信号，当能量达到波峰时，调制器对激光进行透明传输，允许绝大多数能量通过光缆；当能量降至波谷时，调制器变得不透明，仅有少量的光能够通过光缆。对于 X 频段微波系统来说，这种现象发生 8×10^9 次/s，在 Ka 频段的系统中将达到该值的 4 倍。

1.2.12 闭环接收机

在 SPC 中，来自 LNA 的信号馈入至接收机。当你在汽车中收听收音机时，收音机的接收单元经过频率选择和频率锁定后，对锁定的信号进行放大并送至扬声器。在深空站采用 Block-V 接收机 (BVR)，这种接收机的基本原理与收音机中的接收单元十分相似，但是它具有一些额外的功能。为了严格地满足深空飞行任务的需求，这种基于软件的智能设备早在几年前就已完成研制。

当 DSN 地面站正在准备飞行器的跟踪任务时，BVR 将接收到参数配置指令。它从本地数据库获取信息，这个数据库能够帮助接收系统选择正确的天线，识别将要建立链路的航天器，调整正确的工作频率，选择要求的带宽 (通常小于 10 Hz)，选择正确的将要输出信号的设备。当天线指向刚刚从地平线露头的航天器时，BVR 开始了包括在航天器信号工作频率上进行快速傅里叶变换的捕获过程。当接收机发现信号后，便完成对它锁定的工作。在完成信号捕获后，为了提高系统的信噪比，通常接收带宽仅有几赫。由于多普勒效应致使信号频率逐渐变化，因此要求 BVR 在后续的跟踪过程中必须稳定锁定信号。

接收机的锁定：

接收机锁定信号意味着什么？当你在家里收听调频 (FM) 收音机时，在你完成节目的频率选择后，尽管 FM 节目发射台会产生微小的频率变化，但收音机仍将固定在该频率上工作，接收机通过称作 "锁相环" (PLL) 的电路实现此功能。当输入信号的相位或者频率发生变化时，锁相环内部产生一个电压误差信号，这个误差信号强制接收机略微偏移先前设置的频率，正是这样，PLL 成为闭环负反馈控制系统的典型范例。需要强调的是，在 FM 收音机中，PLL 每秒需要接收上亿个频率的信号，它需要不断地调整自身的频率以适应微小的变化。因此，接收机中 PLL 的这种跟踪信号的方法称作 "锁定"。任何大的信号频率变化，均将导致 PLL 失锁，并由此丢失信号。在 FM 收音机中很少发生这种现象，但是在航天器的跟踪过程中却常常出现这样的情况。

　　BVR 对输入信号进行处理的目的是为了明确航天器承载信息的含义。为了揭示航天器运动的径向速度, 它通过计数单位时间内的载波来计算多普勒偏移。它还要解调信号, 解调意味着要从高频载波信号中提取承载的航天器信息。BVR 通过解调距离数据获取航天器至地面站的距离 (我们将在下一章详细讨论多普勒和距离的问题)。最后, BVR 将通过解调、解码还原反映航天器健康状态、工作状态以及星载科学仪器采集数据状态的遥测信息, 其表示方式是二进制码 "1" 和 "0", 还原后的遥测数据将提供给参加飞行任务的科学家和工程师。

　　仅仅这些还不够, BVR 还承担了加工、产生发送至航天器的上行信号的任务, 完成该任务的电路称为 "激励器", 它的输出用以激励叫做 "速调管" 的高功率放大器, 高功率放大器将几千瓦的功率发送至航天器。在 DSN 地面站中, 采用同一副天线完成发射和接收工作。激励器的输入信号包括载波和调制到载波上的遥控信号及测距音信号。

　　最后, BVR 及其相关设备向地面站操作人员和参加飞行任务的团队成员提供完整的操作监控数据, 这些数据最终将与深空地面站所有设备一起形成任务实施过程的监控数据。

1.2.13　开环接收机

　　另外还有一种用于甚长基线干涉仪 (VLBI) 和无线电测量系统的接收机, 后续将详细分析, 我们称其为开环接收机或全频段接收机。在这类接收机中, 通过高采样率获取很宽频段内的信号和噪声, 并对其进行记录。它们用快速傅里叶变换 (见图 1.6) 或其他方法显示和分析宽带信号, 其工作原理与 BVR 不同, 不需要通过选择频率和锁定频率工作在闭环形式, 而是提取带宽内所有信号的频率、相位和幅度信息。像闭环接收机一样, 开环接收机的输入信号来自光缆传输 LNA 输出信号, 其输出信号将传送至用户进行存储和进一步的分析。图 1.11 中示出了一个开环接收机的用例。

1.2.14　信息传输

　　在航天器上, 来自分系统和科学仪器的信息以二进制数字 "1" 和 "0" 的形式传送至地球, 这种数据称做 "遥测", "遥测" 一词取自希腊语, 前缀 "tele" 是 "远距离" 的意思, "metron" 是 "测量" 的意思。微波信号在被称作 "通道" 的空间进行传播。

以一幅来自卡西尼 1 号高于 1 Mb 像素窄视角相机的黑白图像为例,该图像记录于 2007 年 9 月。相机的电路部分采用了这样一种工作模式: 图像中每一个像素的亮度用 12 位二进制数表示, 即为 2040 个灰度等级, 图1.3 中的图像是 1024×1024 象素。采用上述模式, 该图像包括 $1.26×10^7$ bit的数据需要传输至地球。一旦在地面接收到这幅图像, 图像处理团队的软件人员将对每一个像素进行恢复, 对上百万的像素进行排列以得到准确的原始图像。通常, 需要在地面合成 3 幅不同颜色滤波器过滤的图像以恢复颜色 (将在第 6 章讨论详细的处理过程)。

1.2.15 调制方式

可以采用不同的方式通过无线电波发送信息, 但是为了实现与星际航天器进行长距离的信息传输, 通常采用二进制相移键控 (BPSK) 调制方式,我们将重点讨论这种调制方式。为了探讨 BPSK 调制方式在深空中的应用, 以正弦波为例进行说明 (见图 1.4), 并假设其表示航天器的下行信号。该正弦波将以 8400 MHz 的频率周期进行重复, 其波长约为 4 cm。为了产生一个携带信息的符号, 航天器的 BPSK 编码设计使正弦波略微跳至其正常位置的右侧, 这样其峰值将在时间上发生很小的滞后, 并且将此状态保持一定的时间, 随后其相位偏移回到正常位置。如图 1.8 所示, 一个相位偏移周期和一个没有相位偏移的周期称作 "符号"。

符号和比特:

此处约定, 每出现一次相位向右偏移和返回, 便传送 "1"; 每出现一次状态不变的周期, 便发送 "0"。这个约定描述了 BPSK 调制的基本原理,实际应用也基本如此, 但是原始比特值与相应的相移符号之间的关系并非像 "约定" 中那么简单。在实际应用中, 为了解决噪声和最大通信速率的问题, 在航天器通信分系统中采用一种特殊的算法来确定符号。

"调制指数" 描述了载波信号相位相对未调制状态的变化程度, 调制指数的选择目标是使通信系统的性能达到最佳。图 1.8 说明符号偏移的调制指数与未调制的正弦波相比为 40° 左右, 这里, 两个波的对比不十分明显, 如果调相指数为 180°, 则意味着调制后的波峰出现在未调制波的波谷处, 两个波完全反相。

为了便于比较, 引入正交相移键控调制方式 (QPSK), 这种调制方式存在 4 种可能的相移符号, 每一个相移符号代表不同的相移量。QPSK 常用于局域通信网中, 如计算机与其外围设备通过导线、光缆及微波信道的

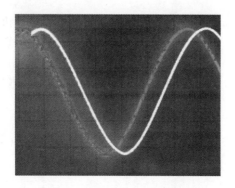

图 1.8　BPSK 调制方式通过在两种状态偏移相位实现信息传送。

通信。甚至还有更多符号状态的调制方式,如调制方式 (也可称为 QAM64 和 QAM128),这种正交幅度调制方式改变了载波的幅度,也可以说,改变了载波的高度,而不是相位,用 64 或 128 级可识别的阶梯调制信息。甚至使用更密集的阶梯调制信息,在美国通常将 256QAM 应用于高清晰电视信号的传输中。在无噪信道,或者不关心噪声存在的情况下,我们可以设计系统调制无限多的信息符号,每一个无限小的变化量能够用不同的符号进行表示。

我们继续讨论针对航天器信号的 BPSK 调制问题。航天器中的信息符号可以直接调制到载波频率上,或者调制到副载波频率上,然后将副载波调制到载波频率上。在同时传输多类信息时常采用这种调制方式,如将导航测距信息调制到一个副载波上,将遥测信息调制到另外一个副载波上。在日常使用的电子产品中,如我们收听的 FM 广播,就是将两个音频信号调制在一个副载波上,最终实现立体声效果。

无论采用何种调制方式,必须要确保分配给遥测数据的功率足够大,只有这样才能使其从噪声中提取出来,并且恢复得到比特信息以备后用。

1.2.16　数据信号功率

回顾表 1.1 中的最后一行,在使用像西班牙 63 号地面站 70 m 口径的 DSN 设备时,卡西尼号的下行接收功率 P_R 为 -131.9 dBm。总功率的测量是对载波而言的,但不包括调制载波抑制。就像之前提到的土卫八那样,卡西尼号通信系统对载波抑制了 15.5 dB,残留的载波功率 P_C 值为 -147.4 dBm。在之前的 1.2.6 节中,归纳出信道噪声谱密度 N_0 为 -185.4 dBHz,因此发现航天器的接收功率往往强于噪声。由于数据调制

的抑制, 载波功率 P_C/N_0 将相应减少。例如:

$$P_C/N_0 = \frac{-147.4\ \text{dBm}}{-185.4\ \text{dBm/Hz}} = 38\ \text{dB} \cdot \text{Hz} \qquad (1.8)$$

在保持闭环接收机锁定和用于导航目的的多普勒频移测量过程中, 载波是至关重要的。在一些无线电科学实验中, 载波功率往往需要余量, 所以航天器的数据调制可以被短暂关闭, 以牺牲数据的方式来提高载波功率至 P_R。另一方面, 将数据调制于载波之上后, 其功率 P_d 远远强于噪声功率 N_0。用 70 m 口径天线接收卡西尼号信号的典型的数据信号功率与噪声功率比值可表示为:

$$P_d/N_0 = 53.6\ \text{dB} \cdot \text{Hz}$$

为了确保航天器传输遥测信息的能力, 需要综合考虑 DSN 天线的接收总功率、调制方式和信道噪声, 并将测量功率平均分布到每比特上。相对于噪声 N_0 的每比特功率, 一般称作 E_b (比特能量), 这是一个非常有用的指标, 用来评价通信系统的端到端性能, 并用来和其他相似系统作性能比较。用数据功率和噪声的比值 P_d/N_0 除以数据速率就可以得到 E_b/N_0:

$$E_b/N_0 = \frac{P_d/N_0}{\text{数据速率}} \qquad (1.9)$$

本章的开始曾提到, 当土卫八数据回放开始启动后, 卡西尼号的遥测数据率是 110601 b/s, 我们可以用 dB 值来表示该值: 110601 b/s≈50.4 dBHz。因此 E_b/N_0 为:

$$E_b/N_0 = \frac{53.6\ \text{dB} \cdot \text{Hz}}{50.4\ \text{dB} \cdot \text{Hz}} = 3.2\ \text{dB} \qquad (1.10)$$

2007 年 9 月 11 日的早晨, 在信号从 63 号地面站消失之前, 约翰打开他的日志这样写道: "MCD 在 110601 b/s 条件下的信噪比为 3.21 dB。"

什么是 MCD? MCD 是 DSN 中的硬件设备, 用来从 "旅行者" 号、卡西尼号等航天器的下行链路码元中恢复原始比特值。我们将在后续的章节中详细阐述, 它将在下面的讨论中发挥重要作用。

1.2.17 检错与纠错

如果航天器使用最简单的 BPSK 调制方法进行数据传输, 我们可以想象在通信系统的数据流里, 是直接来自测量仪器或者数据存储设备的一连串 1 或 0 序列。在下行链路中会将这些 1 和 0 序列组成相应的码元。DSN 遥测系统解调接收到的下行链路信号, 并检测相位变化情况。如果发现周期内有相位变化则输出 1, 否则输出 0, 结果生成与航天器传输数据一致的二进制序列。

实际上, 基于噪声的原因, 如果编码方法越简单, 那么由原始数据生成最终码元的过程将出现的误码率便越高。当信号在星际空间传输, 最后通过地球电离层、大气层, 进入设备天线、低噪声放大器和接收机, 在这些过程中可能引入相移误差。最终结果是某些 1 被错误识别为 0, 反之亦然。所以我们面临的挑战将是正确锁定下行信号的相位, 尽量减少误码率。事实上, 在深空航天器在轨操作的很多方面, 我们都面临着挑战, 它将是一个完整的技术领域。

1. 理论极限

许多人类的活动都是以发明创造开始, 当技术进步到一定程度时, 这些发明便可以实现, 然而编码理论却恰恰相反。美国工程师和数学家克劳德·香农 (Claude Shannon, 1916—2001) 向人们揭示了信息在无差错传输方面存在着容量上限, 因为无线电微波信号有可能受各种各样的噪声影响。过去很多年, 研究人员试图发明各种系统来接近这个上限。如果以信道支持的最高速率发送信息, 信息不会被噪声所淹没, 这个最大上限值就称为 "香农极限"。1948 年, 在他的经典文章中[30] 阐述了如何确定这个极限值。

在他的研究工作中, 香农引用了英国数学家乔治·布尔 (George Boole, 1779—1848) 的思想, 乔治·布尔在代数、通信等领域取得了广为人知的成就。香农认为通信信道上的编码[31] 可以用来增强原始数据的健壮性从而减少误码。他使用概率论[15] 中的工具和方法, 引入了信息熵的概念来衡量信息的不确定性, 这在信息理论领域是非常重要的发明[16]。在深空通信中, 检错和纠错方法得到了快速发展, 性能上能够接近香农极限。

2. 前向纠错

前面提到的 EDAC 协议有两个重要分支, 星际航天器的距离太远而无法使用第一种, 即 ARQ(自动重发请求协议), 其立即确认接收数据的正确性, 在预定的时间里如果确认失败的情况下将自动重传相同的数据。ARQ 协议在传输时间以毫秒计量的计算机网络中是很常见的。但是为了更好地利用航天器的往返时间和有限的通信机会, 因此取代了 ARQ, 采用了第二种协议: 前向纠错 (FEC), 也称为 ECC。在传输之前, 航天器的数据位进行逻辑处理, 将原始数据处理生成新的数据流, 其在地球接收端能够被解码, 以还原生成高精度的航天器原始数据。

3. 里德 – 所罗门编码

里德 – 所罗门编码是 FEC 两级处理流程的第一级。首先,航天器计算机中的数据块生成数值多项式。如果这些数据在星际信道传输中受到干扰,接收机依然能够推导出原始多项式并解码恢复原始数据。1960 年,美国麻省理工学院林肯实验室的欧文·里德 (Irving Reed, 1923—) 和古斯塔夫·所罗门 (Gustave Solomon, 1930—1996) 首次提出了这个概念。里德 – 所罗门编码被广泛应用于我们所熟悉的领域,包括邮政条码、CD、DVD、计算机数据存储、数字传输技术以及各种电视广播系统。

第二级是生成下行数据符号的 FEC 编码机制的数据。卷积码依靠向发送数据中插入冗余信息以提高信道的纠错性能。这种机制利用对 k 位字符进行逻辑操作,调制载波以码速率 r 输出,限制长度和速率的值都非常小。"旅行者"号使用 $k = 7$ 位以及速率 $r = 1/2$,这意味着每个传输比特包含有 2 个码元。卡西尼号的 $k = 15$、$r = 1/6$ 意味着每次采用 15 比特进行编码,下行链路信号中每个传输比特包含 6 个码元。

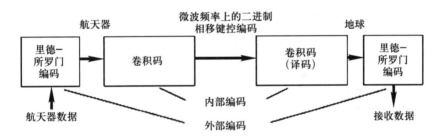

图 1.9　飞船遥测经过数据编码、码元发送和接收,以及数据解码等处理流程。

4. 最大似然卷积解码器

地面接收到下行数据后,在 DSN 中卷积码会被解码。系统中大量的噪声将导致解码工作非常困难,因此最相似的结果是相对准确的。其工作原理可以从名字上看出来: 最大似然卷积解码器 (MCD)。在硬件上运行的维特比算法,由其发明者的名字命名 (意大利裔美国电气工程师维特比,Andrew J Viterbi, 1935—),具有高速性能。DSN 解码器以每秒 2600 万码元的最大速率从接收机的光纤接口中直接获取码元。MCD 输出的是来自深空的无线电码元生成的数字数据。

除了深空通信,从移动通信到语音识别,维特比译码都得到了广泛的应用。

5. 比特反转

可以想象到 DSN 解码器可能会在处理下行信号的相移时出现错误, 不能正确判别相移和非相移状态。当 DSN 解码系统混淆了相移和非相移的区别, 所有的数据将被填充, 例如本来是 0 时, 被错误填充成 1, 反之亦然。当其发生时是可以接受的。在地面处理系统中基于搜索已知数据模型的方法, 可以识别填充状态, 并将其转化为原始的表示值。

6. 终端数据

在深空通信链路中, EDAC 的编码和解码结果值得我们关注。MCD 的输出常常表现出一定的误比特率, 大概在 5×10^{-6} 左右, 意味着一百万比特的数据中仅有 5 bit 的误码。听起来这是非常不错的性能, 但其实这样的误码率是不能接受的, 特别是有些数据是经过压缩的 (数据压缩的讨论内容参见 1.2.19 节)。一个错误位将引起成千上万比特位所组成的数据块解压失败, 例如图像中发生异常的黑点。如果在卷积码和 R-S 编码之前引入里德 – 所罗门编码, 将能够获得完美的性能。里德 – 所罗门编码在纠错上有时也会出错, 但是在这种情况下错误的数据将被丢弃, 或者至少标记为错误并且存储。底线是数据的正确性可以保证, 其代表了航天器初始数据的精确复制。如果你得到数据, 会发现它是近乎完美的数据。这不仅适用于深空探测, 而且在数字电视广播、移动电话、Internet、音频和视频消费电子产品以及很多领域得到广泛的应用。

1.2.18　遥测锁定

在场放和接收机后端,DSN 的 MCD 是遥测系统的第一个组件, 接下来是里德 – 所罗门解码器。一旦解码得到纠错后的数字信号, 数据流就输入至遥测系统以用于分析和检查。每一个航天器定期将自己的数据格式注入至数据流, 并以此作为标记。当遥测系统识别到这个标记时, 意味着指示出传输帧单元的起始位置。卡西尼号设置了 32 位标记, 称作伪随机码或者 PN 码, 每隔 10112 位指示一个新传输帧的开始位置。与 PN 码相邻的是一组描述性的帧头, 其中里德 - 所罗门解码单元约占数据帧长度的 10%。

遥测系统中搜索 PN 码的组件称为帧同步器。其将传入的数据填充到一块内存中, 然后在内存数据中搜索 PN 码, 以防止 1 或 0 的倒置。一旦搜索到 PN 码, 将准确进入下一批 10112 位数据进行搜索 (卡西尼号是如此, 其他航天器可能是不同长度的传输帧)。如果确实存在, 帧同步器能够成功地搜索到第一个 PN 码, 并且利用第二个 PN 码进行确认 (或者利用第 N 个码进行确认, 在模型中所尝试的次数是可选的)。此时帧同步器可以报告遥测已经锁定。只要在正确的位置搜索 PN 码, 将可以使用地面通信系统持续地识别传输帧, 并分发给操作指挥航天器的工程师以及进行数据分析的科学家团队。

在每个 DSN 跟踪周期的开始阶段会有两个简明的指示, 第一个是接收机锁定, 这是个好消息, 表示航天器仍然在正常执行指令序列并将天线成功指向地球。当它的微弱信号到达 DSN 并从背景噪声中分离出来, 意味着 DSN 天线工作正常, 并将庞大的天线精确指向航天器并进行跟踪。这表明场放足够有效以及 BVR 正常工作, 且每一个链路参数都在指标之内。

第二个报告是遥测锁定, 这意味着航天器和地面系统配置和工作正常, 译码器对航天器的二进制数据进行重组, 通过里德 – 所罗门解码器对误码进行纠错后, 帧同步器能够识别出航天器遥测数据, 证明接收数据的有效性。Ace 检查遥测的内容, 特别是工程遥测数据, 并将遥测值与之前的结果进行对比, 以确认航天器系统按预期运行。最后, "遥测锁定" 意味着科学家团队正从远方的设备和仪器接收所期望的数据。

在航天器发生某种改变之前, 譬如提高数据速率, 遥测系统会一直保持锁定状态; 在失锁后, 将需要几秒时间来重新到达锁定状态。在下一个通信过程中, 当航天器持续搜索和收集数据时, 除了短暂的多普勒变化, 直到跟踪时间结束时 BVR 都将一直保持锁定状态 (这将在下一节讨论)。

1.2.19 数据压缩

和信道容量有关的香农理论适用于使用纠错码而出现的随机比特信息。有时候出现的比特流并非随机的。例如, 你现在需要传输 100 个 1 后面紧连 100 个 0 的数据位。香农理论的极限值不再代表实际的最大限制, 因为你可以不用传输原始数据, 而是通过传输这些数据的压缩数据从而提高有效性, 然后在接收端通过解压缩来获取原始数据位流。数据压缩是信息论的一个重要分支, 重要性远远超过这个简单的例子, 它可以适用于所有类型的数据, 包括图片、音频、视频和可执行的计算机程序。文献 [20] 讨论了数据压缩机制。无论使用的是何种压缩机制, 数据压缩的基本前提是在传输之前减少原始数据的冗余性, 然后在接收端进行数据恢复, 这样有可能没有任何数据质量的损失, 或者允许出现的损失率在可接受水平之下。

1.2.20 香农极限

众所周知, 编码算法是不产生任何重量的。但是有效的纠错编码机制能够减少航天器的重量。通过提高 ECC 的抗干扰能力意味着航天器的无线电系统只需要更小的天线、更小或者更轻的发射机便可完成相关任务。减小航天器的重量意味着同时减少运载火箭所需的能量, 这些都直接与成本相关。它也可能对航天器的能量供应产生积极的影响, 有可能减少对太阳能帆板或者电池的重量要求。

级联里德 - 所罗门和卷积编码的结果是距离香农理论的极限值有 2 dB, 这已经非常不错, 但是与最理想的结果还有一定差距。在 1993 年, 法国工程师克劳德 (Claude Berrou) 和阿兰 (Alain Glavieux) 共同设计了称为 turbo 编码的并行 ECC 系统。在接收端, 两个解码器分别接收到原始数据的不同编码版本, 算法协作来完成消息解码, 利用多次迭代与比较来得到一个正确的解码值。在最初的版本中, 这些非常接近香农理论极限值的编码是有些问题的, 但是在详细计算它们的运行效率之后, turbo 码获得了广泛的认同。目前在美国火星侦察卫星上正在使用, 其以高达 6×10^6 b/s 的速率向地球返回遥测数据。与很多地球轨道卫星一样, 针对于水星信使者的任务也使用了 turbo 码。

另一类称为低密度奇偶校验码的 ECC, 于 1960 年由美国研究生加拉格 (Robert Gallager) 首次提出。当时计算机效率低下, 不足以完成他的高密集计算, 所以他的工作被搁置了几十年。而如今计算机强大且无处不在, 加拉格终于完成了自己的工作。LDPC 为信息中的每一位均使用解码器, 依赖于正在处理的数据段的长度, 系统能够使成千上万个解码器一起工作。今天在数字电视卫星中使用的加拉格码与 turbo 码在争相接近香农极限值, 且与香浓极限值的差不足 1 dB。

1.2.21 数据结构

早期, 被广泛接受的数据结构规范是开放式系统互联基本参考模型, 在文献 [23] 中有详细介绍。在该模型下, 1.2.18 节中讨论的传输帧, 组成了航天器下行遥测数据的最高层。低层结构形式分为两种, 两种均识别某一时刻发送或者接收数据的内容。例如, 你怎样知道一段数据代表了图像的一部分、推进剂贮箱的温度、还是紫外光谱仪的数据? 各种各样遥测数据的通信方式称为多路复用。

1. 时分多路复用

与之前的 "水手" 号 (Mariner) 一样, "旅行者" 1 号和 2 号航天器使用时分多路复用 (TDM) 方案, 用来区分各种测量结果。在过去的系统中, 每个传输帧或者帧组, 依靠特定的数据位来表示数据源是相机的图像, 另外一个数据源的特定数据位表示来自热传感器, 如此判别数据源直到所有类型的数据传输完毕。时隙以固定的顺序重现, 航天器传输数据组时, 将其分割为事先确定好的数据帧。只要将某一时刻航天器的调度方式映射到地面的接收方式里, 图像科学家将接收到图像, 热工程师将接收到温度数据。由航天器上控制 TDM 的可编程 "映射" 来确定时隙的分割, 在接收系统也使用对应的映射。航天器的映射称为互换映射, 而在地面上称为反互换映射。每个传输帧的 PN 码利用映射使数据同步。

在观看 IMAX 3D 电影或者其他高品质三维图像演示时, 所戴的眼镜提供了有趣的 TDM 示范。在某个瞬间, 当屏幕上正播放适合左眼的图像时, 左边的透镜切换到透明模式。下一个瞬间, 当屏幕上播放适合右眼的图像时, 左边的透镜转为非透明模式, 右边的透镜切换至透明模式以使图像能够穿过。平均以每秒 30 次的频率进行这样的重复切换, 并由剧院里红外传输器的控制信号实现同步, 这样就为大家提供了一个令人印象深刻的 3D 体验。当火星探测器的实时操作团队成员查看从立体导航相机返回的图像时, 也是使用类似的显示系统。3D 视图协助他们制定命令来控制探测器在火星表面上的移动轨迹。

2. 数据包

TDM 的交替基于包的通信方式, 这也是大多数现代航天器所采用的。包是变长的位流, 其第一部分的位流称为包头, 内部的信息包含了当前数据包的长度, 即由多少比特组成。在连续的比特流中, 这些信息向遥测接收系统标识了下一个包的起始位置。包头还定义了数据的源地址, 另外还包括航天器的名称、设备仪器和子系统, 以及其他诸如数据包的创建时间、路由等信息。紧接数据包头的是数据本身, 例如组成图片的比特位。因为数据包长度是可变的, 数据包和传输帧之间的关系有可能是: 多个数据包组成一个帧, 或者由多个帧来完成一个数据包的传输。

基于包的通信方式的优点是每个包根据自身信息进行识别。数据包由航天器上的多个设备或者子系统进行创建、在线存储、下行传输以及地面的再次存储等。根据数据类型、创建时间或者其他相关属性, 数据可以从存储设备中重新获取。一旦有成像科学团队接收到他们所需的数据包, 包头将从图像数据中剥离出去, 并重新生成航天器相机的原始图像 —— 一切均由处理软件自动完成。

数据包在它们的头开销中重复着大量信息, 这是包模式体系的缺点。作为所创建包头的一部分, 航天器发送自身的标识高达数百万次。数据包中各种仪器的 "浪费" 字节也高达数百万次。但是在如今的高速通信以及大容量存储环境中, 包模式所带来的便利性远远超出冗余信息所带来的缺点。

包模式的另一个优点是: 每个包都可以包含自身的错误检测和校正位 (EDAC), 从而系统能够恢复在存储、传输或者处理过程中产生的错误。数据包的数据内容是非常灵活的。一个包中所有的数据有可能仅来自一个数据源, 例如一个相机的图像数据, 或者来自多个数据源, 需要将其正确映射到不同目的的用户。与科学数据相比, 在工程测量实践里这种方式更加常见。

今天, 其不仅仅应用于航天器, 在许多我们熟悉的应用里都会涉及到。因特网被数据包所填充, 覆盖了网页、Email、数据文件、音乐和软件等。包含了 VOIP 的现代电话系统中, 携带着语音数据的数据包被处理和转换成音频, 从而使声音无缝式地传入我们的耳朵。

1.2.22　工程数据和科学数据

还有一个有关数据结构的概念是信道, 这个词与本章开始所使用的意思完全不同, 开始时 "信道" 的意思是在空间中微波能量传输通道。我们已经看到各种测量不断重复。无论是否以 TDM 方式传输, 在推进剂贮箱左上方的温度传感器不断重复发送它的测量数据, 所以工程师每隔数分钟、数天或者数年就能够监测到传感器的温度数据。同时, 电压也应该同样被监视。航天器可能有成千上万种测量设备, 包括压力、温度、电压、电流、设备位置、计算机状态等。每个测量值称为一个信道, 因为该值最终将由遥测系统传输至用户显示系统。在工程师的电子显示屏幕上, 列表或者图像能够显示某个信道上所有的值 —— 例如航天器的电压 —— 因为该值是实时下行传输的。

因为数据总是存储下来以供之后的检索, 工程师能够查询过去任何时期的数据并生成相应的报告。如卡西尼号发送了上万条工程数据。与航天器和地面显示系统相对应的测量数据, 通过数据包实现传输和路由。

信道有独特的名称来识别它们所代表的重复测量值。一个典型的名字组成包括一个字母、一系列识别数字以及测量值的简洁描述。以卡西尼号为例, 信道 E-1263 (见图 1.10) 代表了电流值, 用字母 I 表示, 其是放射性同位素热电式发电机 (RTG)[32] 的当前电流输出值。测量值以及生成的时间直接取自于数据包的值。基于在包头中标识的数据源, 以及数据域中的电流值的可预测性位置, 信道标识由地面遥测软件通过映射推导出来。在地面遥测系统中, 使用英文符号来对应基本信道信息。命名约定各有不同, "E" 代表一般性工程测量数据, "A" 常常代表航天器的姿态控制系统的测量数据, "C" 代表在线命令和数据处理器, "S" 表示在各种科学仪器中的工程测量值。科学团队成员称 S-信道为他们的 "内务" 数据。科学数据例如组成图片的数据, 其本身不用转换成信道 (如使用包模式通信的航天器), 因为科学数据包在众多的测量数值之间没有共享各自的数据域。M- 信道代表了指示 DSN 系统性能的监视数据, 例如接收信号功率或者天线指向等。

地面显示系统为创建新信道提供了条件, 称为派生通道, 其数值由地面根据航天器遥测报告值计算得到。例如在图 1.10 中, F-0283 是报告功率值的派生信道, 其由航天器 E-1255 报告的电流值和 E-1254 报告的电压值综合计算生成。

信道化的工程遥测来自精度有一定限制的传感器。许多星际机器人上的传感器生成 8 位数据, 以致输出值仅仅有 256 个离散值: 0~255。这些传感器通常不以线性方式校准, 因此测量值 0 代表电压为 0, 测量值 255 代表电压为 255。

相反, 通过对传感器进行校准可以反映特定测量数值的范围。卡西尼号的电源名义上是 30V 系统, 电压的实际值在预期范围内正常变动, 例如 $-5 \sim +36$ V。所以系统的电压传感器被校准用来反映一系列更为宽广的范围。例如, 传感器的 0 值有可能代表电压值为 -5 255 代表电压值为 $+36$。数据包的二进制数据: $00000000_2 \sim 11111111_2$, $(0 \sim 255_{10})$[33], 称为数据序列号 (DN)。例如电压的水平线由 DN 表示, 这种有意义的数值称为工程单位 (EU), 其由地面遥测软件使用预置校准曲线来转换。工程单位列表经常显示出无法达到的精度水平, 因为 DN 到 EU 的转换没有经过四舍五入或删除等其他操作。在图 1.10 中第三列的 E-1263 的值为 200, 这个值是精确的。EU 值为 $7.854124\cdots$, 小数点后表示这么多位是有意义的。

E-1255	RTG1_OUT_V	29.972306479000004 (Volts)	218	2008-060T05:21:51.177
E-1254	RTG1_OUT_I	7.681226852599999 (Amps)	192	2008-060T05:21:51.177
F-0283	RTG_1B_PWR	230.22408536085177 (Watts)	230.22409E0	2008-060T05:21:51.177
E-1260	RTG2_OUT_V	29.924157873000002 (Volts)	218	2008-060T05:21:51.177
E-1259	RTG2_OUT_I	7.8672812388999995 (Amps)	196	2008-060T05:21:51.177
F-0284	RTG_2B_PWR	235.42176582413464 (Watts)	235.42177E0	2008-060T05:21:51.177
E-1264	RTG3_OUT_V	29.919143408 (Volts)	215	2008-060T05:21:51.177
E-1263	RTG3_OUT_I	7.8541246615 (Amps)	200	2008-060T05:21:51.177
F-0285	RTG_3B_PWR	234.98868209172795 (Watts)	234.98868E0	2008-060T05:21:51.177

图 1.10   卡西尼号航天器的工程遥测测量数据样本。由下行链路数据转换为 6 个 E-信道数值,并由地面软件负责显示。列数从左到右包含信道编号、信道名称、EU 值、原始数据值、日期和时间。F-信道数值可以由地面系统根据 E-信道数值派生得到。

1.2.23　CCSDS

我们并不需要为每一个航天器工程建立独立的数据结构和规则,国际化组织为航天器数据结构和其他操作的标准化义务的提供了方法和服务。国际空间数据系统咨询委员会 (CCSDS)[34] 创建于 1982 年,作为国际主要空间系统机构,为空间数据系统的发展和难题的解决提供了一个讨论的平台。目前它由 10 家会员、22 家观察员,超过 100 个产业合作单位组成。它的建立,使得各个空间组织认识到在处理航天器数据、消除不必要的重复性工程设计、提高协同能力、共享设备、减轻费用等方面使用标准化技术的优越性。

CCSDS 共有 6 个感兴趣的技术领域。在轨航天器接口业务提高了航天器的在线数据系统。空间链接业务提高了航天器之间以及与地面站的链接互操作能力,包括无线电频率、调制、编码、数据压缩等标准的开发。空间互联网业务增强了航天器和地面系统之间的网络互联。任务操作与信息管理业务面向操作航天器和地面系统的应用。系统工程业务致力于建立任务通信、操作、协作的整体架构。最后,CCSDS 的横向支持业务面向如何有效利用各个组织之间的资源。

1.2.24　远程控制

航天器的发令与遥测刚刚相反,正式情况下称为遥控,这个服务不同于对电视遥控之类的远程控制。我们可以设想一下远程控制引起 TV 的响应: 选择一个频道、增加音量、开关电视以及调节亮度等。

目前遥控器利用 940 nm 波长的红外信号来控制电视。与按钮对应的远程红外 LED 闪烁灯可以很容易利用数码相机看到, 例如有些移动电话的相机里, 其图像探测器对近红外光谱区域比较敏感, 然而人类的眼睛是看不到这些光谱的。遥控器发送离散的信息, 包含了按钮的不同组合。只要你按下按钮, 这些闪烁通常都会不断重复。电视对接收到的红外符号集进行解码, 随后软件在表里查询到等效的含意, 并执行正确的命令, 例如更换频道。

利用相似的方法, 航天器识别 DSN 上行微波信号包含的符号集。一个电视有很多命令和节目, 现代航天器能够识别成千上万个命令。上行遥控和下行遥测在某些地方是非常类似的: 它们都是相移调制, 数据包符合 CCSDS 标准格式等。对于大多数星际航天器, 命令数据依靠上行载波传输。在线的错误检测和纠错算法防止航天器接收错误的指令并执行。如果命令已经到达航天器, 有些算法能检测到无效的命令, 以避免破坏性的动作。命令数据内容通常有以下形式:

(1) "立刻这样做。" 打开加热器, 关掉仪器, 重启计时器, 读取指定位置内存的内容。航天器在接收到指令后立即执行。

(2) "在接下来的 6 周时间里完成这些任务列表。" 在这种情况下, 独立的命令组成的序列向上行发送, 正如前面所提到的序列 S33。航天器的指令计算机存储这些序列, 在适当的时间分别执行各条指令。这类指令包括仅耗费几分钟的短序列定时指令, 同时还有一些命令, 其由航天器计算机传递给在线设备计算机, 并让这些设备计算机决定执行指令的时间。

(3) "这是软件更新。" 指令携带了大量能够载入航天器计算机的可执行代码, 包括主要命令计算机、姿态控制计算机及独立设备计算机。

例如, "旅行者" 2 号的计算机在飞往海王星时均为新型机器, 它们的新功能包括数据压缩、相机的长时间曝光、使用新移动目标补偿能力的短姿态控制脉冲推进器 (4ms)[24]。

在发射时, 卡西尼号计算机没有在木星上实施操作的基本能力。在航天器数年的航行过程中, 新版本的飞行软件经过开发、测试以及上传, 其计算机重启后重新加载。在飞行过程中, 卡西尼号的部分科学仪器也收到了软件更新和补丁。

如果你有一台计算机, 你可能已经下载了软件更新。在航天器的指令处理过程中, 软件的更新可以使通信协议和数据结构相同。

航天器指令执行风险对于飞行项目团队来说是非常敏感的。在飞行过程中航天器也存在一些威胁。与流星的碰撞是比较罕见的, 目前还没有发生过类似摧毁星际航天器的事件, 但是错误的指令有可能使任务失败。

计算机会精确地按照指令行动, 但是有时候结果并未按照人们所预期的那样。在 1988 年 9 月, 一个指令错误导致靠近火星的苏联航天器火卫 1 号的姿态控制失效。在没有姿态控制的情况下, 航天器无法使太阳能帆板指向太阳, 当电池消耗殆尽时, 导致任务失败。2006 年 11 月, 美国 “火星环球探测器” (Mar Global Surveyor) 指令出现错误, 将一些数据位插入错误的内存位置后, 导致调整太阳能帆板的指令失效[35]。

1978 年 4 月, “旅行者” 2 号的操作者, 将前期 “旅行者” 1 号的指令因疏忽而发送至 2 号航天器, 在发射后不久几乎使航天器失效。在缺少来自地球的常规指令情况下, 航天器假设自身的无线接收机已经失效, 并执行前期的应急计划, 关闭主要的无线接收机, 开启了有缺陷的闲置接收机。在尝试切换回主接收机失败后, 项目组工程师发现了解决备份接收机问题的方法 (其锁相环无法锁定上行信号): 通信工程师不断地观察航天器的热状态, 该状态直接影响着失效接收机的最佳锁定频率 (BLF)。为了确保正确的最佳锁定频率, 工程师们利用深空网发送频率不断变化的上行信号, 减去相对运动所造成的多普勒频移的影响, 使航天器总是接收到能够使用的接近于 BLF 的频率。在航天器 (包括卡西尼号) 接收机正常的情况下, 这项技术被证明是有效的。

在航天器指令的整个过程中, 都在尽量减少人们出错的概率, 许多软件工具和程序被用来仿真、测试、验证以及如何正确发送指令。一些质量控制工程师把整个职业生涯都奉献给提高飞行项目里减少指令错误的能力。

1.2.25　空间信标

副载波是非常有用的, 其可以在下行链路中传输遥测或者导航数据, 以及在上行链路中发送遥控数据。正如航天器承载了越来越多的功能一样, 副载波除了这些常规使用之外, 还可以实现一些新颖的功能, 特别是在航天器必须航行数年才能到达目的地的情况下。

与航天器通信的传统方法是每周数次调度使用大孔径 DSN 设备来实施跟踪, 每次持续数小时。很多航天器在飞往水星、金星、火星、木星以及土星的长时间飞行过程中, 都采用这种默认操作方式。在锁定了航天器的信号后, 分析工具能够检查工程数据以确认航天器正常工作, 同时发送必要的遥控指令。但是另一些航天器则完全不同。

“新地平线” 号 (New Horizons) 宇宙航天器于 2006 年 1 月发射, 计划

2015 年飞越冥王星。如果每天使用 DSN 资源来跟踪航天器, 其代价将非常高, 因此所设计的航天器自身具备分析核对功能。在 2007 年 2 月, 在引力辅助力作用下通过木星后, 便进入了睡眠模式。其通过缓慢的旋转以维持期望的定位, 使得高增益天线持续地向地球发送信号, 其将持续监测自身的内部状态。如果出现需要与地面进行互操作的状况, 航天器将关闭已知频率的下行副载波, 以示警告。这种副载波称为 "信标", 它的存在表示一切正常, 所以又称为 "绿色信标"。每周利用几分钟时间, 一个 DSN 站依靠开环接收机和 FFT 显示来观测航天器下行链路, 从而能够检测航天器状态, 没有必要使用闭环接收机以及遥测系统。

如果在所期望的频率上, DSN 没有看到载波的 "绿色信标", 计划将会被改变, 常规的 DSN 遥测捕获任务会被调度和使用, 以发现航天器的问题所在。当使用了小孔径地面站, 其没有非常好的性能来从下行链路中提取遥测信息, 这时有必要观测载波信号并查看是否有副载波。信标模式在观测领域开辟了新的可能性。

当 DSN 中的巨大天线有必要搜集足够功率的信号来获取遥测, 甚至业余无线电天文爱好者所使用的天线和接收设备能够从遥测的航天器上检测到载波和副载波信号 (图 1.11)。

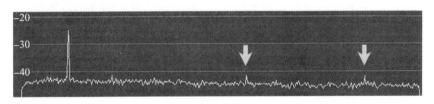

图 1.11　2006 年, 葡萄牙业余无线电天文爱好者路易斯库皮多捕捉到了来自火星的在轨探测器发出的 X 波段无线电信号, 其使用的是 5 m 孔径的抛物面天线。在频谱显示上的峰值代表航天器的载波。注意箭头下的两个可见副载波。虽然实际上并不是这样完全无误的静态图像, 而是在周围噪声不断随机变化条件下的动态图像。本图片的复制得到了该无线电天文爱好者的许可。

即使像火星轨道勘测航天器 (Mars Reconnaissance Orbiter) 也并未工作在信标模式 (其副载波包含遥测和测距数据), 这演示了一个小孔径天线如何实现对航天器副载波的检测。在 2006 年, 同样的业余爱好者也检测到了 "旅行者" 1 号航天器的信号。

除了绿色信标模式之外, "新视野" 号航天器载波包含七个副载波, 这些不同频率都清楚地显示在 FFT 屏幕上, 以指示各种在线系统的状态。除了临时从 DSN 进行观测外, 一年中大概有 50 天的时间向 "新视野" 号发令并将其唤醒, 以获得导航数据, 并使用指令和遥测来完成系统的检测和校验。

在 1999 年, 作为测试项目之一, 工程性验证航天器 "深空" 1 号 (Deep Space 1) 在信标模式下进行了测试操作, 并演示了其工作过程。航天器必须能够智能化地收集其内部状态, 在基于自我评估的条件下控制灯塔, 如果出现需要关注的问题时, 将通过下行遥测来存储相关的问题信息。在工程验证方面, "深空" 1 号演示了在信标通信模式下如何工作, 能够减少任务成本以及对 DSN 资源的需求。将信标模式作为正常操作的一部分, "新地平线" 号也许仅仅是众多航天器的其中之一。

1.3　不只远程呈现

星地链路将人的感应与遥远的可扩展[36] 的在轨航天器对应物紧密联系在一起。本书的第 1 章介绍了无线电通信技术, 是因为这是支持和操作飞行任务科学仪器和实验的基石, 更为重要的是, 为什么这样做。这些仪器和实验将在第 6 章将重点讲述。

无线电通信使得远程呈现变为可能。可以设想在接下来几十年里的星际探索中, 远程呈现将取得多大的进步。也许某天早上当你沿着走廊走过并打开一扇标示着 "金星" 的门, 当你步入一间温度适宜的房间, 就如同进入金星表面上一个虚拟的气泡, 当然也许可能是火星、土卫六或者彗星 —— 和你的同事一起对这个虚拟的现实世界进行实验观察和测量。所有你看到的、感受到的、听到的以及通过无线电频谱所完成的交互, 都是实时高精度的远程展示 (基于光速, 其与现实世界尽可能地接近)。

现在将目光投向下一章。航天器的无线电通信系统通过电源供应接口获得能量, 并依赖于其他航天器系统。航天器的姿态控制系统满足了无线电通信对于精确天线指向的需求。在下一章里, 我们将关注通信系统如何为航天器提供跟踪和导航。导航和航天器工程师可能需要执行微调命令以改变飞行轨迹, 并向科学家提供精确轨迹, 供其正确使用呈上下传的数据。

注释

[1]引力助推技术: 一种不需要推进系统即可改变航天器轨迹的方法, 将在第 2 章给予解释。

[2]"bit" 是二进制的缩写, 其值用 "1" 或 "0" 表示。

[3]第 2 章将详细解释, 为什么有时希望提前安排发送上行信号。

[4]"Ace" moniker 是星际飞行任务中对实时操作人员的典型称谓, 代表了一个人的操作角色。

[5]例如: 自然与科学杂志。

[6]分贝: 是以 10 为底的对数。这里, "m" 意为用毫瓦表示功率测量值。-171 dBm 等于 $10^{-171/10}$ mW, 或 7.94×10^{-18} mW。

[7]1965 年, "水手" 4 号以 8.33 b/s 的速率由火星回传第一张图片, 这个速率与 2008 年火星侦察兵 "轨道器" (Mars Reconnaissance Orbiter) 以 6×10^6 b/s 的回传速率相比, 让人难以忍受。

[8]参观 JPL 时, 能够从 230 号建筑的参观走廊中看到 DSN 操作控制中心。

[9]单位 "Hz": 是以德国物理学家海因里希·赫兹 (Heinrich Hertz) 的名字命名的, 他在电磁场领域做出了重要的贡献。前缀 "giga" 意为 10^9 量级, 来自希腊语 gigas, 是 "巨大" 的意思。在英语国家, "billion" 表示 10^9, 而在其他一些国家则表示 10^{12}。

[10]IEEE: 最初是电子电气工程师协会的缩写。现今, 该组织已扩展到很多相关领域, 均用 IEEE 表示。

[11]有一种称为相控阵的天线, 由很多有源的接收或发射阵元组成, 由此聚焦信号。

[12]在深空网中, 34 m 口径 X 频段天线的效率达到了 75%。

[13]在真空中, 无论信号传输多远都不会产生能量损失。就像我们无法设计出能够捕获十分微弱信号的天线一样。

[14]单位面积内的传输能量。

[15]通常在光和微波的信号传输中能够看到 "极化" 这个词, 常见的极化形式有左旋圆极化、右旋圆极化和线极化。

[16]参见: http://msp.gsfc.nasa.gov/tdrss/oview.html。

[17]参见: http://www.vla.nrao.edu。

[18]参见: http://lambda.gsfc.nasa.gov/product/cobe。

[19]参见: http://map.gsfc.nasa.gov。

[20]参见: http://www.rssd.esa.int/Planck。

[21]来自行星表面微波辐射的频谱和强度的变化情况能够提供该行星表面温度、成分及其他性质的科学信息。

[22]直流电流: 意为电子仅在一个方向流动, 与之相对应的是交流电流,

其电子的流动方向是交替变化的。

23人们对热辐射的认识早于电子。当热振动能量克服静电力时, 将产生电流或离子流。

24"di" 取自希腊语, 意为 "二"; "odos" 是路径的意思。

25金属氧化物半导体 FET 在当今的数字和模拟电子芯片中得到广泛应用。

26很多材料能够通过降低温度来减小电阻率, 但在超导材料中, 不会发生此现象。这种材料产生电流时的电阻为零。

27在 DSN 中, 使用特制的焦耳 — 托马斯循环或者商用的吉福德 — 麦克马洪循环的方法实现低温致冷。

28速调管是一个大功率装置, 它需要大电流、高压电源以及水冷装置提供支持。在 DSN 中, S 频段和 X 频段速调管的输出功率达到 10 kW 和 100 kW, Ka 频段速调管的输出功率为 1 kW。

29进行比较, TV 电缆利用屏蔽导线传导微波信号。

30在 http://cm.belllabs.com/cm/ms/what/shannonday/paper.html 上能够下载香农在 1948 年发表的论文。

31在这个意义上, 译码不涉及密码学。但是香农这样做了, 对密码学领域做出了贡献。

32关于该内容将在第 5 章详细描述。

33二进制 10 表示为 10_2, 它等于十进制 2, 表示为 2_{10}, 同样有 $100_2=4_{10}$。

34参见 http://public.ccsds.org。

35参见 report at http://www.nasa.gov/pdf/174244main mgs white paper 20070413.pdf。

36科学仪器 "拓展" 了人类的视野, 是因为其谱宽不仅仅局限于可见光, 而且扩展到从直流到伽马射线的整个谱线范围。

参考文献

[1] Arthur C. Clarke. *2001 A Space Odyssey*. New American Library, 1968.

[2] Robert E. Edelson, Boyd D. Madsen, Esker K. Davis, and Glenn W. Garrison. Voyager telecommunications: The broadcast from Jupiter. Attention to detail, complex coding, cryogenic masers, and a global antenna network tell us of another world. *Science*, 204(4396):913–921, June 1 1979.

[3] N. Renzetti. *A History of the Deep Space Network*. Number JPL TR 32-1533.

Jet Propulsion Laboratory, Pasadena, California, September 1971.

[4] World Spaceflight News. 21st Century complete guide to the NASA Deep Space Network.

[5] William A. Imbriale and Joseph H. Yuen, editors. *Spaceborne Antennas for Planetary Exploration*. Deep-Space Communications and Navigation Series. John Wiley and Sons, Inc., April 2006.

[6] William A. Imbriale, William G. Melbourne, Theodore D. Moyer, Hamid Hemmati, et al. *Large Antennas of the Deep Space Network*. Deep-Space Communications and Navigation Series. John Wiley and Sons, Inc., 2003.

[7] W. O'Neil, N. Ausman, T. Johnson, M. Landano, and J. Marr. Performing the Galileo Jupiter mission with the low gain antenna and an enroute progress report. Technical report, 44th IAF Congress, Graz, Austria, oct 1993.

[8] Douglas J. Mudgway. Uplink-downlink a history of the deep space network 1957–1997, chapter 4. The NASA History Series NASA SP-2001-4227, National Aeronautics and Space Administration, Office of External Relations Washington, DC, 2001.

[9] Jim Taylor, Kar-Ming Cheung, Dongae Seo, et al. Galileo telecommunications. *DESCANSO Design and Performance Summary Series*, July 2002.

[10] Jim Taylor, Laura Sakamoto, and Chao-Jen Wong. Cassini Orbiter/Huygens Probe telecommunications. *DESCANSO Design and Performance Summary Series*, January 2002.

[11] Roger Ludwig and Jim Taylor. Voyager telecommunications. *DESCANSO Design and Performance Summary Series*, mar 2002.

[12] M. Mark Colavita and Peter L. Wizinowich. Keck interferometer: progress report. In *Interferometry in Optical Astronomy*, volume Proceedings SPIE 4006-34, 2000.

[13] Ray Horak, Harry Newton, and Mark A. Miller. *Communications Systems and Networks*. Wiley, September 2002.

[14] John Horgan. Claude E. Shannon: unicyclist, juggler and father of information theory. *Scientific American*, pages 22–23B, January 1990.

[15] Claude E Shannon and Warren Weaver. *The Mathematical Theory of Communication*. University of Illinois Press, October 1963.

[16] J. R. Pierce. *An Introduction to Information Theory: Symbols, Signals and Noise*. Dover Publications, Inc., New York, 1980.

[17] Stephen B. Wicker. *Reed-Solomon Codes and Their Applications*. Wiley-IEEE Press, September 1999.

[18] Ajay Dholakia. *Introduction to Convolutional Codes with Applications.* The Springer International Series in Engineering and Computer Science. Springer, 1994.

[19] Andrew J. Viterbi. Error bounds for convolutional codes and an asymptotically optimum decoding algorithm. *IEEE Transactions on Information Theory*, IT-13:260– 269, April 1967.

[20] David Salomon. *Data Compression: The Complete Reference.* Springer, New York, 4 edition, December 2006.

[21] Keattisak Sripimanwat. *Turbo Code Applications: a Journey from a Paper to Realization.* Springer, October 2005.

[22] Elwyn Berlekamp, editor. *Key Papers in The Development of Information Theory.* IEEE Press, 1974.

[23] Radia Perlman. *Interconnections: Bridges, Routers, Switches, and Internetworking Protocols.* Addison-Wesley Professional Computing Series. Addison-Wesley Professional, second edition, September 1999.

[24] L. J. Miller and K. E. Savary. Voyager flight enginerring preparations for neptune encounter. Technical Report 88-4263-CP, AIAA, 1988.

第 2 章
深空导航

2.1 火星任务误算

美国太平洋时间 1999 年 9 月 23 日凌晨 02 点 01 分, 在星际空间无动力下降 9 个半月后, 耗资 1.25 亿美元的火星气象轨道器 (Mars Climate Orbiter, MCO) 开始启动星载 640N 火箭发动机[1]。这是一次期待已久的火星入轨 (Mars Orbit Insertion,MOI) 点火, 它将持续 16 分钟, 使航天器减速进入火星两极上空的 14 小时椭圆轨道。计划中火星气象轨道器的任务是研究火星气候, 并在火星车和地球之间进行中继通信。不久, 航天器就将穿越火星背面, 深空网 (Deep Space Network,DSN) 接收机将无法接收到它的无线电信号。

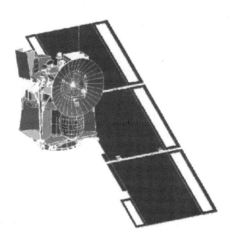

图 2.1   巡航模式中的火星气象轨道器。图片来源于 NASA/JPL-Caltech。

　　然而, 问题出现了。最新的导航结果显示, 航天器到达这颗红色星球的上空将比先前估计的 150 km 目标要低。就在几小时之前, 导航估计的结果是 110 km, 这一高度对航天器极其危险, 会在航天器上产生不可承受的大气扭矩和加热作用。现在更精确的导航估计结果是 95 km, 然而, 在这个高度, 火星大气中 CO_2 的气动摩擦引起的加热作用就像喷灯一样。

　　四天之前, 存在完成最后一次轨迹修正机动 (Trajectory Correction Maneuver, TCM) 的窗口, 但它被证实没有必要并被取消了, 尽管导航解相对平常情况已经表现出更多的不确定性。前一次的轨迹修正机动, 即在 9 月 14 日进行的第四次轨迹修正机动 TCM-4, 发动机点火 15 秒, 为飞行器提供 $\Delta V = 1.4$ m/s 的速度增量, 计划瞄准火星表面上空 224 km 目标高度, 为 MOI 点火准备。此次机动之后, 导航解比正常情况下的预期表现出了更多的不确定性。《航空周刊与空间技术》(*Aviation Week and Space Technology*) 报道说: "在 TCM-4 几天之后, 导航计算得到了相对较差的收敛结果, 根据新的数据, 预计离火星最近的高度将达到 150~180 km, 但置信度较低。" 该杂志还援引该项目的飞行操作管理员的话: "困难的部分是评估导航效果, 以及信任它们多少。"[1]

　　因此, 直到几小时之前, 飞行小组还在期望着一个至少 150 km 的 MOI 点火高度, 但一直有一种不良的预感, 数据已经有点太不确定了。现在, 火星重力场正在加速航天器, 并且 DSN 正在测量它相对于火星的轨迹。在这种情况下, 当前正在运行的地面导航软件给出了比星际巡航测量更加精确的结果。多普勒测速和测距数据使得轨道计算解收敛到准确值。

　　DSN 接收机失去了信号。在发动机点火状态下, 航天器已按计划飞入火星背面, 与地面失去了联系。导航程序还在运行, 对轨道模型进行多次迭代, 并给出更加确定的结果。消息是严峻的: 一个 75 km 的飞越高度。

　　像平常一样, 当他们正观看令人激动的入轨过程时, 压力聚集而来。此时, 比发射还更让人紧张。在航天器起飞和巡航显然成功的情况下, 这剩余的难关将决定资金投入、多年工作以及好运是否得到回报。在导航控制人员的旁边, 管理者和政要们站满了任务支持区域, 飞行小组中那些接触到新结果的人都产生了一种可怕的感觉。现在, 在最近几天或几周未能很好收敛的结果已经收敛了。只能寄希望于 75 km 这个新的结果是错误的! 它必须是! 否则在 75 km 高度, 大气摩擦将引起航天器翻滚和过度加热。

　　现在, 到了太平洋时间凌晨 2:26。此时航天器将飞出火星背面, 并重新捕获到其下行信号。发动机已完成点火, 航天器应已进入火星轨道, 并且我们应当已收到确认。然而, 没有信号!

在接下来的两天里, 为重新建立与该火星气象轨道器的信号联系进行了不懈努力, 但均以失败告终。几个月以后, 为 NASA 制造和操作该航天器的洛克希德·马丁公司经过分析最终确定, 盛放肼和四氧化二氮推进剂的储箱由于过热已损毁。航天器极有可能已经失控旋转、解体甚至在火星大气层中烧成碎片。

在最终的报告中[2], 调查部分列举了几个导致失败的调查结果, 其根本原因竟然是混淆了计量单位。航天器执行的推进机动都在巡航过程中, 称为角动量去饱和 (Angular Momentum Desaturations, AMD), 它仍然通过小推力发动机推进几分钟来保持姿态, 同时星载反作用飞轮 —— 用于姿态控制的电驱动装置 (将在下一章详细描述) —— 被减速到预先确定的转速。每一次 AMD 机动执行时, 推力器施加于航天器的微小净加速度大多垂直于从地球到航天器的视线方向, 或者接近该方向。这就意味着利用无线电信号在视线方向的多普勒频移或测距无法测量该加速度, 因此在导航中只能利用航天器的遥测数据。这是各类深空探测中的普遍问题, 只能利用导航软件将机动的遥测结果简单记录在一个 "微小力" 文件中。1997 年 "火星环球勘探者" (Mars Global Surveyor) 任务遭遇了相同情况, 但它仅偏离其 MOI 目标 4 km, 目前仍在轨飞行。然而, MCO 的推力器产生的冲量值 (力 × 时间) 本应该采用量纲 "N·s", 但输入到导航软件中采用了英式单位 "磅秒"。结果这些微小作用力被放大了 4.45 倍 (1.01 bf=4.45 Ns), 虽不足以立即产生危险信号, 但当累积足够时间后将致使航天器损毁。

在本章以下部分, 将探讨在星际飞行过程中跟踪和导航航天器的所有相关因素, 为了给出一个全面的展现, 对涉及的内容不作深入研究。对所有主要方面及其相互联系, 我们将作较为细致的描述。如果读者有兴趣作进一步了解, 可以参考列举的文献。

2.2 飞行路径选择

在星际任务中, 航天器质量是一个备受关注的重点, 它在很大程度上决定着运载火箭要到达一条期望轨迹的能力需求。因此, 必须对科学仪器仪表、电力供应等系统, 以及航天器携带的其他系统的质量做出权衡, 尤其是推进剂的质量。因而, 从地球到目标星体的最优轨迹应当是一条最省能量的轨迹。1920 年, 德国工程师沃尔特·霍曼 (Walter Hohmann, 1880—1945) 提出了一种经济有效的方法来实现航天器在两条不同轨道之间的转移。他在 1925 年公开发表了这个概念[3]。为什么是两条轨道？因为我们主要考虑在太阳系中，太阳具有支配性的引力作用，我们将地球绕太阳轨道看作出发轨道，另一条轨道就是目的行星绕太阳的轨道。霍曼轨道就是与两条绕太阳轨道相切的椭圆轨道。这个概念同样适用于两条不同的地球轨道，一个常见的例子是实现从一条高度较低的初始轨道到地球同步轨道的转移。

　　因此，要到达另一个行星，常用的轨道选择是霍曼转移3 或它的一个适当变化。参见图 2.2 来仔细考虑这种方法。凭借地球的原始动力，在发射台上的航天器已经在一条太阳轨道上，如果我们的目标是一个外太空行星，轨道转移的任务就是，在航天器脱离地球引力之后，修改它已有的太阳轨道，使得它的远日点即离太阳距离最远的点到达目标行星轨道，而它的近日点仍在地球上，即图中的 E 点。如果在近地点利用切向的脉冲加速给轨道施加足够的能量，效果将是抬高随后的远日点高度。航天器将迎着太阳引力滑向新的远日点，几乎就像一只向上投掷的棒球，在接近图中的 M 点时慢慢减速。

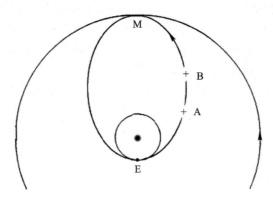

图 2.2　E 点表示地球以太阳为中心作轨道运动，窄椭圆表示霍曼转移标称轨道，外面的大圆表示目标行星的太阳轨道。A 点和 B 点在 2.3.2 节中讨论。没有按照比例绘图。

　　任务规划者所要做的就是根据目标行星的运动确定正确的发射时间。例如，火星发射窗口每 26 个月出现一次，轨道转移则需 8~9 个月。当航天器完成轨道转移后，就指定到下一个任务目标。正如著名的三颗首次登陆火星的巡视器4，像流星一样与火星相遇，然后携带着表面防热罩、降落伞和气囊降落到火星表面。一个航天器可通过花费更多的推进能量以进入火星轨道，就像 1999 年 MCO 试图完成的任务一样；也可以通过火星甩摆，利用引力助推技术获得一个弹射加速，"黎明" 号 (Dawn) 航天器将利用该技术在 2009 年初进入小行星带。或者，如果行星并不在航天器到达的地方，它将回转并继续在绕太阳的椭圆轨道上飞行。这就是麦哲伦号 (Magellan) 航天器利用霍曼转移进入金星轨道的方式。在它第二次环绕太阳飞行时，最终按计划于 1990 年与金星相会[5]，通过点燃携带了 15 个月之久的固体火箭，成功变轨进入到了金星轨道。对于地球轨道航天器，可以在转移轨道高点达到同步轨道高度时，通过远地点火箭推进作用来抬高它的近地点高度以形成圆轨道。

2.3　轨道确定与制导

行星际航天器导航包括两项主要任务。轨道确定 (Orbit Determination, OD)，就是基于物理运动定律对飞行路径进行的计算机建模，观测航天器的空间位置，并评价观测拟合模型的程度。另一项任务 —— 制导 (guidance)，就是基于轨道确定的结果，在预先确定的时刻对航天器施加短期加速度来修正飞行路径。

航天器始终绕着某物体飞行，因此它的飞行路径是一条轨道，或轨道的一部分，称为弹道。发射前，它绕太阳运行；在发射轨道的早期部分，它是一条地球轨道，当进入星际巡航时又是一条太阳轨道；在到达目标位置后，航天器可能会绕某颗行星、小行星、行星的卫星或者其他感兴趣的目标飞行；甚至航天器永远逃离太阳引力作用[6] 绕银心飞行，这时其估计的导航路径将是一条绕太阳的双曲线。无论哪种情况，轨道确定主要被看作航天器及其绕飞天体的二体问题，尽管需要做一些来自其他天体的微小引力摄动修正，行星轨道必须考虑太阳的影响，而太阳轨道则必须考虑附近行星的影响。

在制导任务中，必要时导航仪择机确定对航天器施加加速度，以修正航天器的运动到预期的轨道，通常次数不多。每次任务，它们将明确发出使用星载推进能力的指令，首先旋转航天器到火箭发动机推进矢量需要的方向，然后发动机按计算时间点火工作，提供轨道修正需要的加速度。

另一种航天器加速的方法是引力助推技术，在某些任务中可能会采用。后文将会提到，当航天器抵近飞行到大质量行星或天然卫星附近时，它将获得一个充足的加速作用，代价是自然天体轨道动能而非航天器本身的燃料。

2.3.1 开普勒、牛顿及其定律

轨道力学这一学科, 包括轨道确定和制导, 是在德国天文学家、数学家约翰·开普勒 (Johannes Kepler, 1571—1630)[7] 和英国博学家艾萨克·牛顿 (Sir Isaac Newton, 1643—1727)[8] 的基础上建立的。

开普勒利用观测数据开展研究并在此基础上演绎了行星运动三定律, 它的资助者 —— 丹麦诺贝尔奖得主第谷·布拉赫 (Tycho Brahe, 1546-1601)[9] 在其有生之年对其进行了系统的编写。简单地说, 开普勒定律可表达为:

(1) 行星轨道是以太阳为焦点的椭圆轨道。

(2) 从太阳至行星的连线在相同的时间内扫过的面积相等, 因而行星接近太阳时速度较快、远离太阳时速度较慢。

(3) 轨道周期的平方与轨道半长轴的立方成正比, 因此轨道越大周期越长, 并且大轨道上的行星运动速度越小。

牛顿的第一本著作《自然哲学的数学原理》(*Philosophiæ Naturalis Principia Mathematica, Principia*)[4] 将经典力学的基础建立为三大运动定律, 利用简化的形式描述为:

(1) 物体将保持静止或常速运动, 直到外部净力作用于它。

(2) 作用于物体的外部净力等于其质量乘以加速度

$$F_{\mathrm{NET}} = ma \tag{2.1}$$

式中: m 表示物体质量; a 表示加速度。

(3) 对每一个作用都存在一个大小相等方向相反的作用。

牛顿第一定律是对伽利略成果 (Galileo Galilei, 1564—1642) 的归纳和复述, 即惯性定律[10], 伽利略描述它为: "物体将在水平面上保持直线匀速运动直到受到扰动。" 尽管牛顿也许并不知道, 事实上中国哲学家墨子 (Mozi, ca. 470-390 BCE) 以及富有影响的波斯科学家 (Ibn al-Haytham, 965-1039)[11] 也曾做过相同的观测实验。

对于第二定律, 注意到 "加速度" 一词在日常用语中指的是速度的增加, 而 "减速度" 则对应速度减小。在经典力学中, 加速度指任意瞬时速度的增大或减小。曲线运动例如绕轨道运动, 即使速度恰好等于常数, 由于其速度方向分量的改变因而也存在加速度。

在《原理》的第三本书中, 牛顿描述引力加速度的概念为, 物体质量在一定作用距离上施加于另一物体的吸引力, 但是他对该力的自然属性[12] 没

有提供任何解释。更为重要的是, 牛顿推断这种引力无处不在, 一般地, 可描述为如下方程:

$$F_{\text{GRAV}} = G\frac{m_1 \cdot m_2}{d^2} \tag{2.2}$$

式中: F_{GRAV} 表示万有引力; G 为比例常数, 即万有引力常数[13]; m_1 表示第一个物体的质量; m_2 表示第二个物体的质量; d 表示两个物体之间的距离。

牛顿没有给出引力常数的值, 而是由其他人在亨利·卡文迪许 (Henry Cavendish, 1731—1810) 确定地球密度的实验结果的基础上估计了该值的大小。今天使用的常数 $G = 6.674 \times 10^{-11} \text{N} \cdot \text{m}^2 \cdot \text{kg}^{-2}$, 该值自从 1837 年首次使用以来, 仅仅在精度上做了适当的改进。

更加美妙的是, 牛顿对微积分独立的共同发现[14] 和应用 (他称其为 "流数的科学") 开启了利用开普勒定律精确确定轨道运动的方法。基于《原理》中的万有引力, 以及牛顿运动三定律, 艾萨克爵士完成一个巨大的成就, 不仅解释了开普勒行星运动定律, 而且包括行星对于太阳本身运动的影响。

文献 [5,6] 对于开普勒和牛顿定律在现代星际导航中的应用提供了更加完整的描述, 这就是轨道确定的任务。

2.3.2 模型和观测

上述定律形成了导航器用以解决轨道确定问题的软件系统的基础。文献 [7] 给出了早期版本定轨程序中的算法。通过 DSN 雷达跟踪提供航天器位置和速度的观测数据, 经设计 OD 构造航天器在三维空间和时间的运动模型。与其他导航问题一样, 星际飞行的轨道确定也是一个迭代过程[15]。OD 以航天器轨道的一个估计模型开始, 它含有特定的可观参数, 并量化估计轨道和实际轨道之间的误差。让我们用一个图来给出一些定义。

回到图 2.2, 图中从太阳的北极上方向下看, 做轨道运动的物体正逆时针运动。假设地球正在 E 点并绕太阳运动, 航天器正按大椭圆太阳轨道运动 —— 图中给出了预估的位置。实际上, 这些信息都将通过任务规划和发射后的连续的定轨迭代过程获得。航天器模型化的名义轨道可以预报航天器在任意时刻的位置和速度。

利用无线电跟踪技术捕获航天器信号, 可精确测量直线距离, 或者说图中 E 点到航天器所在的 A 点的距离, 这将通过测量地球到航天器之间的无线电信号时延来实现。同时, 也可测量地球 —— 航天器相对运动的径向速度或 E-A 方向的距离变化率。这一类观测通常通过测量无线电信号的多普勒频移来实现, 同时它也表现在随时间变化的测距观测上。在测量中, 位于地球天空的航天器角位置、主要的角度东向西测量的赤经 (参见 2.4.1 节) 也将达到高精度。这些量都称为 "观测值"。图中, 如果从 B 点获得航天器的视线距离、角位置以及距离变化率, 将明显不同于 A 点的值。同样地, 这些观测可沿着模型化的轨道获得许多个点, 主要取决于航天器的观测频率。

观察图 2.2 所示的标称轨道, 考虑到各种可用的观测, 以及地球的运动精确已知, 我们可以推测, 反复进行这些测量事实上会对航天器满足计算机建模的标称轨道的程度至少在图示的二维表达上给出一个良好的估计。轨道确定过程完成这一过程, 其结果表现为预报值和测量值之差, 即残差 (residuals)。如果残差符合高斯分布[16], 那么模型就很可能是正确的, 并且其分布主要来自于观测噪声。如果残差表现出趋势变化, 那么: ① 航天器偏离航迹; ② 观测值存在系统性问题; ③ 模型错误。如果反复多次迭代都给出正态分布结果, 然后在没有改变观测方法或系统的情况下出现了趋势变化, 导航器判断可能需要对航天器运动状态进行校正。

与可观测量不同, 行星际航天器的运动模型是利用开普勒和牛顿定律, 和它们的质量、引力, 以及太阳运动建立的。它也有精确值, 称为星历表, 如地球和其他天体在太阳轨道上的质量、引力、旋转和轨道演化, 以及由迭代过程确定的航天器运动状态。OD 还必须考虑一些小作用力, 如太阳光作用在航天器上的辐射压力, 以及喷气反作用力, 甚至辐射, 如航天器发出的热辐射。当然, 还包括用于控制姿态的推力。

到目前位为止, 我们在二维空间考虑了行星和航天器路径的测量, 第三个维度 —— 赤纬, 在图 2.2 中垂直于页面, 利用相同的视线距离和速率值, 同样可在有限的精度内进行测量。如果采用地球上大维度跨度分布的深空站进行测量, 则可获得相当好的精度。例如, 利用澳大利亚堪培拉的 43 号深空站和西班牙马德里的 63 号深空站, 它们分别位于南纬 35° 和北纬 40°, 南北跨度约 8325 km。即便如此, 这也是一个有限的距离。当三角形的两边达到数百亿千米长, 而基线仅 8325 km 时, 三角测量的精度就无法保证了, 这就是 MCO 失败的原因。但是, 还有其他一些测量技术可以提供更加精确的位置测量, 以弥补这种垂直于平面方向的信息缺失, 但 MCO 在任务中并没有采用这些技术。其中一种是甚长基线干涉仪 (Very-Long-Baseline Interferometry, VLBI), 我们将在后面介绍, 另一种是光学导航。

2.3.3 光学导航

如果航天器搭载有光学相机,那么当它接近主要目标或途中其他太阳系星体时就可以用来导航。导航小组和图像科学小组为航天器协同准备指令,引导照相机指向并拍摄目标相对于背景恒星的图片。为此, 恒星可看作无限远并保持在已知的空间位置。这些光学导航图像,为了使暗淡的背景恒星可见, 通常对目标体过度曝光, 几乎无法揭示目标体本身科学有用的细节[17]。利用通过遥测从航天器回传的光学导航图像,光学导航分析人员调用软件工具在一个预设的目标形状模型的基础上确定观测体中心 (如果它对着多于一个像素的尺寸)。软件辅助鉴别背景恒星,并提供精确的导航数据及其精度给 OD 过程,包括仅用距离和距离变化率测量而得到的不太精确的第三个量 —— 赤纬。

2.3.4 自主导航

光学导航形成了一种新兴的能力用于某些行星际任务的基础 —— 自主导航,简写为 "Autonav"。一个自主导航系统的原型搭载在 "深空" 1 号,该项目开始于一项工程任务设计,旨在展示包括电力推进的几种新技术。该航天器成功实现了自主导航,然后对其目标进行了重要的科学观测。

作为 NASA 新千年 (New Millennium) 计划的一部分,"深空" 1 号在 1998 年飞离地球,飞越一颗小行星然后一颗彗星。在利用传统导航技术进行发射并进入太阳轨道之后,基于任务规划和发射后 OD 解的初始轨道模型将在飞行中提供给航天器导航软件,航天器启动其自主导航系统并利用自主导航进一步确定它的轨道,然后多次应用这些信息来预报它的轨迹,并在必要时进行航迹修正以到达目标。文献 [8] 进一步描述了 "深空" 1 号任务。

自主导航技术背后的基本思想非常简单,但它只能在太阳系内的部分任务中实现,太阳系内有很多相对较近的物体,它们都有精确已知的轨道,可作为自主导航目标。"深空" 1 号运行在主要的小行星带,已知的星历表中有数千颗这一带的小行星。星载自主导航软件操作相机获取选定小行星相对于背景 "静止" 恒星的自主导航图像。理论上,这样一幅图像可经自动分析来确定航天器相对于目标的视线矢量,如果还有一幅自主导航图像相对于另一个目标,并在空间广泛分布,分析可获得第二条视线矢量,两条矢量交汇处就是航天器位置。重复这一过程,然后建立必要的航天器位置和速度状态信息来确定它的轨道,并最终对其进行修正。图 2.3 描述了这种情况下的一个简单案例。事实上，航天器在获取自主导航图像的过程中处于运动状态，增加了这一过程的复杂性。

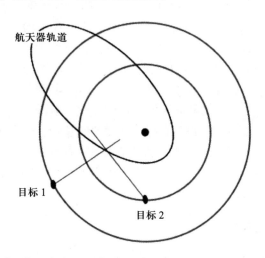

图 2.3   通过捕获已知目标相对于背景 "固定" 恒星的图像，自主导航软件获得输入，建立航天器所在的视线矢量。

自主导航的软件组件必须包含一套完整的自主导航信息获取和处理引擎，以及自主轨道确定引擎，另外还需要一套能够确定必要的航迹修正量并应用星载推进器进行航迹修正的系统。

另一个自主导航的应用是作为头条新闻于 2005 年 7 月发射的 NASA "深度撞击" (Deep Impact) 航天器，该航天器同时应用了传统的无线电技术和自主导航技术，进入彗星坦布尔 1 号 (Comet Tempel 1) 轨道释放一个 300 kg 的铜质撞击器然后离开。撞击器携带了自己的光学相机、自主导航系统和推力器。撞击器自主导航引擎在明亮的云层层爆的混乱中识别彗星的彗核，同时与飞越的航天器通信，然后系统自动执行三次机动，引导自己成功撞击。在地球上观测到了撞击过程，释放出许多彗星物质，飞越的航天器捕捉到了相应的图像和光谱信息并通过遥测传回地球。文献 [9] 详细描述了这一非凡成就，如其导航人员所说。文献 [10] 提供了更多的技术细节以及参考文献。

2.4   测量

基于精确的坐标系统，航天器在空间的速度和位置的反复测量提供了轨道确定所需的所有必要数据。同样,坐标和测量也是航天器在行星际空间进行航迹修正、飞行制导以及引导其接近自然天体的基础。

2.4.1 坐标系统

为进行有效的建模、预报、测量以及航天器的飞行路径控制,我们需要采用一个统一的参考框架,包括空间坐标和时间。对于空间坐标,来自 DSN 站的观测首先参考熟悉的包含经度和纬度的地心大地参考框架,它以连续运动的地球自转轴和地球赤道位置为基准。可以说这很容易,因为地球存在这两个内置的潜在参考,尽管地球的自转轴存在明显位移 —— 只需对其进行跟踪。但对于远离地球的深空导航,我们利用什么进行参考?

正如地球表面的点可用它的经度和纬度表示,位于地球天空的目标也可用赤经和赤纬表达[18]。航天器角位置,以及行星和其他目标,都在天球参考框架下测量,它以某历元或某时刻的地球赤道为参考平面,目前应用地球时 (Terrestrial Time, TT[19]) 儒略年 2000 年 1 月 1 日 12:00 作为参考历元。正如在地球参考框架中纬度表示远离赤道向北或向南的距离,赤纬的度数和正负则表示天球参考框架中的南北指向。地理经度以英格兰格林尼治 (Greenwich) 子午线作为本初子午线。相似的,天球 "经度" 表示为赤经,也有一个起始点。赤经原点指定为春分点位置,指向在参考历元年北半球夏季经过天赤道昼夜平分点时刻的太阳。这些条件以历元的形式作为参考,目前使用历元 "J2000.0 赤道和春分点",但已经有微妙的变化。

在 20 世纪 50 年代末和 20 世纪 60 年代初,射电天文学家发现天空中自然的无线电噪声源并不总是与任何可见的恒星或其他物体相关。利用远距离射电望远镜的干涉测量技术试图发现这些 "类星体射电目标",很快发现它们是紧密度物质。文献 [11] 描述了这一发现。几十年后,我们知道,这种天体的名字被简称为 "类星体",每个类星体距离地球达数千万光年,都是在年轻的星系中通过物质吸附,超质量黑洞周围形成的巨大能量圆盘[12]。最明亮的类星体中心每小时可以吸附数百个地球的质量的物体。类星体的性质本身是一个引人注目的课题,这些最遥远的已知目标构成了建立天球参考框架实用的 "固定" 点。

数百颗类星体构成了目前协议天球参考框架 (International Celestial Reference Frame, ICRF) 的基础,它的坐标轴与 J2000.0 系统一致。在巴黎天文台和美国海军天文台的协作下,国际地球自转和参考系统服务组织 (International Earth Rotation and Reference Systems Service, IERS) 将维持 ICRF 作为它的一项职责[20]。1998 年 1 月 1 日, 国际天文联合会 (International Astronomical Union, IAU) 采纳 ICRF 作为其基本参考系统。天球赤道和春分点目前已经可以精确测量。鉴于一些行星的星历表可以使用雷达确定, 而探测行星的航天器利用无线电导航, 当利用 VLBI 对航天器和类星体位置同时进行高精度测量时, 航天器和行星星历值都 "依附" 在 ICRF 中, 稍后的 2.4.5 节将讨论。这种观测称为 "框架依附"。

无论空间坐标系统多复杂, OD 过程必须包含天球参考框架和地球参考框架之间的转换, 以解决在太阳系中利用天球参考目标的地基观测。时间是另一维度。

在行星际导航中, 与测量关联的时间标准为协调世界时 (Temps Universel Coordonné, UTC)。这一标准与我们熟悉的格林尼治标准时间 (Greenwich Mean Time, GMT) 相似, 但是它更加精确。格林尼治时间以地球每分钟可变转速和一个 "平" 太阳通过为基础, "平" 太阳通过上中天的速率是对地球通过近日点和远日点的周年运动取平均值。而 UTC 利用国际单位制 (SI) 定义的秒, 为 "铯-133 原子基态的两个超精细能级间在零磁场下跃迁辐射 9192631770 周所持续的时间"[21]。在国际原子时系统组织中, UTC 由世界范围内超过 50 个国家实验室的 300 多台原子钟的加权平均时间保持。UTC 允许在每年的年初加上或减去一个闰秒使之接近 GMT。

在本书中, UTC 是我们唯一需要记住的时间尺度, 尽管术语表定义了许多其他的变量, 你有可能随处可见, 如 ET、TT、TDT、TDB、UT、UT0、UT1, 以及 UT2。

为进行可用的测距观测, DSN 站在测距观测时刻的位置精度需要达到几个厘米。在行星际空间中, 对测站位置影响最大的是地球绕太阳的公转以及地球自转。这些运动的值经过几个世纪的天文观测精化后已精确已知。获得厘米级精度, 意味着必须认识到地球在空间并不绕固定轴旋转。地球旋转轴本身定义了大地经度和纬度的初始框架, 它服从由 IERS 保持跟踪监测到的各种时间尺度的运动。众所周知, 春分点或秋分点进动的周期约为 26000 年。另外, 还存在一个周期为 433 天的摆动, 以其发现者美国天文学家瑟斯·卡洛·钱德勒 (Seth Carlo Chandler, 1846—1913) 的名字命名为钱德勒摆动。这是一个非球形转动物体特有的章动。另外, 更小的章动还可由月球引力力矩, 以及包括地幔、融化中的冰川在内的地球不同部分的物质位移, 以及其他流质的移动引起。海洋潮汐对极移施加了周日和半日变化, 投影到地球表面的幅值为零点几毫秒。经过多年的长期测量, 相对短周期性章动引起极移横跨地球表面的变化总计在数十米量级。

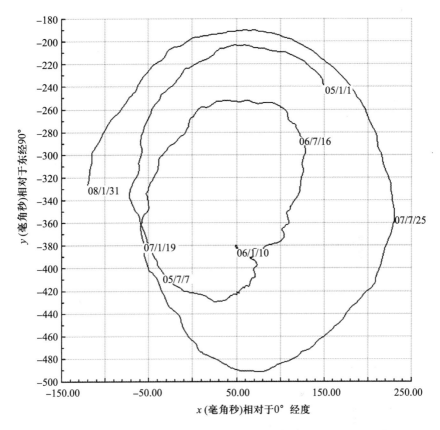

图 2.4   地球自转轴在毫弧秒量级上的运动, 从 2005 年 1 月 1 号到 2008 年 1 月 31 日。日期为年/月/日。图片来源为 IERS。

    由于对地球极移运动进行了跟踪和记录, 可对 DSN 测站的经纬度值进行有相应的修正, 但是这还不够。DSN 站所在的大陆板块在移动, 由于地球的对流层地幔流体逐渐拖动地壳构造板块以高达每年 8.5 cm 的速率移动。DSN 利用 VLBI 技术观测类星体对这些运动进行测量。

    在确定了必要的参考框架以及需要考虑的地面板块运动后, 我们就有了进行量化测量的基础, 如多普勒频移和测距, 用以提供给轨道确定。基于 DSN 站精确的大地经纬度坐标得到的测量数据, 可转换到地心坐标系, 以更加方便地与其它太阳系目标建立联系。地心赤道系统的原地在地球中心, 基准平面定义为地球赤道的大圆。

2.4.2 多普勒频移

当一个声波的波源朝观测者方向移动, 那么每一个到达的波都比前一个到达的波传播距离短, 此时相比其他情况波到达频率更快。反之, 如果波源和观测者的距离增大, 每个到达的波需要传播更远的距离, 如果每个波都以相同的速度传播, 那么传播更长距离的时间也越长, 波达到观测者位置的频率更慢, 即以低频到达。这一影响是可测的, 仅在于波源朝向或背向观测者的速度。在日常生活的经验中, 有很多这种效应的例子, 奥地利物理学家和数学家约翰·克里斯汀·安德烈·多普勒 (Johann Christian Andreas Doppler, 1803—1853) 于 1842 年对这个现象进行了描述。当救护车接近和远离时, 人耳听到警笛峰值的变化就是一个很好的例子。

声波频率漂移的例子描述了多普勒效应的基本原理。当源和接收者之间存在径向相对运动时, 无线电波、光以及其他电磁辐射同样存在这一效应。由于声波经空气传播, 空气本身的运动将影响观测到的频率, 但电磁辐射仅需时空介质本身传播, 因此仅由源和观测者之间的相对运动引起多普勒频移。基于这一假设, 发射频率 f 和接收频率 f_{rec} 之间的关系为

$$f_{rec} = f + \frac{fv}{c} \tag{2.3}$$

式中: v 为视线方向或径向相对速度 (正号表示接近, 符号表示远离); c 为光速。

注意, 多普勒对传播速度没有影响, 它只影响频率。蓝色的光与红色的光或无线电波传播速度相同。另外, 考虑到源可能并不在观测者的径向方向运动, 此时视线方向上测量影响为

$$v_{s,r} = v_s \cdot \cos\theta \tag{2.4}$$

式中: $v_{s,r}$ 是波源速度的径向分量; v_s 表示在观测者参考框架中波源真实前进速度; θ 为前二者的夹角。

虽然能够很方便测量波源的整个绝对运动, 但是用以输入到轨道确定过程以拟合标称轨道, 速度的径向分量以及距离测量值已经绰绰有余。正如在火星气象轨道器的案例中, 如果航天器在观测值视线的正确角度上作运动, $v_{s,r}$ 将为零。

1. 航天器的频率

在方程 (2.1) 中, 精确已知发射频率 f 是测量航天器速度的前提。理想情况下, 航天器的发射器将输出一个良好的频率稳定的无线电信号, 频

率值 f 精确已知, 使得多普勒频移测量可用于求解方程 (2.1) 或 (2.2) 中的 v。然而, 航天器的发射器受到许多因素限制, 无法满足这一理想条件。它必须是轻质的, 而且必须从有限的航天器电能供给中最省能量。另外, 极端温度变化也有可能发生在航天器上, 其中一些有可能影响发射元件的频率稳定性。总之, 航天器的发射器不能仅靠自己提供一个足够稳定并精确已知的频率来满足导航的需求, 许多航天器都搭载了一个参考频率, 称为超稳振荡器 (Ultra-Stable Oscillator, USO), 它能够提供相当好的频率稳定性。航天器上 USO 元件维持在一个 "恒温箱" 中, 温度能够稳定到 0.1 °C 范围内。USO 可用于一些无线电科学观测, 但对于常规导航还不够稳定。

2. 相干

解决办法是相干。在全球分布的三大深空通信站中, 各有一台巨大的、极其耗电的频标, 它们需要不间断供电, 安装在温度可控的地下室, 为深空站发射器产生上行链路频率提供极其稳定的频率参考。航天器接收到稳定的上行链路以后, 通常会切换到发射模式, 在上行接收链路的基础上产生它的下行发射频率。事实上, 下行链路与上行链路的相位相干。也就是说, 下行信号的波峰和波谷的时标与上行链路的波峰和波谷的时标保持一个固定的关系。

地面接收到以后, 下行链路频率能够很容易地与上行频率比较, 因为 DSN 的下行接收机采用了与上行发射器相同的频率基准。然而, 多普勒影响是双倍的, 在航天器接收到上行信号时产生一次频移, DSN 接收到下行信号时又产生一次频移, 因此需要将观测到的频移除以二以产生便于使用的结果。所有已知运动产生的多普勒频移都将由 DSN 通过导航软件提供的预报结果进行扣除。剩下的就是利用多普勒残差 (Doppler Residuals) 来表示宝贵的导航数据, 并结合其他输入, 迭代产生导航结果: 估计航天器相对于预报轨道的位置偏差。

DSN 通常采用的高稳定的频标是氢微波激射器, 它是 DSN 频率和时间系统的核心。该设备通过一个反馈装置使微波信号在其调谐腔中保持共振。根据氢原子两个超精细能级间的振荡, 信号的频率为 1420405751.768 Hz。频率和时间系统中的剩余电子将频率增加到期望值, 并一直保持极高的稳定性 —— 通常可达每 10 小时 10^{-15} 量级。除了为 DSN 发射器提供频率基准, 频率和时间系统还将基于该频标为所有其他的 DSN 子系统分配频率参考信号和时间值, 包括上述的接收机、遥测译码器、上行指令系统以及天线指向控制系统。

得益于高稳定的参考频率, 利用导航软件处理多普勒频移观测数据可得到极好的结果。卡西尼号航天器的导航员, 利用 X 波段上下行射频链路对土星轨道上的航天器进行测量, 往返一次的距离量级为 3×10^{12} m, 通常能够得到优于 0.1 mm/s 的径向速度测量。为形象化地解释这个精度, 假设举起双手并相距 1 m, 然后将它们以 0.1 mm/s 的速度合拢, 这需要耗时上万秒 —— 超过 2.7 h。这在任何速度计上都是一个极其微小的速度增量, 然而这是导航航天器在遥远的距离上穿过针眼进行交会可获得的精度。

在 DSN 测站 8~10 h 的过境过程中的多普勒频移测量, 测量航天器过境时的相干下行信号, 可提供不单是航天器速度分量信息, 还可以提供航天器赤经和赤纬测量 —— 航天器在天球球面上的角位置。当天线机械子系统中的译码器以千分之一度的精度读取天线指向时, 控制天线指向至关重要。更加精确的角度数据需要对地球旋转进行精确标定, 它与多普勒频移中地球旋转引起的变化分量结合在一起。

旋转引起的多普勒变化是这样的: 当 DSN 测站观测航天器从东方升起时, 测站由于地球旋转朝航天器加速; 当航天器在西方降落时, DSN 测站则背向航天器加速; 并且测站观测到航天器上中天时, 周日变化的多普勒频移达到最小值, 然后改变正负号。假设 DSN 具有高稳定和高精度的时间系统, 相对运动可转换成具有高精度和准确度的赤经值。在天球上表示, 航天器在南北方向上的运动通常不如东西方向明显, 因此赤经值的精度相对较差。总的来说, DSN 测站观测到的信号多普勒频移是航天器的长期地心速度变化 (由航天器自身运动和地球在太阳轨道上的进动引起的) 和由地球自转引起的地面短期变化、周日变化、半日变化的总和。该正弦曲线的振幅与航天器赤纬的余弦成正比, 它的相位随着一天中的时间变化而变化, 包含了航天器的赤经信息, 如图 2.5 所示。

2.4.3　单程、双程、三程

由航天器下传的信号中不包含接收到的上行信号, 则称为单程 (one-way) 信号。单程信号的频率基于航天器自身频标。无论是否采用 USO, 电子振荡器通常基于晶体的振荡 —— 与数字手表的原理极其相似。尽管单程测量没有导航所需的高稳定频率, 但用于传输携带科学和工程数据的航天器遥测信息则完全没有问题。

如果航天器接收到一个上行信号, 并同时产生一个与上行参考频率相关的下行频率, 并且 DSN 接收机已经锁定到它, 则该系统可称进入 "双

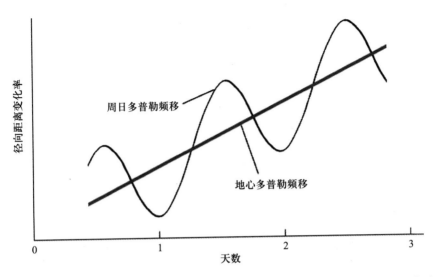

图 2.5　周日多普勒频移是由地球每天自转引起的, 而更多平缓的地心多普勒频移则
　　　　揭示了与地球绕太阳年进动结合在一起的航天器运动。

程相关" (two-way coherent) 模式。在极少情况下, 典型的航天器可通过指
令控制忽略上行链路作为参考频率, 而连续产生自己的下行链路频率。这
种情况可用于校正星载晶体振荡器, 以及一些科学实验, 称为双程非相关
(TWNC, 简称 "twink")。TWNC 需要置为 "关" 状态以确保高精度导航。

　　双程模式假定在同一时间段内发射上行链路与接收下行链路的 DSN
站为同一个站, 如果不同的站接收下行链路, 则称为三程 (three-way) 模
式。根据接收信号是否参考上行链路信号, 三程测量可以是相关的或者非
相关的。由于长距离往返光行时超出了航天器降落到西地平线以下之前的
可见时间段, 从 DSN 测站到远距离航天器的上行链路, 以 "旅行者" 1 号
为例, 将无法被提供上行链路这一时段内的同一测站所接收。如在 2008 年
底, "旅行者" 1 号的往返双程光行时约 30 h。某个 DSN 站可在航天器从东
方升起到西方降落 10 h 或 12 h 期间向 "旅行者" 1 号提供上行链路, 而无
法接收双程相关下行链路。而后第二天, 该站或另一个站将捕获到 "旅行
者" 1 号的三程相关下行链路 (同时为第二天地面站接收提供上行链路)。

　　为避免射电干扰, 航天器并不发射与上行接收链路完全一致的频率信
号, 而是由其电子设备对接收到的上行链路信号乘以一个预先确定的比率
来产生下行链路频率。例如, 卡西尼号将接收到的 X 波段上行信号乘以
880/749 来产生 X 波段下行频率。

在典型操作过程中, DSN 在跟踪开始时锁定接收机到单程下行信号, 并开始解压和解码遥测。此后很快, 地面站将初始化一个上行链路。往返光行时之后, 如果 TWNC 关闭, 航天器的双程相关下行链路将完成它的行程返回地球。该相关下行链路, 对导航来说足够稳定, 通常将会与单程信号频率具有微小差异。因此,DSN 接收机将对单程信号解锁, 必须用一条指令或一个自动系统引导接收改变频率, 并完成新的相关下行链路的频率锁定。这一般需要几分钟时间, 因此失锁期间的任何遥测或其他数据将丢失。因此, 细致的计划将导致拥有星载指令序列的航天器在它下传的数据中产生一个间歇, 细致地记录在失锁事件之前。卡西尼号按照常例进行了这一设计, 然而 DSN 上行链路记录的任意最后一分钟的改变都能阻止这一计划, 并导致几分钟遥测损失。

除了对于导航的重要性以外, 在航天器靠近一个星体, 如一颗小行星、行星或者卫星时, 作为一次科学实验对其进行多普勒频移测量也非常宝贵, 如第 1 章提到的, 在第 6 章我们还会详细描述。以相关双程或三程模式跟踪航天器可测量由目标星体引力引起的航天器的微小加速度, 这些加速度是构成星体质量的重要测量数据。

2.4.4 测距

当进行测距时, 由 DSN 站发出的上行射频链路传送一系列可识别的称为测距音的射频信号, 这些信号应用第 1 章讨论的相位调制过程调制到载波 (或者一个子载波) 上。当航天器接收到测距音时, 又将它们通过下行射频链路信号发射回去。DSN 测距系统同时记录每个测距音上行时刻和下行测距音接收时刻。理论上, 经过时间反映了射频信号以光速 c 发送到航天器并返回所经过的视线距离, 即测距数据。对于一个在土星距离上的航天器, 测距观测目前能够达到 1 m 精度, 但由于仅考虑了以下因素:

(1) 基于航天器发射前的传导性实验, 航天器内部的电子器件延迟为一个已知值, 典型测量精度为纳秒。

(2) 在每套集成设备中, DSN 天线到接收机和位于信息处理中心的测距系统计算机之间的距离也是已知的, 通常在跟踪弧段开始之前要重新测量, 以计算设备、连接器, 或者由温度引起的长导线或光纤的长度变化。

(3) 上行和下行链路信号穿过的大气和电离层延迟总量修正, 这将随航天器上升和下降时的 DSN 天线仰角变化。由于在真空、大气、水气以及等离子体中传播时, 光速 c 存在微小差异, 大气和等离子体传播延迟将引入从天顶方向 2 m 到低仰角 10 m 的测距误差。

(4) 稀疏的星际等离子体也将引起光速 c 的轻微变化,但其影响可通过比较多普勒和测距,或比较两个不同频率的测量进行校正。否则,其影响将作为测距噪声。当至航天器的视线方向穿过某一层日珥时,日冕中的高密度等离子体产生的高噪声将抑制获取有效测距数据。

(5) 相对论效应。根据狭义相对论原理,快速移动的物体将经历时间膨胀。尽管微小[22],但其影响是一个已知量,并且可被引入到测距值计算中[23]。

观测量当然基于 DSN 站的位置,其结果表示到航天器的视线距离。由于 DSN 站的位置精确已知,测距观测量进而可归算到一个通用的参考点 —— 地心,为轨道确定过程提供输入。

如图 2.5 所示的多普勒频移测量、距离测量所表现出的周日和长期结果,经过一段时间的测距可提供距离变化率,并且利用距离变化率的多天周期性还可以提供航天器在空间的角位置的值:赤经和赤纬。如 2.3.2 节所述,同时利用位于地球的南北半球测站测距可给出有效的赤纬值。

测距并不在航天器跟踪的每时每刻都进行,但通常只要飞行计划允许时就开展。由于这一过程需要调制发送到航天器的上行射频信号和从航天器发出的下行信号,测距要从标称的有限能量的下行信号中争取到功耗。在某些情况下,必须指令航天器关闭遥测调制来保证测距调制足够 "洪亮"。但如果通信链路拥有足够的能量,如卡西尼号和其他一些任务,距离测量就可轻松分享链路余量。

2.4.5 VLBI —— 甚长基线干涉测量技术

赤经和赤纬观测量是出自航天器多普勒频移和距离测量的副产品,并且我们发现赤纬测量,即天球中南北幅度,无论利用多普勒或测距,或者二者同时测量都只能达到有限精度。当航天器建模的标称轨道或受力中存在一些不精确的假设时,多普勒和距离的赤纬观测量不足以使轨道模型迭代收敛到航天器沿南北中轴线的真实位置,正如不幸出现在火星大气轨道器中的失误。

在火星大气轨道器出现失误后,每个发送到火星的航天器都引入 VLBI 作为第三种遥测技术来测量在天球球面上的角位置。尽管 VLBI 产生高精度结果,但相当耗费资源、时间以及人力。它需要同时利用位于不同大陆架上的两个测站,在二者能够同时观测到航天器的有限时间窗口内。两个测站必须拥有孔径不小于 34 m 的天线, 因为它们将用以观测非常微弱的射频源。当任一航天器在澳大利亚看正从西边降落时, 在西班牙可见它正从东地面线以下升起; 或在澳大利亚东升时, 在加利福尼亚却正在西降; 或在加利福尼亚东升时在西班牙正西降。某些航天器少于三次重叠观测的机会。除了任务规划需要两个大陆架上某些繁忙的天线以外, VLBI 还依赖于大量地基数据通信能力, 以及计算机数据存储和处理能力, 当然与十年前相比, 后面的这一需求目前已更加容易满足。

下面描述其工作原理。VLBI 的甚长基线部分, 由所使用的两个 DSN 测站间的距离构成, 它赋予了这项技术高分辨能力。干涉测量是一项先进科学处理技术, 它将广域分布的两天线当作一个孔径 —— 一副巨大的射频天线 —— 其尺寸是基线长度本身。这种情况下关心的不是其收集能力, 即所有可见区域收集同一信号的能力, 而在于其空间分辨力。VLBI 因此不仅是一项对航天器导航员具有重大意义的技术, 而且同样对射频天文学家[24] 和光学天文学家[25] 意义重大。

电池辐射的波形可相互干涉。当同一频率的两个能量波到达单幅天线 —— 或是两幅或多幅天线组合 —— 如果反相它们将相互抵消, 或者如果它们同步则会增强 (海浪也是如此)。干涉测量技术因这一原理而得名。干涉测量分辨率高, 是因为它能够精确测量前向波到达广域分布天线时的到达时间, 然后进行相关处理。例如, 如果位于西班牙的 DSN 天线碰巧比澳大利亚的 DSN 测站更加接近航天器, 由航天器发出的单个前向波将首先抵达西班牙的天线, 几个纳秒后它将到达澳大利亚天线。VLBI 技术包括每个入射波的识别 —— 每秒有数十亿个 —— 以及测量它们到达各个测站的时间差异, 它通过识别相似的多组波来标识它们, 就好像它们是指纹一样。精确的基线长度和指向是预先已知的。可以想象, 测量时间差则可得到航天器的角位置。这是一项艰巨的任务, 当然, 不止如此。

从 2.4.1 节中可知, 类星体形成了维持协议天球参考框架的基准点。利用 VLBI 观测航天器位置的第一步, 两个 DSN 测站转向同一颗类星体, 该类星体碰巧在空间靠近航天器 (即天球面, 也就是说, 类星体本身可能相距数十亿光年)。然后两个站转向航天器, 记录由航天器发出的 10 min 的"噪声" (实际上为射频信号, 这里看作噪声)。接下来, 如果在目标降落之前还有剩余时间, 两幅天线可转回到同一类星体或另一颗, 记录其噪声, 以获取更好的测量。

这些噪声观测记录包含庞大的数据集, 高分辨率数字化采样后存储在磁盘上。在观测完成后, 所有的记录都将发送到中心处理工作站。这里, 它们被输入到相关处理器, 这是一个运行在现有可用硬件上的功能强大的计算机程序。相关处理器分析而后识别类星体观测噪声和测站接收到航天器发出的伪噪声的随机波的形状。然后与前向波匹配, 也就是将它们相关, 并基于记录时间, 确定各个观测目标 —— 类星体和航天器的赤经和赤纬的精确值。于是, 由于类星体构成了参考框架的基础, 它们在天球中的坐标精确已知, 航天器坐标就尽可能完全确定下来了。由于它们的位置可根据许多先前的观测精确获得, 并且其位置固定不动[26], 类星体的应用有助于减小甚至消除可能由钟差或设备延迟引入的误差。一条成功的 VLBI 观测获得的航天器赤经和赤纬的精度达 5nano-radians (约 $2.87 \times 10^{-7\circ}$), 且由于这一结果独立于常规的多普勒和距离测量, 结果明确, 不包含任何航天器动力学模型误差。文献 [13] 提供了更多技术细节。

并不是所有 VLBI 观测都是成功的。在协调两个大陆架上的两台测站执行一条观测、捕获和传输大规模数据集, 以及运行一个成功的相关处理的过程中, 存在诸多缺陷的机会。例如: 对空间低仰角观测显然很困难, 可能在测站和观测地平之间的某个地方正在下雨, 造成过多的微波噪声和衰减; 还有大范围的无线电折射大气层和电离层黑障; 观测完成前计算机磁盘被告知写满了。传输大文件在今天看来更加普遍了, 但在过去的几年里可能经常失败或是耗费大量时间。当在某个任务中需要 VLBI 观测去增强常规的多普勒和测距导航时, 通常计划出比实际需要更多的观测, 以避免可能的失败。

VLBI 观测在支持飞行导航时经历了各种名称, 并且可能需要少许建模技术。它们被称为 ΔVLBI, 一个更进一步描述上述技术的名称, 这里 Δ 指类星体和航天器之间的差分。在 ΔDOR 或 DDOR 中, DOR(发音 "door") 表示差分单程测距, 似乎有些引起误解, 因为尽管信号被差分了, 观测却是在单程测量模式下完成的, 至少对于类星体, 它们不是原始的距离观测。如果不利用类星体, 牺牲一些精度, 观测可仅仅称为 DOR。

有时, DSN 对类星体和太阳系物体周边运行的航天器开展 VLBI 观测, 没有飞行计划请求或协同要求, 目的是更新基于 J2000.0 协议天球参考框架的行星星历模型。这些就是 2.4.1 节中提到的框架横梁观测。

由于利用多普勒和测距确定赤经和赤纬大约限制在土星距离, "旅行者" 2 号在前往天王星和海王星的途中使用了 VLBI 技术[14]。发射于 1996 年的 "火星全球勘测" 号在没有使用 VLBI 的情况下就到达了目标。在 MCO 失误并由 NASA 高层审核的后续的导航技术之前, 它的火星入轨表现良好。卡西尼号没有使用任何 VLBI 技术到达土星, 即使在 1997 年到

2004 的星际巡航过程中, 其中还经历了 MCO 事件。卡西尼项目的导航员在利用多普勒、测距以及光学数据获得良好的收敛解方面能够彰显出高度的信心, 同时圆满地完成了 "引力助推" 行星际飞越。

2.4.6　集中处理

观测数据, 包括相干多普勒频移、测距、VLBI 等无线电导航数据和光学导航数据, 以距离、赤经、赤纬、及其变化率等形式输入到轨道确定 (OD) 程序中。轨道确定程序将它们与航天器动力学模型预报的计算值进行比较, 标称轨道同时满足运动学规律和航天器受到的所有已知作用力的影响。太阳系主要天体星历、DSN 测站位置以及校正值等数据也将输入到轨道确定引擎。系统利用加权最小二乘过程求解, 计算出一组新的估计轨道, 作为参考轨道发布给用户。用户, 如某个科学小组, 可以根据轨道, 调度仪器捕获一个即将出现的目的图像和光谱。文献 [13] 给出了技术细节。最新的轨道确定解也帮助用户判读出他们所获得观测的结果。最终, 导航小组成员分析轨道确定结果, 确定在需要的情况下, 对航天器作出什么样的引导修正。

2.5　轨迹修正和配平机动

当大众刊物将火星精密着陆与高尔夫一杆进洞进行比较时, 他们忽略了一些东西。像老虎伍兹的专业高尔夫选手们可能获得数百次一杆进洞, 但他们能够精确地跟踪球的轨迹吗, 在每次离杆后的飞行途中还能对球进行三到四次的轨迹修正吗。行星际航天器装载了推进系统 (在第 4 章讨论), 在它们数年或数月的飞行中能够对其航迹或轨道进行微小的修正。

航天器通过火箭发射动力爬升几分钟后, 就基本上能确定其最终轨迹, 因此每一次发射都极力成为一次极好的 "开球", 而且事实上大多数发射也做到了最好, 当然也有一些失败了。然而, 不依靠飞行途中的一些小的辅助, 发射从来没有足够好到可以精确到达任务目标, 无论它是一颗行星、彗星或小行星。航天器从地球升空以后, 通常几天或几周之后获取足够的多普勒或测距数据, 并完成首次标称轨道模型的迭代。导航员启动航天器的轨道推进系统, 其任务, 或者说导航小组的任务或航天器飞行小组的任务, 是执行航迹修正机动 (TCM), 消除发射后的飞行路径误差, 防止其变得过大。还有一些执行 TCM 的窗口则有可能出现在后续的飞行过程中。

　　通常在太阳轨道上采取的一些较小推进机动称为 TCM, 而当航天器在绕行星的近距离轨道上时, 相同类型的推进机动成为轨道配平机动 (Orbit Trim Maneuver, OTM)。在两种情况下, 航天器火箭发动机或推进器[27]点火工作一段预先确定的时间, 在期望的方向上施加一个作用力加速航天器, 导致速度变化 Δv。TCM 和 OTM 产生的作用力通常仅施加小量 Δv, 例如从几厘米每秒到几米每秒。如果必须作为最初航迹设计的一部分来执行, 则这些机动都称为 "确定性的", 另一些称为 "随机的", 它们用于补偿通常在导航过程中出现的部分变化, 例如在燃料耗尽以后紧跟一次飞越。许多机动过程是二者的结合。

　　一些任务设计包含这样一些需求, 确定性机动, 目的是准备一次特殊的引力助推飞越, 否则就不可能实现通过施加相当大的 Δv 来执行一次确定性机动, 来建立一次特定的引力辅助飞越, 称为深空机动 (Deep Space Maneuvers, DSM)。通过设计, 每次机动消耗航天器携带的一定比例推进剂 (后面会看到, 引力助推本身将证明 DSM 推进剂消耗是非常值得的)。"信使" 号 (Messenger) 航天器在 2005 号 12 月 12 号执行了一次 DSM, 耗费航天器 8% 的燃料和氧化剂。此次机动主发动机燃烧 524 s, 施加了一个 316 m/s 的速度增量, 在 2006 年 10 月 24 日将航天器送入一条 3140 km 高度的引力助推金星飞越轨道, 踏上前往其目标水星的征途。"信使" 号的引力助推轨迹包括总计五次 DSM, 数十次 TCM, 接着于 2011 年 3 月 18 日利用其 600 N 的主发动机, 完成了一次 830 m/s 速度增量的入轨机动。一旦入轨, 航天器将于每个水星年 —— 88 地球日完成两次 OTM。卡西尼号利用其 440N 的主发动机执行一次 DSM, 在太阳轨道减速 450.2 m/s, 准备首次引力助推金星飞越。有 23 次机会进入飞往土星的轨道, 其中 7 次没有必要而被取消。到达之后, 主发动机为轨道转入提供一个 626 m/s 速度增量 —— 减速使土星重力永久性地捕获航天器[28]。在其 29 条轨道的 24 年时间内, 有 160 次 OTM 的时机, 其中许多都不需要执行, 因为它只是稍微偏离了理想轨道。

　　为修正航天器的飞行路径, 选择目标天体附近的一个目标点, 不管目标天体是在正前方还是将与航天器后面的轨道弧段交汇。机动设计人员为推力矢量明确一个方向, 航天器用以引导发动机指向; 并且他们还要明确一个需要施加的 Δv 的值, 用于修正航天器路径到达目标点附近。回到图 2.2 中, 以位于 B 点上方箭头附近的一个航天器为例。当航天器位于该位置附近时, 可执行一次推进机动, 以修正其航迹来实现在未来飞越位于理想脱靶距离的行星 E。(针对该图, 我们必须假设一个时间, 在行星沿椭圆下降的过程中可再次回到该点与航天器相遇。) 事实上, 通常在远拱点附近实施推进机动, 轨道中的最高点, 此时航天器以相对较低的速度运动, OTM 的作用就是抬高或降低即将来临的近拱点高度。

选择目标点的过程本身较为复杂, 特别是如果目标天体就是科学探索的主题。在这种情况下, 很难在诸多的竞争因素中做出权衡, 如几何和光照、授时需求、无阻挡的天文参照和避免大气扭矩的姿态控制需求、科学小组对大气采样的要求、通信限制, 以及推进剂的保留等。如果目标天体主要用于获得引力助推增量, 那么, 可以将科学目标置于导航需求之后。

2.5.1 目标平面

作为一个工具用于准备 TCM 和 OTM, 以及用于事后重构真实的飞行路径, 这里想象出了一幅名为 B 平面的示意图, 以及一些相关矢量的定义, 如图 2.6 所示。

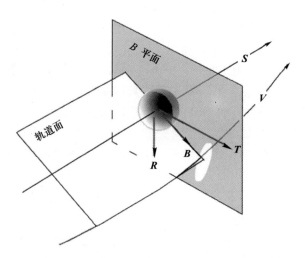

图 2.6 B 平面定义为垂直于最接近点的航天器入射轨道 V 的渐进线; 矢量 S 平行于渐进线并穿过目标天体的质心; 矢量 T 在大多数情况下为椭圆平面或天体赤道平面的任意矢量; 矢量 R 垂直于 T 和 S; B 在轨道平面内垂直于 S。

航天器到达目标天体的轨迹通常是一条相对于该天体位置的双曲线。也就是说, 如果没有受到冲力, 飞船将直接飞过目标天体。这条路径在逼近过程中也是双曲线, 即使方案要求航天器在靠近目标时使用推进系统进入环绕轨道, 例如在火星轨道捕获的机动中。目标平面, 或者 B 平面, 定义为垂直于入射双曲线路径的渐近线 S, 该曲线穿过目标天体中心。通常可把该渐近线看作一条直线, 表示曲线轨迹的平均。由于航天器的轨迹展现出多种曲率, 定义的渐近线基于目标天体引力成为影响航天器的主要作用力时的航天器速度矢量, 该速度称为无穷远速度 V_∞。矢量 B, 有时称为 "错过" 矢量, 从天体中心出发, 指向航天器渐近线穿过 B 平面的交点, 该渐近线以 TCM 企图达到的目标点为导引 (平行于 S)。B 矢量明确了最近导引点, 就好像目标天体没有质量并且不会扭曲飞行路径。T 矢量定义为某平面如黄道面或天体赤道面内的任意矢量, R 矢量垂直于 T 和 S。

B 平面示意图提供了在二维坐标平面中直观地查看 TCM 或 OTM 的预报或实际效果, 图像表示在 T 和 R 构成的坐标中, 原点为天体中心。图 2.6 中, 注意到 B 平面中的白色小椭圆, 其中心位于渐近线上, 这表示预报的导引精度。到达目标点的概率以标准差表示, 通常在 1σ 到 3σ 范围。这是轨道确定解在 B 平面的表达, 意味着航天器有可能在椭圆内的某一处穿过 B 平面。在一般的计算过程中, 对 OD 解的连续多次迭代通常可望收敛到越来越小的误差, 越来越小的椭圆, 这些椭圆每个都以先前椭圆中的某点为圆心。飞行时间误差沿渐近线垂直于 B 平面的方向表示。

图 2.7 展示了 2001 火星奥德赛 (Odyssey) 航天器的 B 平面曲线图, 该航天器发射于 2001 年 4 月 7 号。该年 5 月, 它的 TCM-1 施加了一个 3.6 m/s 的速度增量 Δv 来修正轨迹, 消除在发射过程中对简化的发射策略采用一些近似处理引起的误差。到同年 10 月, 飞船已迫近红色星球, 在火星大气轨道器在 1999 年 MOI 失败后完成了 NASA 的首次入轨尝试。奥德赛预计在 2001 年 10 月 24 号到达火星。图中, 灰色的大圆表示火星, 以 T 和 R 的原点为圆心。与火星同心的圆圈表示 B 平面内航天器可能撞击火星的范围。该曲线远大于火星的灰色圆, 再次提醒, 由于 B 平面约定将行星当作无质量和重力。接下来需要对这一目标图像之外进行计算, 确定重力在何处具有影响, 并将其结果引入。该图显示, 如果航天器的目标点位于影响圆之外, 它将不受大气的阻力下降或直接影响。

图中位于右边的椭圆显示了轨道确定解 OD015 的结果, 其中, 如果允许航天器继续按照该路径运行, 其 B 平面目标将相距火星 10000 km。但 7 月 2 日实施了一次 TCM, 施加了一个 0.9 m/s 的速度增量, 移动了奥德赛的目标点使之更加接近火星, 并将航天器定点到北极上方, 使得它能够进入一条极轨道。TCM-2 的预报结果以位于图中火星以北的 OD027 表示。注意到, 由于预报椭圆与影响圆存在交叉部分, 此次 TCM 的结果存在航天器可能撞击火星的某种概率。TCM-2 的 "复核", 即在 TCM 完成后再次运行包括 OD 的计算过程, 显示确切位置位于危险区域之外。

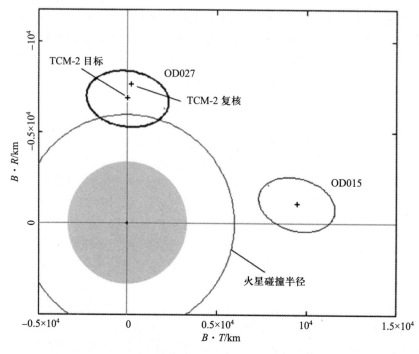

图 2.7　2001 火星奥德赛号航天器 B 平面, 以及轨道确定解和 TCM-2, NASA/JPL 供图。文献 [15] 有详细过程介绍。

　　为实施一次 TCM, 航天器调整姿态使其火箭发动机指向导航小组利用机动设计软件计算出的方向, 并且 Ace 已经在几小时之前预先上注到航天器。然后航天器启动其液体推进剂火箭 (或一组小推力火箭), 使燃烧持续机动指令中指定的一段时间。最后, 机动指令按顺序命令飞船姿态控制系统旋转姿态到名义巡航指向, 以满足太阳加热控制和通信等要求。随后飞船继续沿着它的自由落体路径航行, 直到下一次推进机动。

　　奥德赛在飞行途中也经历了一些导航挑战, 包括必须在接近地球天空的水平线和噪声干扰的情况下进行多普勒和测距观测, 在处理反作用动量轮卸载时频繁地自动推进机动对航天器施加速度增量, 以及一些在多普勒频移测量中不明原因的变化。但它也得益于飞行途中少量 VLBI ΔDOR 观测量, 提供了精确的赤经和赤纬数据, 有助于产生可信的 OD 解。TCM-3 在 9 月 17 日提供了 0.45 m/s 的速度增量; TCM-4 在 10 月 12 日仅需推进航天器 8 cm/s; 以及在 MOI 之前执行 TCM-5 的时机被确认没有必要[15]。图 2.8 展示了在 TCM 之后不断缩小的误差椭圆, 在 B 平面上等待入轨的航天器的最终位置仅距火星上空 300 km 的目标高度 1 km。该图有一大片灰色线条组成的栅格位于 B 平面坐标区域上, 大多数沿 $\boldsymbol{B \cdot R}$ 方向, 将置航天器于行星上空各种给定的轨道高度, 沿 $\boldsymbol{B \cdot T}$ 则得到各种近极轨道倾角。

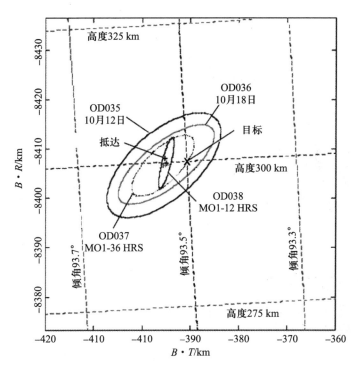

图 2.8 2001 火星奥德赛航天器 B 平面, 在 2001 年 10 月 24 日航天器到达火星入轨过程中轨道确定解的收敛过程, 此时火星位于该图的底部边框之外。NASA/JPL 供图。

2.5.2 机动实施

1997 年 12 月 9 日, 卡西尼号已逃离地球引力, 绕太阳轨道自主运行了 25 天。在 10 月 15 日的发射中, 它的半人马上面级已经点火, 使航天器在太阳轨道中减速, 置于一条向内下降的轨道, 朝着金星轨道飞行以获取一次该行星的引力助推飞越。现在, 卡西尼号的 TCM-1 将消除上个月的点火中产生的误差, 转入行星际转移轨道。位于西班牙的 34 m 口径的 DSN 测站, 即 54 号站, 正与卡西尼号的低增益天线建立一条 X 波段上行射频链路, 高增益天线的圆盘正指向太阳, 以提供遮荫并阻止航天器过热。

卡西尼号低增益天线 (LGA) 的下行链路信号相对较强 (−145 dBm), 该信号对 DSN 稳定的上行链路以双程相关模式进行相位锁定。由于仍然距地球相对较近, 卡西尼号的无线电波仅耗时 1 分 17 秒传回到地球。

现在遥测显示, 在持续的指令序列控制下, 航天器主发动机罩已经开启并加注 (这个半球状的电驱肋条和陨石防护罩从一双尾发动机喷管处折叠开来, 就像一个婴儿推车的华盖),Ace 发送一条 "微序列" 指令执行 TCM-1, 该指令由航天器小组和导航小组预先准备好。现在, 随着时序指令开始执行, 通过推进系统对安装在支柱上的部分 0.9 N 火箭推力器启动短时燃烧, 姿态控制系统开始转动航天器。几分钟后, 飞船完成滚动和偏航, 调整到主发动机工作所需的正确姿态, 推力器再次启动快速点火阻止姿态继续转动。由于转动引起星体上的 LGA 相对地球移动了几米, 所有这些动作都清楚地展现在实时多普勒频移图像中。接下来的 OD 进程将计算速度变化, 每个变化达几米每秒, 这是姿态调整产生的边缘效应。从卡西尼号的角度来看, 其低增益天线覆盖了大部分天空, 包含明亮的蓝色地球, 因而与地球的通信并没有中断。后续任务中为 TCM 和 OTM 进行姿态调整, 在使用 HGA 之后, 通信将在窄波束扫离地球后中断。

命令时隙留出几分钟沉淀时间, 使液体燃烧剂和氧化剂在储箱内完成晃动。现在, 推进系统中的两幅电控气流阀大力打开, 在飞行中第一次引导增压的偏二甲肼和四氧化二氮到主发动机燃烧室。在 34.6 s 内, 燃烧室和排气喷管加热到灼热, 产生 440 N 推力, 在导航小组机动设计软件计算所需的方向为航天器提供 2.7 m/s 的速度增量。阀门关闭。Ace 计算机显示屏显示红色警报 —— 在一片彩色逆向显示终端上的数字表示温度。这将保持几个小时, 直到发动机逐渐冷却。

图 2.9 展示了在卡西尼号的 TCM-1 主发动机点火过程中, 由西班牙 54 号测站接收到的单位为赫兹的信号多普勒残差。

在图中左下角, 卡西尼号下行频率在图中显示为零 (实际值为 7.175121157971 GHz)。由于由地球转动和进动引起的多普勒频移, 以及卡西尼号已知的相对速度已被扣除, 它看上去像是一条平直线。突然出现的频率增长持续了 36.6 s, 稳定到一个新的平直线, 大约增高 80 Hz。该值为视线漂移测量值, 是从卡西尼号的速度增量 Δv 的对地方向分量导出的结果, 约 80 Hz 频率可转换为 1.49 m/s 的测量速度变化, 从地球上看沿速度矢量方向总计 2.7 m/s, 见方程 (2.2)。

接下来的一天, 卡西尼号的压力完全释放了,"利用 1998 年 4 月 26 号计划中的第一次金星引力助推或甩摆, 卡西尼号航天器继续其征程, 并保

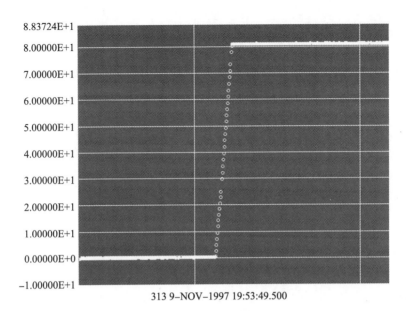

图 2.9   卡西尼号的 TCM-1 主发动机点火过程中观测到的多普勒频移残差, TCM 的
视线分量包含一个略大于 80Hz 的频率变化。NASA/JPL 供图。

持了非常良好的健康状态。此次机动将帮助卡西尼号获得足够的速度, 使
得它的长途旅程称为可能, 并在 2004 年到达土星。"[29]

在 TCM 过程中, 当遮阳板的 HGA 指向偏离太阳时, 太阳加热不会
损伤航天器。事实上, 航天器小组选择使飞船再保持 TCM-1 燃烧姿态一
小时, 观察星上温度以确定卡西尼的热响应特性。

2.6   引力助推

1961 年, 受聘于 JPL 夏令营的一位学生成功得到了动力学系统中一
个古老问题的具有实践性的数值近似解, 该问题即太阳、运动行星和一个
飞过的卫星构成的限制性三体问题。在没有高速计算机的帮助下, 历史上
还没有一位数学家能够得出该问题的解。莱昂哈德·欧拉 (Leonhard Euler,
1707—1783) 通过引入行星静止这一假设获得了一个近似解。亨利·庞加
莱 (Henri Poincaré, 1854—1912) 给出了解决该问题的约束[16]。

这位 JPL 的夏令营职员是美国加利福尼亚大学洛杉矶分校 (UCLA)
的学生迈克尔·米诺维奇 (Michael Minovitch, 1935—)。通过独立工作, 他
的解决方法是当航天器位于行星的巨大引力影响范围中时忽略太阳引力,

该引力范围称为 Hill 球[30]。他的技术途径中必须考虑行星所有重要的绕太阳轨道运动, 而不是像欧拉那样将该问题忽略。在一个太阳中心参考框架中, 他发现航天器在行星际飞行中仅需为到达目标行星的轨道转移机动 TCM 耗费很少的推进剂就可以获得巨大的速度增量 ΔV, 一个难以置信的增量! 直到这时, 探测并超越土星看上去都是不可实现的。"土卫六 - III - 半人马" 发射系统, 在第 4 章中将会仔细描述, 具有投放小质量飞船到太阳系外层空间的能力, 但该飞船要到达土星则太慢而毫无意义。一些方案利用巨大的核分裂推进发射系统运送稍快的航天器, 但这些都被证实在技术上难以实现, 并且现在看来还存在巨大的环境威胁[31]。

基于他的提议, 米诺维奇在 UCLA 建立了一个主要的计算工程来解算出他的这一发现, 他称之为重力推进 (gravity propulsion)。UCLA 和 JPL 都拥有 IBM 7090 "超级计算机", 这在 20 世纪 60 年代初期的科学家和工程师们中存在巨大需求。这些填满整个房间的前沿的全晶体管化机器有 32000 字内存, 平均 "仅" 需 34 μs 来完成一个浮点数字运算[32]。米诺维奇成功地获得了相对大量的硬件占用时间, 使他有机会去探求重力推进系统在行星际任务中的巨大价值[33]。他将他的结果无偿地贡献给了 JPL。宇航学家们早就知道当彗星经过行星时如何建立它的轨道模型, 出生在德国的火箭工程师 (1917—1984) 在 1962 年描述了其星际飞行潜在的应用机理[17]。在许多研究者仍然将这一因素当作一种干扰时, 米诺维奇完成了数值解, 提出将引力助推应用于实践。尽管他并没有发现任何新的物理学基本原理, 但他完成了数学计算 (参见文献 [18-20]), 并且在一个独特的机会及时实现了引力助推。

2.6.1 壮观之旅

1965 年, 美国宇航工程师加里・弗兰多 (Gary Flandro, 1934—) 发现一个利用米诺维奇 "推进系统" 的难得机会。每 176 年出现 1 次, 连续 3 年行星将以一种方式排列, 可从地球发射一颗探测器飞越所有气体巨星, 它在每个走廊中获得足够的能量以推进到下一个目标。以在与米诺维奇合作中获得的原理为基础开展工作, 弗兰多发现了能够到达所有气体巨星的一族轨道。弗兰多在加利福尼亚理工学院 (Caltech) 就读学位时, 也是 JPL 的临时雇员, 他发现在 1976 年、1977 年和 1978 年有 30 天的发射窗口[21]。但随后任务规划者指出, 只有 1977 年提供的窗口可飞越行星到一定距离上, 并近距离与它们的卫星交汇。

早期的美国空间计划无法获得一项基金来资助太阳系中这样一次 "壮观的旅行", 详见文献 [22]。但是 JPL 建造了两艘 "旅行者" 号, 该项目获得 NASA 批准, 是一项仅飞越木星和土星的任务[34]。飞船在电能、推进剂和计算机可编程方面留有足够裕量, 因此其中一艘在完成官方的既定任务后仍有能力执行额外的任务。用弗兰多的话说: "…… 在我看来完全没有问题, NASA 已经完全认识到了由 JPL 装配建造的飞船中此刻正在发生什么, 他们本应该是最不满意的[23]。" "旅行者" 号于 1977 年离开地球, 这一年最适合大量的科学飞行任务[35], "旅行者" 2 号实际飞行了气体巨星系统的一次 "壮观的旅行"。

借助引力助推技术, "旅行者" 2 号成功实现了对类木行星及其卫星的勘察, 在各个行星系统中获得了丰富的科学发现, 其中许多都出乎预料。"旅行者" 1 号本有一次窗口利用引力助推增量从土星推进到冥王星, 但这次机会被近距离观察土星的最大气体覆盖卫星土卫六的窗口取代。该窗口还包括一次飞越土卫六地球掩星区域, 在这里航天器的无线电信号在到达地球的途中穿越土卫六的大气 (我们将在第 6 章重谈此次经历)。

2007 年初, 另一条飞船利用木星加速, 从木星获得甩摆自由飞行到了冥王星。"新地平线" 号 (New Horizons) 航天器从木星相遇过程中获得了 3.83 km/s^2 的速度增量, 预计在 2015 年 7 月与矮行星冥王星及其卫星查尔顿相会。许多其他的任务也借助了引力助推技术。首先是 "水手" 10 号, 它飞过金星; "先驱者" 11 号 (Pioneer 11) 闪耀着尾巴飞过木星, 利用甩摆完成了首次土星飞越; 伽利略号利用引力助推技术到达木星轨道, 卡西尼号到达土星轨道, 以及近期的 "信使" 号利用该技术到达金星。当然还有其他许多案例。

2.6.2　工作原理

重力如何以一种有用的方式推进航天器呢? 当航天器接近一颗行星时, 重力引起飞船加速。但当它越过行星之后, 重力是否会使它再次减慢回来呢? 在行星看来, 这是事实。航天器的速度在最接近行星时达到最大值, 而后又减慢回来。参见图 2.10 中的板块 A, 示意了木星北极上方的一次飞越。航天器相对于行星的逃逸速度大小, V_{OUT}, 将衰减到入境速度 V_{IN}, 尽管行星的重力引起了行星方向的改变 (图中所示的弯曲度)。

然而, 以太阳为参考, 日心轨道中的航天器将从此次遭遇中经历一次净加速 ΔV, 正如文献 [24] 的简要描述。见图 2.10 中的板块 B, 它显示了

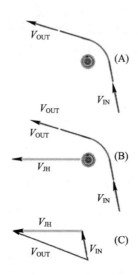

图 2.10　从木星北极观察到的引力助推, 木星绕太阳运动是从右至左。

一个标注为 V_{JH} 的新矢量, 木星日心速度。

　　万有引力将航天器和绕太阳作轨道运动的行星临时连接起来, 产生弹性运动[36]。为获得速度增量, 航天器在行星绕太阳演化运动过程中从其背面接近, 以比行星逃逸速度更快的速度避免被行星捕获。航天器的引力助推是以如下的方式消耗行星轨道动能时产生的: 航天器作为物理实体, 其质量将对行星施加引力拉动作用; 在航天器获得大幅反冲时, 受到拖拽的行星仅损失无限小量的轨道动能[37]。行星的损失太小而无法测量, 但可以计算出来[38]。当将航天器连接到行星在太阳轨道中的角动量这样一个推力池中时, 重力对它的推进作用有限, 平衡发生在角动量完全守恒的条件下。直观的估算, 航天器好像从行星弹射出来, 尽管在弹性碰撞中并没有真正接触。

　　图 2.10 中的板块 C 给航天器的入境速度 V_{IN} 增加了一分很大的分量 V_{JH}。以太阳为参照来看, 合成矢量 V 的大小远大于 V。在飞越过程中, 航天器获得的 V_{JH} 部分将随接近行星的距离、飞行方向以及相遇的几何关系而改变。

　　因此, 诀窍就是利用一次霍曼转移飞行到任意便于接近的行星, 然后利用一次引力助推飞越获得足够的速度增量 V 以到达目标, 否则进行下一次引力助推飞行。必须规划时间, 充分利用恰巧可用的行星位置排列。伽利略在三次太阳轨道中利用了 1 次金星借力和 2 次地球借力, 从而获得足够的能量到达木星。卡西尼号使用了 2 次金星借力、1 次地球借力以及两次太阳轨道之间的 1 次木星借力到达土星。卡西尼号的引力助推给航天器施加了总计 14 km/s 的速度增量。如果航天器在其推进系统中携带推进剂来提供这些速度增量，其质量将太大而根本无法发射，更别说抵达土星：卡西尼号利用引力助推获得的速度增量将需要约 75000 kg 的推进剂——超过了航天器实际运载的 24 倍。

在行星的太阳轨道运动中，航天器超越到其前方可获得一个相对于太阳的速度减量。当相对太阳作出境飞行时，这是真的，这正好与入境飞行相反。"信使" 号在 2005 年利用这种技术飞越了地球，在 2006 年飞越了金星，在前往水星的途中降低了其轨道高度。伽利略航天器在实施木星轨道切入机动之前飞到了木星卫星 Io 的前方，此次借力消除了相当于 175m/s 的相对木星速度，使得航天器少携带了许多推进剂。

在引力助推中，飞船 "感觉" 不到加速，即使可能出现急转弯，甚至以两倍以上速度加速飞往目的地：星载加速度计或者测量仪只能记录到连续的自由落体运动。在引力助推机动中，航天器中的每一个原子都受到相同的万有引力，其梯度或受力差异可忽略不计。当乘坐喷气式飞机或航天飞行升空时，正是受力梯度的存在才使一个人感受到加速。

2.7 既有关系的破裂

在大多数早期实践中，无论是汽车、飞机还是帆船，移动载体头部的指向方向确定了载体移动的路径，对其导航影响最大。空中飞行的火箭导弹的制导，即导航依赖于控制其弹头指向和推力器喷气的指向。当尾部火箭正提供推力时，机载导弹的姿态指示了它将要飞行的路径，并在火箭关闭后滑向目标。制导源于姿态控制。

一旦航天器脱离大气，在它在滑行过程中，姿态和飞行路径之间的连接就中断了，行星际航天器的大多数时间证明都是如此。在火箭发射过程中的几分钟猛烈喷气之后，航天器可能以自由落体状态滑行数年，在这一过程中，除了在其不太频发的短期喷气机动时，姿态与制导是完全无关的。我们仍可按照传统意义理解应用在航天器姿态控制或推进等系统中的 "制导和控制"，但在行星际空间，必须以另一种方式理解它。当航天器需要进行航迹修正时，在施加作用力之前，它必须管理它的姿态，将推力器或火箭发动机精确指向正确的方向。

于是, 在很大程度上, 一种既有的旧关系已被打破。航天器几乎总是能够以它需要的任何方式旋转, 来调整它的仪器和通信天线指向, 以及管理它的热状态, 这些都不会影响它在空间的飞行路径。在下一章中, 我们将讨论航天器如何控制其空间指向的。

注释

[1] 揭示航天器状态的无线电信号以光速从火星到达地球用时 10 分 55 秒, 但通常以我们看到事件发生的地面接收时间来关联事件。

[2] 参见火星气象轨道器故障调查委员会报告:http://www.space.com/media/mco report.pdf。

[3] 霍曼转移轨道提供了一种经济实用的能量利用方式。另一种方法称为 "模糊轨道", 可利用拉格朗日点之间的漂移计算出来, 可使用更少的推进剂, 但需要增加航行时间。

[4] 搭载 Sojourner 的 Pathfinder 于 1997 年登陆, 火星探测 Rovers Spirit 和 Opportunity 与 2003 年在火星着陆。

[5] Magellan 离开地球早期是为了清除 Galileo 的移动发射台。

[6] Voyager1 和 2,Pioneer 10 和 11, 以及 "新地平线" 是所有 2008 年在星际轨迹上航行的航天器。Pioneers 已不再跟踪。

[7] Johannes Kepler 的条目:http://en.wikipedia.org/wiki/Johannes Kepler。

[8] Isaac Newton 的条目:http://en.wikipedia.org/wiki/Sir Isaac Newton。

[9] Tycho Brahe 的条目 http://en.wikipedia.org/wiki/Tycho Brahe。

[10] 我们可以测量和计算质量和惯性的大小, 但它们的基本属性仍然有待研究。

[11] Ibn al-Haytham Haytham 的条目:http://en.wikipedia.org/wiki/Ibn al-Haytham。

[12] 利用广义相对论理论, 阿尔伯特·爱因斯坦在新的框架中构建了万有引力, 其中物质扭曲时空, 但其基本属性仍在研究之中。

[13] "大 G" 是一个不同于 "小 g" 的常数, 它表示本地重力加速度, 在不同的行星上可能有不同的值。

[14] 最著名的共同发现者是 Gottfried Wilhelm 莱布尼兹 (1646—1716),

这种表示仍在广泛使用。

15 实际上, 这个过程同时提出了一个在不同领域获取认知的科学方法, 即从猜测出发, 进一步到论证支持的想法, 然后针对各种论据, 通过严格试验确认这一想法。

16 高斯分布: http://en.wikipedia.org/wiki/Normal distribution。

17 一个著名的意外发现是 1979 年发现了木卫 Io 上的活火山, 这是由旅行者导航小组成员 Linda Morabito[25] 在一幅光学图像中发现的。

18 图 2.2 中, 在页面以外向上测量的角度表示正赤纬, 页面内的角度为赤经。

19 世界时是一个理论上的在地球表面上的理想时间。它的值为国际原子时 (International Atomic Time, TAI, 法国国际原子机构) 加上 38.184 秒。

20 见 IERS 网站: http://www.iers.org。

21 见国际单位 SI 定义的秒: http://physics.nist.gov/cuu/Units/second.html。

22 狭义相对论效应对航天器移动产生 3km/s 的影响, 例如, 展示在定时中的误差在 10^{10} 分之 5 的量级。

23 科学实验, 如在接近太阳背面时对航天器不间断测距, 可用于验证太阳引力场深处广义相对论效应中的时间膨胀[26]。

24 见 VLBI 网页: http://www.vlba.nrao.edu。

25 见 Keck 干涉仪网页: http://planetquest.jpl.nasa.gov/Keck。

26 宇宙中的类星体和其他所有物体都在运动, 但由于它们的超远距离, 从地球上需要花费数千年时间来测量任何类星体的运动。

27 推力器在航天器上通常为两用部件。一方面, 几个推力器协同工作可产生一个小推力作用在整个航天器上来进行一次 TCM 或者 OTM; 另一方面, 它们也可由航天器控制系统单个运行以改变航天器旋转速率, 这将在下一章中讨论。

28 见 www.jpl.nasa.gov/basics/soi。

29 见 Cassini 的消息发布: http://saturn.jpl.nasa.gov/news。

30 以美国天文学家和数学家乔治·威廉·希尔 (1838—1914) 的名字命名, 他的工作是在法国天文学家爱德华·洛希 (1820—1883) 的基础上, 所以希尔球也称洛希球。

31 由于航天器在获取重力辅助速度增量 ΔV 时本身只经历了自由落体条件, 航天器在全展开状态中可受益于重力推进, 包括悬臂或天线, 它们难以长期稳定地处于高推力火箭推进过程中。

32 比较 1961 年 IBM7090 和 2008 年个人笔记本电脑的性能, 该笔记本电脑具有每秒 10^9 次浮点运算能力, 以及十亿字的固态内存和大量磁盘存储。

33 关于重力辅助推进系统数学 (简而言之, 它涉及修正中的渐近线) 和天文内容的一段文字表述, 见文献 [19] 的 34 页。这是由发明者向 UCLA 教授提出的论证材料, 该教授向他提供了计算机使用权。

34 "旅行者" 号不是第一个采用重力辅助的航天器。发射于 1973 年的 "水手" 10 号采用了一金星借力飞行抵达水星轨道, 示范了该技术的工程应用。

35 1976 年的借力飞行窗口将濒临木星的强辐射区域。1978 年的发射窗口将以过远的距离飞过木星, 无法与它的所有卫星交汇。更早的窗口出现在 1801 年, 但美国总统托马斯·杰弗森的行政机构不可能会考虑到资助一次行星际飞行。下次一窗口将出现在 2153 年。

36 在弹性碰撞中, 碰撞物体的总动能保持常数, 并且不会转换成其他形式的能量, 如热能。

37 在损失能量的过程中, 行星在更加接近太阳的轨道上运行, 因此它实际上有难以觉察的加速。

38 "旅行者" 1 号改变了木星轨道的速度约 $30 \text{ cm}/10^{12}$ 年。

参考文献

[1] Michael A. Dornheim. Faulty thruster table led to Mars mishap. *Aviation Week and Space Technology*, 151(14):40–41, October 1999.

[2] James Oberg. Why the Mars probe went off course. *IEEE Spectrum*, 36(12), December 1999.

[3] William I. McLaughlin. Walter Hohmann's roads in space. *Journal of Space Mission Architecture*, (2):1–14, 2000.

[4] Isaac Newton. *The Principia : Mathematical Principles of Natural Philosophy*. University of California Press, 1999 Translation by I. Bernard Cohen and Anne Whitman.

[5] William Tyrrell Thomson. *Introduction to Space Dynamics*. Dover Publications, 1986.

[6] Marshall H. Kaplan. *Modern Spacecraft Dynamics and Control*. Wiley, 1976.

[7] D. B. Holdridge. Space trajectories program for the ibm 7090 computer.

Technical Report 32-223, JPL Caltech, Pasadena, California, online at http://ntrs.nasa.gov, September 1962.

[8] Marc D. Rayman. The successful conclusion of the Deep Space 1 mission. *Space Technology*, 23(2-3):185, 2003.

[9] William M. Owen Jr. How we hit that sucker: The story of Deep Impact. *Engineering and Science*, Caltech, LXIX(4):10–19, 2006.

[10] Raymond B. Frauenholz, Ramachandra S. Bhat Steven R. Chesley, Nickolaos Mastrodemos, William M. Owen Jr., and Mark S. Ryne. Deep Impact navigation system performance. *Journal of Spacecraft and Rockets*, 45(1):39–56, January-February 2008.

[11] Richard Preston. Beacons in time - Maarten Schmidt and the discovery of quasars. *Mercury (Astronomical Society of the Pacific)*, 17(2), 1988.

[12] Fulvio Melia. *The Edge of Infinity. Supermassive Black Holes in the Universe.* Cambridge University Press, 2003.

[13] James S. Border Catherine L. Thornton. *Radiometric Tracking Techniques for Deep Space Navigation.* DESCANSO. John Wiley and Sons, Inc., Hoboken, New Jersey, 2003.

[14] J. S. Border et al. Determining spacecraft angular position with delta vlbi: The Voyager demonstration. Technical Report 82-1471, AIAA-AAS Astrodynamics Conference, San Diego, August 1982.

[15] P.G. Antreasian, D.T. Baird, J.S. Border, P.D. Burkhart, E.J. Graat, M.K. Jah, R.A. Mase, T.P. McElrath, and B.M. Portock. 2001 Mars Odyssey orbit determination during interplanetary cruise. *JOURNAL OF SPACECRAFT AND ROCKETS*, 42(3):394–405, May-June 2005.

[16] Henri Poincaré. *Les Methods Nouvelles De La Mécanique Céleste, Tome I, II, III.* Gauthier-Villars, Paris, 1899.

[17] Krafft Ehricke. *Space Flight*, volume II Dynamics. D. Van Nostrand Company, 1962.

[18] Richard L. Dowling, William J. Kosmann, Michael A. Minovitch, and Rex W. Ridenoure. The origin of gravity-propelled interplanetary space travel. In Donald C. Elder J. D. Huntley, editor, *History of Rocketry and Astronautics, volume 19 of AAS History Series*, pages 63–102, California, 1990. American Astronautical Society, American Astronautical Society.

[19] Richard L. Dowling, William J. Kosmann, Michael A. Minovitch, and Rex W. Ridenoure. Gravity propulsion research at UCLA and JPL, 1962–1964. In J. D. Huntley, editor, *History of Rocketry and Astronautics*, volume 20 of *AAS History Series*, pages 27–106, San Diego, California, 1991. American

Astronautical Society, American Astronautical Society.

[20] Richard L. Dowling, William J. Kosmann, Michael A. Minovitch, and Rex W. Ridenoure. The effect of gravity-propelled interplanetary space travel on the exploration of the solar system – historical survey, 1961 to 2000. In Donald C. Elder J. D. Huntley, editor, *History of Rocketry and Astronautics*, volume 28 of *AAS History Series*, pages 337–432, San Diego, California, 1999. American Astronautical Society, American Astronautical Society.

[21] Gary A. Flandro. Fast reconnaissance missions to the outer solar system utilizing energy derived from the gravitational field of Jupiter. *Acta Astronautica*, 12:329–337, 1966.

[22] Craig B. Waff. The struggle for the outer planets. *Astronomy*, 7(44), September 1989.

[23] David W. Swift. *Voyager Tales*. American Institute of Aeronautics and Astronautics, 1997.

[24] James A. Van Allen. Gravitational assist in celestial mechanics—a tutorial. *The American Journal of Physics*, 71(5):–451, May 2003.

[25] Ben Evans with David M Harland. *NASA's Voyager Missions; Exploring the Outer Solar System and Beyond*. Number ISBN: 1-85233-745-1. Praxis-Springer, 2008.

[26] B. Bertotti, L. Iess, and P. Tortora. A test of general relativity using radio links with the Cassini spacecraft. *Nature*, 425:374–376, September 25 2003.

第 3 章

航天器姿态控制技术

3.1 遥远的摆动

当前，"旅行者" 1 号 (Voyager 1) 的遥测信息通过 14 号地面站发送给工程师，该地面站位于加利福尼亚莫哈韦 (Mojave) 沙漠，是深空网拥有 70 m 跟踪天线的地面站之一。

图 3.1　两个 "旅行者" 之一，从其推力装置尾部悬臂的视图。在此图中科技悬臂不可见，它向视图的另一侧延伸。图片来自唐·戴维斯 (Don Davis) 的动画片段，允许复制。

在 "旅行者" 号实时操作支持区，计算机屏幕上布满了数字和图形。其中一组数据显示了航天器姿态连续细微的变化，表示其空间指向不停地前后摆动。航天器从来不是静止不动的。与其他航天器一样，"旅行者" 号在计算机控制下绕着三个轴缓慢地摆动。屏幕上的曲线图就是由三个方向姿态的测量量逐步绘制而成的。无线电信号经过 16.2 万亿米[1] 的旅程到达莫哈韦沙漠，以光速传播需 15 小时；几秒钟以后，信号被准确无误地解码成以比特为单位的遥测数据；再经过数毫秒，计算机程序对遥测信息进行数据分析，并将其中的一些信息显示在屏幕上，形成了曲线图中的点。

图 3.2 中，每个曲线左侧都有一根带刻度的纵轴，纵轴的中间为 0，最大刻度为 +0.10°，最小刻度为 −0.10°。在第 1 章中讨论的三个遥测通道的测量值 —— "偏航、俯仰和滚转"，显示在该曲线图中，整个曲线图反映着"旅行者"号姿态的持续变化。图中各条曲线由点绘制而成，点的频率为每分钟数点，在屏幕上由左向右逐个排列。几小时后，数据点绘制的三条轨迹 (包括锯齿状的俯仰轨迹) 就到达了屏幕的右侧，这时显示系统会将图形折叠，以留出更多的空间继续绘图。这些测量数据，和"旅行者"号的其他工程数据一起都要保存起来进行离线存档，以便于事后分析。当然，"旅行者" 1 号的六个正常工作的仪器主要用于感应日鞘层内太阳风终端激波的空间环境，这些科学数据被保留并分发给"旅行者"号工程的科学家艾德·斯通 (Ed Stone, 1936—) 和其团队的研究人员。

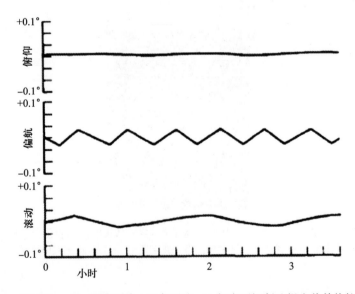

图 3.2 "旅行者" 1 号，距离地球 160 亿千米，31 年来不间断地报告着其偏航、俯仰、滚转的变化。当姿态控制系统启动发动机点火时，一般情况下不会引起偏航运动，滚转曲线也只有初始摆动两下较大，但会引起俯仰曲线的急剧摆动。图中所示的门限值 0.1° 是通过命令选择的，也可以选择其他值。此图由 NASA/JPL-Caltech (加利福尼亚理工学院) 免费提供。

到 2008 年后期时, 该航天器含推进剂的总质量为 730 kg。每次发动机点火只在距离质心约 0.5 m 的位置产生小于 0.9 N 的力。为了了解该力如何引起航天器各方向的变化, 表 3.1 给出了 "旅行者" 号绕三个轴的转动惯量 I。转动惯量又可称为质量惯性矩或角质量, 它是无穷小的质量增量与其半径平方的乘积的积分:

$$I = \int_{\text{axis}}^{\text{edge}} r^2 \delta m \tag{3.1}$$

式中: δm 为质量沿半径 r 方向从自转轴到航天器边缘的变化量。

表 3.1 "旅行者" 号沿三个体轴的转动惯量 (巡航于土星 — 天王星时, 引自文献 [3])

姿态	旋转轴	转动惯量 $I/(\text{kg/m}^2)$
偏航	X	4183
俯仰	Y	588
滚转	Z	3945

由表可知, 绕 Y 轴转动的俯仰姿态转动惯量最小, 因而也变化最快。在图 3.2 中的俯仰轨迹也反映了此点。

在 JPL 大学举办公共讲座的冯·卡门 (Von Karman) 礼堂中, 放置有全尺寸的 "旅行者" 号航天器模型。记录地面信息的金色记录仪安装在外部的显著位置, 从航天器质心指向外。航天器上的光学设备扫描平台延伸到右侧。给 "旅行者" 号提供电能的放射同位素热电发电机 (RTG) 臂向左侧凸出。玻璃纤维桁架结构的磁强计臂位于模型左侧一个亮闪闪的圆柱形筒的内部, 上面标注的发射时间是 1977 年。该航天器处于飞行状态时, 该轻质悬臂可向左侧伸出 13 m, 而航天器从扫描平台到 RTG 悬臂末端的宽度为 8.5 m (见附录 A 的图 A.1 和图 A.2)。

沿着模型平台向左走到外侧 RTG 装置的末端, 看到的景象近似于图 3.1。将 RTG 装置抬起, 整个航天器绕 X 轴转动, 称为偏航。如果将 RTG 悬臂当作一个舵柄, 通过它转动航天器, 这种绕 Y 轴的运动称为俯仰。该转动所需的力矩最小, 因为在航天器的三个自由度中, 俯仰的转动惯量最小, 见表 3.1。滚转是绕垂直的 Z 轴运动, Z 轴向上通过高增益天线的中心, 向下指向礼堂的地面。

3.2 姿态控制系统

测量记录航天器姿态、保持姿态稳定以及对航天器姿态进行控制都是非常必要的。例如: 为保持与地面的通信, "旅行者" 号航天器的高增益天线必须实现对地定向, 其星载设备也需要精确指向它们的目标。在某些观测中, 相机类光学设备对目标的跟踪需保持足够的时长, 才能保证目标的曝光时间, 防止由于航天器飞行引起的目标漂移而使得图像模糊。因此, 在跟踪快速相对运动的目标时, 要保证图像的清晰, 不仅需要准确的姿态, 还需要精确地控制姿态的变化率。另外, 大家也知道, 在导航中需保持姿态的稳定性。在对航天器飞行轨迹进行修正的过程中, 发动机点火时也必须保证喷管的精确指向。

姿态控制技术是一项精密要求很高的技术, 尤其是在行星际飞行中。在某些任务中, 先进的姿态控制软件可以近似看作一个人。虽然姿态控制软件无法通过图灵 (Turing) 测试[2], 但在本章中对姿态控制软硬件进行一定程度的拟人化是方便和有效的: 姿态控制系统能 "认识" 自身的状态, "知道" 如何找到地球, 并 "采取合适措施"。以下是姿态控制系统的基本工作流程:

过程的输入。姿态控制系统解析飞行器特定设备感知的实时输入和历史输入。这些特定设备包括观测天体的仪器和感应航天器旋转的陀螺仪等。

考虑推进剂的晃动等因素。姿态控制算法中必须考虑推进剂效应, 如果储箱中推进剂发生了晃动会影响航天器的质心和转动惯量。航天器上的柔性悬臂有可能会出现机械共振, 从而导致整个航天器摆动。这些作用力, 以及如反作用轮等任何旋转质量的陀螺效应, 都必须加以考虑。

估计动力学状态。考虑所有传感器的输入信息, 采用晃动、摆动、旋转质量等的处理模型算法, 系统对航天器当前的转动状态进行估计。姿态控制就是绕一个或多个轴转动相关的问题。当航天器转动时, 我们只能确定其状态在传感器的感应范围和可计算范围内, 所以我们称其为状态估计而非状态确定。

与目标状态的比较。无论是发动机点火时的姿态稳定, 还是跟踪感兴趣的目标, 亦或是转向对地通信, 都要求针对一个或多个轴旋转的目标状态。姿态控制系统将当前估计的动力学状态与目标状态相比较, 决定如何减小两者的差异。

　　提供所需的扭矩。基于目标状态与当前估计动力学状态的差异，姿态控制发出信号来改变航天器的状态。比如："旅行者"号姿态控制系统指挥推进系统点火，由物质喷出装置 —— 火箭推力器 —— 获得的推力来改变航天器的转速和指向。图 3.2 中推力器的点火是为了保持天线面对准地球。在其他航天器上，姿态控制系统可能采用不同的装置来完成类似的任务，比如反作用轮。我们将简单测试一下这些装置。

　　日常事务。如本章开头所讲，所有航天器的姿态控制系统采集遥感信息，并通过远程通信系统传回地球，且与其他系统一样接收、解析和执行经远程通信系统收到和传回的指令。

　　可靠地工作。所有姿态控制系统运行过程中必须没有软件故障，像精良的时钟机构一样可靠。系统必须能监控有关自身的操作的大量参数，并识别任何可能存在的故障；必须要能在适当的时候采取正确的行动，包括切换到冗余硬件，或寻求其他星载系统的帮助；当问题出现时，系统必须能收集所有相关信息，并准备好将报告发回给地球上的控制器；系统必须要能向航天器的中心计算机发出请求，将航天器调整到已知的安全状态，并等待地面的进一步指示；系统还必须要能在紧急模式下工作，这样才能保证航天器不惜一切代价继续执行紧急使命的任务，例如轨道嵌入。

　　识别异常扭矩。异常扭矩是姿态控制系统应该识别的众多情况之一。比如一个姿态控制推力器的阀门由于一些外部因素不能全然关闭，系统会感应到这种持续发生的扭矩，并通过几次推力器点火来抵消此力矩，以防止其超过额定值。姿态控制系统必须能识这类问题，并采取合适措施。这也意味着把推进系统切换到备份分支来解决此问题。

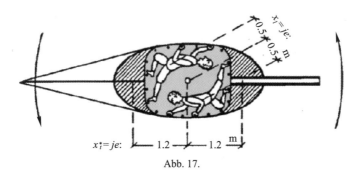

Abb. 17.

图 3.3　在 1925 年，德国工程师沃尔特·霍曼 (Walter Hohmann, 1880—1945) 意识到航天器需要采用一些姿态控制方法。他设想在飞行器内部建立一套手持系统，乘务员可用其来使飞行器旋转。该图取自文献 [4]。

满足其他需求。姿态控制系统要求服务于许多需求。通常，它需要满足航天器总体设计中的大部分需求。在有些航天器中，还需要额外的技术成就。比如，在哈勃太空望远镜 (包括其光学系统) 的设计和应用中，在所有超常规的技术挑战中，公认最难的就是指向控制系统的需求。以下列举了一些姿态控制系统需响应的需求。

(1) 控制飞行器上的各种铰接式附属物的运动。这些附属物包括：保持光学仪器指向目标的扫描平台，调节主火箭发动机喷管指向的方向调节器，跟踪太阳以持续给航天器电池充电的太阳帆板。因此，该系统也称为姿态和铰接控制系统 (AACS)。

(2) 确定太阳的位置。航天器的帆板必须朝向太阳，这样才能有电流来保持飞行器的运行，这是最重要的任务。

(3) 热控维持。结合太阳位置和航天器姿态，就能够确定飞行器的光照和阴影部位，并将航天器及其设备的热能状态维持在预置门限内。比如，在太阳系巡航阶段，伽利略号和卡西尼号都采用内置遮阳罩 (卡西尼号的 HGA 就是其中之一) 对准太阳从而保护飞行器。水星的轨道器 "信使" 号的操作能力也直接取决于这样的遮阳罩。航天器上有些科学仪器需要散热器来给光学探测器降温。光学探测器面向遥远冰冷的银河系空间，无法承受太多的阳光直射。

(4) 避免烧毁光辐射探测器。AACS 系统依照星上的程序规则进行操作。比如，决不让仪器天线的太阳角处于一定范围以内，以免光学仪器将太阳光聚集到敏感的探测器电路上，将其烧毁。

(5) 确定地球的位置。正常通信需要高增益无线电天线直接指向地球，否则只能进行低速的基础通信[3]。

(6) 能确定所有感兴趣目标的位置。先进的 AACS 要能够知道一些天体的位置，除了太阳、地球之外，还包括感兴趣的行星及其自然卫星。这使得人类控制者可以使用更高级的指令，例如："将照相机指向土卫八中心"，而不是像性能较差的系统中一样需要手动拼写出目标的精确位置。因此，AACS 需要了解天体运动的规律，并使用内嵌式软件引擎 —— 惯性矢量积分器来计算目标在不同时刻的位置。

实时和事后。在实时操作中，AACS 的作用十分重要。无论飞行器是接近还是远离目标，都必须保持合适的姿态，将星上仪器准确指向目标。另外，当科研团队事后分析观测结果时，AACS 提供的所有航天器姿态变化的历史具有重要作用，也需要地面重建仪器指向和飞行器轨迹。正如前面的章节所言，AACS 控制下的发动机点火历史是导航应用中最重要的遥测信息。

值得一提的是,"旅行者"号的 AACS 可编程飞行计算机完成其所有任务所使用的内存只有 4 KB —— 算上主机和通常处于休眠的备份机一共才 8 KB。

后续章节将介绍不同航天器对 AACS 的应用方式,考察系统的诸多联结结构和原理,还将涉及下一章中才深入讨论的有关推进性能。

3.3　交叉学科

航天器动力学姿态控制领域的专业知识涵盖好几个学科,除了在太空飞行中普遍涉及的数学和物理外,包括控制理论、火箭推进、轨道力学、天文学。

1. 控制理论

航天器的姿态控制由控制系统完成。汽车的巡航控制系统是控制理论的简单例证,其功能就是通过速度计测定汽车速度,并通过油门来调节车速。设定一个预期的参考速度,从速度计来获得系统状态的反馈信息,巡航控制系统将输出信号传递给汽车的油门。控制的输出信号不断变化,直至参考值与速度计提供的真实值之差,即误差信号,达到最小。图 3.4 高度反映了汽车和航天器上所用的基本闭环系统,巡航控制和 AACS 都采用图中所示的的闭环结构。本体状态的输入影响着控制系统的输出。系统对输出结果进行监测,形成的误差信号反馈给控制算法。

以电磁场理论而著名的苏格兰物理学家詹姆斯·克拉克·麦克斯韦(James Clerk Maxwell, 1831—1879),也许是第一个在 1868 年就对控制系统进行正式分析的人[5]。他对机械式发动机速度控制器的动力学进行了研究,认为速度的波动和不稳定性是机械式反馈的滞后引起的,这帮助他理解了如何对振荡现象进行补偿。1900 年,怀特 (Wright) 兄弟成功实现了有控制的滑翔飞行,1903 年实现了动力飞行,这很大程度上是因为他们已经正确地意识到任何自由飞行的物体都需要一个控制系统来操纵飞行器的滚转、偏航和俯仰。他们在自己的飞机上设计了一个可移动翼伞表面的装置,飞行员可用来控制飞行器的姿态。

后来在第二次世界大战中,控制理论的发展由于武器的火力控制而变得重要[6],并进一步演变成导弹控制,并最终发展成为太空飞行。

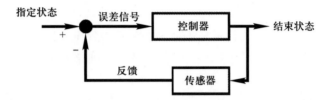

图 3.4 闭环控制系统的基本功能。箭头指明数据的流向。传感器的负反馈与代表着预期或指定状态的输入相加,以控制系统的运动。以汽车的巡航控制为例,指定的速度为 100 km/h, 传感器获得的数据显示汽车的速度为 60 km/h, 误差信号告诉控制器还需增加 40 km/h 的速度。

2. 火箭推进

对于自由落体的航天器, 当 AACS 需要通过一个扭矩[4] 来改变航天器的自转速率时, 控制理论就和火箭科学结合起来。AACS 与推进器输出相结合的方式类似于巡航控制系统与汽车发动机油门的结合, 依据所需推力的方向和大小, 利用牛顿第三定律来响应 AACS 的扭矩需求, 对推进系统的组元进行加速和喷射。

3. 轨道动力学

同样, AACS 控制下的火箭推进系统与火箭轨道、弹道控制和轨道确定也通过多种方式产生联系, 其中, 导航技术已在前面章节讨论过。

首先,使用推力器进行姿态控制时通常设计一组平衡力来提供航天器所需的力矩。比如, 航天器的滚转力矩由分别位于飞行器两侧的两个推力器向相反方向喷射来提供。如果只使用一个推力器, 虽然也可获得绕航天器自转轴的滚转力矩, 但不平衡的推力会推动整个航天器, 从而影响航天器的轨迹。由于推力器效率的不同、羽流冲击到航天器的某部分或者喷管未校准等原因, 在推进系统中总是存在轻微的不平衡, 因此, 导航过程中使用推力器来进行姿态控制必须考虑到这些因素。

其次, 根据计划执行中途修正时, AACS 的主要作用是使推力矢量指向正确的方向, 并在整个推力器点火过程中控制飞行器的姿态。在某些航天器中, AACS 还使用一个加速度计来确定关闭推力的时机。正如前一章所述, 航天器的姿态只有在有推力的情况下才与其空间运动路径有关联。

4. 天文学

航天器本体固连坐标系的偏航、俯仰和滚转轴必须与外部参考系之间建立对应关系, 这样才能估计和控制航天器与外部宇宙空间的交互关系。

天文学与姿态控制交互的第一种方式就是提供外部参考系。姿态控制系统通常使用的参考系就是前面章节所提出的标准 J2000.0 历元参考系。而航天器的姿态通过描述其自身的内部参考系与 J2000.0 的赤道和春分点间的关系来表示。

航天器的指向与外部天文参考系之间的关系可以用多种三维旋转来表示。图 3.5 是三个欧拉角的示例。欧拉角以著名的瑞士数学家伦哈德·欧拉 (Leonhard Euler, 1707—1783) 的名字命名。文献 [7] 详细论述了这种方法和包括四元数法的其他方法。

天文学与姿态控制交互的第二个方式在于各种仪器的应用。比如，测量太阳位置的太阳传感器，以及测量星体位置的各种装置 —— 星跟踪器、星监视器、恒星参考单元 (处理恒星的精确位置和运动的天文学分支为天体测量学)。这些天体参考装置给 AACS 提供输入，用于估计航天器相对于外部参考系的姿态，将在后面章节中进一步讨论。它们识别 "固定不动" 的遥远恒星的方式各不相同，有些通过颜色和亮度，有些通过测量恒星在宇宙背景下的形状[5]。现代的恒星参考单元都内置有上千颗星的目录，它包含了位置、亮度、色彩、可变性等信息。

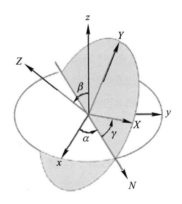

图 3.5　欧拉角 α、β、γ 代表两个坐标系之间的相对指向。固定的标为 xyz，旋转的标为 XYZ，两平面的交线标为 N。

最后，天文学已经积累了航天器科学探测感兴趣的很多目标天体的运动特征。这些自然天体的星历是几十年甚至几百年连续观测的结果。利用精确制导航天器对目标天体的探测回波，可以进一步修正天体的轨道、自转速率和极移运动。光学导航成像用来减少目标星历的不确定性，有利于后续近距离的接近，这种方法长期而言有学术价值，短期而言有应用价值。

3.4 稳定性

保持航天器姿态稳定有两种常用的方式。一种是使整个航天器绕着其中心轴旋转。像陀螺仪的运动一样,航天器绕其质心的旋转本身是一种稳定的受力,这是一种被动、开环的稳定。另一种是通过闭环系统进行自主的三轴控制,将在下一节介绍。还有一种不太常见的保持稳定方式,当航天器围绕行星运行时,不保持三个自转轴方向,而是保持重力梯度方向的稳定。它是基于 "物体最小转动惯量轴在自然转动中指向行星" 这一原理,这是因为重力与距离的平方成反比,航天器靠近行星的部位所受引力较大。若其质量不是球形分布,其最终指向行星的旋转轴是从物体的最大质量指向最小质量。地球的月亮以及我们太阳系中许多其他自然天体的 "月亮" 都是如此,长期以来朝向中心天体的为固定一面。这项被动式技术在 20 世纪 60 年代就在低轨和地球同步轨道进行了测试,但由于姿态摆动很大,这项技术无法满足现代大多数航天器的需求。一些学生开发的地球轨道器也采用了该项技术,通过一根长约 6 m 末端有个小质量块的悬臂,使得该悬臂最终指向地球。

3.4.1 自旋稳定

使用简单自旋稳定的航天器有很多,包括 "旅行者" 号的前身 "先驱者" 10 号 (Pioneer 10) 和 "先驱者" 11 号 (Pioneer 11)。它们发射于 20 世纪 70 年代,首次进行了超越火星的探险,穿越了小行星带,飞越了木星,"先驱者" 11 号还飞越了土星。对于这类雄心勃勃的太阳系外探险,结构要尽可能的简单,因此保持自旋稳定是航天器最好的选择。对于照相机这类操作必须稳定指向一点的设备来说,自旋式平台并不理想。因此,先驱者号的光学仪器都设计为快照和逐行成像模式,航天器自旋一周只扫描整个天空中很窄的一片。

研究空间环境的科学家们,因为要测量环绕行星、行星际空间以及星际空间的粒子和电磁场,希望对航天器所处环境的多个方位进行采样,因此希望测量仪器经常地扫过当地的介质。对他们而言,自旋稳定航天器是一个较好的平台[6]。"月球勘探者" 号是 NASA 艾姆斯研究中心观测月球加利福尼亚山脉的航天器,就选用了自旋稳定平台。文献 [8] 对该航天器有全面的介绍。月球勘探者号采集月球相关数据,但没有使用照相机及其他光学仪器。"月球勘探者" 号的外形见图 3.6,径向对称的设计明显是为了

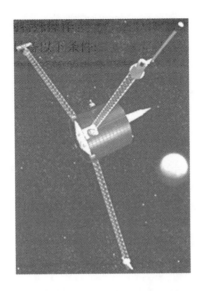

图 3.6　自旋稳定的 "月球勘测者" 号航天器。

自旋, 上面装载了五种仪器用于感应月球的环境和地表, 分别置于三个径向悬臂的末端, 这样的设计对于频繁的扫描最有效。该航天器绕其 Z 轴以 12 圈/min 的速度旋转。

无线电信号的多普勒频移利用双向相位相干, 可以从地球上测量航天器速度精密值的变化, 帮助了 "月球勘探者" 号 (Lunar Prospector) 测绘月球重力场并辨别地表和地表下月球质量的分布特点。重力场测绘较好地适用于自旋稳定航天器。相比较而言, 三轴稳定航天器的速度经常受推力器点火的影响, 掩盖了单纯由重力场引起的加速度。自旋器也需要推进系统和火箭推力器来设定自旋速率, 以及改变自旋轴的方向。但推力器的工作受人为控制, 不是自主的, 而且很长时间才工作一次。

指向相机和其他设备对于自旋平台是一个挑战。1978 年发射的 "先驱者" 12 号 (亦称为 "先驱者 – 金星" 1 号)[7] 是第一个围绕金星的航天器, 其金星轨道数据于 1992 年才传回地面。该圆柱形航天器为自旋稳定, 开展了 17 项科学试验。由于金星与地球之间的距离遥远, 为保持通信航天器需要使用直径 1 m 的高增益天线 (HGA)。为满足任务需求, 该航天器将高增益天线安置在质心上方沿 Z 轴的方向上, 并采用电推进使其以航天器自旋相反的方向旋转 (大约 15 r/min), 从而维持高增益天线的消旋和飞行过程中对地球的瞄准。

欧洲航天局的尤利西斯号航天器 (Ulysses) 发射于 1986 年,2009 年仍正常工作于特殊的太阳大倾角轨道上, 其轨道倾角相对黄道为 80° (它达到该倾角利用了木星的引力甩摆), 主要任务是探测日光层沿太阳纬度的变化特点。该自旋稳定航天器上没有照相机及其他光学设备, 但它成功进行了很多重大发现。由于自旋对 7.5 m 悬臂的影响, 其中一项科学试验遇到了麻烦。发射无线电和等离子波的科学仪器沿着自旋轴分布, 与高增益天线分别位于航天器的两侧。而绕日轨道在一定区域日照不均, 悬臂又是非刚性支架系统, 从而导致轴向悬臂弯曲并引起航天器的异常章动 —— 动力学的不稳定。如果放任航天器继续自旋和章动, 将会导致轴向安装的高增益天线偏离对地定向, 和地面失去联系。研究人员开发了专用程序, 利用深空网和其他设备连续几个月周期性发上行信号, 成功控制住了姿态章动。这个专用程序让航天器通过所收上行信号强度和自旋角度监测地球的相对位置。尤利西斯号的姿态和轨道控制电子系统每旋转三圈点火一次, 以主动抵消和削弱姿态章动。如果上行信号非正常中断, 姿态的章动就会导致整个任务的失败。这种自旋稳定航天器的主动控制是一种不常见的特例, 但它证明航天器飞行姿态控制系统的编程中也能增加一些独特的性能。

图 3.7 欧洲航天局的惠更斯号 (Huygens) 探测器是一个自旋稳定航天器。图中所示为发射前 6 个月, 在肯尼迪空间中心的载荷危害防护工厂, 接受多层绝缘的施工。该探测器自旋速率为 7 r/min, 于 2004 年 12 月从卡西尼号中释放出来。图片来源: NASA/KSC。

2004 年, 卡西尼号航天器到达土星五个月之后, 位于与土卫六撞击的轨道上。该三轴稳定航天器执行了一系列指令，要求 AACS 将其旋转至一个预先计划的特定姿态。尽管当时卡西尼号离土卫六还有很远，并且还在飞向土星轨道的最远点，但它到达特定姿态后，就将欧洲航天局制造的惠更斯航天器弹射出去。释放后，三个压力为 300 N 的弹簧提供航天器 0.3 m/s 的分离速度。分开的同时，轨迹弯曲和滚动系统使惠更斯号开始缓慢地旋转，确保其预期的姿态保持不变。反作用力矩使卡西尼号恢复正常状态，开始对 319 kg 的抛射物进行拍摄，而后执行 OTM，以免跟随着惠更斯号撞向土卫六。在释放前，惠更斯号航天器必须准确调整到相应姿态，从而保证其进入土卫六的大气层时热防护不被烧毁。由于转速仅为 7 r/min，惠更斯号保持着这种姿态，环绕土星轨道运行了三周。最终惠更斯号穿越了土卫六大气层神秘的薄雾，利用降落伞实现了完美的降落。

类似的，NASA 的航天器伽利略 (Galileo) 号在 1995 年 7 月 13 日同搭载至木星的大气探测器分离前，也给其施加 10.5 r/min 的自旋速率。自旋稳定的木星探测器在自由飞行的五个月里保持着最佳攻角，直至当年 12 月 7 日成功进入大气层并降落。

许多行星际航天器在发射阶段都要经历一段时间的自旋稳定。比较有代表性地，三轴控制运载火箭将载荷发射到低轨，再由上面级火箭将航天器推入行星际飞行。在强大的上面级点火前，专用的助推器点火，使航天器与上面级的组合体如五彩转轮般旋转，可以使切入点点火过程保持稳定。2007 年发射的飞向小行星带的 "黎明" 号 (Dawn) 航天器，以 46 r/min 的速度带着附属的 2220 kg 的第三级固体火箭发动机自旋，保证了 87 s 点火过程中的姿态稳定。之后，航天器要将自旋速率减小至零，以使航天器的三轴稳定系统 (类似于卡西尼号) 在后续飞行中正常工作。为此，航天器配备了一对所谓的 "溜溜球" (yo-yo) —— 一种常用系统[7]。航天器释放后，来自快速自旋航天器的离心力将这两个 1.4 kg 的金属质量块快速扔向包裹在航天器的 12 m 长缆绳上。它们在旅程的末期被扔掉。整个过程持续 4 s，航天器的角动量逐渐衰减，航天器和当前附属的固体火箭被消旋。滑冰者展开双臂来止旋也是相同的原理。

3.4.2　三轴控制

航天器可以设计为主动的三轴稳定以替代自旋稳定，"旅行者" 号系统都是如此。这项技术与自旋稳定相比，更复杂，也更昂贵，但它使得平台的可操作性更强，有利于指向精准的光学仪器、定向通信天线、实施 TCM

和 OTM, 以及其他类似卡西尼号释放土卫六探测器的特殊操作。

在较高水平上, 航天器要维持基本的三轴稳定需具备以下条件:

(1) 持续感知和估计航天器的三个本体轴与外部参考系间的夹角及其变化率。

(2) 能够确定指定的绕各轴的旋转状态与观测到的状态之间的差别。

(3) 能够提供使航天器绕三个轴的任一轴正向和负向旋转的扭矩。

所有这些条件都是三轴稳定的航天器必备的, 有些条件在前面所讨论的自旋稳定航天器中也有应用。两者最主要的区别在于, 典型的旋转器放弃使用连续自主的姿态控制, 而热衷于建立绕其自旋的陀螺式稳定状态。在此, 我们将特别讨论三轴稳定系统。

参见图 3.4 所示简单的闭环控制系统模型, 图中的传感器盒可表示上面所列的第一个条件。第二个条件指图中将反馈与指定状态相结合的黑圈。第三个条件给航天器提供扭矩, 可以看作图中控制器的输出, 形成最终状态。在控制盒内及结合的圆圈处, 采用精密的算法来计算航天器三轴旋转状态的估值, 并与外部的三维参考系相比较, 产生支配所需控制扭矩的输出信号, 需要注意潜在的有问题的或灾难性的状态。与此同时产生遥测, 并对指令进行响应。

3.4.3 混合型

总的来说, 自旋稳定和三轴稳定各有优缺点。自旋稳定的航天器对于测量磁场和粒子类设备很有利, 但需要复杂的电动系统来对天线或光学设备进行消旋以实现对某点的持续对准, 还会引起姿态章动。三轴稳定的航天器可以轻易实现光学仪器和天线的定向, 但它们为更好地使用测量磁场和粒子的装置可能不得不采用特定的旋转装置。如果由助推器来维持稳定, 观测结果表明航天器总是前摇后晃, 有时状态不可预测 (即图 3.2 所示"旅行者"号的持续运动)。

木星轨道器 —— 伽利略号, 经多次推迟, 最终于 1989 年 10 月 18 日发射升空。它设计为持续旋转以维持姿态的稳定。在三个径向安装的悬臂上有机械装置, 这些装置可通过沿 Z 轴稍微向前或向后调节来改变悬臂的角度, 从而将章动减至最小。伽利略号的照相机、其他光学装置, 及接收木星大气探测器信号的无线电天线, 都必须精确定向。这些需求迫使双向旋转性能的应用, 但该性能十分复杂。伽利略号的下半部分放置有光学仪器, 由电推力器实施反自旋方向的旋转, 标称的旋转速率为精准的 3 r/min, 这样使得指向稳定。这种安排意味着设计了一种通过持续运动的旋转轴承传递电能和数据通信的方法。这种设计总的来说是成功的, 但有时操作起来比较复杂。航天器在有些阶段, 比如释放探测器前, 需要用全旋模式, 消旋发动机要停止工作。此时, 伽利略号的计算机就会反复重启。这是由于轴承没有相对运动, 引起能量和数据交换器的瞬间中断。解决的方法就是制造一种 "准全旋" 模式 —— 保持消旋装置非常慢地运动, 帮助交换器保持电接触不中断。

"新地平线" 号 (New Horizons) 航天器 (见附录 A) 在其到达冥王星及其他柯伊伯带天体的巡航过程中, 大部分时候都为自旋稳定。从 2006 年早期发射开始, 其自旋速率不断增大。当具有不均匀特性的固体火箭发动机点火, 将航天器切入快速行星际轨道时, 为保证最大的稳定, 其自旋速率达到 68 r/min。切入之后, 通过释放 yo-yo 将转速降为 5 r/min, 为其飞越木星和飞向目标天体的漫长征程做准备。新地平线号接近观测目标以及在旅途中进行周期性测试时, 将停止自旋进入三轴稳定模式。

3.5 姿态控制外设

有很多项仪器属于输入设备, 也就是收集受控系统状态信息的敏感器。同时, 也有很多类型的执行器, 属于输出设备, 被 AACS 用于控制系统。一般来说, AACS 感应的输入来自天体或内部参考设备。输出设备使用各种方法给航天器施加力矩, 使其姿态和旋转速度达到要求状态。

3.5.1 AACS 输入设备

1. 天球参考系统

太阳敏感器是一种常见的 AACS 天球参考 (测量天体) 输入设备。它是一种大视场的光学传感器, 大视场的光学遥感器, 可以通过光学敏感探测器报告太阳的两维图像的运动。图 3.2 中 "旅行者" 号飞行时的俯仰和偏航轨迹来自太阳传感器的读数。通常, 航天器的这类重要设备至少有两个以上的冗余以防止其中一个出现故障。对于旅行者号和卡西尼号来说, 它们的太阳敏感器沿着 Z 轴也有视场, 可以感知航天器在俯仰和偏航这两个自由度下的姿态变化, 同时可以将这些信息报告给 AACS, 但是感应不到滚转方向的运动。

旅行者号高增益天线 (HGA) 是一个大型抛物面反射器, 通常情况下

图 3.8 正在粘贴著名金唱片的人员的头部上方可以看到安装在 "旅行者" 号 HGA 上的太阳敏感器的背面。在唱片的下方可以看到四个偏航推进器中的两个。图片来自 NASA/JPL。

是背向地球的。旅行者号在离太阳系很遥远的地方，从 "旅行者" 的视角上看，地球就在太阳附近。因此，在 HGA 上设计了一个洞，太阳敏感器可以通过这个洞看到内太阳系[9]。经过了 25 年的飞行后，主太阳敏感期开始出现退化的迹象[10]。因此在 2002 年 4 月，工程人员关闭了了 "旅行者" 1 号的主太阳敏感器，并激活了备用的。在卡西亚号上，太阳敏感器占据了穿过航天器 HGA 的两个洞。为了保证姿态控制，两个洞之间间隔很大，以防航天器在土星轨道上运行时，流浪的环粒子损坏主用或者备用的太阳敏感器。欧洲航天局的火星快车在 2003 年底到达火星轨道，它上面有两个太阳敏感器，其中一个用于发射后的初始姿态确定。

　　恒星观测设备是一种行星际航天器上特有的设备，它和太阳敏感器的视场大约成直角，它可以通过观测一个或多个背景上的恒星来提供其他的参考信息。恒星观测设备和许多航天器组件一样，通常成对出现，相互备份。在旅行者号上，有一个老人星追踪器，以其观测的明亮恒星命名，可用于测量剩下的一个翻滚自由度。这个设备的测量结果提供给 AACS，见图 3.2 最底端一栏。"旅行者" 号的老人星跟踪器可以通过翻滚航天器来训练其追踪除了老人星以外的其他明亮恒星，但是同一时刻只能追踪一颗恒星。

　　比 "旅行者" 号单星跟踪器更先进的是 "V 形狭缝" 恒星扫描器，通

图 3.9　一种太阳敏感器, 有四个矩形光伏电池 A、B、C、D, 它们接收不同数量的光照, 而光从在它们上方的一个矩形孔径射入。如果光线对于敏感器来说正常, 那么这四个接收到相同光照的电池将会产生相同的电信号。

过获取运动更多的自由度, 能提供完整的姿态参考信息。三轴稳定飞船使用这种设备获取恒星扫描姿态参考信息时必须执行一个旋转机动, 而自旋稳定飞船则可以通过它获取连续的参考信息, 见图 3.10。扫描器通过两个不平行的狭缝来观测背景上的恒星。当航天器旋转时, 一颗恒星最先出现, 垂直的狭缝产生一个与恒星亮度成正比的电压, 称为 "时钟" 信号。当同样的恒星穿过另一个斜的狭缝时, 标志为 "锥形" 信号。在内存中累计一定数量的上述事件后, 跟踪器内置计算机算法通过参考一个恒星位置和亮度信息的内部数据库来推断航天器姿态。自旋稳定的伽利略号木星探测器和三轴稳定的麦哲伦号都使用了这种设备。

　　比单星探测器和 V 形狭缝扫描器更成熟的设计是一种自动恒星参考单元 (SRU)。卡西尼号航天器的一侧安装了了两个恒星参考单元, 它们与太阳敏感器的视场垂直 (参见附录 B)。SRU 没有被约束为只观察一个恒星或者一个移动的星域。不论它指向是怎样的, 它都能观测整个区域的所有恒星, 同时, 它将恒星的几何位置和亮度与内置数据库信息进行比对, 可以识别许多恒星。而且, 不论航天器的姿态是否改变, 它都可以识别成功。这种精密设备在同一时刻提供了三个轴的姿态参考信息。一个高性能的现代 SRU 可以在其左右两侧各有 8° 的方形区域视野, 能通过航天器携带的庞大知识库同时识别和追踪十几个恒星, 并将 J2000.0 惯性系下观测到的高精度航天器姿态提供给 AACS。

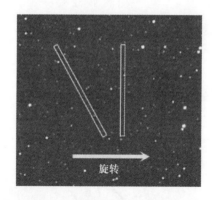

图 3.10 V 形狭缝恒星扫描器视场的设计理念不是一片恒星区域。航天器旋转，一颗恒星随着狭缝的右转首先穿过了 "钟" 狭缝，随后穿过斜着的 "锥" 狭缝，使用基于恒星位置的几何先验知识，先验知识中提供了足够多的信息，可以来确定航天器的三轴姿态。

恒星观测设备是很敏感的仪器。如果在附近有类似于行星或者环形系统的明亮天体进入它们的视界，或者其视界被一个行星的夜半球遮挡，它们就会被混淆。因此，任务指令序列必须事先告知 AACS 忽略在可能出现障碍时期的设备输入，否则可能会破坏其他姿态信息。对于旅行者号来说，执行一个转弯就有可能导致以天球 —— 太阳或者背景的恒星 —— 为参考的姿态的丢失。

通常，在恒星观测设备开始识别恒星并向 AACS 提供参考信息之前，太阳敏感器必须能看到太阳，这样可以提高航天器姿态的精度并提供一个重要的初始场景。V 形狭缝和 SRU 接下来可以在太阳已经离开太阳敏感器之后连续提供参考数据。在航天器出现 AACS 丢失所有姿态信息的异常情况下，一种典型的自动保护响应是进行航天器旋转机动，一直扫视太阳敏感器视野范围内 4π 球面角的星空，直到太阳被重新捕获。

一些地球轨道航天器还搭载了地平仪。这种光学仪器在地球边缘或者大气中检测可见光和红外线，并提供航天器相对于地球两个垂直坐标轴的方位信息。

2. 惯性参考系

正如上文所提说，天体参考设备，例如太阳敏感器、恒星追踪器、恒星扫描器、恒星参考单元和水平仪，不可能在一个任务中适用于所有情况，所以不依赖外部输入的独立姿态参考设备就成为必须的了。有些时候，例如航天器进入行星的阴影中时，航天器姿态控制计算机可能需要一个独立的参考基准, 惯性参考输入设备由一种称为陀螺仪 (groscopes, 由希腊字 "旋转" 和 "看" 两词合并而成[11], 英文缩写为 "gyros",) 的角速度敏感设备构成, 不需要对外界进行任何观测。

有很多机械原理可作为陀螺仪的理论支撑。常用的小高速旋转体就运用了空间中物体角动量所形成的陀螺刚性。使用一组低摩擦平衡环和一个基于陀螺转子的惯性参考单元 (IRU), 可以测量出陀螺仪明显的旋转。陀螺仪大部分固定在太空中, 航天器环绕它做旋转。旅行者号的 IRU 使用了陀螺转子, 它输出了航天器的旋转速率。通常, 一个完整的惯性参考单元使用三个陀螺仪, 分别用于感知俯仰、滚动和偏航的运动。这种设备在 10 年前已经广泛使用[12]。

尽管如此, 天体参考设备仍然还有使用价值。陀螺仪是有缺陷的姿态参考系统, 在 IRU 中, 电机驱动的内部转子和平衡环支架间发生摩擦耦合, 使得它们产生的参考信号发生了漂移, 同时用于计算航天器真实姿态的时钟也会出现误差。下面将看到, 即使是使用不同物理原理的陀螺仪, 甚至部件间没有摩擦力, 也依然不够精确。然而, 惯性参考系统通常被要求在相对较短的时间内发挥作用, 而短时间内无法使用天体参考系统。要想使用 IRU, 在飞行中就必须利用天体参考系统校正 IRU 的误差。在进行校准机动知道 IRU 漂移率后, 就可以对 IRU 定期更新漂移偏差值, 并采用常规方法进行误差补偿。哈勃望远镜每隔几天就需要完成这个过程。有一些航天器利用陀螺仪完成低频率的机动, 只需在使用前进行漂移校准。

尼尔 - 舒梅克号航天器于 1996 年 2 月 17 日发射, 用于完成近地小行星观测任务。它和土星探测飞船卡西尼号都是最先使用没有旋转部件陀螺仪的星际航天器。2004 年发射到水星的 "信使" 号航天器以及一些地球轨道航天器也使用了这种陀螺仪。这种惯性参考元素称为半球谐振陀螺 (HRGs), 它的物理原理与空间中的旋转刚体不同。这种设备对一种特殊的机械驻波敏感, 比较有意思。该机械波是由直径约 3 cm 的熔凝石英 (石英, 二氧化硅) 半球壳边缘产生的, 与敲响一个水晶玻璃酒杯产生的振铃十分类似 (见图 3.11), 但机械波的零点在边缘的游动速率与玻璃杯相对其对称轴旋转的速率不同。英国专家乔治 · 哈特利 · 布莱恩 (George Hartley Bryan) (1864—1928) 在 1890 年第一次描述了这一原理[9]。这种灵巧的 HRG 设备的实现是用于感应半球形中一个持续的响振, 并利用其压电性[13], 十分敏感的检测和追踪到零点的运动。半球形谐振陀螺除了振动敏感器外壳外, 没有其他任何运动部件, 同时也没有任何磨损。

图 3.11 一个红酒玻璃杯用于模拟一个半球形谐振陀螺。如果玻璃杯被迫发出响声,
一张边缘动力学快照可以显示如图中箭头指示的周期性弯曲情况。箭头之间的点, 如
X 点, 将会呈现出最小弯曲。这些点关于边缘的进动速率与玻璃杯绕其自身垂直轴旋
转的速率不同。

　　激光陀螺仪广泛应用于航空领域, 在一些航天器中也有使用。激光陀
螺仪使用光多普勒频移效应感知每个轴的姿态角速率的变化情况。1994 年
发射的环月轨道探测器克莱门汀号航天器和火星快车都使用了这种设备。
在光纤、真空或者镜子等介质中, 将两个光束沿着同一平面的相反方向发
射, 当系统在平面内旋转时, 沿着系统转动的方向前进的光线走过的距离
要比沿着这个系统转动的相反方向前进的光线长, 就会出现多普勒效应。
这会导致两束光发生干涉, 这种测量模式称为萨格纳克干涉, 是以研究这
一干涉现象并确定其原因的法国物理学家乔治·萨格纳克的名字 (Georges
Sagnac) 命名的。星载系统中常将几千米长的光纤缠绕成圆环, 用来测量
旋转时的三个轴。

　　微机械 (MEMS) 陀螺仪[14] 则使用了其他原理。微机械陀螺仪制造过
程使用了与制作电子芯片相同的硅腐蚀工艺, 并使用了轻巧、移动快速的
可弯曲机械臂。它的工作原理与我们看到的傅科摆一样: 振动或者摆动的
物体在同一平面保持原来的运动趋势。系统的转动致使我们可以使用科
里奥利效应[15] 测量扭矩。微机械陀螺仪通常使用压电效应持续检测物体
转动, 并产生一个与旋转成正比的误差电压。微机械陀螺仪也称为 "陶瓷
陀螺仪", 这种廉价的设备在今天已经成为了消费性电子产品, 在数码相机

保证图像稳定性、手持 3D 电脑控制光标或游戏组建的输入设备以及赛格威®个人平衡车中都有使用。美国航空航天局的新千年计划中的第 6 号空间技术项目是在 2006 年发射战术星 2 至低地球轨道。这个小型航天器展示了一个集成恒星参考单元 (SRU) 和三轴微机械 (MEMS) 陀螺仪的姿态控制参考系统, 称为惯性恒星罗盘。这个包含了天球和惯性参考系统、紧凑而低能耗的设备重量为 3 kg, 而且只需航天器提供 3.5 W 的电力支持。

还有一种航天器携带的惯性参考设备, 它将输入发送给 AACS。在卡西尼号和其他一些航天器中, 加速度计用于测量发动机点燃 TCMs 和 OTMs 时施加在航天器上的力。在多数情况下, AACS 解析加速度计的输入用于计算在发动机提供了规定的 ΔV 后何时将它关闭。在一些科学仪器上也使用了加速度计。惠更斯号航天器上搭载惠更斯大气结构分析仪 (见附录 B), 在它测量温度和压力的组件中还包含了三个加速度计, 这些加速度计记录了航天器穿过土卫六大气时三个轴所受到的力。惠更斯号的表面科学仪器组也包括加速度计, 用于测量着陆力 (15 g), 以及土卫六表面的自然重力 (稍小于 $1/7g$)。当火星环球勘探者号和 2001 年的火星奥德赛号进行空气动力制动时, 航天器进入火星的高层大气时, 搭载的加速度计生成可以获取大气密度值的数据。搭载 "火星探路者" 号 (1997) 和火星勘探巡视器——"勇气" 号、"机遇" 号 (2004) 的大气再入探测器, 到达行星表面也是过星载加速度计记录力的变化情况。巡视器上的加速度计本身就可以表明其在火星表面上的运行路径。许多地基导航系统使用加速度计来整合一辆车或者一架飞机的运动情况, 然后形成一张完整的图片来展示其从一地到另一地的路径。

3.5.2 AACS 输出设备

1. 质量排出系统

本章开头以及上一节提到了火箭推进器, 在下一章将更多地关注它们是如何工作的。现在, 我们将推进器作为普通的 AACS 输出设备。系统使用推进器进行姿态控制也称为质量排出控制 (MEC) 或反作用控制系统 (RCS), 是根据牛顿第三定律抛出物质获得反作用力来命名的。通过选择使用哪几个 MEC 推进器, AACS 可以为航天器的任何轴提供力矩。随着时间的变化, 推进器施加的力矩可以会改变航天器的姿态变化速率。

JPL (美国喷气推进实验室) 在 1960 年制造了 10 个 "水手" 号系列航天器用于探测内太阳系。其中 6 个成功发射并完成了它们在金星、火星和水星的任务。它们是最早使用三轴稳定方式而不是自旋稳定方式的星际航天器。它们的质量排出设备都尽可能的简单。每一个 "水手" 号航天器都装备有 12 个小喷管,它们安装在航天器四个径向的定向太阳能帆板的尽头。当航天器的 AACS 要求产生力矩时,它用 20 ms 打开一个电动控制阀,给两个相对的喷管提供压缩、冷却而干燥的氮气。这些气体从一个共同的储罐里流出,使每个喷管产生了大约 0.1 N 的推力,迫使航天器发生旋转。文献 [10] 对该系统进行了描述。日常生活中,也有类似有趣的经验,想象一下当花园的软管往外喷水时我们丢下软管会有怎样的结果发生,水加速从管口喷出时会产生一个反作用力导致管口向后移动。

图 3.12　麦哲伦火箭推进器。图中最大的一个在 TCMs 和进入金星轨道时产生了 445 N 的力。中等大的 22 N 推进器 (右侧) 在 445 N 推进器工作时控制翻滚。最小的为 0.9 N,用于反作用轮日常去饱和。图片由 NASA/JPL 提供。

两个 "旅行者" 号也是 "水手" 号系列航天器,但它们质量排出控制系统对 AACS 的访问比之前的 "水手" 号要复杂。每个 "旅行者" 号都有 6 个小的液体火箭推进器,它们每个都可以提供 0.9 N 的推力。图 3.8 中标注了 "旅行者" 号的两个偏航推进器,一个为主用,一个为备用。

开启电动控制阀门释放肼进入含有一种电热催化剂的燃烧室中,这种催化剂会导致推进剂分解膨胀,快速喷出高温气体,在这个过程中旅行者号的 AACS 控制推进器脉冲持续数毫秒。在 1986 年发现了冥王星之后,软件发展使推进器每个脉冲的时间从 10 ms 减少到 4 ms,测试并应用在了航天器飞行中。这为相机在海王星昏暗的环境中 (亮度不及地球上感受到的光强度的 1/16000) 长时间曝光提供了很好的姿态控制,同时也延长了 "旅行者" 号推进剂供应的时间[16]。

姿态控制推进器也可以应用于对航天器施加大的力矩,典型的情况是一个推力强大的火箭给航天器一个有效的速度增量 ΔV。在发射过程中,旅行者号点燃一个固体推进火箭发动机,这个发动机最终提供一个速度增量使其自由巡航到木星。因为固体火箭发动机通常燃烧不均匀,它会产生强大的偏离中心的推力,这会扰乱航天器的姿态。为了维持控制,每个旅行者号都在横跨固体火箭发动机的支柱上使用了 4 个 445 N 的单组元推进器。图 3.13 展示了安装在麦哲伦号航天器上的所有 RCS 发动机和推进器,它们安装在 4 个支架底端,"旅行者"号的安装情况与麦哲伦号类似。因为支架是从航天器的质心伸出来的,推进器安装在上面可以克服固体火箭燃烧时产生的力矩,这个 67 kN 的固体火箭持续燃烧 84 s 给麦哲伦号提供了 7 g 的加速力使其到达金星轨道。图中没有展示使用完后就被废弃的固体发动机。在支架上安装姿态控制推进器提高了它们的影响力,或者说是控制权,因为离质心的距离决定了给定力对航天器产生力矩的大小。

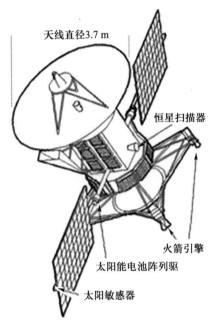

图 3.13　麦哲伦号金星探测器。根据 NASA/JPL-Caltech 图片改编。

2. 反作用轮

除了质量排出系统,还有一种输出设备用于给三轴稳定系统提供力矩,这就是电能反作用轮组 (RWAS),可以在 AACS 的控制下给整个航天器提供一个力矩。注意反作用轮有时也叫 "动量轮",但是动量轮也在另外一个系统——控制动量陀螺仪中使用,我们将分别对其进行讨论。在 RWA 系统中,小而重的轮子与它们固定的旋转轴一起安装在航天器上。麦哲伦号就是一个很好的例子, 它的三个电能驱动反作用轮和轴相互正交, 安装在质心附近。为了使航天器绕一个方向旋转, 姿态计算机让其中一只轮子朝相反方向加速并持续旋转, 当轮子完成加速时, 航天器自身便获得了一个稳定的旋转速度。要想停止这种旋转, AACS 只需减缓这只轮子的速度。这个系统提供了一种方法使角动量在航天器与它的反作用轮之间来回交换。在实际应用中, 使用液体润滑剂的反作用轮组通常和一些残余旋转、偏差一起被控制, 以避免润滑剂停滞在零转速上。

想象一个很大的质量体, 比如整个航天器, 以一个相对较低的速度改变姿态能获得与小的质量体高速旋转相同的角动量。式 (3.1) 中, 航天器有一个很大的 I, 相反一个小质量的物体有一个较小的 I。矢量 H 表示角动量, 是由物体瞬时转动惯量 I 与速度矢量相乘得到:

$$H = I \cdot \omega \tag{3.2}$$

物理学要求在外部没有施加力矩时, 整个系统的角动量, 例如带有反作用轮的航天器的角动量必须保持不变。在一个反作用轮上增加力矩, 使它旋转并增加角动量, 这会减小航天器上剩余的角动量 —— 这意味着航天器开始向相反方向转动。同样, 减小一个反作用轮的角动量 H 将增加航天器的剩余角动量。那么, 由 RWA 控制的航天器总角动量在任何时候都由两部分组成 (在没有施加外部的力矩时)。航天器总体构架的表达式为:

$$H_{\text{Total}} = H_{\text{SC}} + H_{\text{RWA}} \tag{3.3}$$

式中: H_{SC} 由航天器的角速度产生; H_{RWA} 由反作用轮产生。

在卡西尼号航天器上, 每个电能驱动反作用轮重 14.5 kg, 直径 30 cm, 转速可以达到 3000 r/min。它们以最小 1.5 mrad/s 的速度作用在俯仰和偏航方向上, 3 mrad/s 的速度作用在内部动量最小的翻滚方向上, 使重约 5700 kg 的航天器发生旋转。文献 [11] 给出了卡西尼号系统的详细介绍。反作用轮给指向精度要求高的光学设备提供了良好的稳定性和精确的姿态控制, 卡西尼科学实验要求的范围是 8 μrad/s 至每百秒 160 μrad/s。快速旋转且转动惯量较小的设备给转动惯量较大的航天器提供了精确的控制, 就像输出轴的角度给一个减速的齿轮火车提供了一个精细的游标控制。

可用一个实验简要的表现反作用轮在航天器上的工作原理。想象你拿了一个由电池供电的电钻, 双脚悬空坐在一个转椅上。有一个 10 kg 的环形混凝土石砖, 石砖的中心安装着一个轴, 并插入电钻的卡头。保持混凝土圆盘的轴垂直, 你通过电钻施加力矩来带动整个重轮转动。结果作为施加给重轮[17] 角动量的反作用, 你和你的椅子开始旋转。现在, 反转电钻来驱动轮子, 你和你的旋转椅将会朝相反方向转动。如果将整个画面想象为在轨道上自由运动的航天器, 而不是坐在地面的椅子上会更生动。

值得一提的是, 航天器上反作用轮的旋转表现出了陀螺仪效应, 但这是姿态计算机在正常控制计算时产生的副作用。不能将反作用轮和航天器上的机械陀螺转子混淆, 在输入设备中看到, 机械陀螺转子是提供惯性姿态参考的输入设备, 工作时的旋转质量很小, 而且其旋转轴也不需要严格固定在航天器上。反作用轮则是严格的输出设备, AACS 使用它直接进行姿态控制。后面还会提到, 反作用轮和动量控制陀螺仪也不能混为一谈。

在实际工程中, 总会有一些方法用于测量太阳光压、重力梯度或者大气压力对航天器施加的外部力矩。但这些终将导致反作用轮需要积累其他额外的动量以保持航天器所需要的姿态。为了抵消航天器感知到的一个力矩, AACS 会持续增加反作用轮的转速。反作用轮系统中的摩擦力是为了消除额外聚集的动量, 而不是为增加动量。

太阳光压如何影响航天器的姿态呢? 太阳光 (以及其他波长的电磁辐射) 照射在物体表面上对物体产生了压力。虽然光子没有重量, 但是它们以光速运行, 它们的能量就表现为了动量。航天器感受到的力的大小与从太阳接收到的能量和光压照射面积有关, 从太阳接收到的能量与距离的平方成反比。如果航天器表面能反射光, 还需增加一个将光折射出去而产生的反作用力。航天器的表面的太阳入射角也是另一个需要考虑的因素。太阳光压计算公式如下:

$$F = \left(\frac{F_s}{c} \right) A_s (1 + r) \cos \theta \tag{3.4}$$

式中: F 指力 (N); F_s 是太阳辐射能量 (W/m^2), 以地球为例, F_s=1371 W/m^2, 土星处的值约为该值的 1%; c 为光速, 真空中值约为 3×10^8 m/s; A_s 为航天器的光压照射面积 (m^2); r 为航天器表面反射情况, 0 表示完全吸收, 1 表示完全反射; θ 为照射面的太阳入射角。

这个力虽然小, 但是却作用于整个航天器, 它使航天器远离太阳。如果施加给航天器的光压偏离了其阳光照射面的中心和质心, 将会给航天器施加一个方向固定的力矩, 这个力矩试图缓慢地转动航天器。姿态控制系统感知到这个微小的转动后就命令反作用轮加速以抵消这个力矩。"火星气候观测者" 号就是一个例子, 它的太阳能帆板安装在航天器的一侧 (见图 2.1)。

了解太阳风这个词有助于防止混淆。太阳光明显产生压力，然而从太阳中涌出的称为太阳风的带电粒子对航天器却没有明显的压力。尽管它们有质量，但是它们在太阳系中分布的十分分散，而且速度也没有太阳光快。

如果航天器绕行星运行，重力梯度会产生一个恒定的力矩。航天器飞过行星的高层大气时，如果航天器暴露区域的中心与其质心不重合，大气也会对其施加一个力矩。

不论这些恒定的外部力矩从哪里来，当 RWAs 进行补偿时，轮速都有可能出现过载。接近最大转速的值称为 "饱和度"，它是转轮在其机械设计承受范围内能产生的最大角动量，超过这个值转轮可能会损坏。

所以，系统有时必须通过额外的动量保持轮速在规定范围内。一些通过施加力矩来实现姿态稳定的航天器就可以实现，典型的情况是，姿态计算机使轮子慢下来以达到一个额定速度，这个速度可能是零，也可能是在某个转速值上或正或负的定向偏差。这项任务可以在机动过程中完成，有角动量去饱和、反作用轮去饱和、动量卸载或者动量消减机动等多种叫法。许多航天器为了去饱和，使用一种推进器系统来施加稳定航天器所需的力矩。麦哲伦号在金星轨道时，它的 RCS 推进器就经常完成这个任务。

3. 磁力矩器

哈勃太空望远镜的指向控制系统使用反作用轮来控制航天器的姿态，该系统使它对目标的指向偏差不超过 0.007″ —— 在 1 km 外看一个人头发的宽度。在环绕地球运行时，它会受到相对较强的太阳光压以及地球重力梯度的影响，因此必须进行反作用轮去饱和。但是哈勃望远镜的光学设备，包括它直径 2.4 m 的主镜，都十分敏感，如果火箭推进器不时地喷出废气，它是很容易被污染并报废的。因此，反作用轮进行去饱和机动时，哈勃使用磁力矩器的替代方法来稳定姿态。电磁铁以 4 个 8.5 m 长的金属绕线的形式排列在航天器的外围，当反作用轮的速度因为去饱而发生改变时，金属绕线在 AACS 的控制下通电，它们和地球天然磁场产生的相互作用力足以稳定航天器的姿态。在地球轨道上可以利用天然磁场，所以很多地球轨道上运行的航天器都依靠这种系统。然而数万千米以外没有了这种磁场效应，磁力矩器也就不能使用了。

斯皮策太空望远镜[18] 绕太阳运动，到太阳的距离与地球大致相同，在它的周年运动里，一直处在地球的后面。在 2008 年末，它到地球的距离约为 1×10^8 km。反作用轮为望远镜指向目标提供了姿态稳定控制，并使它的 HGA 旋转对准地球。当它处于没有地球阻碍 (地球经常会阻碍到哈勃太空望远镜的观察)、便于进行深空观测的位置时，也没有足够的磁场在反作用轮去饱和时使用磁力矩器。斯皮策太空望远镜作为红外太空望远镜，对于污染比哈勃望远镜还敏感，因为它要保持低温 —— 只有 5.5 K —— 以便观测到光谱的远红外部分 (见附录 A)。如果这个航天器和麦哲伦号一样安装了肼推进器，氨气和排出气雾中的其他气体会很快地凝结在寒冷的光学设备表面并污染它。因此为了在去饱和过程中保持姿态稳定，斯皮策从喷口中流出了高压、寒冷且干燥的氮气，这又回到了"水手"号航天器的三轴稳定控制方法，尽管这种系统的效率相对来说较低。

航天器(发射)	行星	AACS 输入设备 (dof= 自由度)	AACS 输出设备 (不含废弃的)
"旅行者" 1 号 "旅行者" 2 号 (1977)	木星 土星 天王星 海王星 (飞越)	1 dof 老人星恒星扫描器 2 dof 太阳敏感器 (2) 2 dof 陀螺仪 (3)	0.9 N 轨道修正推进器 (4) 0.9 N 姿态推进器 (12) 扫描平台万向节装置 (4)
麦哲伦 (1989)	金星 (环绕)	1 dof 恒星扫描器 (1 个，包含备份通道) 2 dof 太阳敏感器 (2) 2 dof 陀螺仪 (3)	反作用轮 (3) 445 N 轨道射入姿态推进器 (4) 22 N 姿态推进器 (8) 0.9 N 姿态推进器 (12) 1 dof 太阳能电池阵列驱动器 (2)
伽利略 (1989)	木星 (环绕)	太阳捕获敏感器 (4) 恒星扫描器 (2) 2 dof 陀螺仪 (2) 加速度计 (1)	10 N 姿态推进器 400 N 主引擎 旋转轴承制动器 (1) 扫描平台制动器 (1) 线性吊臂制动器 (2)
火星全球探勘者 (1996)	火星 (环绕)	火星地平敏感器 (1) 天球敏感器 (1) 太阳敏感器 (2) 1 dof 陀螺仪 (4) 加速度计 (4)	反作用轮 (4) 2 dof HGA 平衡制动器 4 N 推进器 (12) 2 dof 太阳能电池阵列驱动器 (2) 659 N 主引擎
卡西尼号 (1997)	土星 (环绕)	3 dof 恒星扫描器 (3) 2 dof 太阳敏感器 (2) 1 dof 谐振陀螺仪 (4) 加速度计 (1)	反作用轮 (4) 445 N 主引擎 (2) 2 dof 引擎平衡制动器 (2) 0.9 N 姿态推进器 (12)

图 3.14　6 个航天器的输入输出设备。根据参考文献 [11] 改编。

4. 控制力矩陀螺

虽然这种设备不适用于所有的星际航天器,但是我们将通过讨论把它与 RWA 区分开来。国际空间站上安装了控制力矩陀螺,这种质量旋转设备,也叫旋翼式陀螺,它的转子近 100 kg,通过电动机保持匀速旋转 (注意这里与反作用轮不同,反作用轮的速度在不断变化)。陀螺在空间的刚性和进动被用于给整个航天器提供力矩。通过转动控制力矩陀螺的旋转轴 (CMG) (也称为 RWA 旋转轴,被固定在航天器机身上) 来使航天器转动。控制力矩陀螺安装在航天器的桁架上,通过一组万向节使它的各个轴都能转动。强力进动将导致一个力矩施加在整个航天器上。空间站使用了一组四个 CMG 来对三轴进行控制,并保持一个作为备用,以防其他某个出现故障。尽管 CMG 和反作用轮有相同的作用,但是要注意它们的工作原理不同。RWAs 通过改变转子的速度来施加力矩; CMG 则是使转子的旋转轴倾斜而不是改变它的速度。CMG 非常适合用在庞大的航天器上,例如现在的空间站或者以前的和平号空间站。一组 CMG 能消耗几百瓦的电力,并产生成千上万牛·米的力矩。

另一个想象实验可能很适合描述 CMG 的工作原理。想象自己双脚悬空地坐在旋转椅上[19],手里拿着充满能量的无线电钻,像在反作用轮实验一样驱动着 10 kg 的混凝土圆盘。这次,让圆盘和平行于地面的电转轴一起旋转。现在,倾斜电钻,让它的旋转轴和地面成一定角度。就像它使空间站转动一样,进动也会使你转动。

5. 辅助制动器

姿态控制是 AACS 的一个功能,铰接则是其另一项功能。下面列举了一些由 AACS 控制的常用航天器组件。

(1) 太阳能电池阵列驱动器: 依靠太阳能发电的航天器要求太阳能帆板上的光电管对着太阳。太阳能电池阵列驱动器有一到两个轴的自由度,每个控制一个电机。AACS 收集太阳位置的信息,即可以调整光电管的方向使其对准太阳,也可以实现一个由电力子系统所发出的偏离请求,稍微改变光电管的指向以减少它们产生的能量。

(2) 引擎万向节传动器: 一些航天器为了保持火箭推力指向航天器的质心,它们的控制方向就是主火箭的喷管指向,基于 1970 年 "海盗" 号火星探测器的设计,卡西尼号的两个万向节传动器控制一个主引擎,在 AACS 的控制下,通过不断地对引擎位置进行微调来弥补推进剂质量的流失。

(3) 扫描平台: 航天器携带的光学设备在一个可以移动的平台上,依靠 AACS 来控制它们的指向。以旅行者号为例, 它在两个自由度上连接扫描平台。伽利略号可以在一个自由度上连接光学设备平台。第二个自由度是在 AACS 的控制下, 通过调整航天器下部消旋装置在滚转方向的消旋速率提供的。

(4) 高增益天线: HGA 常常安装在航天器伸出的悬臂上, 可以被铰接在一个到两个自由度上。

(5) 线性悬臂制动器: 伽利略号航天器有三个悬臂从它的旋转体中心放射状地伸展开来: 两个 RTG 杆和一个科学仪器杆。为使摆动和章动达到最小, 它们需要沿着滚动轴进行上下微调。在飞行过程中, AACS 控制线性制动器支撑着悬臂, 为了完成必要的调整, 这些悬臂可能要延伸或者缩短达 5 cm。文献 [12] 对此进行了描述。

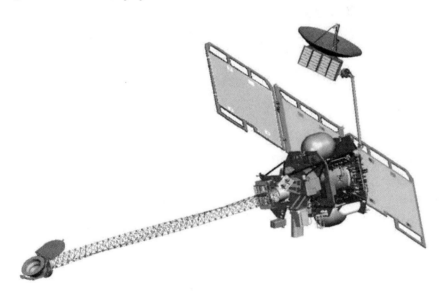

图 3.15   2001 发射的奥德赛号航天器有一个铰链式的高增益天线, HGA(右上) 和太阳能电池阵列。根据 NASA/JPL-Caltech 图片改编。

3.6 AACS 科学实验

航天器上许多工程系统和子系统也参与科学实验, 直接提供一些有价值的科学数据。通信广播可以有效地探测大气, 通常用于导航的多普勒频移也可以用来测量自然天体的质量。同样, 姿态控制系统也可以参与其中。

伽利略号 AACS 在跟踪恒星进行姿态估计的正常任务中, 偶然间完成了一个与任务毫不相关的科学发现。当伽利略号绕着木星运行时, 人们发现了高能粒子在扫描器数据中留下的痕迹, 通过标定和分析高能粒子的噪声信号, 发现恒星扫描器实际上也可以用来测量那些粒子的流量和能量。数据表明, 被木星磁场带捕获的粒子大部分是少于 2 MeV 的电子。另外一个发现是在 2000 年, 第二个磁力星 —— 天社三 -A(Delta Velorum-A) 出现在伽利略恒星扫描器的视场中。这颗星引起注意是因为它的亮度在大约 8 小时降到了恒星扫描器的探测阈值以下。随后经过对恒星扫描仪数据的分析, 加上业余和专业天文学家的部分工作, 表明这个恒星实际上是食双星, 也是人们知道到最亮的食双星[13]。星座的昏暗伴星的轨道周期约为 45.2 天。当它的伴星飞到前面时, 就会出现每次持续 8 小时的食现象, 使得我们甚至用肉眼都能看见这种变暗的现象。

AACS 也可以帮助科学家研究行星的大气密度。如果航天器计划进入行星大气层, 类似于惠更斯号或者火星探路者号, 那么加速度计就可以派上用场。航天器受到的大气阻力主要受以下因素影响:

$$F_{\text{drag}} = 1/2\rho V^2 C_D A \tag{3.5}$$

式中: F_{drag} 是阻力 (N); ρ 是大气密度 (g/m³); V 是速度 (m/s); C_D 是大气阻力系数; A 是航天器的有效迎风面积 (m²)。

航天器进入大气层就必须在设计和测试阶段精确测定它的阻力系数, 也要精确计算大气摩擦面积。从导航数据中可以得到速度, 利用在轨加速度计得到大气阻力的遥测数据就可以求解未知的大气密度。

即使航天器不进入大气, 在靠近行星或者其它与气体相关联的天体时, 它也可以记录自己所受的力矩。卡西尼号飞越了从土卫二 (Enceladus) 上喷发出来的潮湿的蒸汽喷泉。当它的科学设备直接采集羽流的成分时, AACS 测得的力矩帮助估计了羽流密度。卡西尼号定期飞到离土卫六足够近的地方来探测土卫六大气上层部分。当航天器飞越这个直径 5150 km (与地球尺寸最接近) 的行星时, AACS 记录下航天器受到的力矩, 该力矩和离土卫六的高度一起随着时间变化。一些有针对性的飞行任务可以飞到 1000 km 以内的高度观察土卫六迷人的表面。

航天器飞越土卫六时受到的力矩可以直接用于计算土卫六的大气密度。这个力矩可以用下式估计:

$$R(t) = \int_0^t \{T_{\text{ATOMS}} + \varepsilon\} \delta t \tag{3.6}$$

式中: R 是累积角动量, R 对时间的导数表示 AACS 估计的每个轴本身的力矩, 卡西尼号对力矩进行滤波, 消除噪声, 并记录在遥测数据中; T_{ATMOS} 表示大气产生的力矩; ε 是一个矢量, 包括整合起来数值接近 0 的小力矩, 例如重力梯度和光压; t 是时间, 当航天器飞越土卫六表面时, 它也表示航天器的高度。

文献 [11] 描述了这个实验, 包括如何根据力矩值的减小来得到大气密度信息。

1993 年, 麦哲伦工程完成了所有在金星上的主要科学目标以及其他拓展任务后, 还通过测量大气施加给麦哲伦号航天器的力矩, 来研究大气密度随高度变化的情况。航天器上附有两个矩形太阳能电池板, 它们的驱动电机可以使其绕着一个轴旋转。AACS 将两个面板向相反的方向倾斜, 像是航天器外边的一个 "风车"。变轨机动降低了麦哲伦号轨道的近拱点, 这是飞船进入高层大气前离行星最近的点。航天器的 AACS 记录由力矩引起的 RWA 旋转速度, 用以帮助描述我们这个姐妹星球以 CO_2 为主的大气层的高层自由分子流。文献 [14] 描述了整个实验过程。

3.7 AACS 故障及保护

我们将在第 5 章详细讨论 AACS 故障维护的有关内容。在本章结束前, 根据 3.2 节提到的可靠性的基本需求, 来描述更多 AACS 的职责。AACS 运行一个故障维护监视器软件, 每个监视器关注一个特定的问题, 从而识别常规情况和异常情况来实现在太阳系遥远边际的自主运行。"旅行者" 号的 AACS 有十几个故障维护监视器, 用于检测超出限制或者发生错误等问题。类似于卡西尼号上的先进 AACS 有成百上千个故障维护监视器。我们提到的异常推力情况, 就是这个 AACS 故障维护监视器的例程之一。特殊情况下一些额外的监视器会被触发, 例如 AACS 找不到某个需要的天球参考系, 或者是某个设备的指向离太阳太近了, 又或者是反作用轮达到了它的饱和值。

通常情况下, 例程的指令序列包括了反作用轮定时去饱和机动, 以确保轮速在限制范围内。若反作用轮中动量积累异常, 或常规指令不经意的忽视了反作用轮的速度,AACS 的故障维护响应算法将会自动中断常规指令的执行, 去完成反作用轮动量去饱和工作。在有些航天器上, 这个过程可能是常规性的, 而在另一些航天器上, 它可能又作为异常情况进行处理。

有些故障保护监视器还可以调用预定的故障保护算法，处理几乎所有可能的异常情况。还有的可以实现故障部分到其备份的自动切换，并且当其他系统检测到需要中断正常操作指令序列的故障时，AACS 就会被唤醒。AACS 可能会要求航天器旋转至一个已知的热安全模式，在保持与地球通信的状态下进行故障检测与维修。

注释

[1] 这是 "旅行者" 1 号 2008 年 12 月离地球的距离，在这段时间，从地球上看，它处于太阳的背面，以每年 3.6 天文单位的速度在它的双曲线太阳逃逸轨道上向北前进。

[2] 在 1950 年，英国数学家艾伦·图灵 (1912—1954) 设计了一个测试：让一个人使用自然语言通过打字和一台计算机交流，如果这个人无法判断出交流的对象是一台计算机，如果判断为一个人，则这台计算机通过了测试。

[3] "旅行者" 号由于离地球太远而不能使用它们的低增益天线进行通信。它们唯一的选择是提高高增益天线指向的精确度。

[4] 反力轮的使用替代了直接推进控制，尽管有些设备偶尔需要使用推进器来控制自己的旋转速度。

[5] 即使航天器的运行贯穿了太阳系，远处恒星形成的图案背景也不会发生明显变化。由于这些恒星距离遥远，AACS 看到的恒星图案背景与我们在地球上看到的十分相似，也正是这遥远的距离阻止了视差干扰 AACS 识别那些恒星。

[6] 三轴姿态稳定的 "旅行者" 号时常命令 Z 轴旋转使其有利于进行粒子和场的研究。

[7] "先驱者" 号是由 NASA 的艾姆斯研究中心负责管理的。

[8] 这个精彩的动画由丹尼·Mass 的数码公司制作，其中展示了 "火星探测流浪者" 号的发射及任务过程，包括在火箭上级燃烧完毕后使用起旋和消旋设备进行起消旋控制的过程：http://www.maasdigital.com/mervideo-large.html。

[9] 在设计过程中，对 "旅行者" 号太阳敏感器进行了修改，其中包括添加放大器，以使它们能在土星附近使用。

[10] 见出版物《the Voyager Project》：http://www.jpl.nasa.gov/news/

features.cfm?feature=548。

[11] 法国物理学家莱昂・傅科 (1819—1868) 在 1852 年创造了 "gyroscope" (陀螺仪) 一词, 当时他正在尝试使用一个万向节旋转设备观察地球自转。这个试验因为系统中有摩擦和多余的力矩而失败了, 但是傅科很好地了解了使用摆来显示地球自转。任何能使物体看起来在旋转的设备都可以叫做陀螺, 不论它自身的质量是否参与到了旋转中。

[12] 要注意航天器惯性参考系的原理与航空以及地基的惯性导航不同。惯性导航系统通过精确测量和追踪加速度来模拟交通工具从一个点到另一个点的整个过程。相反, 行星际航天器船载的加速度计则用于其他任务, 而不是点对点的导航。

[13] 压电材料, 典型的是晶体或陶瓷, 在通电时会发生伸长和收缩, 它们被机械性压缩或拉升后还会产生电流。一个晶体耳机就可以展示出第一个现象, 第二个现象则应用于烹饪时点燃火焰的家庭按钮式火花发生器。

[14] 也叫微型机器和微系统技术。

[15] 法国科学家贾斯帕 – 古斯塔夫・科里奥利在 1835 年描述了科里奥利效应, 科里奥利效应是指从一个旋转的参考框架上观察沿直线运动的物体, 可以看到路线发生明显的弯曲。由于科里奥利效应, 在北半球向南运动的气团从旋转的地球表面看则是向东偏的。

[16] 1977 年发射的 "旅行者" 1 号和 "旅行者" 2 号在 2008 年底已经用完了它们 100 kg 推进剂 2/3 多

[17] 不要真地在家里实验! 高速旋转的重轮可能会对人造成伤害。

[18] 见 http://www.spitzer.caltech.edu。

[19] 同样不要尝试这个实验, 因为高速旋转的混凝土块可能也会对人造成伤害。

参考文献

[1] Peter C. Hughes. *Spacecraft Attitude Dynamics*. Dover Books on Engineering. Dover Publications, 2004.

[2] Richard A. Kerr. Voyager 1 crosses a new frontier and may save itself from termination. *Science*, 308(5726):1237–1238, May 27 2005.

[3] W. McLaughlin and D Wolff. Voyager flight engineering: Preparing for Uranus. Technical Report AIAA-85-0287, AIAA, 1985.

[4] Walter Hohmann. *Die Erreichbarkeit der Himmelshkörper*. R. Oldenbourg,

Munich and Berlin, 1925.

[5] The Royal Society of London. *On Governers*, volume 16, http://journals. royalsociety.org, 1867/1868.

[6] Richard C. Dorf and Robert H Bishop. *Modern Control Systems*. Prentice Hall, Inc., New Jersey, 10th edition, April 2004.

[7] Jean-Claude Samin. Mechanics of multibody systems. PDF on web: http://www.tele.ucl.ac.be/PEOPLE/PS/FSAB1202/FSAB1202-meca.pdf, January 2005.

[8] Alan B. Binder. *Lunar Prospector: Against All Odds*. Ken Press, Tucson, Arizona, February 2005.

[9] Cambridge Philosophical Society. *Proceedings of the Cambridge Philosophical Society*. books.google.com, 1892 (Digitized 2007).

[10] B. Dobrotin, E. A. Laumann, and D. Prelewicz. Mariner limit cycles and self-disturbance torques. Technical Report AIAA 69-844, American lnstitute of Aerononautics and Astronautics, 1969.

[11] A. Lee and G. Hanover. Cassini spacecraft attitude control flight system performance. Technical Report AIAA 2005-6269, AIAA, 2005.

[12] E. F. Koch. The linear boom actuator designed for the Galileo spacecraft. In *The 17th Aerospace Mech. Symp. p 81-96 (SEE N83-24881 14-39)*, pages 81–96, May 1983.

[13] Sebastian Otero, Paul Fieseler, and Christopher Lloyd. Delta Velorum is an eclipsing binary. IAU Information Bulletin on Variable Stars, December 2000.

[14] Christopher A Croom and Robert H Tolson. Venusian atmospheric and Magellan properties from attitude control data. http://ntrs.nasa.gov/, The GeorgeWashington University, Joint Institute for Advancement of Flight Sciences, Langley Research Center * Hampton, Virginia National Aeronautics, August 1994.

[15] David W. Swift. *Voyager Tales: Personal Views of the Grand Tour*. American Institute of Aeronautics and Asttronautics, 1997.

第 4 章

推进系统

4.1 发射

1977 年 9 月 5 日的早晨, 在佛罗里达州的大西洋沿岸, 天气晴朗、温度宜人。在发射台上 48 m 高处, 旅行者 1 号的任务舱和它的喷射推进单元固定在了运载火箭第 3 级 —— "半人马座" (Centaur) 的顶端。第 3 级的储箱中充满了低温的液氢和液氧, 总重超过 16000 kg。可以看到少量挥发出来的制冷剂通过下面的超大型整流装置排到了湿润的空气中。巨大的 "半人马座" 要比 "大力神" (Titan) Ⅲ-E 运载火箭的主体宽 1 m 左右, 因此, 它的整流罩位于 "大力神" 运载火箭第 2 级的上面, 并向外凸出[1]。"大力神" 运载火箭的第 1 级和第 2 级之间没有明显的分界线, 但第 1 级占了整个火箭主体的 2/3。第 1、2 级基本上都是储箱, 储箱中含有燃烧剂[2] —— 航空肼 –50 和氧化剂 —— 四氧化二氮, 总重超过 137000 kg。在火箭主体的两侧捆绑有两个固体火箭推进装置, 它们通称为第 0 级。第 0 级装载了将近 385000 kg 高氯酸铝和高氯酸铵粉末的混合物。今天的发射将是最后一次使用大力神 Ⅲ-E 运载火箭[3]。

现在接近东部时间上午 9 点, 再过一会儿, 固体推进装置就要被点燃。旅行者号航天器的工程师们已经两次推迟了它的发射, 目的是为了改进其行星际航行的遥控设备, 以解决在 16 天前 "旅行者" 2 号悬臂展开中发现的问题。在卡拉维拉尔角的空军基地, 一切都已准备就绪。

由于地球自转, 即使是在起飞之前, 位于发射台上的火箭已经获得了相对地心向东 1415 km/h 的速度。这也是选择此处 —— 相距赤道 28.5° (纬度) 的地方作为发射场的主要原因。在倒计时结束的时候, 发射台一道

图 4.1 "旅行者" 1 号搭载在 "大力神" Ⅲ-E 运载火箭的 "半人马座" 上面级中发射深空,它比 "旅行者" 2 号晚了半个月。免费图片来自 NASA 的肯尼迪航天中心。

亮光闪现,白烟滚滚,海鸟们迅速逃离。随着电缆掉落,这堆 633000 kg 重的庞然大物在固体推进器产生的 1.17×10^7 N —— 超过 240 万磅力的作用下,加速升起。

大力神 I 级点火之后,在蔚蓝明亮的天空中,火箭沿着向东的弧线迅速飙升,两分钟就到达 60 km 的高空。在两台喷气式一体发动机中,两种液体推进剂混合并同时燃烧,产生总计 230 万 N 的推力。排气喷管在大力神飞行计算机的控制下调整姿态,以保持偏航和俯仰方向的稳定性。不一会儿,耗尽燃料的固体推进器解锁坠落,冒着烟向大海落去。

载荷舱的整流罩被一分为二地抛开。在 100 km 高空,空气已经十分稀薄,大气对航天器已无法造成危害,也就没有必要维持如此庞大的质量。在 167 km 处,已燃烧了两分半钟的火箭 I 级分离、坠落,同时只有 1 个喷管的火箭 Ⅱ 级点火。

在航天器加速飞行的过程中,其安全距离信号接收机一直在等待地面发射中心的自爆指令,一旦接收到该指令,系统将关闭发动机,摧毁整个航天器。幸运的是,在此次飞行中没有接收到该指令。星上还有另一个独立的系统,它可以感知灾难性的加速度,从而自动发出自爆指令。

飞行过程中出现了一些问题。第 2 级只燃烧了 3 分钟,在它的燃料和氧化剂的混合比中,燃烧剂含量过高,因此它无法提供足够的推力。第 2 级脱离后,"半人马座" 上面级点火。它拥有 Pratt 和 Whitney 两个发动机, 可提供 13.3 万 N 的推力。它比计划多燃烧了 544 kg 的推进剂, 但成功地使航天器到达了目标速度, 所耗时间也恰巧在 3.4 s 的边界上。如果此事件发生在两星期前 "旅行者" 2 号分离的更高能量的轨道上, 则整个宏伟的旅行任务都将失败。在 200 km 高空, "旅行者" 1 号与 "半人马座" 上面级分离, 它相对地球的速度为 18.3 km/s, 足够脱离地球引力范围, 但它到达木星还需增加 1.7 km/s 的速度。

"旅行者" 1 号在与地球运行轨道相近, 且方向相同的绕日轨道上运行。指令序列到达航天器的任务舱, 76.5 kN 固体火箭发动机点火。该发动机位于附属的喷射推进单元。该单元还有 4 个 445 N 肼推进发动机围绕在固体发动机周围, 它们在任务舱的姿控系统控制下点火或关闭, 以保持俯仰和偏航姿态的稳定。并且在航天器需获得最后一次加速抵达木星时, 这些姿控发动机还能保持推力矢量与地球的太阳轨道相切。在固体火箭发动机燃烧时, 4 台 22 N 推力器点火以保持航天器滚动姿态, 其推进剂将在 43 s 内耗尽。

点火结束后, 航天器又开始依靠惯性飞行, 但这次它可以自由地飞向木星。它已经被推到一个绕日的近似霍曼转移轨道, 其远日点离太阳有 7.54 亿 km。"旅行者" 号的入轨推进单元已不再需要, 必须抛离, 否则其质量将影响正常姿控系统的工作寿命 (任务舱中 0.9 N 的推力器可满足未来 20 年的需求)。首先, 两个焦阀[4] 启动, 降低了给 445 N 和 22 N 推进器提供燃料的肼线的压力, 这样在分离时, 对航天器造成的扭矩最小。然后自封断开机构将连接处断开, 爆炸螺栓点火, 两舱相互分离。两个舱都会接近木星, 但只有任务舱与地球有通信联系, 并将飞越土星。六天后, 任务舱, 也就是 "旅行者" 1 号, 将通过 0.9 N 的推力器进行一次小的轨道机动。这是对 "旅行者" 1 号木星之旅进行微调。

4.2 牛顿第三定律

在某一方向上尽力抛掷物体, 这一作用称为推力, 其大小与物体的质量和速度有关。在大气层外能产生类似推力的装置就是火箭, 它是各种航天器推进系统的基本组成部分。火箭所用燃料 —— 黑火药, 在 13 世纪的中国及周边就已经被广泛应用, 比牛顿提出作用力和反作用力的运动定律早了 400 多年。飞机和船的螺旋桨都采用了这一原理, 它们将周围的流体向后加速, 从而获得向前的推力。喷气式发动机与火箭发动机更接近, 在燃烧室内燃烧化学药剂, 产生热量, 从而使气体膨胀, 并经喷管加速[5], 其反作用力使飞机向前。喷气式发动机需要空气中的氧气来促进燃烧, 而火箭不需要空气。它自身携带所有化学药剂, 无需和外界物质进行交互来产生推力。

火箭是一个简单的内燃式发动机, 它将热能转化为动能。在类似的 "热发动机" 中, 火箭的效率是最高的。理论上, 可获得的效率会随工作温度的升高而增大[6], 而火箭的工作温度比其他发动机都高。汽车发动机只能获得 25% 的效率, 飞机的涡轮喷气式发动机的效率大约为 32%, 其他各种生物燃料发电机的效率从 36% 至 60% 不等。而早期试验的液体燃料火箭发动机的效率就达 64%。

4.2.1 反应物质 —— 水

为验证推进系统的一些基本概念, 我们将 1 L 的水放入容量为 2 L 的塑料苏打水瓶中, 并给瓶子设计一个盖, 通过盖可以用自行车的打气筒来压缩水面上的空气, 也可以将盖子去除。将瓶子倒置在发射台上, 拉动去除瓶盖的线绳。当瓶口敞开时, 压缩空气所蓄积的能量迅速将水挤出, 并将苏打水瓶推向了天空。这个试验证明了以下几点:

(1) 向一个方向排出物质, 必然在相反的方向产生反作用而推动火箭, 这是动量守恒。

(2) 在这个水瓶做的火箭中, 大部分质量是推进剂。1 L 水的质量为 1 kg, 压缩空气大约 10 g, 空塑料瓶 50 g, 因此, 排出的质量与这个 "运载器" 质量之比高达 20.2。

(3) 在火箭中所存储的压缩空气的能量越大, 排出推进剂的速度越快, 火箭的性能就越好。

(4) 火箭的总质量 (含推进剂) 在工作中会减小, 因此, 随着时间推移, 需要加速的质量越来越少。

该项试验的热衷者已开发出时速高达 200 km/h 的水瓶式火箭, 其飞行高度达几百米。除了证明上述四个化学火箭都有的原理, 实际上这个简易装置和 "半人马座" 上面级之间还有一个重要的共性。半人马座携带着推进剂液氢和液氧, 反应后的产物为水 (H_2O)。因此, 水是 "半人马座" 火箭发动机排出的物质, 但不是依靠压缩空气的能量, 而是推进剂燃烧后产生的能量。燃烧产生的高温使得反应物质为气态的水, 而非瓶式火箭的液体水。另外, 燃烧的高温所提供的能量使得排出物质的速度远高于瓶式火箭。

理论上, 氢和氧组合的化学反应所产生的能量是最大的。这也是许多高性能运载器, 包括欧洲的 "阿里安" (Ariane)、美国的航天飞机, 都采用氢、氧作为推进剂的原因。只有氢和氟能产生更大的能量, 但氟太活跃, 很难控制, 且它与氢的产物 —— 氟化氢是一种强腐蚀性的酸性物质。这也是实际运用中没有用氟作为推进剂的原因。

4.2.2 火箭原理

在本节前两部分中所描述的, 通过 "质量排出" 来获取反作用力的现象, 是火箭推进系统的核心。影响火箭性能最重要的因素就是质量和火箭排出这部分质量的速度。当然还有其他因素, 如重力、大气阻力。苏联的火箭专家康斯坦丁·齐奥尔科夫斯基 (Konstantin Tsiolkovsky) (1857—1935) 提出了许多有关大气层外飞行的新概念[2], 如今都是航天学的基本原理。他在 1903 年[3] 发表了以他的名字命名的齐奥尔科夫斯基火箭运动方程, 该方程反映了质量和速度之间的关系。

$$\Delta V = v_e \ln \frac{m_0}{m_1} \tag{4.1}$$

该方程的所有内涵和外延在 A. C. 克拉克 (Clarke) 1950 年出版的纪实文学《行星际飞行》[4] 中都有清晰的展现。在此, 仅强调该方程在航天器推进系统中的重要应用。

在方程 (4.1) 中:

ΔV 表示速度的变化量, 它是火箭发动机将一部分质量向相反的方向喷出时, 航天器所得到的速度变化量。

v_e 表示火箭喷出物质的有效速度。目前可获得 v_e 的最大值, 液体发动机为 4.5 km/s, 固体发动机为 2.5 km/s。非化学推进系统可达到更高。如果推进系统将推进剂用于推动涡轮泵等, 那实际速度与有效速度是不同的。

m_0 为初始航天器质量, 包括推进系统开始工作之前的推进剂。

m_1 为推进系统停止工作后航天器的质量。

ln 为自然对数, 底数为常数 e (2.718), 有时写作 "$\log_e$"。

为获得足够的 ΔV, 需要将较大的 m_0 (注意: 它随着 ΔV 的增加而呈指数增大), 较小的 m_1 和较高的 v_e 进行组合。如果水瓶式火箭的 v_e 能达 50 km/h, 那么在不考虑大气阻力和重力的情况下, 航天器可达到的 ΔV 为 153 km/h。

4.2.3 固体火箭范例

旅行者号在行星际轨道入轨时, 所使用的固体推进剂火箭发动机 (详见 4.4.1 节) 的初始质量为 1120 kg, 43 s 燃烧结束后的最终质量约 80 kg, 因此该固体火箭发动机的绝大部分质量都是推进剂。该发动机的 m_0/m_1 接近 14, 而喷出质量时的 v_e 为 2.5 km/s, 点火过程无需添加其他成分, 因此最终产生的 ΔV 为 6.6 km/s。这个 ΔV 值远大于离开火星表面及脱离行星引力捕获所需的 ΔV。然而, 仅靠此发动机不能保持稳定的姿态, 也不能达到其他有用的目的。

为了有效地利用它, 需在固体发动机周围构建一个喷射推进单元 (IPU)。该 IPU 有 4 个 445 N 俯仰和偏航控制推力器, 加上 4 个 22 N 滚动推力器, 以及 1 个 1000 kg 液氢推进剂的储箱。针对 "旅行者" 号的 IPU, 当前整个系统的 m_0 已达 1235 kg。但这个装置并不会自动工作来操纵姿控推力器, 因此还是不能达到效果。决策机构位于任务舱中, 与载荷分离并独自执行其任务。在进入木星类霍曼转移轨道之前的最后 43 s, 固体火箭发动机点火, 任务舱的 AACS 操纵着 IPU 的推力矢量装置, 保持着偏航、俯仰和滚转各方向的稳定性。

加上任务舱的载荷及适配器, m_0 达到 2055 kg, m_1 为 1016 kg。假设火箭的有效释放速度 v_e 为 2.5 km/s, 并在整个工作过程中都保持为常数。另外, 系统处于自由飞行, 不考虑重力和大气阻力。由式 (4.1) 可知, 航天器的 ΔV 可达 1.8 km/s, 满足飞向木星所需的能量。

4.2.4 性能比较

推进系统的一个有效品质因素是比冲。它描述了火箭的效率, 可以对不同火箭系统进行比较, 无论是采用固态/液态的化学推进、电推进以及其他技术。冲量是指火箭推力引起的动量 (质量 × 速度) 的变化, 而比冲是单位质量推进剂产生的冲量。I_{sp} 的分母可以是推进剂的质量[7], 也可以是推进剂的重量, 即质量与地球标准重力加速度 g_0 的乘积。后一种定义较为常见。在本书中, I_{sp} 的单位是秒, 简化表达为

$$I_{sp} = \frac{v_e}{g_0} \tag{4.2}$$

式中: v_e 为火箭反应物质的释放速度, 沿着推力的方向 (m/s); g_0 是 "标准重力", 地球表面的重力加速度大小为 9.80665 m/s²; I_{sp} 的单位制秒初看让人疑惑, 但由于重量和推力都是力, 它们相互抵消, 只剩下时间的单位

秒, 这样也免去了英制和公制等不同测量体制之间的转换, 十分方便。

对于典型的固体火箭发动机, $v_e = 2.5\,\text{km/s}$, 则 I_{sp} 为 255 s。最高性能的液体火箭 $v_e \approx 4.4\,\text{km/s}$, I_{sp} 超过 450 s (见表 4.1)。当前的电推进系统能达 3000 s 的比冲。后面将会了解到高效电推进的不足之处, 尤其是离子发动机, 它们能产生的推力太小。但 I_{sp} 反映的是效率, 而不是推力。我们可以将 I_{sp} 看作发动机在给定推进剂量的情况下, 能够产生推力的时长。给定推进剂量是指火箭能获得的推力大小相当的推进剂重量。

举例来说明 I_{sp}。表 4.1 中 Thiokol star-37 固体火箭发动机的推力为 76500 N, 这相对于 7,800 N[8], 在地球上就是 7800 kg 的质量。为耗尽 7800 kg 的推进剂, 该发动机需工作 306 s (即 I_{sp})。当然这只是假设。该发动机不能含那么多推进剂, 它只能燃烧 43 s。该固体火箭发动机推进剂的质量为 1039 kg, 实际燃烧时间 $\approx (1039/7800) \times 306\,\text{s}$。

另一个有用的测量量是火箭的总冲。它是推进系统在整个生命周期所产生的推力的总和, 包括发动机和所需的推进剂, 它的单位是 N·s (见图 4.4)。

表 4.1 选定火箭发动机效率 (I_{sp} 值) 的比较

发动机	航天器	推进剂	推力	I_{sp}/s
TVA	旅行者号	肼	0.9 N	200
Thiokol Star-37-E	旅行者的 IPU	铝 (固) &NH_4ClO_4	76.5 kN	284
凯撒 – 马夸特 R4-D	卡西尼号	MMH&N_2O_4	445 N	300
喷气式 LR 87	"大力神" Ⅲ	航空肼 −50&N_2O_4	1218 kN	302
SnecmaVulcain 2	阿里安 5	液氢&液氧	1340 kN	434
P&W RL-10A-3	1977 半人马座	液氢&液氧	109 kN	444
SSME	航天飞机	液氢&液氧	0.09 N	453
波音 NSTAR	黎明号	氙离子	0.09 N	3100

4.3 行星际航行

推进系统代表着逃离地球到达太阳系其他天体的真实技术水平。天文学者曾在 17 世纪就揭示了太阳系各天体真实距离, 要想像鸟儿一样飞到月球和其他行星显然是不可能的, 依靠汽艇也不现实。要实现行星间的旅行, 令人却步的一个问题就是如何获得如此巨大的速度。与之相比, 其他方面如远程通信、电能、控制装置、观测设备等都在其次。比如, 美国的火箭先驱罗伯特·H·戈达德 (Robert H. Goddard) (1882—1945) 就设想, 当能将火箭发射到月球时, 只需在月面点燃几千克的闪光粉[9], 地球上的观测者就能看到, 从而验证飞行的成功。

4.3.1 喷管

早期的火箭不足以实现月球及更远距离的飞行, 戈达德的后继者们能够实现是基于对喷管的设计。喷管是所有化学推进系统都共有的组成部分, 无论固体还是液体推进的火箭。

图 4.2　拉瓦尔喷管, 气体在喉部达到超声速, 然后再扩张。后文中将进一步说明。

我们已经知道, 要将航天器推到满足星际飞行的速度依赖于推进系统高速喷射气体的能力。化学药剂在火箭发动机的燃烧室进行高温高压的反应, 这只是开始, 喷管的作用是将燃烧室的热能更好地转化为动能。

当瑞典的工程师和发明家古斯塔夫·德·拉瓦尔 (Gustaf de Laval) (1845—1913) 在研制汽轮机时, 他就想用一个装置将高速的蒸汽直接导入脉冲式涡轮泵的活塞中。1897 年, 他设计了一个喷管, 该喷管的尺寸是先缩小成一个喉部, 然后再扩张为一个钟形。这种缩放的设计使得高压蒸汽先经过压缩达到声速, 再膨胀, 从而得到更高的出口速度。

拉瓦尔喷管的设计可直接应用于火箭发动机, 见图 4.2, 从燃烧室出来的气体的温度为 T_c, 压力为 P_c。在变窄的通道, 基于文丘里效应, 气体的速度增大。到达面积 A_t 的喉部位置时, 气体速度超过了声速。这一部分称为壅塞流动。当气体到达喷管扩张的部分, 压力和温度都降低, 这一部分将更多的热能转化为动能。随着压力的降低, 出口速度进一步提高。喉部下游长钟形的设计, 使得绝大部分的气体沿直线运动排出, 从而使得非轴向运动最小, 增大了轴向的推力。第 3 章 3.5.2 节提到的麦哲伦 445 N 推力器是一个典型的火箭发动机。它在真空中工作, 具有狭窄喉部的喷管连接着燃烧室和长长的扩大的排气钟。

当气体在燃烧室内加热和膨胀, 它的压力向四周扩散。由于喷管的加速, 产生了反方向的推力。在无大气的环境下, 火箭发动机能产生的推力如下式:

$$F = \dot{m}v_e + p_e A_e \tag{4.1}$$

式中: F 为推力 (N); $\dot{m}$ 为喷管中物质的流速 (kg/s); v_e 为排出气体相对于火箭的速度 (m/s); p_e 为喷管出口处的排出压强 (Pa); A_e 为喷管出口处的面积 (m^2)。

参见图 4.2, 方程中假设在喷管最窄的部位, 排出物质壅塞, 速度达到 1 个马赫数。喉部面积直接影响物质的流速, 而对任何物质流, 其排出速度 v_e 依赖于喉部面积 A_t 与出口面积 A_e 之比。

$\dot{m}v_e$ 为推力的动量部分, 来自加速的质量。推力可以看作加速质量的反作用。那为什么加 "$p_e A_e$" 项呢? 这是因为在喷管中, 被加速的排出物质在经喷管口时膨胀, 产生了附加的压力。这种压力式推力就是附加的推力。

如果火箭在大气层内工作, 环境大气压 p_0 需从 p_e 中扣除。这意味着在大气中工作的喷管 (如运载火箭的第 I 级) 与在星际空间使用的喷管, 在外形设计上是不同的。为达到最高的效率, 喷管的长度和出口面积的设计要调整到使 p_e 值与环境大气压力值相接近 (这与式 (4.3) 直观上所反映的相反)。

4.4 推进系统设计

无论是运载火箭, 还是星际飞行中的航天器, 推进系统都受控于航天器的控制计算机, 依据指令提供整个航天器加速所需的力矩。本节介绍了当今星际航天器所使用的各种推进系统, 包括固体和液体推进系统。它们所应用的是化学和化学热力学。我们还研究了电能推进系统, 它的性能要优于化学火箭, 但产生的推力较低[10]。

4.4.1 固体火箭发动机

固体推进剂的火箭发动机是最简单的推进系统。由燃料、氧化剂和可燃结合剂组成的混合物, 通过模具注到有喷管的轻质外壳内, 经点火才产生反应。点火装置为电脉冲点火。整个推进系统一旦点着, 就一直燃烧至尽, 像烟火一样, 中间无法停止[11]。

由于固体火箭发动机 (SRMs) 在一次点火过程中提供所有冲量, 它们常常使用在一次性任务中。正如 "旅行者" 号的 IPU 工作的例子, 最后点火以达到目标轨道。飞向小行星带的 "黎明" 号和水星轨道器 —— "信使" 号, 所用 "星 -48" 发动机也是实现相同的目的。麦哲伦号携带的 Thiolol[12] 发动机, 经历飞向金星的 15 个月旅程, 最后点火以获得 ΔV 来终止航行, 进入行星环绕轨道。地球轨道航天器, 如通信卫星, 也经常使用 SRM 实现低轨向地球同步轨道的转移或达到地球同步轨道高度。

SRM 中典型的燃料是铝粉, 而典型的氧化剂是高氯酸铵 (NH_4ClO_4), 有些增加铁粉来作催化剂。所有固态化学药剂通过一种叫做 HTPB 的橡胶状聚合物混合在一起。混合物被称为高氯酸铵复合推进剂。文献 [5] 对该推进剂的物理和化学燃烧过程进行了讨论。这种混合物在火箭发动机中得到广泛应用。小到业余装置, 大到各种运载火箭捆绑的助推器, 包括 "大力神" (Titan)、阿里安 (Ariane)、德尔塔 (Delta)、航天飞机。SRM 可以有很多尺寸。"旅行者" 号的 SRM 直径 37 英寸 (94 cm), 在 43 s 燃烧过程中提供的标称推力为 76.5 kN, $I_{sp} = 284$ s。阿里安 -5 运载火箭捆绑的 SRM 直径 3 m, 可提供 130 s 的 6470 kN 推力, 效率与 "星 -37" 接近, $I_{sp} = 275$ s。业余爱好者所能买到的固体火箭发动机, 其 I_{sp} 与上面类似, 但直径只有 2.5 cm 左右, 推力也只有 10 N 的量级。

SRM 中固化的推进剂中心的空腔就是燃烧室。当电点火器将火焰推入燃烧室, 燃烧开始, 推进剂迅速向外围燃烧。空腔的形状和表面积决定了推进剂的燃烧速度和产生推力的大小。常使用的 Thiokol "星" 系统发动机, 其数字代表发动机的尺寸 (单位英寸), "星" 是指其中心空腔的形状。星形, 更确切地说是具有五个径向放射线的星形 (见图 4.3), 可以在点火后迅速达到最大推力, 并在燃烧过程中保持不变, 在快燃尽时推力才减小。

图 4.3　固体火箭发动机的截面。灰色代表推进剂, 黑色星形代表推进剂的空腔, 用作
燃烧室。

推力随时间的变化如图 4.4 所示。相反, 若空腔为柱状, 其推力逐渐增大,
在快燃尽时达到最大。

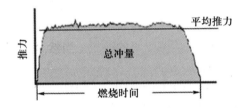

图 4.4　此图反映了火箭发动机如何达到它的平均推力。推力在点火后迅速达到最大,
推进剂耗尽前降至最小。总冲量 (N·s) 是推力随时间的积分, 见图中灰色的部分。

　　小的 SRM 喷管, 如 "星 –37", 通常由石墨制成。而大的发动机, 像
Thiokol 的星系列, 其喷管的喉部由石墨纤维制成, 石墨纤维中嵌入了三维
碳原子组成的碳基体。这种材料与其他金属相比, 更硬、更韧、更轻, 而
且可以承受燃烧所产生的 3400 K 高温和 4.5MPa 高压 (图 4.2 中的 T_c,
P_c)。这满足绝大多数 SRM 的需求。"星" 发动机的外壳为钛, 拉瓦尔喷管
出口锥体有碳酚醛组成。其他的 SRM, 如航天飞机的助推器, 外壳为钢。
由轻质石墨纤维和环氧树脂组成的更高版本的发动机称为石墨环氧发动

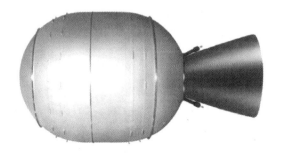

图 4.5　Thiokol "星 –48 B" 固体火箭发动机, 直径为 48 英寸 (122 cm)。

机 (GEM)。

4.4.2 单组元液体推进系统

与固体火箭发动机相比,液体推进系统最大的优点就是发动机可以关闭再启动很多次,只要有充足的推进剂即可。液体火箭的效率更高。在发动机中,液体转化为气体,体积增加了若干倍。加热时体积进一步膨胀,使燃烧室内形成高压。液体火箭分为单组元 (单一化学剂) 和双组元 (两种化学剂) 两类。对于中等比冲发动机,若简单很重要,则单组元推进系统式中等比冲发动机是首选,因为这类系统只比固体火箭发动机复杂一点。系统的简化可以提高可靠性。很多飞行数年的航天器就采用单组元推进系统。

但我们说行星际航天器所用的单组元推进系统时,推进剂通常指肼,而不是斯皮策太空望远镜姿控所用的液氮。当然,液氮也是单一化学剂,但它只能提供一定扭矩,其比冲低于 70 s。而肼在发动机内急剧分解,可产生超过 200 s 的比冲。这才能达到我们对火箭的期望值,尽管没有固体火箭发动机和后面介绍的双组元推进系统的比冲高。

航天器所需的单组元液体推进剂要能提供足够有效的化学能,并能安全储存。20 世纪五六十年代的研究表明,肼是最合适的。肼 (N_2H_4)[13] 来自于氨 (NH_3),气味与氨相近,密度、凝固点和沸点与水相近。它在火箭发动机中的应用主要取自于焓。焓[14] 是用来计量化学反应所释放或吸收的能量多少 (在火箭中,我们关心的是放热反应所释放的能量)。

肼被广泛运用主要在于其长期保存的稳定性、使用中易于分解、分解的产物无害。最后,以肼为燃料的推进系统最不易泄露,因为该液体无需高压存放,且分子足够大,系统的阀门就足以可靠地阻止其通行。

肼在催化剂的作用下分解成氮气和氢气,并释放出热量。分解的产物还能有附加的化学反应,但主要的放热反应是

$$N_2H_4 \rightarrow N_2 + 2H_2 \tag{4.4}$$

式中 1 分子的肼分解为 1 分子的氮气和 2 分子的氢气,并释放热能。

肼分解所产生的能量能在几毫秒内将小小燃烧室[15] 的温度升高至 $800°C$[6]。肼的另一个优点在于该物质在日常的材料和处理温度中不易分解。但它有毒,会灼伤皮肤,因此,处理它时需采取保护措施,注意安全。

与肼相比,人类可以暴露在单组元液体推进剂过氧化氢 (H_2O_2) 的排出物中,就如 "火箭腰带"[16]。在催化剂的作用下,过氧化氢分解放热的过

程如下:

$$2H_2O_2 \rightarrow 2H_2O + O_2 \tag{4.5}$$

式中 2 分子的过氧化氢分解为 2 分子水和 1 分子氧气, 并释放出热能。

排出的物质为水蒸气和氧气, 以约 1 km/s 速度从火箭喷管排出, 无毒、高温, 但没有火焰。过氧化氢分解释放的热量没有肼高, 只能将燃烧室的温度升高至 650°C。浓缩的过氧化氢很难运输和存储, 而且, 若不采用预防措施, 它在很多情况下都会急剧地分解[17]。

单组元推进系统简单是因为它无需精确混合不同化学药剂以充分燃烧, 也无需在航天器上设计不同的管道来管理和分离多种化学药剂。但与 SRMs 相比, 其组成部分要多些。SRM 将所有部分都整合在一起: 推进剂的供应、燃烧室、喷管、点火器。而液体供应系统的组成部分将分散在航天器的各处。

液体推进剂存放在储箱里。储箱的顶部为压缩气体, 这样就无需泵也可以将推进剂压入发动机中。许多航天器的单组元推进系统都以排污模式工作, 即储箱内的压力随着推进剂的使用而降低。旅行者 1 号和 2 号都是这样的。这种模式的效果是推进剂流向发动机的速度随着时间而降低, 从而影响推力 (I_{sp} 值也减小)。或者在航天器上另配一个储箱来存放加压气体 (该气体可以是氮气或惰性的氦气)。在压力调节模式中, 加压气体进入推进剂储箱以保持压力的恒定, 推进剂流速在火箭燃烧过程中保持不变。如果可能的话, 对于特定的、超长的、需准确提供 ΔV 的火箭燃烧, 如轨道切入机动, 必然选择后一种模式。

无论采用哪种模式, 推进剂都是在压力的作用下, 通过导管由储箱流向助推器或发动机, 其间用阀门来控制推进剂进入燃烧室。阀门、燃烧室和导管组合在一起, 有时称为助力器 — 阀组件。这个组件中一般包括过滤器、压力转换器, 以及其他的传感器。大多数航天器都配备一套冗余的管道和推力器, 每一套的推进剂都来自共同的储箱。当有一套出现故障时, 推进系统会进行切换, 使用备份项。冗余系统中的焦阀和附属的管道都增加了系统的组成。

当需要推力时, 航天器的控制器发出指令, 使电流通过电磁阀, 电磁线圈将阀门开启并保持, 时长根据需求可以从不到 1 毫秒至几分钟。肼喷入燃烧室, 其量由储箱压力和阀门开启时长决定。进入燃烧室, 肼就会接触到永久安置在其中的催化剂 —— 通常为铱。催化剂被嵌在布满氧化

铝 (Al_2O_3) 颗粒的高表面积的床基上。催化剂由内置的电阻加热器预热至 180°C, 以保证反应的持续进行。不可冷启动, 这对催化床有损害。

4.4.3　双组元液体推进系统

双组元液体发动机的效率要高于单组元推进系统, 但它的代价是复杂性增加[7]。其高比冲 (参见表 4.1) 来源于更高能量的化学反应, 导致燃烧室内温度更高, 喷管排出速度更快。运载火箭的双组元推进系统采用氢和氧燃烧生成水蒸气, 其放热反应为:

$$2H_2 + O_2 \rightarrow 2H_2O \tag{4.6}$$

它的缺点就是为保证飞行所需的反应效率, 其火箭发动机是最复杂的[18]。需要涡轮驱动泵将燃料和氧化剂快速推进燃烧室, 还需点火装置。由于燃烧室的温度可高达铁的沸点, 燃烧室和喷管的外壁都设计有供燃料流动的管道, 既可以起到对燃料预热的作用, 又可以实现对燃烧室和喷管有效地冷却。而对于需飞行数月或数年的行星际航天器, 其推进系统无法携带低温推进剂, 但它们的发动机也能提供很高的效率。对于这些航天器, 采用了便于长期携带存储的其他的化学反应物质, 它们可在无点火装置和泵的简化发动机中反应并释放出大量的化学能。

罗伯特·戈达德意识到双组元液体推进剂可以给火箭发动机提供更高的能量。在 1926 年, 他使用汽油和液氧实现了世界上首次液体推进剂火箭的飞行。不幸的是, 他的工作和想法直到其死后才得到认可。1929 年, 德国物理学家赫尔曼·奥伯特 (Hermann Oberth) 经过独立的工作, 也在其学生的帮助下发射了液体火箭。奥伯特自费出版了一本关于火箭科学的书[8] (该书基于其博士论文 —— "拒绝[19] 乌托邦"), 沃纳·冯·布劳恩 (Wernher von Braun) (1912—1977) 就是他的学生之一。后来, 奥伯特和物理学家冯·布劳恩一起在佩内明德 (Peenemunde) 制造 V-2 火箭。而后, 奥伯特在美国为他以前的学生工作, 制造液体推进运载火箭。在冯·布劳恩的带领下, 美国有了多级液体推进 "土星 -V" 运载火箭, 实现了将人类带到月球的梦想。

在行星际航天器中典型的小型双组元推进系统都使用单甲基肼 MMH ($CH_3N_2H_3$) 作为燃料, 四氧化二氮 NTO(N_2O_4) 作为氧化剂[20]。这两种化学物质放到一块就会燃烧, 称为自燃。在实际应用中, 燃烧室中 MMH 的量要比理想燃烧所需量稍大一些, 也就是使混合物[21] 在富燃的状态。这样可得到最优的排出分子量, 提高喷管性能和比冲。MMH 和 NTO 燃烧的

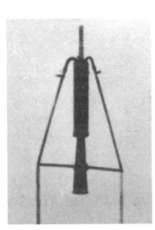

图 4.6 罗伯特 ·H· 戈达德和在发射架上的双组元液体火箭。左侧为燃烧室和喷管的放大图。为维持稳定, 推进剂的储箱放在喷管的下面, 并设计了个锥形帽来防止头顶排出羽流的影响 (来自 NASA 图库)。

产物有许多种, 根据发动机的情况和精确的燃料 — 氧化剂混合比而变化。但在蓝色火焰中包括氮气、水、氢气和二氧化氮。

图 4.7 是典型的双组元推进系统的示意图。现代航天器, 如卡西尼号、伽利略号、"信使" 号等都是如此。1976 年进入火星轨道的两个海盗者 (Viking) 号轨道器所用推进系统与此十分相似, 所用推进剂为 MMH 和 NTO, 而其姿态的推力器使用的是液氮[22]。燃料 MMH 和氧化剂 NTO 都通过压力传送到发动机或推力器 (为清晰起见, 图中只显示了一个) 的电子阀的入口。当需要推力时, 电子线圈将阀门开启, MMH 和 NTO 从设计好流速的孔流入燃烧室, 无需催化剂, 两者混合的同时点燃。燃烧室和喷管由于高温闪着红色及白色的光, 它们一般由超合金钢和金属铌 (亦称钶) 制成, 才能承受如此高温。

图 4.7 包含一个增压系统, 它的组成与燃烧和氧化剂储箱的组成一样。系统中附属的组件在图中没有给出。附属组件包括防止燃料和氧化剂不可

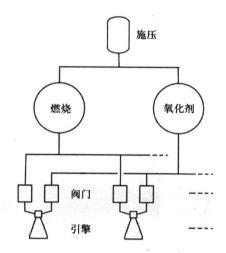

图 4.7　压力传送的双组元航天器推进系统的简化示意图。为了清晰起见,沿着加压和推力线的许多组件都被去除。

预料混合的阀门。即使是燃料和氧化剂的烟雾混合在一起也会燃烧并爆裂整个线路。"火星观察者"(Mars Observer) 号航天器就是一个例子。

　　"火星观察者"号航天器在 1993 年 8 月 21 日失去联系, 这是其计划到达火星的前 3 天。它发射于前一年的 9 月 25 日, 携带了十几种科学仪器, 预计要对火星地形、表面组成、大气及这个红色星球的季节变化进行观测。该任务耗资 9.8 亿美元, 是继 1976 年"海盗者"号任务后美国发送的第一个研究火星的航天器[23]。在切入火星轨道点火的准备中, 按计划需向推进剂储箱增压, 以保证 MMH 和 NTO 以适当流速进入 445 N 双组元推进发动机中。允许来自同一源的压缩氮气进入两推进剂储箱的指令发出, 阀门开启, 然后通信中断, 再也没有联系上。NASA 审查委员会认为, 在阀门开启的时候, 少量之前扩散的可自燃化学剂逆流通过了止回阀, 在推进系统的管线中混合, 并剧烈反应。由爆炸引起的航天器的扭转超出了姿控系统的控制范围。在这种情况下, 太阳能帆板不再能给航天器提供能量, 也无法给电池充电。

　　图 4.7 中没有显示的其他组件有: 在线过滤器 —— 防止陌生物质进入和阻塞阀门或推力器, 止回阀 —— 防止推进剂或加压物质的逆流, 截止阀和填料口。另外, 图中给出了大多数航天器的两套推力器冗余系统中的一套。在储箱和管线的许多位置都安有温度和压力传感器, 位置传感器报告各阀门的状态。所有阀门都由指令控制, 焦阀只能控制一次, 而其他阀

门可以多次操控。对于每一个星载系统, 所有传感器的遥测信息都经航天
器信息系统转发回地球上工程师的显示屏 (见图 4.8)。

```
FUEL TANK
E-1708 FU TANK TF1 146  23.98 08-126T02:22:57
E-1706 FU TANK TF2 144  22.29 08-126T02:22:57
E-1701 FU TANK TF3 144  22.92 08-126T02:22:57
E-1908 FU TANK TF4 144  23.40 08-126T02:22:57
E-1906 FU TANK TF5 142  23.10 08-126T02:22:57
E-1901 FU TANK TF6 143  22.73 08-126T02:22:57

OXIDIZER TANK
E-1735 OX TANK TO1 144  23.03 08-126T02:22:57
E-1733 OX TANK TO2 146  23.59 08-126T02:22:57
E-1928 OX TANK TO3 143  23.05 08-126T02:22:57
E-1935 OX TANK TO4 145  22.85 08-126T02:22:57
E-1933 OX TANK TO5 144  22.30 08-126T02:22:57
E-1728 OX TANK TO6 142  21.18 08-126T02:22:57
```

图 4.8   在土星轨道上运行的卡西尼号航天器传回的常规遥测信息, 分别为 MMH 燃
料储箱和 NTO 氧化剂储箱的 6 个传感器的温度。第一列表明工程遥测通道的编号和
名称。140 多的数是数据编号,20 多的数是用工程单位 °C 表示的, 其后是测量到达地
　　球的时间, 是用年、积日、时、分、秒表示的 UTC 时。

4.4.4   失重储箱

汽车的油箱依靠地球的重力给发动机供燃料,飞机的油箱也如此,除
非它是逆飞。没有重力或持续的加速, 无法保持航天器的推进剂在储箱底
部、压缩空气在上部的状态, 就需要引入其他装置来使推进剂线性地排入
发动机或助推器。

一种方法是在储箱的中间放一个弹性的隔断。在发射前加注时, 推进
剂加在隔断下部, 而压缩气体, 如氦或氮, 加在隔断上部。当助推器点火需
要推进剂时, 气压将其挤出, 就像挤牙膏一样。若储箱太大, 无法安置此类
胆, 压缩气体就和推进剂混合在一起。为确保发动机工作时, 储箱流出的
只有推进剂而无压缩气体, 一种叶片装置从储箱底部伸入, 通过表面张力
来收集液态推进剂并传送至出口。这种推进剂采集装置就可以为发动机提
供足够推进剂。一旦发动机点火, 航天器加速, 推进剂就源源不断向下迁
移, 以供使用, 而压缩气体则分离在推进剂的上层。

4.4.5   双模式和混合动力

若选用肼为燃料, 双组元推进系统就可设计为双模式工作, 如计划于
2016 年到达木星的朱诺号 (Juno) 航天器就拥有双模推进系统。它在需要

相对较大 ΔV 的机动时, 如轨道切入, 采用双组元推进模式, 肼和 N_2O_4 在发动机中自燃; 在轨道修正机动和转动控制时, 采用单组元推进模式, 只将肼供给有小的热催化剂的助推器。

混合动力的固/液火箭发动机采用固体推进剂和液/气推进剂相结合。控制液体成分可实现飞行中的关机和开机。有的设计有点火系统, 有的是自燃。在此提混合动力只是为了介绍的完整性, 它们在行星际航天器中的使用还很少。

4.4.6 电推进

有些推进系统使用电能而非化学能来提高排出量, 这类系统的排出速度和比冲都是最大的。罗伯特·戈达德在 1906 年实验了电推进, 赫尔曼·奥伯特在 1929 年写过相关内容[8]。总的来说, 电推进系统分为三类: 静电的、电热的和电磁的。工作时都需要提供几百至上千瓦的电能。

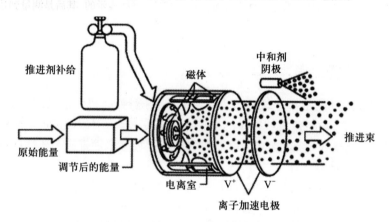

图 4.9 "黎明"号航天器所用稳态离子发动机简化示意图。由太阳能光伏帆板提供的原始电能经调节转换为发动机所需电压。星载 450 kg 储气箱提供的氙原子, 先被电离, 再由磁铁汇集成一束, 而后由具有很高负电势的电极或栅格加速。一个外置负电极排出离子束来释放自由电子, 中和发动机的电势。

在行星际飞行中使用过的电推进系统为静电类型。它们通过高压静态电荷来加速离子, 以获得推力, 又称为离子发动机。首先, 在发动机中来自储箱的气体推进剂中性粒子, 一般为氙气, 被剥夺了一个或多个电子 (中性氙原子有 54 个电子), 这样就可以由电磁场来操纵。磁场将等离子集成一束, 再使其穿过一组具有高电势的栅格, 加速至出口。最终, 氙离子流以 35 km/s 的相对速度 v_e 喷出。排出这些带电的粒子会使发动机和航天器带负电, 从而与排出的正离子流相互作用, 可将大量正离子吸引回航天器。为抵消此效应, 用电子枪将电子打入排出的离子流, 保证了航天器的中性。对于离子发动机, 氙气是作为推进剂的最佳选择。它惰性很强, 无放射性, 且其离子比其他惰性、无放射性气体离子更大。

离子发动机具有很高比冲和总冲, 但它只能产生很小的推力 (见表 4.1)。这意味着它只有在无重力的情况下才能发挥其有效性, 可以持续工作很长时间。深空 1 号航天器[24], 从 1998 年至 2001 年, 在飞行中验证了十几项工程技术。其离子发动机以 0.09 N 的推力工作了 678 天 —— 是连续工作时间最长的推进系统。在工作过程中, 它消耗了星载的 81.5 kg 氙推进剂中的 74 kg, 提供的总 ΔV 达 4.3 km/s —— 比其他航天器都大 (除有引力助推的情况)。深空 1 号证明了该项技术在行星际飞行中的有效性。NASA 于 2007 年 9 月发射的黎明号航天器, 肩负了 10 年的科学任务。该航天器采用的离子发动机, 每次连续工作数年, 文献 [9] 中有详细说明。"黎明" 号的目标是 2011 年进入环绕小行星灶神 (vesta) 的轨道, 然后离开, 飞向小行星谷神 (ceres), 并于 2015 年到达。整个过程使用离子推进。从灶神向谷神航行的过程中, 离子发动机需要连续工作接近 3 年。

图 4.10　能产生 0.09 N 推力的离子发动机, 在小行星带飞行的 "黎明" 号航天器携带有三个这样的发动机。高速离子从中心的网格排出, 而发动机顶部的枪发射电子。

苏联空间项目所研发的离子推力器并不依赖于带电的网格,称为霍尔效应[25]推力器。用于加速离子的负极来自电子的等离子,这样排出物质很可能为电中性。这种发动机在地球轨道工作过,但还未用于行星际航天器。此类装置的比冲与基于网格的离子发动机相当,但其优点是避免了网格的侵蚀,而且其性能还有待提高。

为了内容的完整性,我们来认识另外三种方式的电推进,它们已在地球轨道器上使用,还未用于行星际飞行。阻喷 (resistojet) 和弧喷 (arcjet) 为电热装置,磁极等离子动力学 (magnetoplasmadynamic) 推力器为电磁装置。

阻喷式采用强电流将电阻元件[26]如电缆般加热到温度超过 2000°C。作为推进剂的气体 (如氩气或氮气) 或液体 (如水或肼) 在 "燃烧室" 内遇到高温元件,急剧地膨胀,并经先缩后放的喷管排出。许多商业通信卫星都使用阻喷式推进来做位置保持[27]。比如 MR-501B 空气喷射式发动机可产生 360 mN 的推力,比冲达 300 s,总冲可达 10^5 N·s 的量级。

弧喷是另外一种电热系统,其工作原理与阻喷相同。只是其热源为电弧 (电火花),温度可达 3000°C,可将推进剂加热并电离,再从喷管排出。弧喷的比冲从 500 s 至 2000 s 不等,取决于所用推进剂,总冲超过 10^6 N·s。

电磁推力器使用电弧将推进剂安全电离,再从磁场操纵离子。磁场由电弧自身产生,通常在发动机内用附加磁极进行增强。这种使用磁场来移动等离子体的方法被命名为磁极等离子动力学推力器 (MPD)。在弧喷式推力器发展的过程中采用了这一原理,在实际应用中发现十分有效。当电子在磁场中沿着电火花移动,它们在洛伦兹力[28]的作用下沿着电弧成 90° 的方向加速,给物质流提供了推力。脉冲式等离子推力器是一种 MPD 推力器的变异。它使用固体推进剂在电火花中燃烧和电离,一般只有几微牛的瞬时推力。这对于编队飞行航天器的速度微调也许有用。

4.5　基础系统

推进系统是行星际飞行的基础,但其他系统,如远程通信、姿控也是行星际航天器所必备的。第 5 章我们将研究其他基础技术,它们形成了行星际航天器上为各科学仪器载荷提供支持的基础设施。这些技术包括结构、电能、热控、计算机和机械装置。我们的关注点和命名规则将从把它们看作独立的系统转为整个航天器飞行系统的一部分。

注释

1 "旅行者" 号的设计充分利用了此超大宽度, 其高增益通信天线的口径为 3.7 m, 已达整流罩所容许的极限。

2 航空肼是肼 (N_2H_4) 和偏二甲基肼 ($C_2H_8N_2$) 的混合物。

3 "大力神" Ⅲ-E 型可扩展运载火箭由洛克希德·马丁公司 (Lockheed-Martin) 制造, 是当时推力最大的运载火箭。两个固体火箭推力器由联合技术公司 (United Technoligies) 制造, 第三级的 "半人马座" 由通用动力公司 (General Dynamics) 提供。美国空军为其提供发射装置和服务。

4 一种烟火装置。通过指令控制一股电流进行点火, 燃烧固体的化学药剂, 产生压力使阀门开启。一旦点火, 阀门就不能再进行操控。

5 客机和商业的喷气机所用喷气式发动机都使用风扇来加速周围的空气, 空气经中心的喷气口来增加推力和降低噪声。

6 重要的是源头与排出口之间的温度差异 —— 源头是指燃烧室内所发生的化学反应, 排出口指排出气流处发动机的环境。

7 此时, I_{sp} 的单位为 N·s/kg。

8 千克力不包含在国际单位制中。

9 在文献 [10] 中, 戈达德描述了他用维克多 (Victor) 闪光粉所做的实验。该粉是镁和其他化学药剂的混合物, 一般用于照相, 在外面就可购买到。

10 出于完整性考虑, 我们应该认识到, 2.6 节所讲的引力助推是独特的一类推进系统, 它不同运用牛顿第三运动定律的质量排出系统。引力助推推进系统的动力来源于太阳系中原始行星的运动, 它无需使用航天器上的任何硬件设备就可以提供所需的 ΔV。这使得航天器可携带更少的推进剂。引力助推在很大程度上是应用于任务规划的一种数字设备, 它取决于地面的计算系统, 就如火箭推进器依赖于喷管设计一样。

11 混合的固 — 液火箭发动机除外。

12 Thiokol 一直被称为 Morton-Thiolol 公司, ATK (Alliant Techsystems) Thiokol, 以及最近的 ATK 发射系统组。Thiokol 来自希腊语 theio ("硫") 和 kola ("胶水"), 暗指组成成分和固体推进剂的制造。

13 肼可由两个氨分子各去除一个氢原子来获得。

14 所有的物质在其固有的化学键 (和原子核) 中都储存的势能。该物质粒子的连续运动表现为其动能。焓, 符号 H, 指的是总的能量, 在化学反应中通常用千焦/摩尔 (kJ/mol) 来表示。

^{15} 我们将火箭发动机的该部分称为 "燃烧室", 即使它设计的主要作用是分解, 而不是真正的燃烧。

^{16} 关于火箭腰带的信息见 http://www.tecaeromex.com。

^{17} 药房的各种过氧化氢通常是其 3% 的水溶液, 但当它与血液中的过氧化氢酶接触, 氧气泡就表明其在分解。

^{18} 有关这些先进的火箭发动机示例的详细信息, 请在互联网搜索 "凡尔根引擎 (vulcain engine)" 和 "航天飞机主引擎"。

^{19} 基于同一篇文章, 奥伯特最终在罗马尼亚被授予博士学位。

^{20} 在大多数情况下, 将少量额外的化学物质, 如一氧化氮 (NO), 加到 NTO 中抑制罐的腐蚀, 并将该混合物称为氮的混合氧化物 (MON)。

^{21} 混合物通常用推进剂的重量而不用体积来表示。

^{22} "海盗者" 号着陆器使用肼的单组元推进剂系统来制动和控制自身降落。

^{23} 两个苏联航天器福波斯 -1(Phobos 1) 和福波斯 -2(Phobos 2) 号于 1988 年发射, 福波斯 -2 成功实现绕火星飞行, 并收集数据直到 1989 年失效。

^{24} 见 http://nmp.nasa.gov/ds1。

^{25} 霍尔效应是指当电流垂直于外磁场通过导体时, 在导体的两个端面会出现电势差。该现象由埃德温·霍尔 (Edwin Hall) (1855—1938) 于 1879 年发现, 因而得名。

^{26} 室内电加热器通常采用电阻式加热。

^{27} 位置保持是指利用推进器使在地球同步轨道航天器做微小的轨道变化, 以保持在计划位置。

^{28} 洛伦兹力, 以荷兰物理学家亨德里克·洛伦兹的名字 (Hendrik Lorentz) (1853—1928) 命名, 适用于在磁场中运动的带电粒子, 它们受到的作用力垂直于它们的速度和磁场。见 http://en.wikipedia.org/wiki/Lorentz_force。

参考文献

[1] Charles D. Brown. *Spacecraft Propulsion*. AIAA Education Series. AIAA American Institute of Aeronautics and Astronautics, 1996.

[2] Konstantin E. *Tsiolkovsky. Selected Works Of Konstantin E. Tsiolkovsky (Paper- back)*. University Press of the Pacific, 2004.

[3] Konstantin Tsiolkovsky. The exploration of cosmic space by means of reaction devices, 1903.

[4] Arthur C. Clarke. *Interplanetary Flight*. Harper and Brothers, New York, Berkley books 1985 edition, 1950.

[5] Naminosuke Kubota. *Propellants and Explosives: Thermochemical Aspects of Combustion*. Wiley-VCH, 2nd edition, 2007.

[6] Günter Schulz-Ekloff and Heinz-Günter Deppner. Modeling and simulation of monopropellant hydrazine thrusters for spacecraft position control. *Chemical Engineering and Technology*, 12(1): 426–432, Feb 1989.

[7] George P. Sutton. *History of Liquid Propellant Rocket Engines*. American Institute of Aeronautics and Astronautics, January.

[8] Hermann Oberth 1929. *Ways to Space–Wege Zur Raumschiffahrt*. NASA, F-622 nasa technical translation edition, 1972.

[9] John R. Brophy, Michael G. Marcucci, Gani B. Ganapathi, Charles E. Garner, Michael D. Henry, Barry Nakazono, and Don Noon. The ion propulsion system for Dawn. Technical Report AIAA 2003-4542, AIAA, 2003.

[10] Robert H. Goddard. *A Method of Reaching Extreme Altitudes*. The Smithsonian Institution, PDF freely available online edition, 1919.

第 5 章

其他星载子系统

到目前为止, 我们已经从包含飞行部件和地面系统的基本观点出发, 描述了远程通信、姿态控制以及推进系统。远程通信和导航子系统同时包含航天器和世界各地的深空网地面站。推进系统则覆盖发射火箭、上面级或入轨推进单元, 以及任务单元。本章的焦点将转移到作为航天器子系统 (subsystems) 的各飞行部件, 整个航天器则看作一个飞行系统。为此, 我们将航天器定义为在抛离了其他辅助单元之后, 运行在目标区附近的任务单元。

5.0.1 体系结构

航天器操作和工程团队的人员常谈及航天器 (飞行系统) 中的一些子系统, 如姿态控制子系统或星载推进子系统。这种体系划分一般涵盖如下级别, 尽管在最低两级中可能有相当一部分的术语重复:

(1) 系统, 如飞行系统;

(2) 子系统, 如推进子系统、远程通信子系统;

(3) 装置, 如推进剂储箱装置、高增益天线装置;

(4) 子装置, 如储箱温度传感器、X 波段波导管。

5.0.2 航天器载荷舱

星际航天器的核心通常称为载荷舱 (bus), 它是一个机械箱体, 包含所有安装在其中或与其连接的子系统, 其目的是为科学仪器载荷提供所需的一切支持:

(1) 机械装载轴承和准线。

(2) 目标投送，包括跟踪、航迹修正，飞越或者进入大气、下降段，以及可能时的着陆。

(3) 电源的产生、储存、调节和分配。

(4) 天线指向，这是姿态和铰链控制子系统的任务。

(5) 上行指令数据，以及下行遥测，二者均由远程通信子系统提供；数据存储、处理，以及可能时的冗余备份；防护极热、粉尘、无线电射频噪声、极高电位、阳光入射相机、过度加速以及银河系宇宙射线等威胁。

负责载荷舱的工程师们以松散的小组形式开展工作，各小组有各自的规程和权益，他们有可能是参与设计、发射器测试、监视星际空间飞行的同一批人员。一般由一个负责人和一个秘书对整个团队提供管理和支持，人员可达四十几人。通常这些工程师还参与即将发射的其他一些航天器的设计、装配以及/或者测试工作，但当该任务面临发射或着陆时，他们会将其他工程搁置。这项工程的其他团队，或多项工程共同的团队，负责导航、规划、指令准备、实施操控及数据管理。

科学仪器是载荷舱的主要载体，对其负责的人员通常是一组科学家，典型的由一位世界一流的权威专家担任项目负责人，带领一群毕业生和支持人员。许多项目负责人可能在几个航天器上搭载相似的科学仪器，可能同时还担任大学教学任务。

工程师与航天器载荷舱之间的关系，以及科学家与其科学仪器之间的关系，就像共同参与海洋科学考察的船员和乘客。船只为科学家的科学仪器提供平台、电力、数据通信以及防护，并将其运送到科学家选择的目的地进行试验和观测。如果其中一位搭载者的科学仪器出现问题，其他船员都将围绕该问题努力工作。

5.1 电源子系统

目前，在星际航天器上实际应用中，仅有三种电源用来驱动计算机、无线电设备、发动机和其他设备，如太阳帆板、电池及放射式热变换器，本节将逐一描述。需要注意的是，电池既可用作航天器预先指定的主要电源，也可作为子系统设备的临时存储器，它主要利用太阳帆板产生电能。

5.1.1 电压与电流

电路中的电压指回路中两点之间的电势差异计量[1]。直观地理解，它与居民楼中卫生管道系统的水压相似。它的国际单位为 "伏特", 以意大利物理学家亚历山德罗·伏特 (Alessandro Volta, 1745—1827) 的名字命名。电流是对一个导体内电荷流量的计量[2], 国际单位为 "安倍" (简称 "安"), 以法国物理学家和数学家安德烈·玛丽·安倍 (André-Marie Ampère, André-Marie, 1775—1836) 的名字命名。在一般应用中, 电流通常称为 "电流强度"。当电流穿过物质时一般会遭遇阻力, 以国际单位 "欧" 计量, 它以德国物理学家格奥尔格·西蒙·欧姆 (Georg Simon Ohm, 1789—1854) 的名字命名。欧姆发现了电压、电流和电阻之间的关系, 并在 1827 年将它描述为著名的欧姆定律:

$$V = IR \tag{5.1}$$

式中: V 为电势 (V); I 为电流 (A); R 为回路电阻 (Ω)。

对管路中水流的分析提供了欧姆定律的直观印象。如果水压增加, 在管路中阻力恒定的情况下流量增大; 增加管阻, 如使部分管路变窄, 结果将使节流口测量所得的流量降低而压力增加。

电流分为两种基本类型。直流电 (Direct current, DC), 指以一个方向通过回路的常数电流, 例如由电池或太阳帆板提供的电流。交流电 (Alternating Current, AC), 周期性变换方向, 在这种情况下, 关联的磁场也将改变。这将使得交流电源易被转变为所需的更高或更低的电压。交流电由变压器产生后向城镇输送, 在航天器上则利用变流器将直流电转换而得。交换器频率以赫表达 (Hz), 如居民区服务需要 50 Hz 或 60 Hz, 飞机上的能源补给需 400 Hz (可由客舱连接处的高频背景噪声识别)。

电压、电流以及电能[3] 之间的关系表示为

$$W = VI \tag{5.2}$$

式中: W 是电能 (W); V 是电压; I 为电流。

最后, 通过串联太阳电池单元或电池单元阵列可增加电压, 而将之并联增加电流。串联指的是将一个单元的正极连接到下一个单元的负极; 并联指将所有正极连接在一起, 同时将所有负极连接在一起。

5.1.2 太阳帆板

1950 年, 爱因斯坦发表了一篇论文, 不仅提出了能量量子 (energy quanta) 的思想, 同时也阐述了光电效应 (photoelectric effect)[4]。现在, 根据这一效应, 他的家乡每年可通过转化太阳能的方式获得超过 2 TW·h 的电能, 供大

众使用[5]。由于在大气上空获得的太阳能量将比地球表面多出近 40% ——
地球轨道上所有波长的总和 1371 W/m^2 —— 因此, 对于在太阳系内 4~5
个主要行星系统中执行任务的行星际航天器来说, 光电效应是它们的主要
电能来源。根据光电效应从光学材料收集电子流生产电能的设备称为光伏
(Photovoltaic, PV)。太阳能电池 (solar cell) 于 1964 年获得专利, 它就是
一种利用太阳光而非其他能源的光伏设备。太阳帆板还包括将电池串、并
联接的导线, 它面向太阳时为太阳电池充电, 并辅助控制电池温度, 如下文
所述。从文献 [5,6] 可获得宇航级太阳电池和帆板的相关详细信息。太阳
电池阵列 (arrays), 因为其形状有时称为 "翼", 由多个帆板和调配机构组
成。

1. 电池技术

"信使" 号 (水星)、"黎明" 号 (小行星) 以及朱诺号 (木星) 是诸多设计
利用光伏电池阵列提供电能的行星际航天器的典型范例。每个电池都是一
块晶体或多晶体半导体物质, 如以电导体填充的硅[6]。晶体砷化镓 (GaAs)
光伏电池比硅效率更高, 并且在高温中表现更好, 但价格更贵。将太阳光
转换为电能效率最高的是多结节电池, 它能够利用材料各异的薄层响应太
阳入射光的宽谱, 转换效率超过 35%。它们也称为 "多能带隙" 电池[7]。试
验证明, 在电池上增加光学元素来提取太阳光可达 47% 的转换效率。比较
而言, 早期地球轨道硅电池约 6% 的转换效率; 在麦哲伦号航天器的飞行
试验中显示, 在开始进入金星轨道阶段, 太阳帆板将 7.3% 的入射太阳能转
换为可用电能。表 5.1 比较了各种航天器使用的光伏。

表 5.1 飞行中选用的太阳帆板比较

航天器	目标	电池材料	输出	关节联接
信使号	水星	GaAs/Ge	450 W	1 dof*
火星环球勘探者	火星	Si& GaAs	1000 W	2 dof
黎明号☆	小行星	InGaP/In GaAs/Ge	1300 W	1 dof
金星快车	金星	GaAs	1400 W	1 dof
火星奥德赛	火星	GaAs	1500 W	1 dof
麦哲伦号	金星	Si	1600 W	1 dof

注: GaAs=砷化镓, InGaP=铟镓磷, Si=硅, Ge=锗, 输出列为太阳帆板或电池阵的
总量, 为太阳至航天器目标距离上测量到的值;
*dof=相对于航天器本体的自由度;
☆ 黎明号太阳电池阵在距太阳 1 AU 的距离上输出功率超过 10 kW

2. 最大电能点

航天器上用以调节太阳帆板电能供给的电路可能包含一个最大功率点 (Maximum Power Point, MPP) 跟踪器。太阳帆板输出的电流和电压将随入射的太阳光及其温度而改变 —— 注意到行星轨道上的航天器进出地影时温度将大幅度变化。MPP 由电流和电压的乘积计算，其峰值可看作图 5.1 任意时刻电流随电压变化曲线内面积最大的矩形。MPP 跟踪器采样帆板的电流和电压，利用这些信息动态校正加载量，因此给定光照量总能获得最大可能功率。这一功能可将帆板或阵列期望的可用输出提高几个百分点，并可减少需要搭载的电池质量。

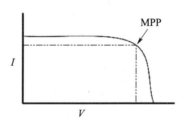

图 5.1　太阳帆板的最大功率点是 $I \times V$ 的最大值，但它们随着飞行条件的变化而变化。

3. 飞行中的退化

有多种因素作用导致太阳帆板性能退化。从太阳帆板接收到的能量未能转换成电能的部分要么反射出去，要么转换为热量，使电池温度升高。一般情况下，随着温度升高，太阳电池能够产生稍多的电流但大幅度降低电压，结果电能输出退化 (在此 MPP 跟踪器将起到作用)。对于硅太阳能电池，温度升高 1°C 暂时性性能退化接近 0.5%，砷化镓电池约为它的一半。

在启用后的几百小时内，太阳帆板的性能有可能降低 1%，这跟电池的类型有关，由于某些电池材料经历化学成分的微变产生初始的 "光感应退化" 或者 "光激励" 效应。另外，来自太阳的能量粒子，包括太阳风和日冕质量喷射，将损害太阳电池的晶体结构，进而日积月累使其性能退化。当日冕质量喷射的破坏粒子撞击太阳帆板时，几乎立即就可看到几个百分点的性能退化，尽管电磁有可能在几周后恢复 1% 的性能。在 100～200°C 左右，晶体结构可自校正以减少辐射损伤效应 —— 一种称为损伤退火的现象。由于热循环和压力作用，帆板上的单个电池之间的电流交互在飞行中可能出现中断，导致更多的性能退化。为此需要在帆板连接处引入半导体二极管,以阻止来自工作中电池的电流中断。从 1990 年到 1994 年在金星轨道运行期间,麦哲伦号的太阳帆板由于这些因素性能退化了 2/3。这些退化效应必须在规划航天器设计所需的光伏能力时考虑进去。

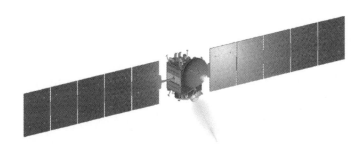

图 5.2   "黎明" 号航天器利用 10 幅帆板组成两幅太阳电池阵来供电,它利用离子发动机运行在主要的小行星带。NASA 供图。

4. 入射与输出

航天器必须面向太阳来提供电能,许多航天器都能够以一个或多个自由度连接帆板,当需要时通过转动它们, 使之垂直太阳光以获取最大能量,或者使其指向一定程度偏离以减小能量的输出,输出多余的能量可能导致吸收或产生太多热量。来自太阳帆板的电能输出与太阳光入射角的余弦成反比。需要注意的是, 一些自旋稳定的卫星,如 "月球勘探者" (Lunar Prospector)[9] 设计成绕星体的圆柱形太阳帆板。这一类帆板只有帆板受照面的那一部分能产生输出能量,因为在圆柱体上只有最靠近日下线附近的电池能够产生满能量,对于大部分区域甚至一半的帆板电池根本没有入射光。

在利用太阳帆板的飞行系统中, 可充电电池仅充当次要电源角色,在帆板展开之前为航天器提供电能。当航天器进入行星或其他天体阴影中时,由于缺少光照光伏中断供电,则临时调用可充电电池。

5.1.3   电池

电池不仅为光伏供电航天器提供临时电能存储,而且是执行短期任务航天器的首要 (*primary*) 能源, 提供它们所需的所有电能。1957 年, 第一个地球轨道航天器斯普尼克 1 号 (*Sputnik* I) 搭载了一个真空管技术无线电发射器,依靠主电池供电持续 3 周连续发射信号,该电池占整个航天器质量 83.6 kg 的 1/3[10]。其他例子包括 1978 年发射的 "先驱者" 号 (*Pioneer*)

金星大气探测器[11], 1995 年发射到火星的伽利略号大气探测器[12], 以及如今静静躺在土卫六潮湿沙漠中的惠更斯号大气探测器[13]。

1. 通常情况

主电池 (单独使用) 设计用于存储电能, 在使用之前 "束之高阁"——有时很长时间 —— 然后提供电流直到枯竭。二级 (Secondary) 电池设计成具有可充电功能, 可数百次或数千次部分或完全放电、然后再充电。大多数共用的电池都能够保持稳定的标称电压, 直到完全放电, 此时在负载条件下电压迅速下降。

电池技术在化学组成和结构上差异较大, 但所有的电池设计都源自称为电化学的这门化学科学的分支, 它以化学能的形式存储能量并以电流的形式释放。亚历山德罗·伏特伯爵在 1800 年公开描述了他的 "发电桩", 它以铜锌交替的圆盘堆成, 每个圆盘中间用盐水浸泡的纸隔离, 这样就可以产生电流。6 年以后, 英国化学家汉弗莱·戴维 (Humphry Davy, 1778–1829) 对其电化学原理进行了描述[14]。

"battery" 一词实际上指各种类型的电池组合。电池就是一组电化学单元连接在一起 (通常一个单元也称一个电池)。每个单元包含两极 —— 正极和负极 —— 构成一个类似金属的电导体。两极与电解质相连, 电解质是一种含自由电子的物质。氢氧化钾 (KOH) 在水中的分解物是一种广泛使用的电解质, 如果两种不同的电解质化学物使用在同一个单元中, 它们有可能被一种阻止混合但能够导电的盐分离开。

负电极是正极的接线端。在单元内部, 它从电解质的还原反应中接收电子, 而正电极, 即阳极, 通过氧化反应向电解质输送电子。在平衡内部电子流的过程中, 可用电流流经连接电极的外部负荷, 直到电池能量耗尽。电池中特定的化学材质决定了它的额定输出电压, 而非结构或尺寸, 而电极的面积决定了电池的容量。在一个电池中可将多个单元串联提高给定电流条件下的电压。提供电能的电池容量以电流和时间给出 —— 安·时 (A·h)—— 或者能量和时间 —— 瓦·时 (W·h)。一个 1600 W·h 的电池在耗尽前能够提供 4 小时 400 W·h 能量。如果给定额定电流单位 A·h, 以电池的标称电压相乘确定能量 W·h。

2. 电池比较

用于比较电池性能的一个可用的品质因素是比能, 也称为重力能量密度, 它指的是电池功率输出容量与它的质量之比, 单位为 J/kg, 或更加通用的 W·h/kg, 当简化成基本国际单位时为 m^2/s^2。类似于上一章中的 I_{sp},

比能也是一个强度量, 它的值不取决于它实际描述的性能总量, 这些值都是假定的。由于比能表示了单位质量的能量, 比较电池的比能表明航天器需要设计携带多少质量来满足电池功率需求。表 5.2 比较了所选电池的化学成分、用途以及比能。

表 5.2 电池比较, 以比能 Q 排序

航天器	化学称谓	用途	容量	Q/W·h/kg
惠更斯号	Li-SO$_2$	主电池	1600 Wh	280
各种地球轨道器	Li-Polymer	二级电池	多种	180
劲量碱性 AA 级电池	Zn-MnO$_2$	主电池	4 Wh*	150
金星快车	Li-Ion	二级电池	2000 Wh	120
斯普尼克 1 号	Ag$_2$O-Zn	主电池	2500 Wh*	90
火星勘探者号	Ni-MH	二级电池	150 Wh*	80
火星环球勘探者号	Ni-H$_2$	二级电池	640 Wh	65
麦哲伦号	Ni-Cd	二级电池	840 Wh	40
汽车	Pb-H$_2$SO$_4$	二级电池	2400 Wh*	35

注: Li-SO$_2$=锂 – 二氧化硫; 锂聚合体电池采用固体复合材料, 如聚丙烯腈; Zn-MnO$_2$=锌 – 二氧化锰; Ag$_2$O-Zn=氧化银 – 锌; Ni-H$_2$=镍氢; Li-Ion=锂 – 离子; Ni-MH=镍和氢金属合金; Ni-H$_2$=氢化镍; Ni-Cd=镍镉; Pb-H$_2$SO$_4$=铅和硫酸。容量列为航天器所有电池的总量。汽车和碱性电池列举在此以提供比较; 它们没有应用在航天器上。
* 近似值

3. 可充电电池

采用可充电电池的原因是它具有高耐用周期。也就是说, 它可以多次充电、放电并再充电。镍氢可充电电池在大众消费市场上很受欢迎, 它们具有高能量密度[8], 但同时也具有高自放电速率, 充电后在不加载的情况下每天损失 1% 的储存能量 (尽管改进版正在研制)。镍镉 (NiCd) 电池并不考虑自放电速率, 历史上曾用在航天器上, 并广泛用于消费产品, 但价格更贵, 并且其中的镉具有毒性。镍镉电池具有一些 "记忆" 效应: 当它们经常性地在充电之前部分放电时, 它们就失去了深度充电的能力。这一缺点在飞行中可通过一个名为再生处理的操作进行补救, 在此过程中电池立即深度放电, 然后再充满。这一过程需要极其小心, 一次操作需要中断正常运

行数天。性能更好的电池是锂氢电池 (NiH$_2$), 如在哈勃太空望远镜和许多行星际航天器上搭载的电池。它们没有记忆效应影响, 并且它们的性能和可靠性都得到了很好的验证。锂氢电池在使用过程中的内部压力增加, 因此它们被密封在一个压力箱中以保存它们的氢 (H$_2$) 气。

5.1.4 RTG

放射性同位素热电机 (Radioisotope Thermoelectric Generator, RTG), 应用在距太阳较远无法采用光伏系统的飞行途中。例如, 旅行者 1 号的在 2008 年末距太阳已超过 107 倍地球至太阳的距离, 这里入射的太阳光仅为地球上相同面积收集到的太阳能量的 $(1072)^{-1}$, 即利用光伏技术在这一距离上仅可获得 1371 W/m^2 的 11449 分之一能量[9]—— 还不够为一台时钟供电。RTG 使得远距离行星际操作成为可能。

1. 热源

不同于反应堆支持的裂变链反应, RTG 以一种被动模式运行, 并且没有运动部件。它们利用放射性同位素自然衰变所产生的热来生产电能。RTG 一经组装就开始生产电能, 并且无法关闭。钚-238 (Plutonium-238, ^{238}Pu) 是一种应用在行星际飞行中的典型放射性热源, 它以二氧化钚 (PuO$_2$) 的形式填装在陶瓷太空舱内。钚-238 是由合成镎通过中子放射生成的, 它衰变成铀的半衰期为 87.7 年[10], 最终衰变成铅, 因此其效能每年都衰退到 $0.5^{1/87.7}$, 即 1% 的年衰退率。

由于具有剧毒性, 并且一经扩散到生物圈将产生严重后果, 钚也是一种社会政治 "热" 源。也有观点认为, 开采和加工原材料来生产这一类物质都是有害的。关于大众、团体以及社区如何看待小剂量辐射暴露的信息, 文献 [19] 提供了相关研究结果。

2. 飞行安全

钚-238 产生最多的是阿尔法射线 (氦核), 可被 RTG 的箱体有效屏蔽, 还有少量更具透射性的伽玛和中子射线。RTG 用于发射和再入事件中, 从而保持核燃料。以行星际的速度意外重返地球大气的情况, 类似于引力助推的过程, 与发射过程中的情况大不相同。NASA 的各项任务都建议采用 RTG, 这需要提供环境影响报告、安全分析、跨部门的安全复议 (NASA、美国能源部以及国防部) 以及总统的批准才能发射。

任务设计者认识到, 在引力助推的过程中, 可能会在飞往地球途中出

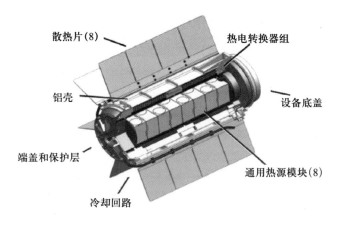

散热片(8)　　　　　　　热电转换器组

铝壳　　　　　　　　设备底盖

端盖和保护层　　　　　　通用热源模块(8)

冷却回路

图 5.3　多任务放射性同位素热电机。NASA 供图。

现故障, 例如在遥通信和航天器控制过程中。因此需要设计交汇方式, 使得这些故障产生的后果给人类带来的风险最小, 不管它对飞行任务的影响如何。如果很不幸没有采用这一类设计的正确方法, 一个小错误将意味着最终的失败。"故障安全"并不意味着"安全地远离故障", 它指的是由故障导致的情况是安全的。具备 RTG 功能的卡西尼任务包含一段地球引力助推飞越过程, 它为"故障安全"设计提供了一个良好的范例。卡西尼号在接近地球的 B 平面上的瞄准点 (见图 2.8 的示例) 从不直接朝地球移动, 而是在 B 平面上与地球影响半径相切直线的一条平行线上运动。采用这种方式, 在遥通信故障时将会产生一个安全的结果, 避免出现向地球撞击。为使该方法可行, 航天器携带了额外的推进子系统以提供 ΔV。

3. 塞贝克效应

RTG 利用热电偶从内部热源中产生电能。热电偶由两块不同的金属或导体连接构成。当存在一个贯穿连接体的热梯度时, 如一边热一边冷, 就将产生可用电流。这里主要的原理是塞贝克效应, 以德国 — 爱沙尼亚物理学家托马斯·塞贝克 (Thomas Seebeck, 1770—1831) 的名字命名, 他在 1821 年发现带有温度梯度的导体会产生电压。热电偶或由多片热电偶串联而成的热电堆日常应用广泛。例如, 燃气居民炉通常设计有一个由启动火舌加热的小热电偶。这一装置将提供 650 mV 以内和 100 mA 左右的电能来启动挂壁式热动开关控制炉内燃气值 (注意故障保险设计: 如果火舌熄灭, 燃气值将关闭)。RTG 中采用的热电偶通常由硅 — 锗连接片构成, 每摄氏度温度梯度能产生超过 700 mV 电压。RTG 中电偶的一端产生

700°C 的内部热源, 另一端的外部金属片在深空中散热, 由此产生热梯度。一个 RTG 利用其多个热电偶通常每年可持续产生超过 300 W 的电能。随着热源的衰减,RTG 的输出会逐渐减小。

5.1.5 电能调节与配给

为了使电能持续可靠地传输到其他子系统和设备中, 必须适应以下条件:

(1) 直流电 DC 供应规则。电源产生的电压可能发生变化, 但航天器的子系统需要适当的电压和充足的电流供应。例如, 航天器可能需要 30 VDC±0.5 V 的电压来保证正常运行, 因此在配给到该子系统之前, 稳压电路接入可变电压电源, 通常具有更高的电压。稳压器输出稳定的期望电压并将剩余的电能转换成热量。一块热辐射板连接到稳压器, 将热量散发到寒冷的太空。

(2) 电池 (部分航天器)。在太阳电池阵的电能被调节到合适的电压之后, 它会连接到配电总线 (这里 bus 是 "总线" 的意思, 不同于 "spacecraft bus" 中的 "载荷舱") 和二级电池。当可获得太阳能时, 电池同时充电并供给子系统; 在阴影中停止生产电能时, 电池只需要放电到配电总线上, 提供不间断的电能 (见图 5.4)。每个电池并不是直接固定连接到总线上, 而是通过保险丝和可控制开关, 在必要时它们能够将电池从总线上撤离。

(3) 指令开关。航天器上并不是所有部件都需要一直供电, 因而希望能够对它们进行开关切换。这可由继电器或固态器件来实现, 无论哪种情况, 航天器的指令计算机都会发送一条低功率信号到该器件。如果是继电器, 低功率信号激发一块电磁体, 操作连接配电总线和供电部件的大开关。通常, 继电器设计成闩锁并在接收到控制信号后保持在新的状态 —— 开或关。固态开关执行同样的功能, 它们没有任何移动的机械部件, 但可能被扰动影响。卡西尼号上的固态开关每年会遭受多次银河宇宙射线的撞击, 造成其中的一些开关跳闸。

(4) 电路保护。如果航天器上的装置出现故障, 开始消耗过多的电能, 电路破坏装置将中断对它的电能供给。这可以通过一个机械断路器来实现, 它根据异常拉高的电流导致温度升高而发生跳变。固态开关也可用于完成该任务, 它不需要任何机械组件。两种断电器都提供了利用指令重启电路的途径。

(5) 变流器。由太阳电池阵列、电池以及 RTG 提供的直流电无法满

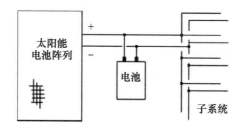

图 5.4　具有太阳能电池阵列的航天器电源子系统的简化概念图。图中省略了调节器、保险丝、开关以及备份电池，以明确该子系统如何由太阳帆板和电池实现无缝供电。当太阳帆板发电时，它为电池充电同时供给电源子系统; 而在阴影期由电池供给该子系统。图示除了多子系统供给外，其他的直线可扩展为变流器、变频器以及烟火起爆电容器组。

足一般的航天器上每个子系统或科学仪器的需求，其中一些可能需要交流电。因此，配电总线上至少需要提供一项可选项，它可以是变流器，为需要的子系统配送指定频率和电压的交流电。现代的固态变流器在将 DC 输入转变为 AC 输出时效率很高，通常超过 90% 的转换效率，剩余部分表现为损耗的热量。

(6) 变频器。尽管大多数子系统可能仅需要配电总线提供的标称电压 (例如 30VDC)，另一些可能需要更高或更低的 DC 电压。DC-DC 的变频器可满足这一需求。

(7) 烟火起爆。航天器利用电爆炸或烟火爆炸装置来启动单用途部件，如推进子系统阀门、降落伞臼以及爆炸螺栓。启动一个烟火起爆装置需要一个大功率电流振荡。提供这样一次电振荡可能会引起配电总线电压急剧下降，超过正常的配电能力，从而可能导致其他子系统故障。在启动烟火起爆装置之前，电源子系统根据指令逐渐向一堆电容充电，然后它们迅速放电来满足起爆时所需要的峰值电流，而不影响配电总线的电压。

跟其他子系统一样，几乎每个航天器电源子系统的部件都有一个备份，可以在其中一个出现故障时予以替代。通常有太阳帆板、电池、RTG、适配器、开关、电路保护器、变流器以及变频器。跟其他子系统一样，对电源子系统多点进行测量，以显示它的电压、电流及开关状况，这些测量数据通过遥测传回地球。航天器上的电池还可能装有加热器、适当的压力敏感器、以及温度敏感器。文献 [22] 中的图 8 描述了完整的卡西尼号的电源子系统。

5.1.6 功率裕量

对于航天器如"旅行者"号、卡西尼号及"新地平线"号, 它们没有携带用以供应短期过度负载的二级电池, 功率消耗受到限制, 总是保持在低于可用的 RTG 输出的范围内。航天器上可获得的功率总量与运行子系统所需的功率总量之差称为功率裕量 (power margin)。在许多航天器上, 没有足够的功率支持同时运行所有子系统, 因此一些仪器和设备不得不时常关闭, 并且一些需要高功率的操作设备, 如卡西尼号上的成像雷达, 必须仔细计划。试图抽取多于可获得的功率将触发自动保护响应, 导致难以想象的后果。因此, 通常保持几瓦特的功率裕量, 以防止功率瞬变和计算失误造成的过载。例如, 1998 年底"旅行者"1 号航天器在花费 245.7 W 功率操作其子系统和科学仪器的同时, 还留有 37 W 的功率裕量。航天器上产生的任何能量未被使用时, 都将在适配器中转换成热。

5.2 结构子系统

航天器结构子系统为其他子系统提供框架 —— 机械支撑和装配 —— 同时会贡献少量质量。结构子系统拥有力学附着点用于在发射前地面装配过程中托举航天器, 并将航天器紧固在运载火箭上。结构子系统的大部分是航天器的载荷舱 (spacecraft bus), 但 "bus" 一词在其他工程子系统还有更宽泛的意义。

5.2.1 功能

发射过程中, 纵向加速度力使航天器组件远重于地球表面的正常质量。当一个 100 kg 的推进剂储箱以 $7g\,s$ 加速度运动时, 它施加一个大于 6800 N 的力给结构子系统。当转移航天器的整个负载到运载火箭时, 必须防止引入一些对准误差到航天器的保护部件上, 如推进子系统、光学传感器和设备及通信天线。除了发射过程中的纵向加速度以外, 结构子系统必须耐受大于 $1g$ 的横向力和声振动而不散架。在发射过程中, 以预期频率显示振动共振的任何部件都必须修改或者加固, 发射是每个航天器都必须耐受的机械压力最大的情形之一。

依赖于各个航天器所使用的材料, 航天器结构可提供热传导以辅助温度控制, 在热梯度和热变化下保持不变形。依赖于结构材料, 它提供电传导以防止不同子系统之间的杂散电势负荷聚集, 功能类似电路的 "接地端", 或地面电位等势面 (equipotential ground plane)。最后, 结构子系统可在一定程度上保护仪器在星际空间中不受含高能粒子的微流星体和辐射撞击, 以及星上产生的射频干扰。

幸运的是, 结构子系统不必遵从空气动力学约束 (除非有意让大气进入), 因此可不必出于最优的力学性能进行设计。但是, 结构必须满足精确的质心约束以获得发射过程中的平衡, 另外还必须满足姿态控制和推进子系统的需求。

5.2.2 材料

构建航天器结构所需的材料必须根据它们的强度、刚性, 以及对压力、破裂、疲劳和腐蚀的耐受度来选择。热膨胀以及热电传导性也需要考虑, 包括制造的难易度和成本。质量最小化是首要考虑, 因此广泛使用轻质材料。在大量可用的选择中, 下面是一些例子:

(1) 铝及其合金广泛使用, 由于它们轻便, 易于机械加工, 易于紧固。

(2) 镁及其合金使用较少, 由于易腐蚀。

(3) 钛及其合金可达铝或镁三倍强度, 但质量增加较大。

(4) 复合材料, 如碳纤维复合材料在同样的质量下, 拥有钛大约两倍的强度和刚度。因此, 它们在航天器结构中的应用日益广泛 (同样还有飞机到自行车等领域的许多其它应用)。它们的热性能也极好, 比许多金属更容易导热, 并且拥有几乎理性的热膨胀特性。

5.2.3 组件

结构子系统由桁架、框架、壳式或半壳式表面或面板, 以及紧固件组成。桁架和立柱同时用于分布载荷, 采用谨慎考虑的最小数目。桁架通常由一些支柱构成, 支柱的尾端固定到需要的地方。支柱通常成对使用, 顶部铰链形成三角形以支撑载荷。框架通常由单块加工金属或模塑材料制成。壳式 (Monocoque), 来自于法语, 意思是 "单 — 壳", 是一种制作技术, 利用物体表面护板来支撑结构负荷。半壳式将表面护板和舱壁或肋翼结合起来, 提供额外支撑, 是一种在飞机上广泛使用的技术。图 5.6 所示为桁架、框架上的壳式面板, 以及半壳式结构。

5.2.4　实例

在 20 世纪 60 年代和 70 年代, 一系列 "水手" 号航天器结合了六边形或八边形的镁或铝合金机架星体设计。多边形星体的每一边都包含一个嵌入式机架或隔舱, 封装了一些并联的矩形电路板和其他组件。图 5.5 展示了 1964 年发射的用于撞击月球的 "漫步者" 7 号的基本布局图, 这是水手号结构设计的前身。

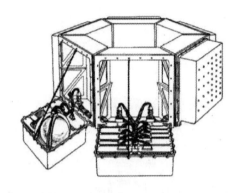

图 5.5　"漫步者" 7 号的六边形本体设计。NASA 供图。

"旅行者" 1 号和 "旅行者" 2 号都是水手级航天器, 它们的星体沿用了有十个边的多边环形结构设计[11]。十个隔舱形成了两个米级直径的十边形, 其中每个都由两块称为剪切板的单壳面板镶嵌。内侧剪切板支承隔舱内电路板引出的电缆线路, 并将隔舱之间相互连接; 外侧剪切板要么是坚固的整体, 要么装有热控所需的栅格覆盖的小孔。三角形支架支撑着 "旅行者" 10 号变形载荷舱上方的巨大抛物面通信圆盘, 下方的支架将载荷舱绑在航天器推进舱上, 推进舱在发射后抛弃。其他的桁架支撑着 "旅行者" 号的三个 RTG 和一个玻璃纤维仪器, 桁接在载荷舱左边, 科学仪器则由右边的一个碳纤维桁架结构的桁梁支撑。这种中心多边环的结构设计不仅仅应用在旅行者和其他许多水手号航天器的载荷舱上, 同时也用于 "先驱者" 10 号、"先驱者" 11 号、麦哲伦号、伽利略号、卡西尼号 (图 5.6)、哈勃太空望远镜以及斯皮策太空望远镜上电子设备的集装。文献 [22] 中的图 4 描述了卡西尼号完整的结构子系统。

不同于多边形 — 圆环结构, 一些航天器采用蜂窝 — 芯式平板构成一个单刚体箱来容纳和支撑航天器的部件, 有时引入对角面板来保持结构形状。"黎明" 号航天器的中心结构是一根石墨复合圆柱, 肼和氙推进储箱安装其中; 用于安装 "黎明" 号其他设备的平面是面板之间的蜂窝式铝芯层, 由铝及其复合材料构成 (见图 5.6)。结构由平板构成的其他航天器包括 "火星环球勘探者"、"星尘号"、"火星快车"、"金星快车" 以及许多地球轨道通信卫星。太阳帆板通常基于蜂窝式设计, 当结构面板由电绝缘材料构成时, 一根导电金属带可用于保证电荷均匀分布在结构件上。

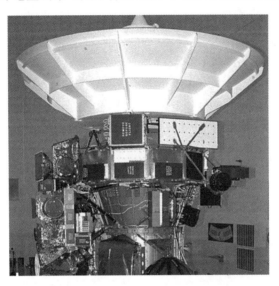

图 5.6 图片中部可见一些外侧单壳式剪切板安装在卡西尼号的八角形环状本体框架上。半壳式结构包括顶部的 HGA 和圆锥形的上层, 以及本体下方的圆柱形底层安装模块。石墨环氧复合材料结构带有机械钛末端销, 布置在三角板上, 支撑着左右两侧的三角板, 位于图片底部的是一个推进剂储箱。NASA/JPL 供图。

5.2.5 发射前结构测试

在某一步发射前测试中, 装配好的航天器被放置在振动台上, 承受运载火箭上升过程中可能出现的各种模式的振动测试。根据不同的发射系统, 振动频率可能在 20~2000 Hz 之间随机出现。在振动台上, 计算机控制振幅模拟发射器来仿真发射过程, 加速度计和其他传感器测量航天器的响应。通常地, 单个部件如科学仪器、姿态控制传感器以及其他仪器都已经接受了振动和机械冲击试验, 证明它们满足飞行资质。在后续的整星振动测试中, 类似的部件在航天器结构子系统中被替换成复制了部件质量和形状的非功能性物件。RTG 就是这样, 它们刚好在航天器发射之前安装。另一些振动测试在室内进行, 利用巨大的扬声器阵列模拟发射过程中的声波环境, 声波噪声有可能达到 140 dB (100 W/m²) 的水平。自旋稳定卫星还将进行发射前的动力学自旋稳定测试。

在 2000 年 3 月的发射前测试中, 由于对 JPL 振动台的疏忽, 产生了 10 倍于计划的 2g 水平的振动加速度, NASA 的高能太阳光谱成像航天器遭受了结构损毁。最后发现的原因是振动机构的一个部件故障, 而在测试之前没有被发现。在拆卸修复后, 该航天器于 2002 年 2 月成功发射。

5.3 指令和遥测子系统

典型的航天器有两套主要的大脑, 由计算机硬件和软件构成。一套是姿态控制核心的冗余部分, 在第 3 章中已作详细描述。另一套通常认为是航天器中心计算机, 在不同的航天器上它又有多种称呼, 如指令和数据子系统 (Command and Data Subsystem, CDS), 或者指令和数据处理子系统 (Command and Data Handling subsystem, C&DH)。便于通用, 我们称之为指令和遥测子系统 (Command and Telemetry Subsystem, CTS)。"旅行者"号采用了两对独立的计算机实现指令和遥测功能, 称为计算机指令子系统和飞行数据子系统, 但更多近期设计的航天器整合了数据和指令功能, 如卡西尼号的指令和数据子系统。有趣的是, 我们注意到在 20 世纪 70 年代, "旅行者"号计算机指令子系统的名字开启了利用计算机存储和执行指令序列的先河。现代航天器上的计算机已经普及, 但过去并不都是这样。在 1973 年和 1974 年的木星飞越中, 超过 16000 条的单个指令实时发送给先驱者 10 号, 类似的数目传给了 "先驱者" 11 号。每条指令都同步到 0.1 s 的时间, 包括 46 min 光速传播时间, 因而当航天器需要操作星载设备时, 能够精确地接收并执行该指令。

5.3.1 CTS 的作用

该子系统的作用是, 根据接收到地球发出的单条指令或指令序列, 指挥其他子系统作业。它存储将要执行的指令, 启动航天器时钟, 并在指定的时间执行存储的指令; 它还收集、管理、处理、格式化以及存储来自其他子系统和科学仪器的遥测数据, 将其传回地球。最后, CTS 运行程序实时监控航天器的健康状态, 并在需要时启动校正动作。在飞行操作过程中, 通常运用 CTS 地面备份硬件, 运行飞行系统中相同的软件, 在上注到航天器之前对指令序列进行测试。

5.3.2   数据存储

当遥测数据无法实时传送回来时, 例如当航天器的仪器正在进行观测时高增益天线并没有指向地球, 数据必须存储下来便于后期传输。旅行者号、麦哲伦号、伽利略号以及许多其他的航天器都装载了磁带记录器, 存储还没有传回地球的遥测数据。旅行者号的 8 道数字磁带记录器, 有约 100 MB 的容量, 以高达 115.2 千字每秒的速度记录数据, 并以任意指定低速回放并传回地球。

磁带记录器是设计用于可在恶劣温度和辐射环境下工作的机电装置, 同时还能经受住发射中的振动。它们也容易失效。1990 年, 当麦哲伦号在金星轨道运行几个月后, 两个磁带记录器中的一个关闭, 原因是高错误速率, 备份记录器使航天器顺利完成了余下的任务, 详细情况见文献 [23]。当伽利略号 1995 年抵达木星时, 它的 109 MB 的磁带记录器出现了故障, 必须预留一个工作区域 (还没到尾卷就停止并反转磁带) 来完成余下的木星轨道任务[24]。

卡西尼号和近地小行星交汇 (Near-Earth Asteroid Rendezvous) 航天器都搭载了 2 个 2 Gb 的固态数据记录器, 工作时不需要移动任何部分。然而, 它们易受能量粒子的透射, 如太阳风质子和日冕物质喷发, 以及宇宙射线粒子, 这些都能引起存储的数据位从 1 蹦到 0, 或者 0 蹦到 1。利用存储数据包中的错误探测和修复 (Error-detection and Correction, EDAC) 字位, 星载运行的软件程序通常能够迅速修复这些污染。

除了存储大量需要传送的遥测数据外, 数据存储设备也用于存储所有星载计算机运行的可执行软件代码的备份。

5.3.3   数据总线

这里已经有 "bus" 一词的另外一个用法。航天器的主计算利用串行数据总线在相互之间以及子系统间交换数据。这可类比为在一个办公场所连接计算机、打印机和服务器的网络。例如, 卡西尼号的计算机采用 MIL-STD-1553B 数据总线, 该总线最初是为飞机控制系统所设计的[25]。这一标准定义了具有 1 Mb/s 传输速率的一副电缆的机械、电气以及功能属性。在每个子系统或设备上, 一个称为总线接口单元的远程终端管理着进出总线的数据传输。航天器上所有总线部件都一式两份, 以保证在失败情况下可获取冗余。文献 [22] 中的图 12 描述了完整的卡西尼号信息总线。

5.3.4 热控

CTS 的另一个功能是辅助航天器热控。它自动从所选的温度传感器上解析数据, 并在适当时候循环给电动加热器发布开关指令。

5.3.5 脉冲

通过时常校验, CTS 确认星载主计算机和外围计算机是否处于运行状态。双备份 CTS 计算机中一台指定为主计算机, 另一台为备机。主计算机通过数据总线周期性的发送信号, 称为 "脉冲", 通常大约每秒一次。备份计算机也可能设计了这一在线功能。航天器的每一台主计算机, 如双备份的 AACS 以及备份的 CTS (以及设备, 许多航天器设计中都有), 应答该脉冲以表示它们都正常运行。如果脉冲未被响应, CTS 将根据其可编程规则采取措施。它有可能等着应答来自同一子系统的另一次脉冲, 并标注丢失的脉冲, 同时向地面报告该事件。在某种情况下, 它可采取进一步措施, 例如引导未响应的计算机重启, 或切换到备份计算机。脉冲等效于程控时钟的应用, 一种广泛应用于其他子系统和设备的探测错误发生的方法, 它通过缺失正常的期望动作来指示错误。

5.4 故障保护

故障保护可看作一个独立的子系统, 尽管它 "只" 是软件代码。它是用运行在 AACS、CTS、科学仪器及其他子系统上的程序表示的规则, 但它能够影响整个飞行系统。本节将分析它的一些应用。

在遥测中发现的一些缓慢发展的小问题, 通常由飞行控制员管理, 他们观察其发展趋势, 从地面发送指令来处理这些情况。其中一个例子发生在 2008 年 7 月, 卡西尼号的磁强计的总线接口单元停止工作, 不再收发该设备的数据。控制员发送指令对问题甄别和定位, 最终关闭了该设备并进行重启, 恢复了该总线接口单元的功能。2008 年 11 月卡西尼号的频谱仪也出现了相似的问题。

具有时间临界属性的故障, 如肼推进器在开机状态下阀门阻塞, 可能由于外部粒子进驻到阀门中, 无法等候地面人员识别该问题并进行响应。这些问题必须由星上自动探测、分析以及处理, 因为以光速与控制员通信也需要数小时, 而在此期间, 一个小的纰漏都有可能发展成为一个关系任务成败的严重故障。自主故障保护包含数千行星上执行的软件代码, 它们经过细心而彻底的测试。故障保护包含用于监视特定故障的监视例程, 以及根据可编程规则探测和定位故障的响应程序。

许多子系统计算机, 包括科学仪器, 都运行相应的故障保护监视程序, 目的是识别内部故障并调用适当更正处理。通常, 这些更正处理或响应都针对子系统内部。例如, 某科学仪器关闭自身并开启了一个替代的加热器, 而航天器其他部分继续正常运行。但对某些故障的适当响应, 是为了采取措施来请求 CTS 调用 "安全模式" 确保航天器安全。根据可编程规则和当时环境, CTS 决定是否应答。

5.4.1 安全模式

安全模式是一种 CTS 施加故障保护响应时的航天器状态, 它中断任何正常运行的指令序列。CTS 发布指令关闭非必要的电子载荷, 以维持正电源供应, 必要时启动加热器来保持热安全状态。安全模式包括自发地控制 AACS 将航天器旋转到一个预先确定的姿态, 避免太阳照射到任何敏感仪器的开口或散热器, 同时保持所有太阳帆板受照。安全模式配置下, 通常设计为将 AACS 从反作用飞轮控制切换到推力器控制, 以减少复杂性和能源开销, 并保证航天器姿态正控制。在一个采用信标模式的航天器上, CTS 将根据航天器经历的故障类型配置射频子系统, 显示正确的子载波。保持正确的天线指向的前提下, 安全模式设置了一个可由地球指令控制的状态, 例如 HGA 由地面训练, 在某些情况下选择一个低于正常指令比特率来改进上行遥通信链路的性能。一旦航天器进入安全模式, 地面控制员利用遥测接管, 分析原始故障, 通常需要发送指令读取与问题有关联的航天器各部分存储。

5.4.2 容错结构

故障保护从航天器设计开始, 合并了大量冗余的子系统或硬件部件, 使得飞行过程中在某一个失效的情况下能够继续执行正常功能, 实现单故障容错。例如, 如果 AACS 的 A 计算机失效, AACS 计算机 B 将可接管。如果推进器的子推力器 A 失效, 子推力器 B 则可用。

除了这些部件可用性的冗余以外, 交叉对接的功能提供了额外的灵活性, 并改进了单故障容错能力。例如, CTS-A 可能具有与 AACS-A 或 AACS-B 连接的功能, 同时这些 AACS 子系统又具有与太阳敏感器 A 或

太阳敏感器 B, 恒星扫描器 A 或恒星扫描器 B, 子推力器 A 或子推力器 B
等连接的功能。

容错意味着在某些故障情况下的性能退化。例如, 多次失败将阻止反
作用飞轮使用, 此时 AACS 只能采用推力器控制来管理航天器姿态。这
种情况下的性能退化可能出现在设备或天线指向精度上, 因为比起飞轮控
制, 推力器控制本身精度更低, 并具有更大的循环指向空间。

任务本身的结构可能是容错的。惠更斯号的多普勒问题就是这样一个
新的案例。惠更斯号探测器的接收机永久性地安装在卡西尼号轨道航天
器上, 其发射机则在土卫六的大气探测器上。在 2000 年初期欧洲航空航
天局 (European Space Agency, ESA) 开展的一项实验中, 工程师在惠更斯
号近 3 小时的任务中发现了由卡西尼号计划的 5.6 km/s 的闭合率导致的
多普勒频移, 意味着接收机波段太窄无法解析卡西尼号星载探测设备的遥
测信号。由于接收机参数已被固化在硬件和程序包中, 因此不能通过指令
操作解决问题 (该部件受到约束, 未达到这样的容错水平)。解决方式是重
新设计卡西尼号土星之旅的早期轨道段, 减小闭合率。在惠更斯号任务中,
以新的 6000 km 高度替代 1200 km 高度飞越土卫六, 相比卡西尼号的入
射弹道, 这为惠更斯号的通信路径提供了的更大角度, 而不是接近一条直
线。信号多普勒频移将更小, 接收机重新获得了捕获所有惠更斯号遥测的
能力。

5.4.3　故障保护监视

故障保护监视程序从星载工程传感器读取输入, 并从中记录任何正常
期望值的偏差。它们通常是由相对较少的代码构成的采样算法, 并在非有
意禁用的情况下周期性调用, 例如每秒一次。在土卫八 (Iapetus) 的遭遇阶
段 (见 1.1.4 节), 射频损耗监视器自动检测到了卡西尼号发射器关闭, 记
录了来自首要的 X 波段行波管道放大器电源异常关闭引起的不规则输入。
总计, 卡西尼号有超过 1300 个程序用于处理故障探测、隔离以及恢复[27]。

文献 [28] 列出了目前运行在新地平线号 (New Horizons) 航天器上的
130 条独立规则中的 54 条 (类似于故障保护监视程序), 该航天器正前往
冥王星和凯伯带。在这些程序中, 下列程序的题目一目了然, 列举在此提
供对典型航天器上监测各种故障条件的认识:

(1) 不健康的恒星跟踪器;

(2) 恒星跟踪器取代加热器失败;

(3) 制导和控制处理器脉冲丢失;

(4) 科学仪器脉冲丢失[12];

(5) 意外的 C&DH 处理器重启;

(6) 不健康的 MIL-STD-1553 数据总线;

(7) 指令丢失计时器失效;

(8) 临界温度过热;

(9) 临界温度过冷。

对持续运行在绝大多数行星际航天器上的许多故障保护程序来说,指令丢失算法可作为一个良好示例。每当一条指令通过遥通信接收并传递给 CTS 时,该算法重设其软件或硬件中的计时器为一默认值 —— 通常为若干天。计时器开始倒计时直到另一条指令接收。如果计时器一直衰减到零,由于无法从地面接收指令数据传输,它基于航天器遥通信子系统已中断的假设,提示 CTS 执行预编程操作。这些操作包括关闭航天器的无线电接收机并切换到备份设备,尝试重新建立通信。

如果发生航天器无线电或指令探测容量的问题,指令丢失计时器 (Command-loss Timer, CLT) 可从失败中挽回任务,然而必须避免由于疏忽的 CLT 失效导致的任何硬件切换 (参见 1.2.24 节,"旅行者" 2 号最近发生的灾难性例子)。在飞行操作中,Ace 通常每次跟踪至少发送一条以上指令给航天器,用于重启 CLT。许多项目使用一条特殊的 "指令丢失计时器重启" 指令,它不包含其他动作,仅执行指令解析程序重启计时器。

5.4.4 故障保护响应

当故障保护监视器程序记录到它所监视到的失败后,如果 CTS 在正常模式下,它进行响应,并发出一系列预先存储的指令给适当的子系统。这些指令可用于定位故障,有可能关闭某个部件切换到备份部件;它也有可能启用航天器安全模式,该模式只有在对实际情况作出合理的响应时才有可能执行。

5.4.5 关键指令

在正常操作中,航天器日复一日执行一些持续的指令序列和程序,与此相对照的是,另一些指令序列被指定为 "关键" 指令。为了确保任务的继续进行,关键序列中的指令必须执行,未能执行关键序列中的一条指令可能意味着任务失败。将航天器置于目标行星轨道的指令就是一个例子。

假如航天器在发动机点火到达目标轨道途中出现某些故障,如果它取消执行指令转入安全模式,则无法圆满完成任务。在错误时刻启动 "安全模式" 将一点也不安全。通常在关键指令执行时, CTS 主计算机和备份计算机同时运行,并行执行该指令。如果一台计算机出现故障,另一台将无缝接替。出现在航天器上任何地方的任何故障都将被记录,但只有在关键指令完全执行后才会采取修正操作。

如果在关键指令执行过程中出现故障,记录的故障信息通常称为一个 "egg"。在关键指令执行完成并且航天器转入正常模式后, CTS 根据情况执行存储的指令来处理每一个 "egg"。例如,"凤凰" 号着陆器 (Phoenix Lander) 在 2008 年 5 月抵达火星北极上空区域时,在几分钟的过程中,它执行了一条关键指令序列,从巡航级分离、展开降落伞、抛弃热防护罩、展开着陆架、启动雷达姿态测量、摆脱斜坡、并启动肼推力器恢复平稳、着陆以及展开太阳帆板。关键指令结束后,航天器继续执行正常指令序列。它操作星载摄像机来确认帆板的部署、监视土壤上的支垫、扫描地平线,然后利用过顶的火星采样轨道器将图片传送回地球。如果存在任何 "egg",例如在降落过程中部件过热,"凤凰" 号着陆器的 CTS 将在执行常规的指令序列前执行恰当的故障保护响应动作,从火星地面位置操作摄像机和传送图片将不得不等待。

5.4.6 安全模式恢复

在安全模式中,航天器不会再遭受损害,但它也不进行工作。作为进入安全模式的一部分,反作用飞轮姿态控制将被关闭,从安全模式恢复将减少推进剂的消耗和推进控制过程中产生的随机小量 ΔV,这些很可能影响到导航。从安全模式恢复需要达到的目标是完全解决故障并继续运行。通过发送指令给航天器进行恢复,① 重新配置到正常运行状态,以及 ② 在一个恰当的点开始,重新执行正常的指令序列。

5.5 热控子系统

众所周知,在夏季阳光直射下地球表面的金属物体会持续发热变得难以触摸。朝向太阳的卫星电池板在轨运行时温度可超过 400°C,然而,太空船无阳光照射的部分迅速散热,温度可降低至 −200°C,这比地球南极地区冬季温度低 100°C。航天器的大部分单元,如计算机、电池以及其他的电子元器件, 仅能在室温 24°C 附近工作。同时, 推进剂 (联氨) 需要防止其在 0°C 环境中凝结、腐烂, 并且防止其在 114°C 环境中沸腾, 因此, 航天器温度需要控制在 10~50° 之间。除了绝对的温度限制, 温度梯度 (总的温度变化量) 和热稳定性 (温度允许变化的范围) 也影响航天器部分器件的工作性能。

采用温度控制系统可使航天器温度保持在一定的范围内, 确保航天器正常工作并防止电子元器件受损。兼顾不同结构材料的热特性, 热控系统设计需要考虑其可能会影响电子元器件性能和精度的热胀冷缩效应。针对典型的行星际航天器, 制冷是完全被动的, 无需抽气泵或者电子操作仪器 (如冷却液), 而加热在很大程度上是被动的, 但是可通过电子或放射性同位素加热源进行热增强。

热控系统也和航天器的姿控单元密切相关, 尤其是航天器在太阳系内部的飞行过程。比如, 卡西尼号航天器在其远离火星轨道前需要将其高增益天线直接对准太阳, 以使其抛物面反射器可以遮挡航天器的其余部分。正如文献 [30] 所完整描述的飞行任务, 伽利略系统在太阳系内部地心引力辅助飞行过程中, 具有和卡西尼号航天器相似的工作条件。在水星轨道上运行的信使号航天器, 必须使其遮挡部件保持在正确的方位, 从而防止飞行任务过早失败。

5.5.1 辐射热传导

辐射是行星际航天器发热和散热的重要方式, 可实现航天器内部元器件之间的热传递, 其余两类热传递方式是与地球环境相似的对流和汽化, 但其仅能在深空遥控设备中有较少的应用。

辐射通过电磁波或者光子进行能量传递 (光子也可用于放射性物质的粒子发射)。物体既能吸收也能辐射电磁波热量。物体的表面性质 (如颜色) 决定了其吸收和辐射的总热量。假定:

α 表示物体的吸收率。理论上, α 在 0~1 之间变化: 若物体可以完全反射其周围的热量, 则 α 为 0; 若物体可以完全吸收其周围的热量, 则 α 为 1。

ε 表示散射率。若物体不产生任何热量, 则 ε 为 0; 若物体发热性能很好, 则 ε 为 1。

假定一个例子。将一块平坦的铝板置于空间某点, 其至天阳的距离和地球至太阳的距离相等, 使其朝向太阳辐射的垂线方向。铝在太阳光照条

件下的吸收率 α_S 为 0.379。假定平板相当于航天器, 产生红外辐射, 其波长在 0.1~100 mm 之间, 而不是像光束那样的更高波长, 除非其热的足够发光。热铝的红外散射率 ε_{IR} 为 0.035。为描述简单, 假设铝板的背面是隔热的, 既不会吸收热量, 也不会散射热量。

在太阳照射下这块铝板将会变得多热呢? 从时间的角度分析, 其吸收和散射的热量将会平衡, 表示如下:

$$G_S \cdot \alpha_S = \varepsilon_{IR}\sigma T^4 \tag{5.1}$$

式中: G_S 表示吸收的太阳热量, 在与地球至太阳相同距离的地点, 其值大小为 1371 W/m^2; σ 表示史蒂芬 — 玻耳兹曼常数, 即 5.67×10^{-8} W/m^2/K^4 (K 表示开氏温标温度); T 表示开氏温标温度。

求解铝板的平衡温度点, 表示如下:

$$T_{eq} = \left(\frac{G_S\alpha_S}{\varepsilon_{IR}\sigma}\right)^{1/4} \tag{5.2}$$

$$T_{eq} = \left(\frac{1371x0.379}{0.035x5.67x10^{-8}}\right)^{1/4} = 715 \text{ K} = 442°\text{C} \tag{5.3}$$

上述这种假设情况表明, 在阳光照射下一块无遮挡的金属块会变得非常热[13]。那么, 航天器的部件在如此高的温度环境中会受损。

将铝板涂上白色以改变其热平衡, 则白色涂料的 α_S 为 0.252, ε_{IR} 为 0.853。这将会使铝板的平衡温度 T_{eq} 变为更合理的 290 K 或者 17°C。表 5.3 列出了各种表面材料及其热特性。

表 5.3 选择的表面材料及其热特性。部分引用文献 [31]。

材料	α_S	ε_{IR}	T_{eq}*K	°C
铝 (6061-T4)	0.379	0.035	715	442
抛光铝	0.200	0.031	628	355
(AM 350)	0.567	0.267	476	203
白瓷釉	0.252	0.853	290	17
黑漆	0.975	0.874	406	133
铝化特氟纶	0.163	0.800	264	−9
OSR†	0.077	0.790	220	−53
注: *T_{eq} 假定为空间中某点吸收热量为 1371 W/m^2, 其与太阳的距离与地球至太阳的距离相等, 背面为隔热的物体; † 太阳光学反射器 (镀银的石英镜面)				

直接通过太阳的热辐射进行加热是航天器发热的主要因素,但并不是唯一的热源。太阳热量可通过其他行星或天体进行反射间接传给航天器,这也是热设计必须考虑的因素。反照率 (拉丁语 "白化") 表示反射的太阳光与吸收的太阳光的比值。地球的反照率为 0.29[14],表示地球能够以任意波长反射其吸收热量的 29%。金星的反照率为 0.75。对于行星附近飞行的航天器,航天器热平衡中的输入热量既包括来自行星反照的太阳辐射,也包括行星自身产生的热量辐射。

5.5.2 热产生

除了太阳辐射,热控子系统设计过程中必须考虑航天器部件产生的热量,比如电子元器件、加热源、电动发动机、电池板、火箭发动机等。载荷舱中的大部分器件被涂为黑色,从而更有效地辐射和吸收彼此的热量,使工作区域温度更均匀。行星间飞行器的大部分火箭发动机会通过辐射给自身降温。在燃烧过程中,根据燃烧时间的长短,燃烧室或喷嘴会发出白光。航天器结构上的屏蔽设施防止其余部件受到燃烧过程的红外辐射,同时,燃烧室或喷嘴直接单独暴露在深空中以达到热平衡,并且随着燃烧过程的结束逐渐冷却下来。

5.5.3 传导传热

热传导通过物体内部分子的运动传递热量,无需使物体整体产生漂移。航天器上机械联系的部件之间正是通过传导方式进行热传递。由辐射被加热的外表面与内部器件之间通过机械连接,从而将热量传递进去。除了上述描述的热辐射过程,自身发热的部件如电子元器件也通过传导方式将热量传递至安装基座表面。

5.5.4 组件

给定太阳辐射条件下,热控子系统设计中必须给定航天器的热参数 α_S 和 ε_{IR},以使其热平衡达到预定的状态。简而言之,太阳系内部飞行的航天器需要抑制太阳辐射,而太阳系外飞行的航天器在设计中需要吸收太阳辐射。金星轨道器麦哲伦号与水星轨道器信使号一样整体上是银白色的。木星轨道器伽利略号与旅行者号一样大部分是黑色的。然而,为了达到太阳系外,航天器需要飞越太阳系内行星以获取引力助推,在这个情况下航天器必须能够适应两种状态。除了整个航天器,许多独立的部件需要进行局

168 ■ 第 5 章 其他星载子系统

部热平衡, 同时也使飞行系统整体上达到热平衡。下面的热控子系统部件可以帮助热设计工程师达到这种目标。

1. 多层隔热薄膜 (MLI)

当游客首次看到卡西尼号航天器的巨大模型时, 经常会问: "为什么它是金色的?" 航天器多层隔热外套的最外层镀上了铝化的聚酰亚胺材料, 此透明的薄膜为黄色, 其背部为通过真空沉淀的银白色的铝, 这使游客从航天器前面观察显示为金黄色。高性能的聚酰亚胺薄膜在外观上和尼龙薄膜相似, 也在形式上和铝化的氦气球相似[15]。卡西尼号航天器的多层隔热薄膜在行星际航天器的应用中非常典型。

图 5.7　多层隔热垫材料网孔的侧视放大图 (MLI 网孔由 JPL/NASA 提供)。

第一层为背面镀铝的 $25\mu m$ 厚聚酰亚胺, 它可以反射所入射太阳辐射的 85%, 即 α_S 的值为 0.15。辐射率 ε_{IR} 的值约为 0.8, 可以辐射正反两面部分剩余热量。辐射的热量首先穿过完全由 50μ 厚的达可纶织物组成的下一层, 再传递至 7μ 厚的双面镀铝聚脂薄膜层。大部分入射的热量再次被辐射, 剩余的热量被吸收或部分辐射给下个达可纶的网状隔板。网状隔板通过覆盖层限制热量的热传导。这种过程在多层之间重复发生, 直至镀铝的聚酰亚胺内层结束。聚酰亚胺有时代替聚脂薄膜用于所有的镀层。所有的镀层每个厘米都凿有圆形小孔, 在从地球上升过程中以阻止气体进入从而防止其像气球一样膨胀。卡西尼号航天器的多层隔热薄膜有 17 层薄镀层以及 16 层达可纶隔离物。在土星的距离处, 卡西尼号的多层隔热薄膜用以阻止其过多的红外辐射。

多层隔热薄膜也可用于防护微流星体。高速飞入的尺寸小于 $1\,mm$ 的粒子将会散落、融化、蒸发, 当其相互撞击时还会电离, 也可能会穿过外层。后面的层在航天器部件受损之前可以吸收碎片云。在某些航天器上, 支撑杆使得多层绝隔热薄膜和航天器结构体之间保持几厘米的距离, 从而使碎片有充足的空间疏散。

当需要极端的热阻抗时, 多层隔热薄膜的最外层甚至部分内层是由陶瓷材料 (如陶瓷纤维) 组成的。这也是麦哲伦号和信使号采用的技术。文献 [22] 中的第 8 部分描述了卡西尼号航天器的热控子系统。

2. 突出的太阳光学反射器

当航天器设计的飞行距离小于或等于金星至太阳的距离时, 它的热控部件将包含太阳光学反射器 (OSR)。信使号航天器的太阳帆板有两行太阳光学反射器, 每行的太阳能电池交替工作 (见图 5.8) 以确保太阳帆板的温度可控。每行太阳光学反射器均为小方形结构, 在同一侧以几厘米间隔排列, 同时通过热传导黏合剂和太阳帆板或航天器的其余表面固联。太阳光学反射器以一种独特且灵活的方式处理太阳吸收率 α_S 和红外辐射率 ε_{IR}。表面抛光金属的 α_S 相当低, 但其 ε_{IR} 也很低, 见表 5.3 (首要的规则是差的反射器是好的辐射器, 好的反射器是差的辐射器)。太阳光学反射器由薄的透明石英片组成, 其背面镀有一层透明的金属 (通常为银)。这种方式非常像一块家庭用的镜子, 其背面为银白色的玻璃。这种反射器称为双层镜面, 其第二层为银白色, 且大部分阳光可以穿越第一层照射至第二层[16]。整个过程可以描述为: 照射太阳光学反射器石英片的阳光被反射了小部分, 而大部分阳光照射至透明的金属后几乎全被反射, 而金属由于其较低的 α_S 只吸收了很少的热量。然而, 石英片具有很高的 ε_{IR}, 通过与透明的金属进行传导接触, 可以辐射很多的红外热量。太阳帆板的底层可进行热传导, 因此, 太阳光学反射器可以使其附近的太阳能电池温度降低。信使号背面的太阳帆板完全由太阳光学反射器覆盖, 麦哲伦号亦如此。

3. 遮光物

许多航天器装载遮光物以防止太阳照射。上面提及的卡西尼号和伽利略号航天器在太阳系内部时将其高增益天线指向太阳。卡西尼号航天器白色刚性的 HGA 可以遮挡航天器的其余部分 (除了磁力仪延伸至舱外 11 m 处暴露在阳光里, 但其有自身的多层隔热膜用以热防护)。伽利略号航天器在太阳系内部飞行时未装配 HGA, 其网状结构也未提供任何有用的遮挡, 使用的是很大的专用遮光物。

在信使号工作时, 其入射的太阳光产生的巨大热量可达 1500 W/m^2。

图 5.8   太阳能电池位于 "信使" 号航天器上太阳帆板明亮的太阳光学反射器之间的
细黑条区域 (图像由 NASA 授权使用)。

信使号在其钛结构框架上装载有高反射和热阻抗的遮挡物, 其外形大约为
1/4 的柱状, 尺寸大约为 2 m×2.5 m, 薄的多层隔热薄膜的前层和后层为白
色的陶瓷纤维材料, 包围着多个聚酰亚胺层。遮挡物朝向太阳一侧的温度
可达 370°C, 然而, 其遮挡的航天器温度保持在 20°C 附近。

4. 散热管

目前, 仅有一艘行星际航天器携带了散热管, 散热管中装载有流体, 该
流体可以流动并变换状态从而将热量从载荷舱内部传至散热器来移除。信
使号唯一的热设计要求是额外装载大量复杂的单向二极管组成的散热管。
散热管的一种形式是一条密封的管道, 其中充满了多孔渗水的毛细管和流
动的液体氟利昂。载荷舱内部的热量促使散热管内的流体蒸发再移向更冷
端凝缩, 通过这种方式传递热量并将其辐射出去。作为一种被动的制冷系
统, 散热管不需要提供额外的热量或电力进行工作。

5. 天窗

在许多航天器的外表面可以看到矩形面板的天窗。这些轻型的热控单
元可以自动工作, 无需任何电力或控制信号。就像威尼斯的百叶窗, 当载
荷舱内部的温度较高时, 天窗打开允许红外辐射将热量散射至太空中; 当
载荷舱内部的温度较低时, 天窗关闭将红外辐射的热量反射回去。设计的
天窗工作时使用双金属带, 其卷曲和伸展依赖于舱内的温度值, 其工作过
程非常类似家用的机械温度调节装置。

6. 放射性加热单元

除了受 CTS 信号控制工作的电子加热器,许多航天器还装载了放射性加热单元,其热量的产生是通过人造放射性物质的自然衰减。它们可以数十年连续产生热量并且无需关闭。它们使用相同标准的加热源,即放射性同位素热电式发电机。每个放射性加热单元可产生大约 1 W 的热量,其质量约为 40 g。装配在载荷舱的内部或者所需的结构末端,放射性加热单元产生的热量可通过热传导或红外辐射方式进行分发。火星着陆器和漫游车在其热电箱中使用了少量的放射性加热单元,而卡西尼号航天器装载了82 个放射性加热单元。

5.5.5　进入大气

以行星际飞行速度进入行星的大气层,重点需要解决热控问题,这使得进入、下降和着陆在整个飞行任务中是令人兴奋的阶段。热防护装置必须将航天器的动能转化为热能,同时防止航天器在和大气摩擦过程中受热过大而蒸发。进入大气的热防护装置具有钝的外形,以产生耐压的大气缓冲层,从而将热冲击层推向远离航天器的前向,再返回消散开来。

图 5.9　伽利略号大气探测器,在 1995 年测量了木星上层大气,它的热防护罩的形状根据木星密度进行了优化,大气中 H_2 含量最高。NASA 供图。

1951 年,工作于 NASA 前身 —— 美国国家航空资讯委员会 —— 的美国工程师哈里·朱利安·艾伦 (Harry Julian Allen, 1910—1977) 以及阿尔弗雷德·艾格斯 (Alfred J. Eggers, Jr., 1922—2006) 发现了一种钝的、高阻力外形,它可以使得大气进入的热防护装置的效率最高,这是因为它产生的热量和其阻力系数成反比。

大气进入热防护装置的大部分外表面是典型的球状结构, 其余为圆锥形结构, 而内表面装载有封闭的有效载荷。这种球形和锥形的结构在航天器进入大气时会产生少量的升力, 以延长航天器的拖曳时间, 减小航天器减速过程中的最大阻力。降落伞和烟火系统启用后和热防护装置分离, 将热防护装置的后表面移除, 从而使有效载荷暴露在大气中。

当航天器高速进入大气时, 即使绝大部分过热的气体围绕在热防护装置直接接触区域的外围, 热防护装置也必须能承受近距离辐射的巨大热量。在热防护装置前方的冲击波中, 大气分子发生了解离 (比如, N_2 分子分裂成两个氮原子) 和电离 (电子剥落) 现象。电离现象可干扰任何无线电传播, 足以使航天器的通信中断。

热防护装置的通用设计是利用一种可烧蚀的物质 (升华或者蒸发) 产生保护性的不灵敏的红外辐射边界, 从而有助于将热冲击前沿及时推出并降低辐射热量。红外辐射的不灵敏性是一种重要的因素, 这是由于前向冲击波可产生过高的温度。伽利略号的前向冲击波温度可达至 15000°C, 但是其热防护装置最大仅能承受 3700°C 的温度[33]。相似地, 惠更斯号的前向冲击波温度将近 12000°C, 但其热防护装置的温度只有 1200°C。烧蚀的材料通常是致密的, 这意味着通过传导方式传递的热量产生了热浸透的条件。当温度下降到高温分解结束时, 在过多的热量被允许浸透到热防护装置的背部并进入航天器内部之前, 热防护装置需要立即被摒弃。NASA 针对包含了彗星和星际灰尘的星团任务返回舱, 设计了石碳酸注入的碳质烧蚀挡板 (PICA)。相比超轻便的烧蚀挡板 (SLA), PICA 的密度要小很多, 但 SLA 已广泛应用于大量的火星大气进入和着陆任务 (见表 5.4)。

1995 年, 伽利略大气探测任务中完成了一项壮举, 即进入了木星厚重的上层大气。相对氢气为主的大气以 170600 km/h 的速度移动, 伽利略号 339 kg 重的探测器在其热防护装置烧蚀后损失了超 1/4 的重量, 最大温度达到了 16000 K, 在其减速过程中加速度达 230g。相关资料表明, 太阳光球的温度可达 5800 K。伽利略探测器的热防护装置可承受的最大热流量为 25 kW/cm², 而火星着陆器仅为 106 W/cm² (热量和进入大气速度的立方近似成正比, 还依赖大气的特性)。在成功完成遥感勘测任务并将探测结果通过伽利略木星轨道器转发至地球后, 探测器最后在巨大的木星内部大气层中解体并蒸发, 而其最终的温度可能已上升至 30000°C[30]。

表 5.4 几种进入大气热防护材料的比较 (按最大热流量顺序, 取值是近似的)

航天器	目的地	防护材料	最大热流量 (W/cm²)	分离速度 (km/s)
Galileo	木星	石碳酸	13400	47.4
Stardust	地球	PICA	1200	12.8
Genesis	地球	碳－碳	850	11
Apollo 11	地球	玻璃纤维, 人造橡胶	800	11
MSL*	火星	SLA-561V	230	6
惠更斯	太阳神	AQ60 Si 光纤泡沫	200	6.1
Phoenix	火星	SLA-561V	56	5.6
MER	火星	SLA-561V	54	5.7
Viking	火星	SLA-561V	24	4

注: SLA = 超轻便的烧蚀挡板, 由洛克希德·马丁公司制造的专利物质;

PICA = 石碳酸注入的碳质烧蚀挡板;

*火星科学实验室的火星着陆任务预计在 2012 年

5.5.6 热真空管测试

航天器在运抵发射台之前, 需要安装到一个真空腔体内, 再用仿真的太阳光照射以测试其热设计系统。航天器加电工作后, 正如其在飞行过程中, 通常会发射遥感勘测信号并响应控制信号。当设备和加热器以不同的加热方式进行动力循环时, 可以分析热记录仪的数据。从在真空管中的航天器辐射出的热量被液氮制冷腔体吸收。当卡西尼号航天器在 JPL 实验室经历数周热真空管测试时, 采用了一种特殊的液氦制冷板以辅助其进行光学仪器 (包含敏感的红外分光计和成像器) 的测试。在其大量的测试过程中, 航天器的大部分材料开始时经历了抽气过程, 之后高电压部件无需经过电弧作用开始工作。从真空测试管移出后, 在航天器运抵发射台之前可对其热垫、遮挡物或者其他部件进行必要的调整。

5.6 机械子系统

由于受到运载火箭气动整流罩对航天器尺寸的约束, 航天器很多部分都存放在一个折叠的结构中，在与火箭分离后进行部署展开。一些灵巧装置已经研发用于发射后使航天器及其仪器部署成形。例如"旅行者"号，在发射后不久即完成了外形的变化。当然也可能采取了分阶段的方式进行。"火星环球探测者"号在与运载火箭分离后即部署展开了太阳能电池阵列，然后在行星际巡航、推进机动、制动以及后续的轨道操作期间进行了微小的配置变化。除了这里列举和描述的一次性展开装置，也有类似通过反馈控制管理太阳能电池阵列指向的指令电机、高增益天线连接器以及光学仪器瞄准器等连续工作的装置。本节介绍了一些使航天器改变其配置的机械装置分系统中有代表性的一次性使用的装置。

5.6.1　释放装置

大多数类似太阳能帆板、吊杆等可展开的航天器组件在发射阶段都利用弹簧装载在航天器中，需要将这些组件释放回来，通过自动速率限制装置悬摆到展开状态。

航天器操作依赖于太阳能，所以在发射后不久即在附属电池供给的电能下展开太阳能帆板。一旦太阳能帆板展开并且开始供电，就会拥有更多的时间用于航天器其他组件的展开。

1. 爆炸螺栓

爆炸螺栓是众多航天器烟火释放装置中的一种。更确切地说，这种装置称为烟火紧固件。在一些应用中螺栓比较易碎，而更多时候紧固件的易碎部分是螺母，所以称为爆炸螺母。类似太阳能帆板释放装置等在指令下分离的航天器组件，可以使用一个常规的螺栓和一个易碎的螺母，如图5.10所示。这种装置可以用于较宽范围的尺寸和拉伸强度。螺母的大型中央螺纹孔连接螺栓，在拧至正常张力下将可分离组件连接在一起。螺母中两个较小的孔中都配有烟火装置，会在控制下爆炸。在两边都点燃时，螺母会破裂成两个分离的部分，朝着图中箭头方向飞散并释放螺栓，此时，之前保持连接的部件可以自由地分离。一般在螺母周围有一层金属罩防止分离后的碎片造成破坏。

当在发射时固定麦哲伦号太阳能帆板的爆炸螺母起爆后，一个弹簧支撑的铰链就将帆板从载荷舱中旋摆至展开位置。旅行者号的 RTG（放射性同位素热电式发电机）悬臂和科学仪器的臂也以同样的方式展开，然后利用悬臂下方的支撑支柱将其固定到位。

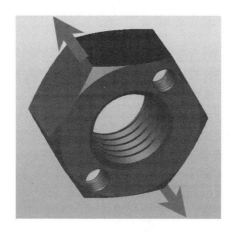

图 5.10　易碎螺母

2. 铡刀

黎明号航天器的太阳能阵列板展开方式是另外一种有代表性的技术。黎明号航天器的每个太阳阵列板由 5 块太阳能帆板组成, 如图 5.2 所示。阵列板中的每个帆板由弹簧支撑铰链互相连接。在发射阶段, 阵列的各块帆板在航天器的两侧折叠成堆。由一个单独的电缆从每个帆板的孔中穿过, 将每个阵列的 5 块帆板牢固的连接到载荷舱上。当要展开阵列时, 一个具有烟火动力装置 (双冗余) 的铡刀被点燃。爆炸的冲击驱动刀片切断电缆, 然后, 所有帆板在相连的弹簧支撑铰链的作用下自由旋摆, 直到到达双翼飞行的状态。

3. 弹簧支撑铰链

具有飞行资格、用于连接和展开太阳能帆板的弹簧支撑铰链完成帆板展开动作后, 可利用嵌入式微控开关提供双冗余指示。当开关启动后, 遥测会将该情况传达至地面工程师。这些铰链通常包含一个阻尼结构, 用于限制帆板展开时的力, 以及一个弹簧锁, 用于将展开后的的帆板进行锁定。

5.6.2　伸展臂

正如第 6 章将要讲到的, 一些仪器需要与航天器载荷舱相距一些距离以避免干扰。例如磁力计, 必须避开载荷舱中的强磁场以自由地刻画行星际磁场。"旅行者"号、伽利略号、火星奥德赛号以及"月球勘探者"号等航天器都是这种情况。

1. 缠绕玻璃纤维

在旅行者号上,航天器桅杆®是一种由 3 根纵向长 13 m 的杆所组成的玻璃纤维悬臂。所有的杆由玻璃纤维桁架和对角线丝状撑杆固定在一个三角形横截面中,并通过柔韧的节点系牢。整个悬臂通过扭转和平铺折叠成圈状物并放置在一个金属罐中 —— 旅行者号中的只有 70 cm 长。悬臂的展开在控制模式下进行,慢慢将中央系索拉出后,悬臂在扭转玻璃纤维杆的弹簧力作用下逐渐展开。悬臂及安装在其上的仪器也随着悬臂的伸展开始旋转。

图 5.11　在装载到金属箱中并与展开机构组装之前,处于折叠状态的伽利略号航天器的磁力计臂。外侧磁力计装置位于图片右边的远端,内侧 (悬臂中部) 磁力计位于图片中部的左端。飞行中该悬臂将伸展到 9 m 长。NASA/JPL 供图。

磁力计潜在的测量误差源是展开后在其长的、成捆的玻璃纤维丝中产生的。为了弥补该误差,利用一个安装在航天器上,受控加电的磁力圈产生一个强度和方向已知的磁场来校正仪器。

2. 形状记忆臂

许多航天器需要展开长而窄的悬臂,典型的作用是作为仪器的天线,以感知行星际空间自然产生的低频电波或等离子波。旅行者号航天器展开两个 10 m 长的天线,而卡西尼号航天器需展开 3 个。这些都是由一个平的金属卷制成,从一个线轴释放后恢复了其 "记忆的" 卷曲,类似于木匠使用的钢卷尺,只是多了大量明显的卷曲罢了。有时可以同时放出两个类似的金属卷以构造一个中空的杆。天线一般使用铍铜合金,其他构架元件使用不锈钢制成。

可折叠平形管®可想象为将塑料苏打软管折叠起来,并将其压缩进一个小的矩形体积内, 释放后其趋向恢复成原来的形状。高应变管材复合材料可使天线或结构元件从 0.02 m³ 的装载体积内展开成 20 m 长, 质量只有 1 kg。

5.7 科学仪器

从一个负责航天器载荷舱或子系统的工程师的观点来看, 科学仪器可看作子系统, 它能够通过指令进行启动和关闭, 启动时由电源供电, 关闭时需要补充加热, 并且像其他子系统一样通过数据总线通信。这些构成了航天器的载荷, 它们由不同的科学家和工程师们设计而成, 用于开展尖端和精密的观测, 目的是探测宇宙和自然。设计者必须严格按照航天器的质量需求、电路图、数据兼容性、温度约束、以及结构完整性来设计仪器。

注释

[1] 电路就是从一个电源如电池中发出的电荷流通路径, 它穿过导体和元件, 最后回到电源形成闭合回路。通过断开回路中任何一点的导体可切断电流。

[2] 电荷的流动包括导线中的电子、电解池 (液体) 中的离子, 以及等离子区 (离子化的气体) 中电子和离子。

[3] 功率定义为能量转换或做功的速率, 或者一段时间的能量消耗量。

[4] 法国物理学家亚历山大 – 埃德蒙 · 贝克勒尔 (1820—1891) 在 1839 年首次记录了光伏效应。

[5] 在比较空间和地面应用时, 必须注意两点: ① 空气质量系数 0 和 1, AM0 和 AM1, 在提到系统效率时通常用到, AM0 表示地球大气层外的太阳光谱, 而 AM1 则表示地球表面的太阳光谱; ② 常用的地球表面平均 342 W/m² 的太阳功率考虑了地球的一半未受照, 并且太阳光以变化的角度入射受照面。

[6] 除了各种晶体电池外, 多功能非晶体硅薄膜应用在许多地面光伏系统中, 但对于空间应用它们的效率不够。

[7] 带隙指的是在原子结构中的一系列电子之间的间隙。

[8] 高比能量引起了地球机动车设计的可再生能源技术领域的极大兴趣。

⁹ 应用在航天器上的最高效的光伏电池转换电流的效率最高可达地球轨道上日射功率 1371 W/m² 的 35%。

¹⁰ 这是一种不同于武器级²³⁹Pu 的同位素，它的半衰期为 24110 年。

¹¹ 比例模型参见 http://SpacecraftKits.com。

¹² 列表包括六个指定的科学仪器中各自的一个脉冲丢失探测器。

¹³ 实际上金属的辐射率值在高温时增长，使得平衡温度低于该值。

¹⁴ 反照率有两种表示方式。邦德反照率的值在 0~1 之间，类似于反射率，地球为 0.29。几何反照率以理想的 (兰伯特) 圆盘为参考，由于反相效应，它的值可高于 1，地球为 0.367。

¹⁵ 镀铝尼龙薄膜气球有时指的是镀铝聚酯薄膜。

¹⁶ 光学设备如反射望远镜通常采用表面镀膜镜，其中高光金属涂在玻璃基片上。这种布置能够防止二次表面镜中出现的 "重影" 反射，这种反射无法使镜片吸收到有用的波长，它也使得基片更加厚实坚固。

参考文献

[1] Peter Fortescue, John Stark, and Graham Swinerd, editors. *Spacecraft Systems Engineering*. Wiley, 3rd edition, March 2003.

[2] Mukund R. Patel. *Spacecraft Power Systems*. CRC, November 2004.

[3] A. K. Hyder. A century of aerospace electrical power technology, 2003.

[4] Albert Einstein. Title translated: "On a heuristic viewpoint concerning the production and transformation of light", 1905.

[5] www.spectrolab.com/prd/space/cell-main.asp, May 2008.

[6] www.spectrolab.com/datasheets/panel/panels.pdf, May 2008.

[7] www.spectrolab.com/prd/space/array-main.htm, May 2008.

[8] en.wikipedia.org/wiki/solar cell, May 2008.

[9] http://lunar.arc.nasa.gov, May 2008.

[10] Paul Dickson. *Sputnik: The Shock of the Century*. Walker & Co., 2007.

[11] Steven D. Dorfman. The Pioneer Venus spacecraft program. *JOURNAL OF SPACECRAFT AND ROCKETS*, 14(11):683–689, November 1977.

[12] B. P. Dagarin, R. K. Taenaka, and E. J. Stofel. Galileo probe battery system, 1996.

[13] C. Sollazzo, J. Wheadon, J.-P. Lebreton, K. Clausen, T. Blancquaert, O. Witasse, M. Perez Ayucar, A.-M. Schipper, P. Couzin D. Salt, M. Hermes, and M. Johnsson. The Huygens Probe Mission to Titan: engineering the

operational success. Technical Report AIAA 2006-5503, AIAA SpaceOps 2006 conference, 2006.

[14] Humphry Davy. On some chemical agencies of electricity, 1806.

[15] R. M. Dell. *Understanding Batteries*. RSC Paperbacks. Royal Society of Chemistry, Cambridge, November 2001.

[16] Thomas Roy Crompton. *Battery Reference Book*. Newnes, 3rd edition, May 2000.

[17] John J. Smithrick and Patricia M. O'Donnell. Nickel-hydrogen batteries-an overview. *AIAA JOURNAL OF PROPULSION AND POWER*, 12(5), September-October 1996.

[18] P. J. Timmerman and P. R. Glueck. Magellan battery operations: An overview. In *NASA. Marshall Space Flight Center, The 1990 NASA Aerospace Battery Workshop p 71-93 (SEE N92-27130 17-20)*, pages 71–93, May 1991.

[19] James Flynn et al. Final report on low dose risk, decisions, and risk communication. Technical Report DOE Project Number: 69904, U.S. Department of Energy, 1999.

[20] Jeremy Bernstein. *Plutonium: A History of the World's Most Dangerous Element*. Joseph Henry Press, 2007.

[21] David Michael Rowe. *CRC Handbook of Thermoelectrics*. CRC-Press, September 1995.

[22] Curt A. Henry. An introduction to the design of the Cassini spacecraft. *Space Science Reviews*, 104:129–153, 2002.

[23] R. Stephen Saunders and Gordon H. Pettengill. Magellan: Mission summary. *Science*, 252(5003):247–249, 1991.

[24] R. Cowen. Balky tape recorder plagues Galileo. *Science News*, October 28 1995.

[25] Conference Proceedings. *MIL-STD-1553B and the Next Generation*. ERA Technology Ltd, March 1990.

[26] Todd J. Bayer. Planning for the un-plannable: Redundancy, fault protection, contingency planning and anomaly response for the Mars Reconnaissance Orbiter mission. Technical Report AIAA-2007-6109, AIAA, 2007.

[27] David. L. Allestad, Shaun P. Standley, Larry Chang, and Brian D. Bone. Systems overview of the Cassini-Huygens probe relay critical sequence. Technical Report AIAA-2005-6388, AIAA, 2005.

[28] Robert C. Moore. Autonomous safeing and fault protection for the New Horizons mission to Pluto. Technical Report IAC-06-D1.4.07, IAC, 2006.

[29] David G. Gilmore, editor. *Spacecraft Thermal Control Handbook: Fundamental Technologies*. Aerospace Press, 2nd edition, 2002.

[30] Michael Meltzer. *Mission to Jupiter: a History of the Galileo Project*. Number SP-2007-4231. NASA online book, history.nasa.gov/sp4231.pdf, 2007.

[31] Charles D. Brown. *Elements of Spacecraft Design*. AIAA, APRIL 2003.

[32] Paul Withers and Michael D. Smith. Atmospheric entry profiles from the Mars Exploration Rovers Spirit and Opportunity. *Icarus*, 185:133–142, 2006.

[33] F. S. Milos, Y. K. Chen, and T. H. Squire. Analysis of Galileo probe heat shield ablation temperature data. Technical Report AIAA 97-2480, AIAA, 1997.

第 6 章

科学仪器与实验

1957 年, 我们迎来了太空时代。此前, 天文学家们已经在数十年的时间里开发出功能强大的仪器, 用来观测星际空间及更远的天体, 并获取天体的图像和光谱信息。其中最为主要的是, 坐落于加利福尼亚州帕洛玛山 (Mt Palomar), 直径 200 英寸 (1 英寸约为 2.54 cm) 的海尔望远镜 (Hale Telescope)。由于海尔望远镜的位置高于最稠密的湍流气层, 空气也更加清澈稳定[1]。自从 1949 年投入使用以来, 它的照相机和光谱仪已经进行了更新, 使海尔望远镜的大光圈和精确对焦技术得到最好的利用。如今, 它甚至拥有一个**自适应光学系统**, 通过一个小的可变形反射镜来观测穿过湍流空气的飞行器, 可以更好地研究大气环境。

海尔投入使用之前的 60 年间, 利克天文台 (Lick Observatory) 拥有直径 36 英寸的折射望远镜。利克天文台不只拥有世界上最大的望远镜, 它也是世界上最先进的[1] 天文台[2]。由于海尔望远镜的投入使用, 光谱学的新技术才开始作为新的手段, 为天文学家们确定恒星的温度和成分提供支持。后来, 人类又发明了摄影技术, 光学仪器和观测技术的稳步发展, 让我们进一步了解了人类在宇宙中的位置。由于人类对自然界充满好奇, 才开始进行科学创造。就像我们发明望远镜, 是因为我们要尝试了解我们所生存的宇宙大环境的本质, 预测宇宙的变化, 从而满足我们对宇宙的好奇心。

三个半世纪前 (300 多年前), 伽利略用自制的 30 倍折射望远镜观测木星及其卫星。在太空时代, 我们可以将仪器放置在高于我们的大气层以外, 近距离地观测行星、行星的天然卫星、小行星和彗星, 彗星是人类自探索太空以来就一直关注的神秘天体。20 世纪 70 年代初, "水手" (Mariners) 号和 "旅行者" (Voyagers) 号搭载的真空管电视摄像机, 观测水星、火星和巨大外行星及其卫星系统的能力优于总重 500 吨的海尔望远镜。目前, 雷达已经绘制出金星的云层表面图, 星载仪器正在研究太阳系中天体以及更大宇宙空间中更多天体的频谱范围, 这些频谱的广泛程度远远超出了早前科学家们的预期。当 "先驱者" 10 号 (Pioneer 10) 接近巨大的行星木星时, 时任项目经理的查尔斯 (Charles F. Hall) 说道: "距离伽利略第一次观测这个未知行星, 我们是第十二代探索者, 但现在我们已经开始研究这个行星本身的特点了。"[3]

如今, 世界各地的科学家们正在设计形形色色的高灵敏度测量仪器, 并公布他们的最新发现。科学家们将这些仪器搭载在深空飞行器上进行操作, 对数据进行分析, 并发布研究结论。所有这些行为汇集到一起可以解决科学中重大的谜题。而这些仪器和它们传回的数据的背后是星际任务的复杂操作步骤。

本章, 我们将首先探讨星际航天任务及其设备要解决的问题。我们将了解搭载的科学仪器如何获取数据并解释令人困惑的科学问题, 将详细介绍成像和光谱测定的原理, 并给出几种具有代表性的仪器类别, 在介绍利用难得的飞行机会开展的几次特殊实验后详细追踪星际空间仪器或实验获得的科学数据如何登上科普读物与公众见面的全过程。本章中大量引用了星际飞行中传回的科学数据的样本。

6.1　科学问题

美国航空航天局试图运用其资源和能力解决如下科学问题, 这些问题由美国宇航局科学任务理事会提供, 也代表着全世界其他正准备飞行任务和搭载仪器解决这些问题的空间机构和研究所的研究路线。

行星: 太阳系中的行星和小天体是如何起源的? 太阳系是如何演变到现在的多元化状态的? 地球上生命的起源, 在太阳系其他地方是否存在生命的进化? 太阳系的什么特点引起了生命起源?

天体物理学: 宇宙的起源、演变和命运是什么? 行星、恒星、银河系和宇宙结构是如何产生的? 宇宙中的元素什么时间、如何产生的? 地球以外是否还有其他生命?

地球: 地球是如何变化的? 作用于地球的主要力量有什么? 地球如何应对自然和人类所引起的变化。人类文明对地球变化的影响, 地球未来的变化趋势。

太阳物理学: 太阳变化如何影响人类社会、科技和行星的可居住性? 太阳系环境中哪些危害和资源会影响到人类在宇宙空间的发展? 太阳如何、为什么会变化, 以及它变化后的影响。什么是空间环境的基本物理过程?

6.2 有效载荷

运载火箭上的有效载荷被理解为搭载的航天器。仔细研究表明航天器包含载荷舱和有效载荷, 有效载荷表示航天器上用于飞行的设备和仪器仪表。通信卫星的有效载荷是它的转发器, 可以从地球的这边转发到地球的另一边。科学任务星际航天器的有效载荷是科学仪器, 这些仪器都有助于解答 6.1 节所提的问题。

6.3 科学仪器

星际航天器开展的科学研究都是通过相关仪器来完成, 如照相机、频谱仪、磁力计和尘埃探测器等, 都在本章进行介绍。但是也有一些研究采用试验完成, 有些试验还不需要使用专业的仪器, 如行星或者月球质量的测量。这些实验将在 6.4 节进行描述。

6.3.1 四种类型

星际航天器携带了各种不同用途的科学仪器, 全部理解它们比较困难。但根据每种仪器操作的基本原理, 可以将它们归纳为四种类别的观测方法[2]。首先应该了解航天器的科学仪器, 然后确定科学仪器属于哪种类别。有远程遥感和直接感应仪器, 大部分仪器都设计在无源模式下工作, 有些仪器在设计上采用有源感知手段。

1. 类型: (1) 远程遥感/(2) 直接感应

采用遥感设备获得一定距离目标的数据, 如通过相机获得目标的图像, 通过光谱仪挑选和测量目标发射光的波长 (航天器和目标的距离通常小于天文单位)。

直接感应测量通过仪器的直接接触测量现象的属性。如: 磁强计测量航天器周边由太阳和行星产生的磁场, 尘埃探测器确定进入探测器的颗粒特性, 如测量土星光环平面的灰尘。

2. 类型: (A) 主动 (有源)/(B) 被动 (无源)

远程遥感和直接遥感都可以设计成为有源或无源方式:

有源感知提供探测目标的能量并接受反馈。例如, 雷达成像仪发射无线电能量脉冲, 并接受目标反射回来的信号。α-粒子的 X 射线光谱仪 (Alpha-Particle X-ray Spectrometer, APXS), 把目标 (如接触到的岩石) 放置于放射源仪器发射高能粒子流, 然后测量岩石被轰击后产生的 X 射线。

无源遥感用于观测已经存在的目标, 不需要自己提供能量。这种类型包括遥感照相机、光谱仪、直接灰尘探测器和磁强计。

表 6.1　四类仪器举例

	(1) 远程遥感	(2) 直接感应
(A) 有源	雷达	TEGA*
(B) 无源	相机	磁强计
注: *TEGA 是 "凤凰" 号火星着陆器 (Phoenix Mars Lander) 的热性能和逸出气体分析仪。这是一个高温炉和质谱仪, 用于分析由着陆器的机械铲传递给它的火星冰样和土样		

如何区分有源和无源的仪器? 如果摄像机或其他光学传感器, 像惠更斯探测器上的仪器在观测土卫六的昏暗表面时一样自带光源, 它应该被归类为有源探测器。或许这样的情况下, 有些设备本身不提供光源, 虽然效率不高, 但仍然可以正常工作。照相机应该称为 "有源" 式, 如果没有电源支持, 它就无法正常工作。其实有时无法有效区分这四类探测器, 但是大多数时候还是可以的。那么如何区别直接感知和远程遥感呢? 1987 年 12 月, 悬挂在降落伞下的大气浊度计测量了金星表面稠密、灼热大气中的颗粒物。由于探测器探头在下降过程中穿过云层进行直接测量, 所以可以称为直接探测器。但是浊度计通过用密封钛壳中的一个由三毫米蓝宝石做成两厘米直径的窗口进行感应, 与云层中的颗粒物分离, 所以它是远程遥感粒子。有些大气样本分析仪器, 如一起搭载金星探测器的气体色谱 —— 质谱仪, 被归为直接感应测量仪器。值得一提的是, 由于浊度计在没有脉冲砷化镓激光二极管照亮云粒子时, 是无法工作的, 所以它被归类为有源探测器。

6.3.2　科学问题和仪器

携带有效载荷探测目标是星际航天器的一项重要使命。这些目标直接或间接地回答了 6.1 节所提出的科学问题或者科学问题的一些方面。实验任务的目标不同,其携带的仪器具有的能力也不同。为了说明这一点,我们来看看卡西尼号的探测目标 —— 土卫六,土卫六只是该任务五个探测目标中的一个,另外四个探测目标分别为行星、环、磁层以及其他卫星。关于土卫六的 7 个具体问题列举如下,表 6.2 列出了卡西尼号有效载荷解决这些具体问题的情况。表中仅列出了与 7 类科学问题相关的无线电科学仪器,还有些科学仪器在表中没有列出,后续我们将介绍。惠更斯探测器是卡西尼号用于探测土卫六而携带的载荷,表中所列 7 个目标,除目标 6 之外,其余均与惠更斯探测器相关。卡西尼号的土卫六探测任务包括:

(1) 通过探测丰富的元素,确定土卫六及其大气的形成和演化过程。

(2) 确定大气中不同成分的百分比含量。

(3) 观察微量气体的垂直分布和水平分布,探讨大气中所存在的能源,确定太阳光对平流层中化学物质的影响,研究气溶胶的形成过程及其组成。

(4) 测量风力和全球气温;调查土卫六的云物理,大气环流和大气季节变化;搜索闪电。

表 6.2　卡西尼号上的仪器用于解决关于土卫六的以上 7 个任务的仪器列表

#	CAPS	CIRS	INMS	ISS	MAG	MIMI	RDR	RPWS	UVIS	VIMS
1	●	●	●			●			●	●
2	●	●	●							
3		●		●				●		
4		●		●				●		
5							●			
6	●		●		●	●				
7							●			

CAPS: 卡西尼号等离子光谱仪; CDA: 宇宙尘埃分析仪; CIRS: 复合材料红外光谱仪; INMS: 离子和中性质谱仪; 国际空间站: 影像科学体系; MAG: 磁力仪; MIMI: 磁层成像仪; RDR: 雷达; RPWS: 无线电和等离子波科学; RSS: 无线电科学体系; UVIS: 紫外成像光谱仪; VIMS: 可见光和红外绘图光谱仪。

(5) 分析土卫六的物理状态, 地形和表面的组成, 确定其内部结构。

(6) 分析土卫六的上层大气, 它的电离层作为中性源和土星的磁层电离的作用。

(7) 确定土卫六的表面是否有液体或固体, 作为分析哈勃太空望远镜在 1994 拍摄的光斑的证据。

从上文介绍的简单例子, 读者可以推断出科学问题和任务目标解决的方式, 这种将惠更斯号探测器上 6 个科学仪器与任务计划进行映射的过程, 也可以在其他几百个深空航天器上进行。信息来源:NASA/JPL。

6.3.3 成像科学仪器

几乎太阳系内的每一颗航天器都携带成像设备用于科学观察, 比如相机或者其他成像设备。对于大多数太阳系内的任务, 人们热衷于对太空图像的评论。在大众和世界各地的财政支持下, 成像设备尽可能快地为公众提供 "原始" 图像[3]。之后, 该任务的成像科学团队提取数据并分析, 随后正式发布。2011 年发射的朱诺号探测器将于 5 年后进入木星轨道。它是第一个携带相机的星际航天器, 该相机主要的任务是为公众提供感兴趣的图片 (但其在木星极地轨道上的主要任务并不是成像)。

成像科学涉及量子论、光子传感器、光学设计、子系统硬件设计和具有先进图形处理能力设计复杂的软件工具。这些软件工具通常在操作系统中运行。通过从图片中提取数据, 导航和科学任务规划团队将对星载仪器进行指向和曝光设置等任务规划[4]。在解释图像内容方面, 成像科学将涉及多种学科, 如行星地质学、大气流体力学、航天和轨道动力学、天体物理学。太阳系中许多重要的科学发现是由成像科学提出的:

(1) 木卫一表面活跃的火山活动以及不断重构的表面;

(2) 火星上的古洪水;

(3) 土卫二上来自深裂缝中的水喷泉;

(4) 行星的撞击历史、卫星和其他对象的表面相对年龄;

(5) 海王星卫星上的氮间歇泉;

(6) 新发现的外行星的卫星;

(7) 土星环系统的精致结构和动力学模型。

1. 光学镜头

光学镜头是无源遥感仪器, 见附录 B。相机型成像仪的光学系统将光聚焦到一个平面上, 即图像检测器的位置, 从而获得特殊的聚焦能力、放大倍数和视角。内置挡板和墨镜滤掉了不必要的杂散光。大多数成像仪器所附加的光学组件, 都包含可选滤镜和可操作快门。

滤镜滤除不想要的波长或偏振方向的光, 留下用于特殊观测所需的光。伽利略号和 "旅行者" 号的光学设备配有 8 方向的滤镜转盘, 可以在任意光路上旋转和放置滤镜。卡西尼号窄角成像仪有两个重叠的滤光镜轮, 共 24 个滤镜, 提供百余种有用的滤光镜组合。不同的滤镜有不同的成像功能, 包括测量大气、穿透阴霾、查看表面和寻找闪电。

快门用于阻断到达图像检测器的光, 直到图片被拍摄。某些航天器上的快门使用机械器件, 即使用横跨在开口处的移动挡板, 比如 "旅行者" 号、伽利略号和卡西尼号。在 "火星侦察兵轨道飞行器" (Mars Reconnaissance Orbiter) 的火星彩色成像仪 (Mars Color Imager Instrument, MARCI) 以及一些针对于消费市场的新相机中使用电子快门。

2. 折射光学望远镜

因为光通过真空和玻璃传播的速率不同而产生折射, 折射光学透镜通过折射使光线弯曲。光线通过凸透镜表面不同的入射角进入, 并且穿过不同厚度的介质 (凸透镜), 最终聚焦于焦点上。各种材料的折射率不同, 表示光线传播速度不同。折射望远镜或折射器是航天器光学系统的一种, 它使用透镜使光线通过一个较大的光圈聚焦到一个较小的图像上。

据记载, 最古老的凸透镜很可能是公元前 423 年希腊人用来聚焦阳光点燃材料的一种工具[8]。利用一个透镜形成简单成像系统的过程很容易描述: 在一张普通白纸前放置一个凸透镜, 凸透镜后放置一个明亮的图像, 如一扇窗户, 那么就可以在白纸上看到投影。当透镜与白纸间的距离恰到好处时, 就可以清晰地看到图像中的细节, 如威尼斯百叶窗、窗外的灌木。

旅行者号广角相机望远镜的主凸透镜镜头直径只有 6 cm, 比一般的放大镜还要小。其焦平面在望远镜前端, 距离第一透镜后 200 cm 的位置。望远镜的透镜都经过精心设计, 用以纠正在图像复制中出现的各种错误[5], 如明显变形、跑焦和色差等。

3. 反射光学望远镜

反射望远镜也是一种应用于航天器的大口径光学成像设备, 主要是因为镜头巨大, 可靠的支撑 (镜头) 杆为一个问题。此外, 镜片吸收或过滤一些有用波长的光。航天器上的反射望远镜通常采用的卡塞格伦设计的变形, 使用在其背上机械支撑轻质曲面镜, 在短的物理空间内实现使长的光路 (焦距) 成像[6]。表 6.3 列出了在几个星际航天器的星载成像仪器性能。"旅行者"号上相机的设计, 继承了 "水手" 10 号, 稍作修改 (虽然安装了完全不同的图像探测器) 并在伽利略号和卡西尼号上使用。

表 6.3   用于各种航天器成像仪器的光学元件

光学元件	类型	光圈/cm	焦距/mm	FOV*
旅行者 广角	折射	6.0	200	3.2°
卡西尼 广角	折射	6.0	200	3.5°
水手 10 窄角	反射	18	1500	0.42°
旅行者 窄角	反射	18	1500	0.42°
伽利略 窄角	反射	18	1500	0.42°
卡西尼 窄角	反射	19	2000	0.35°
MRO HiRISE*	反射	50	12000	1.1°
注: FOV* —— 视角;				
MRO HiRISE* —— 火星探测轨道器高分辨率图像仪				

4. 扫描平台

"旅行者"号探测器和伽利略号航天器都配备了可移动的平台, 使所有的光学仪器, 可以独立于航天器平台的姿态指向。旅行者号扫描平台进行过许多次观测试验, 在保持航天器的高增益天线指向地球的基础上, 可以在方位角和仰角方向进行转动。如伽利略号上的高增益天线 (HGA) 发生故障, 在不与地球进行通信时, 它的光学仪器能够在很大程度上独立于航天器平台的姿态而自主运行。信使号航天器的广角和窄角成像仪器安装于扫描平台上, 它可以自由地转动而减少对航天器姿态的要求, 同时保持航天器在水星轨道上运行。

一般, 火星轨道航天器都在底部设计有一个平台, 用以安装光学仪器。光学仪器固定到星体上, 仪器的镜头指向依赖于航天器姿态。典型地, 扫描平台和太阳能电池板连接以维持通信和电源, 而天底面面板朝向地球。许多航天器都使用这样的结构。冥王星航天器 "新地平线" 号 (New Horizons) 就在星体上安装有光学仪器。

卡西尼号航天器最初的设计有两个扫描平台, 均与星体连接。一个平台用于安装和转动光学仪器, 另一个用于直接遥感仪器的方向控制, 而 HGA 则指向地球以保持通信。这两个平台的设计减少了发射费用, 由于其将仪器连接到星体上, 需要通过改变航天器姿态使仪器的指向发生变化、记录数据并用于以后的通信。这种方式, 使得航天器发射后, 其操作的复杂性有所增加, 因而无法同时实现观测和通信。但重要的是, 这种方式能够提高发射能力, 减少费用。

5. 光学图像探测器

目前, "旅行者" 号探测器已经关闭了它的真空管电视传感器[7], 电荷耦合器件 (CCD) 成为唯一一种在星际空间运行中应用的可见光图像探测器。

6. 电耦合器件

CCD 图像检测器, 由称为光电门的绝缘硅电容单元组成, 其结构由矩形或线性阵列构成, 也称为阱。每个光电门代表图像的一个像素。当光子撞击光敏单元时, 光电效应在量子力学的尺度产生个一个电子 — 空穴对。另外, 光子撞击光门将使其电荷量增加。在时钟信号的控制以及计算每一次移位和放大后形成的电量的前提下, 运行移位寄存器, 积累每一行像素的电量, 由此获得每一个光电门中的电荷量。将该仪器获取的电量值转换为数据量, 并将这些反映图像信息的数字量输出至航天器的遥测分系统或 CTS。

如果几十万数量级的电子积累, 使单个光电门的容量饱和, 在过度曝光的像素溢出到相邻行的像素中, 任何额外电子产生的光子将导致电荷溢出。这种情况发生在明亮木星图像中, 见图 6.1 靠近中间偏右的部分。

可以采用下述方式设想仪器用 CCD 捕捉图像的过程: 仍然利用上述纸张投影放大镜成像为例, 如果在纸上的图像上画 1000 个微小的正方形格子, 你可以看到, 在网格中的方块将有不同强度光射入。发送图像至少需要黑白两色, 假设你的一个朋友在另一间屋子有一张画满格子的纸, 你可以将射入每小格的光线按照 1 到 10 级划分亮度, 然后一行一行地读出它们的值, 直到纸上的每个格子都有了自己对应的灰度。星载仪器就是通过这种方式采集图像, 并传送到地球的。

继续讨论 CCD 的操作, 从量子力学的角度, 想象 1000 个直线排列的酒杯用来接雨水, 其中每个雨滴表示由入射的光子释放一个电子。之后, 曝光的持续时间到了 (雨停止), 用烧杯来测量每一个酒杯的雨量, 即水在 1 到 10 个单位量以内 (不要忘了记录的值)。首先清空烧杯中的水, 并拿起排列的每个酒杯依次将水倒入烧杯并记录。重复朝一个方向进行, 直到每行最后一个酒杯。当所有酒杯已经统计完毕, 并清空。CCD 就是这样存储

图 6.1　从太阳和太阳风层探测航天器 (Solar and Heliospheric Observatory) 上的大角和光谱日冕仪捕获到的 CCD 图像。采用圆形遮挡物遮住设备内磁盘，这样太阳被遮挡了，可以看见日冕和太阳表面团状喷射物。白色的圆形代表太阳的大小。太阳右下方可以看到明亮的木星 —— 离太阳很远的行星，十字线是由于过度曝光和邻近像素电荷溢出的共同作用结果。图片出自 SOHO/LASCO[9]。

数据，直到需要的时候将其发送。

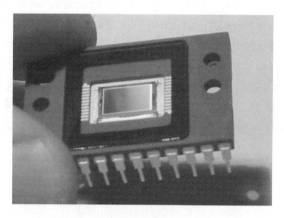

图 6.2　柯达 KAF-0402ME CCD 图像检测器具有 393216 接入口，每个 9 μm，组成 768 行 512 列的矩阵，此矩形将位于成像仪器的焦点与硅表面的焦平面上。其 24 个引脚连接器是用于驱动其内部的电子器件，提供时钟和复位信号，以及读出的电荷在每个像素的值。这种特殊的模式已经在业余天文成像工作中流行。

　　在星载仪器中，像素或者网格正方形、CCD 的阱只有几微米大小，并且以百万计数。通常，都采用 10 级以上的灰度来衡量。一种典型仪器，每像素 12 位，以 0~4095 的整数来表示光的强弱水平。

　　人眼最多能分辨 10 级灰度[8]，但计算机图像处理软件可以梳理出更多被隐藏的细节。例如，软件可以给不同的颜色分配不可见的灰度等级，制作出假彩色图像, 揭示所有的细节, 用 4096 B (0–4095) 表示。

    CCD 成像探测器具有非常高的效率。量子效率是一个衡量在某种材料内每个入射光子释放多少电子的值。它反映了设备将光转换为可测量电子电荷的能力。相膜具有约 10% 的量子效率。CCD 量子效率, 使用最佳光波长在实验室条件下达到 90%, 其在星际航天器的应用中可达到约 50% 或更高一些。在 "水手" 号探测器上摄像真空管探测器的量子效率的峰值大约 50% (在实验室蓝光波长下) 它们的表现差得多, 在动态范围内 (大约 1/100 的灵敏度), 低于 CCD 的分辨能力, 同时还能消耗更多的功率。感知的光子转换为电子电荷, 然后把它们转移到仪器上, 读出电子电荷量 (上文所说的玻璃杯测量雨水), CCD 通常有超过 0.99999 效率 (打个比方, 这相当于只漏了几滴雨), 该装置称为电荷传输效率。对很大一部分单个光子的撞击, 可以通过计算每个检测器的 "阱" 得出。分数的值等于每个孔的量子效率除以器件的电荷转移效率。CCD 在光学仪器中使用, 大多数情况是照亮其前侧。

    光线到达阱, 在读出数据时, 只有表层的电子用于转移电荷。有些 CCD 被设计成通过照亮它们的基底层, 在这种情况下基片厚度极薄。背面照明的 CCD 对蓝光最敏感, 其量子效率可以超过 90%。如高分辨率远程侦察成像仪 (LORRI), 在冥王星 "新地平线" 任务中采用了背照式 CCD。

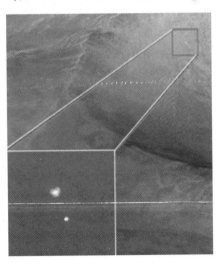

图 6.3　CCD 图像由火星勘测轨道飞行器高分辨率成像仪在 2008 年 5 月 25 日采集, 显示了 "凤凰" 号着陆器打开降落伞降落到火星表面的过程。NASA/JPL Caltech/亚利桑那州大学提供图像, 编号: PSP 008579 9020。

7. CCD 阵列类型

空间中应用的具有高品质成像特性 CCD 是昂贵的。有史以来第一次使用该固态成像仪 (SSI) 的伽利略号太空船，采用 800×800 像素阵 CCD。德州仪器研究小组和喷气推进实验室此前制造的 CCD 阵列包含了几千个 CCD，被认为有足够高的质量。一个阵列被送到木星，而其他的成了备用。卡西尼号的 CCD 是 1024×1024 像素。图像检测器的空间质量包括集成电路内特殊的包装，以确保它在真空、辐射和预期温度条件下正常工作。

在一些航天器上安装二维 CCD 成像设备，例如卡西尼。这种设备拥有多行光电门，被认为是完全没有必要的。如果航天器在行星的表面轨道上有规律地运动，例如 "火星侦察兵" 轨道飞行器，这种运动可以被用来提供第二个维度。在这种情况下，一个单维器件称为 CCD 线性阵列 (孔的单个行)，可以在探测器移动时建立一个图像。大部分传真机使用一个 CCD 线性阵列，通过移动设备上的传感器建立图像。影印机是通过光源照射影像，投射于玻璃台板后 CCD 线阵建立图像，就像图形扫描仪一样。此技术有时称为 "推扫式" 成像。

"火星勘探者" 号高分辨率成像仪 (HiRISE)，采用 CCD 线性数组作为图像探测器，具有巨大的光学组件 —— 该任务使用有史以来最强大的光学探测器 (见表 6.3，同时请参见附录 B)。该探测器的光谱过滤器和重叠的元素产生彩色影像。探测器跨度最长的部分有 20264 个光电门 (像素)，并通过光学组件从红色光谱过滤器接收光线。其他元素通过蓝绿色滤光片的 4096 像素行，和通过近红外滤光片的 4096 像素列构成。飞行器飞过火星表面，由 CDD 生成二维图像，理论上可以达到无限长度和 20264 像素的宽度。

由于存储限制，仪器中把一个实际图像的长度限定为 40528 像素。HiRISE 有 1 μrad 的分辨率，它可以从 300 km 标称轨道的高度识别 0.3 m 的物体。它拍摄到火星所有的探测器：维京 1 (*Viking 1*)、维京 2 (*Viking 2*)、"火星探路者" (*Mars Pathfinder*) (被部署在 "寄居者" 的探测器)，在火星探测漂流的 "勇气" (*Spirit*) 和 "机遇" (*Opportunity*)、"凤凰"。HiRISE 也发现许多登陆器的配套的硬件，如隔热板、背壳和降落伞。图 6.3 是 HiRISE 在成像方面的非凡壮举，它抓拍到火星表面下降过程中，降落伞下的 "凤凰" 号登陆器。

8.红外波长图像探测器

红外波长图像探测器与 CCD 不同，由红外光波长成像的图像工具，近

红外 (3.5μm) 的波长比红色可见光长一点, 可以由锑化铟检测。对于稍长的中红外 (6.0μm) 光, 由硅掺杂砷的探测器检测。实例包括斯皮策太空望远镜 (*Spitzer Space Telescope*) 的红外阵列相机 (IRAC) 和采用红外通道的卡西尼号的视觉探测器, 以及红外绘图光谱仪, VIMS。

9.探测器冷却器和挡板

光子并不是 CCD 阱中光电子的唯一来源。CCD 中的热量也会产生电子, 在图片中以噪声的形式显示出来。为了减少这种噪声, 即所谓的暗电流, 需要冷却探测器。在星际空间中, 可以使用无源的方式有效地完成冷却。CCD 芯片粘贴在热传导面结构上, 即有很大一部分的机械面直接面对深空。所有这些机械部件以热传导的方式连接在航天器上, 并与航天器其他部分热隔离, 这样 CCD 的内部热量就从热传导方向辐射了。卡西尼号上的 CCD 一般保持在 −90°C。"新地平线" 号航天器上用于成像的 CCD 器件, 温度保持在 −98°C 以下, 水星轨道上的 "信使" 号探测器的 CCD 一般保持在 38 ∼ −14°C 之间。

除了感应光子, CCD 还可以感应其他高能粒子。许多航天器上的 CCD 探测器也可以感知到太阳风中的高能粒子。太阳风高能粒子产生周期短, 图像中会出现由其产生的随机取向的高亮条纹图像。太阳日冕物质抛射出的快速移动的气流, 会导致在太阳附近运行的成像仪器产生这类条纹风暴。许多例子可以在 SOHO的网站[9] 上的视频剪辑中看到, 其中记录了剧烈的太阳活动。在木星环境的伽利略飞行器, 同样出现了高能粒子对电子设备的干扰, 包括封闭在金属钽所做的 1 cm 厚的致密挡板中伽利略 CCD 固态成像仪探测器。

10.彩色图像

为了产生和人类视觉一致的彩色图像, 需要由滤波器产生红、绿、蓝 3 个独立图像。为了做到这点有两种方法: ① 通过使用一个光分路器、三个滤波器和三个独立快门的图像探测器; ② 通过使用一个有三个滤波器和每个像素/三个阱的检测器。在星际航天器的成像仪有不同的工作。它们设计灵活, 具有高的分辨率、精度和低复杂性。不是每一个曝光的仪器成像为自然的颜色视图的一部分。不像其他一些常用的滤波器, CCD 的每个像素都要在实验室内测试条件下校准。当需要自然色彩的图片时, 该红色、绿色和蓝色滤波器被转入光路, 而三幅图像依次拍摄, 三张图片在软件中合成。这种方法的唯一缺点是, 需要三张图片的曝光时间。但这可以规划, 例如当航天器相对对象运动目标太大时, 不允许拍摄彩色图像。

线性 CCD 阵列产生的彩色图像可以通过单独的线性探测器光路进行采集。HiRISE 仪器有这个能力, 尽管它的光谱过滤器不是红 —— 绿 —— 蓝。它产生的图像不完全对应人眼看到的颜色, 但可以用它直接观测火星。

11. 移动序列

重复多次对单一目标成像的指令被编入短的录像序列中, 可用来揭示目标移动过程。一个这样的序列可以揭示土星光环 10 年的运动过程。

"旅行者" 号在 1980 至 1981 年间拍摄土星 F 光环展示了其惊人的结构[10]。图像也揭示出了 2 个小的新卫星: 普罗米修斯 —— 轨道比 F 光环更接近土星; 潘朵拉 —— 在土星光环之外。这些光环曾经被理解为成群的光环粒子在窄环带上运行。但是在 "航海者" 号采集的图像中 F 光环出现了一些小的交叉。这些能与之前发现的 "牧羊人" 卫星联系起来吗?

为了寻找答案, 一系列的图像被采集。如图 6.4 所示, 卡西尼号在 2008 年采集的 F 光环无光面 (北面) 的图像, 位于主光环外边缘 3400 km 处。主光环和土星都在图像的底部。普罗米修斯在其轨道的远月点处, 进入 F 光环的正中, 向左下方移动; 所有的轨道运动都是从右向左。土星 F 光圈中倾斜的三角构型揭示了普罗米修斯引力的影响, 这很大程度上解释了 "航海者" 号提出的问题。

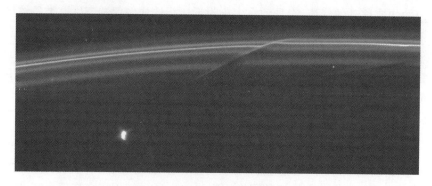

图 6.4 卡西尼号的窄角相机可以在进入土星光环的远月点时, 看到土星的光环和 102 km 外的卫星普罗米修斯。2008 年 1 月相位角为 62°, 在飞船接近土星 150 万 km 时拍摄。规格: 9 km 每像素。一个恒星出现在光环下方, 背景右上方。土星 F 光环粒子运行速度, 在光环外围为 16.45 km/s, 在光环内部为 16.46 km/s, 粗略估计绕土星一圈的时间为 14.9 h。不同的轨道速度导致普罗米修斯与远月点的三角构型发生变化, 离太阳越来越近, 进一步倾斜和开始消散。图像由卡西尼号图像团队和 NASA/JPL/空间科学研究院提供, 图像编号为 PIA09834。

一个特别的录像 —— 卡西尼号采集的 72 帧图像, 它有效地展示了普罗米修斯进入 F 光环和其粒子间的相互作用[11]。该录像可以在网页上找到, 编号为 PIA08397。看到这个更长、更宽的角度的合成视频, 就很容易说明为什么航海者航天器看到了 "编织纹路" 了。

12. 超越成像

现代成像工具所具有的一些功能, 以前都是由精密的旋光仪和光度计完成的 (无源远程感知)。这并不是说精密仪器不再用于完成这些功能, 的确, 一些航天器对于成像工具成像能力的要求远远高于精密仪器的灵敏度。但是精密仪器可以在灵敏成像工具的滤光轮配置一套偏振滤光器, 并通过成像器获得有效的偏振量度。偏振测量仪所提供的信息包括: 云层粒子和光圈粒子分比例的现象, 以及它们的体积、形状和构成。在文献 [10] 中, 描述了一些对于偏光振计的研究, 该工具是旋光计和光度计的统一体。光度计用来测量光的密度, 这一功能与斯皮策太空望远镜中的多波段成像光度计中的成像功能相结合。对于无源遥感光学摄像机来说, 目标光源的密度和角度是多变的。文献 [11] 中描述了它在发现残余在仙后座中的超行星的应用。

13. 目标光源

对于无源式远程感应光学照相机, 目标光源的强度和角度可以再很大范围内可变。

在太阳系中, 太阳光通常是成像的光源[12], 而阳光的密度随着单位距离的增加而递减。土星距离太阳大约是地球和太阳之间距离的 10 倍, 所以木星的可见光源是地球可见光源的 1/100。

观察目标的角度不同, 其设备的基本量度也有所区别。相角是外部光源和反射光源之间的角度, 即太阳到标靶的光线和标靶到观测者的视线之间的角度。这个角度在 0° ∼180° 之间不断变换。如果在满月时观察, 相角角度小。此时, 来自身后的太阳到月亮的光线和反射到眼睛的光线之间角度并不大。

观察低相角的物体时, 例如在地球观察满月, 并不能清晰地看到月球表面陨石坑和环形山的阴影, 这就使观察其地理特征的难度变大。而在高相角观察时, 这些特征就很清晰, 如在半月时在地球用小型镜观察月球。约 90° 的相位角可以清晰地显示出月球表面的细节, 特别是在靠近终止器的附近, 也就是阴影最长部分。当然, 它也适用于用航天器的成像仪器观测物体。此外, 它还可以以非常低或非常高的相位角进行特殊的观测。

14. 对抗效果

零相位也就是太阳在观察者正后方的情况下,一个目标体可能会出现对抗效果,也称为 "敌对阻力",它观察到的量度超出了预期,此时仅从反射中获得光线。当在无空气或接近于无空气环境下观察布满灰尘,土壤或风化岩石的表面 (称为风化层的覆盖面) 时,对抗效果极为明显。例如对月球和火星的观察。为了寻找对抗效果的证据,就要揭示出被观察表面的信息。下面是证明对抗效果的三个主要因素:

(1) 阴影消失: 在低相位光照下,阴影投射在人们不能看到的表面颗粒之后。

(2) 晶体逆反射: 像公路标志使用反光漆,比起平常反射的散射预测值,一些在表面矿物质上的天然水晶可以更加直接地返射光束。

(3) 相干散射: 反射光干扰彼此的构造方式,增加了光的量度[12]。

15. 向前散射与向后散射

在低相位角照明中,光的后向散射占主导地位。一方面,我们日常经历的光的反射和散射都是背对着光源和观测者视线的,例如看书或从地球上看向月球和其他行星。而另一方面,前向散射的观测在高相位角情况下变得十分重要。当颗粒在行星环或大气这样的目标物上时,它们的尺寸是很小的,尤其是当它们开始接近光的波长的尺寸时,它们对正向光的散射比对反向光的散射更加有力 (效果更加明显)。从日常的经验来看,汽车挡风玻璃上的细小灰尘颗粒和瑕疵在迎着朝阳或夕阳开车时就会变得特别显眼。

高相位观测往往自发的搜索微粒现象。1979 年,航海者用一个高相位观测仪观察木星光环,从阴影中看向太阳附近可能有光环存在的行星,实际上该观测时期看上去不存在光环。土星 E 环,因环绕在土卫二上不停活跃喷发的间歇泉而形成,土卫二位于土星 E 环的密度最大的区域。土星 E 环在由卡西尼号传回的一组影像中清晰可见,而影像中航天器处在行星的阴影深处。附录 C 及文献 [13] 中有其大影像图。土星 E 环影像图是于 2005 年 11 月对土卫二在 161° 相位角的一个高相位观测 (见图 6.5),它表现了月球表面裂缝迸发而出直径为 500 km 的冰间歇泉。这些间歇泉的存在,解释了土卫二 (高至在太阳系中无可匹敌) 非常高的几何反照率 (1.375)。即喷发出的冰晶体从间歇泉回落到土卫二,以高反射率的冰晶颗粒覆盖土卫二的表面。

图 6.5 土卫二的高相位角视图显示了来自其南极间歇泉冷却发生时的小颗粒。右上方为北方。由于太阳光的直射, 小颗粒显得十分明亮。相位角 (以太阳为目标观测) 为 161°。影像 ID: PIAO7758. Courtesy Cassini 成像团队与 NASA/JPL/Space 科学研究所提供。

16. 光学中的高能量光子

除了被反映在光学系统中设计用于聚焦红外线、可见光或紫外线, X 射线和伽玛射线正好穿过构成常规镜面的原子, 就如同将鹅卵石扔进水体。为将高能量光子聚成影像, 掠入射反射镜的设计必须通过使光子 "跳跃" 的方式而达到使入射光子光路弯曲的效果, 与使石块掠过池塘表面的方式大致相同。为收集到足够的光子以达到成像目的, 需要将反射镜嵌套在同心改性柱中。沃尔特望远镜采用的就是这种设计方式, 该望远镜是以在 1952 年提出这些设计理念的德国物理学家汉斯·沃尔特 (Hans Wolter, 1911—1978) 的名字命名的。

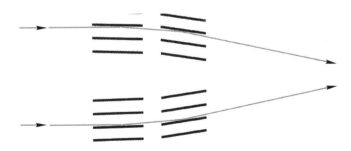

图 6.6 钱德拉 (Chandra) X 射线天文台反射镜的横截面。钱德拉 X 射线天文台采用 4 个嵌套式可调的圆柱形镜子, 其外部直径 1.2 m, 焦距 10 m。第一套镜子采用抛物面形式, 第二套镜子采用双曲面形式。

17. 成像雷达

成像雷达是一种有源遥感技术。附录 B 有一个例子。

光既不容易穿透浓密的云层掩盖下的金星表面, 也无法显露在土星的卫星土卫六的阴霾下的太多表面细节, 因此无源光学遥感技术不足以观测它们的表面。成像雷达的应用, 称为合成孔径雷达 (SAR), 负责提供这些隐藏表面的高分辨率的二维影像。SAR 的探测无线电脉冲的波长比光更长, 所以它们很容易能够穿透云层和薄雾。SAR 无线电频率通常在 13 GHz 左右, 圆周波长 2 cm。

要创建一个雷达图像, 航天器要穿越约 1000 km 以内的目标表面 —— 高度越低, 可用分辨率就越高 —— 发送无线电脉冲能量向四面八方的地面轨迹 (最低偏离指点)。每个脉冲被调制以不同的代码、相关的传输时间, 所以每一个雷达脉冲都可以在从表面反射回来时被分别识别。当一个无线电脉冲分散的从球面反射回来时, 航天器沿其在一定距离里的航行轨道收集回像。在接收过程中的这种运作使得计算机可以将其处理以合成一个比航天器上的物理孔径 (天线) 大得多的接收孔径, 这样就增加了生成图像的可用分辨率。如果当飞行器接收到来自无线电脉冲回波时他飞行了 1 km, 相比于在麦哲伦号或卡西尼号的情况下仅约 4 m 的物理孔径, 合成孔径将达到 1 km。

为创建二维视图, 航天器的雷达接收机从反射信号中测量的属性如下:

(1) 回波的强回声, 或强回力。这给出了表面上垂直结构的一个特征。平坦峡谷岩壁对于广场上的航天器将反射强大的回波, 而平坦的湖泊或大海将会让外来的雷达能量消失而没有反射回应。

(2) 传送与接收之间的时间延迟。因为每个脉冲都具有调制它的识别码, 接受电子可以区分返回者是哪一个, 这样就形成了表面二维图像之一维: 每一个反射信号的往返时间, 以光速为准, 会在地图上提供一个坐标, 即一行的相等范围内的信号。

(3) 脉冲的回波的多普勒频移, 提供了构建二维图像的第二维度。多普勒频移是一种对脉冲在航天器之前或之后及其距离的指示。并且, 每个脉冲嵌入的代码可以让接收处理器识别是哪一个正在反射回来。这个测量方法在结果图像中提供了方位向线, 就像相等的多普勒频移线。

(4) 将代码调制到脉冲上。这让接收处理器可以在回波传输的精确时间里与之相接应。

捕捉和识别以上列出的属性描述的就是雷达接收机所收集其脉冲的

回波的大量信号处理和数据处理。一些相关处理发生在雷达测试仪内, 以可使有用的数据打包传递到 CTS 的存储包内并向下连接。一旦地球接收到这些数据, 便进一步加工生成影像带。

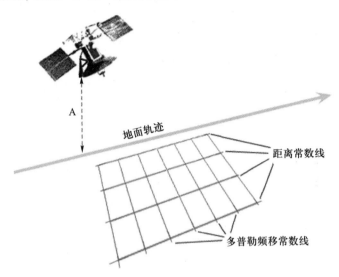

图 6.7 合成孔径雷达通过向飞行器地面轨道一侧发射的微波脉冲的反射波来成像。图中亮点或暗点分别表示强波反射和弱波反射, 出现在大致正交的两个维度上: ① 恒定的多普勒频移线 (增加或减少频率) 和 ② 常数范围线 (指距离, 以往返时间计)。"A" 指航天器高度。

18. 磁层成像仪

磁层成像仪是无源遥感仪器。

具有强磁场的行星, 都由一种磁力 "气泡 "所包裹, 这种称为磁层的物质形如一个指离太阳的水滴。磁层会使太阳风中的带电离子大幅偏移并绕行。我们可以利用如下原理获得磁层的图像: 自由电子一般会绕着磁层中的磁力线运动, 并偶尔会和离子进行电荷交换碰撞, 产生中子。中子不被磁场影响, 会在磁层中随机移动。磁层成像仪的任务就变成感知这些高能中子 (ENA) 的方向, 并基于它们的原始方位来计算图像。

卡西尼号磁层成像仪 (MIMI) 是第一个在深空中运行的磁层成像仪。MIMI 包括一系列仪器, 其中有的负责检测离子。用来为磁层成像的称为高能中子照相机, 是离子中子照相机的一部分。它利用一套金属板来将进入仪器内部的带电离子过滤: 带高压的金属板允许 ENA 通过, 同时带电粒子将被电场偏移并与金属板撞击。检测器使用可穿透的金属箔, 来确定

ENA 的方向、位置、能量以及成分 (氢或氧)。

图 6.8 一幅卡西尼号雷达于 2007 年 4 月拍摄的土卫六北极部分。正值土卫六北半球深冬。图示左边大约 200 km 宽,右边大约 400 km 宽,左右 1100 km。摘自卡西尼号第 29 次飞掠时拍摄的 6700 km 的雷达图。飞船使用五个不同波束的来获取合成孔径雷达图像。最近一次距离星球表面 950 km。这些湖被认为含有甲烷和乙烷,后者在土卫六另一湖中被确认。复杂的海岸地形说明周围上千平方千米有发达的支流体系。湖中明亮区域代表湖底,在 2 cm 雷达波下,数十米深度的液体是不可见的。图像编号 PIA09217,来自 NASA/JPL- 加州理工学院。

6.3.4 高度计

高度计是有源遥感仪器,例见附录 B。

高度计是用来测量航天器和星球表面距离的仪器,测量原理是发射无线电波或光脉冲的同时记录时间,并根据反射波到达时间和光速推导距离。测高科学团队利用导航数据推算出航天器与目标中心的距离,由此根据测高数据来绘制目标地形图。

卡西尼号使用雷达仪器,利用飞掠土卫六的一些机会,测量了这颗土星大卫星的地形,并且得到了垂直精度 100 m 的地形图。由于 HGA 必须朝向天底方向进行测量任务,也就无法同时参与合成孔径雷达的观测。

麦哲伦号在使用合成孔径雷达观测金星时,以每秒数次的速率在侧视的 HGA 和指向天底的高度计天线之间切换,这样就可以在每个轨道周期中同时获得合成孔径雷达的图像数据和高度数据了。如图 6.7 所示,麦哲伦号的测高精度约为 30 m。

获得成功的 "火星环球勘探者" 搭载了一个火星轨道激光高度计 (MOLA)。类似的设备最初开发并使用在 "火星观测者" 号上,但在入轨过程中遭遇故障。在火星轨道上运行时, MOLA 向火星方向发射频率为 10 Hz,持续时间 0.8 μs 的红外激光脉冲 (波长 1064 nm) 并测量往返所用时间。回波接收设备是一个 50 cm 孔径的卡塞格伦望远镜,在火星表面可以获得 37.5 cm

的精度。轨道参数可以进一步使测量精度达到 10 m。"信使" 号搭载了水
星激光高度仪，它将利用类似方法首次测量水星地形。

6.3.5 微波辐射计和散射计

辐射测量为无源遥感模式，散射计工作在无源遥感模式。

雷达设备在设计上必须能够接收被测目标的微波能量，以通过合成孔
径雷达或者高度测量来记录自身的回波。这些设备也具备工作在无源模
式的能力，它们仅接收目标的辐射波。辐射波的强度和精确的频率为科学
团队提供被测目标的表面特性信息，包括精确到 $1\sim2°C$ 的地表热力学温
度。2008 年发射的海洋地形卫星 Jason 2 号搭载了一个专用微波辐射计，
用来测量地球大气中的水蒸气含量。有时，MOLA 不是以有源式高度计的
模式工作，而以无源式辐射计的模式进行工作，它用红外光测量火星表面
的红外辐射。

散射测量是雷达和专用散射计具备的另一种能力。1999 年发射的 "快
速测风" 号 (Quickscat)，使用散射计测量了全天候条件下，地球表面附近
的风速和风向分布。由于在海面上由风引起的海浪具有反向散射能力，反
向散射信号与强度与海浪的高度密切相关。因此，在地球轨道运行的星载
散射计能够测量海洋上的风速和风向。卡西尼号的雷达设备以非图像工
作模式向土卫六发射脉冲，其工作轨道的高度比合成孔径雷达的观测轨道
高。它将接收的反射和反向散射信号回传至地面，为科学团队提供土卫六
的表面信息，包括介电常数。介电常数是某种材料反射电波能力的相关参
数。我们知道冰的介电常数大，烃类相对小，而土卫六表面主要由冰和液
态烃类物质组成，所以这一信息可以帮助分析星球表面物质形态的分布。

6.3.6 光学光谱仪器

光学光谱仪是无源遥感设备，例见附录 B。为肉眼和相机观测设计的
光谱仪器称作光谱仪，测量结果以数字和图形呈现的分别称作分光镜和光
谱摄制仪。所有这些仪器都是将来自望远镜光线中的光波信号，比如红外
线、可见光和紫外线，进行精确分割，并分别测量各个频率信号的强度和
辐射率。这样一来，光谱仪便可以揭示很多信息。

白光是由多少种波长或颜色组成的呢? 在给定光强下，地球上的太阳
光可以在非常精细的分辨率下被分解为各种成分的光波，每种光波波长和
其他有用信息都包括在太阳的光谱中[13]。

光谱仪的数据可以揭示光源的很多性质。在特定条件下, 这些性质包括温度、压力、密度、亮度、化学成分、电离状态、旋转速率、相对速度、质量 (特定条件下), 还包括仪器和物质间介质的组成、密度。以下为光学光谱仪重大发现的几个例子:

(1) 神秘的吸收光线的元素 —— 氦, 在地球上发现之前, 已于太阳光谱中发现和命名[15];

(2) 太阳系行星表面以及大气的构成;

(3) 含有复杂有机成分的星际云;

(4) 宇宙的膨胀[16];

(5) 土卫六表面存在液态物质[17,18]。

1. 背景知识

1666 年, 艾萨克·牛顿爵士指出, 太阳光是由人眼所熟悉的很多种有色光所构成, 并发明了光谱一词。英国天文学家威廉·赫歇尔 (William Herschel, 1738—1822) 于 1800 年在太阳光谱中发现红外线 (命名来自拉丁文, 意为红以下), 英国化学家、物理家约翰·里特 (Johann Ritter, 1776—1810) 于 1801 年发现紫外线 (命名来自拉丁文, 意为紫以上)。

1814 年, 约瑟夫·冯·弗劳恩霍夫 (Joseph von Fraunhofer, 1787—1826) 在观察太阳光谱时, 发现在连续光谱中存在一系列暗线, 今天, 这些暗线称为弗劳恩霍夫线。同时他还发现, 使用光栅分光, 比使用棱镜有更好的效果。

1848 年, 莱昂·傅科 (Léon Foucault) 将弧光放置于含有钠蒸气的火焰后面, 当看到气体燃烧后产生盐后, 原本呈蓝色的火焰呈现橙黄色。他发现: 火焰燃烧的连续光谱由橙黄色的变成了黑色。这说明, 加热的钠气体吸收了光线中的橙黄色波。

11 年后, 德国物理学家基尔霍夫总结出 3 条光谱学定理[19]。其中两条与傅科发现的现象有关: 稀薄热蒸气 (比如火焰中的钠) 会发出特定种类的单色光, 并同时吸收相同光波。在傅科的实验中, 火焰中的钠, 相对温度低于后面的弧光灯, 于是吸收了弧光灯中的能量。基尔霍夫的另外一条定理14, 也就是第一条, 叙述了发光的高温固体或高压气体, 其光线具有连续光谱 —— 不存在暗线或明线。

基尔霍夫于 1859 年开始与德国化学家罗伯特邦森 (Robert Bunsen, 1811—1899) 成为同事, 他们一起解释了弗劳恩霍夫线是由于太阳以外空间的某些元素吸收了相应光谱所导致。他们认为每一个原子或分子都具有

其独特的光谱 "指纹"。这使得研究太阳或更远恒星的大气成为可能!

牛顿所发现的分光镜，是将不同波长的光线，通过棱镜的透明材料向不同的角度折射，从而得到一个不同光波互相分离的彩虹。弗劳恩霍夫光栅在 1882 年经过美国物理学家亨利·罗兰 (Henry Rowland, 1848—1901) 改进后，现已代替棱镜，广泛应用在所有摄谱仪中。它们由并行的反射沟道或开放式狭缝构成，间隔为被测光波长的数量级。光栅用重定向入射光波的手段来分光，使它们互相干涉，并以不同角度离开光栅。文献 [20] 详细叙述了这一现象背后的物理原理。光栅相比棱镜对光线有更好的分离度，并且不会像棱镜一样吸收一部分入射光。

2. 连续光谱、放射光谱、吸收光谱

基尔霍夫第一定律告诉我们，高温发光物体的光谱是连续的。我们身边就有这样的例子，比如白炽灯中的钨丝，是高温发光金属，可以使用带有细沟道的表面，例如 DVD 或 VCD，来观察灯光分光后的反射图像。

但发射特性和更有用的吸收特性，才对行星间航天器的光学光谱仪器更有意义。发射和吸收特性能够揭示光源的组成以及其他特性。再次以 DVD 为例，若想用它来观测家中霓虹夜灯的光谱，只需把屋内光线调暗，并且尝试找一个合适的角度来拿着它 —— 至少四组霓虹光谱可以通过这种方法观测到。还有很多彩色气体光谱的例子可以在网上找到[15]。至于观测吸收特性，由太阳外层大气引起的弗劳恩霍夫线可以通过自制的 DVD 分光镜来观测 [21] —— 观察蓝天或白云在碟面上的反光 (为避免严重伤害，绝不要用裸眼直接观察太阳)[16]。

图 6.9 说明: 辐射谱在光谱仪 (或 DVD 反射) 中有不同的表示形式，吸收谱也同样。形式之一是用照片表示，称作光谱摄制仪。目前，更普遍采用的形式是绘图方式，这种方式更易于观察细节和低强度的特征。

在辐射谱中，能够清晰地分离亮、暗物质的特征，它相当于实际化学成分和组成的连续谱的离散特征。这些谱线不仅揭示了观测目标中丰富的元素成分，也揭示了这些元素的离子状态。例如，加热的中性钙就具有一条 "指纹" 辐射线。为了实现单电离，剥落一个电子的高温钙具有不同的指纹。而双电离钙和三重电离钙也都分别具有独一无二且易辨识的光谱指纹。

这些光谱特性除了存在于基尔霍夫和邦森实验中所证明的可见光中，在整个电磁频谱中，从射频、红外线、可见光、紫外线一直到伦琴射线、伽马射线中，都具有相同特性。

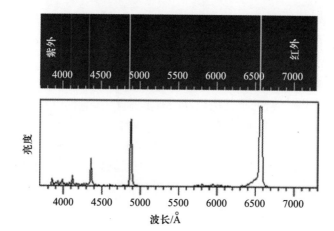

图 6.9　氢气的发射光谱。上图的摄谱图上的亮线表示高温氢气发出的光。不同的亮度代表不同波长光线的强弱。下图的曲线图中包括了相同信息,不同的是曲线图以波峰高度代表亮度。水平轴是以埃 (Å) 为单位的波长。曲线图更被广泛使用。取自文献 [22]。

3. 光谱特性的来源

天体物理学家对表现在伦琴射线和伽马射线中的很多高能现象非常感兴趣, 他们研究的对象包括恒星、新星、超新星和银河系。而研究行星空间的物体时, 比如行星表面或大气、月球、彗星以及小行星, 这些物体的波长都在频谱中低能量级的微波、红外线、可见光、紫外线部分。这两者分别是两种不同的物理现象。前者属于量子物理, 而后者属于机械运动。

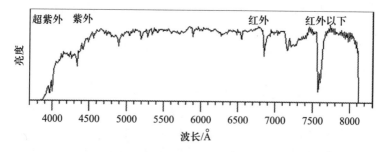

图 6.10　曲线图表示了在地球表面所观测的太阳光谱。图中波谷代表太阳外部空间和地球大气中物质对特定波长光线的吸收。右边在 7600 Å 左右红外线部分的波谷, 是地球大气中的氧气作用的结果, 而氮气, 空气的主要成分, 吸收了大部分的强紫外线。摘自文献 [22]。

原子的发射频谱特性以及吸收特性可以由量子力学解释。我们以一个氢原子为例来简单描述如下：一个氢原子由一个质子以及一个绕它旋转的电子构成。若一个具有合适能量亦或波长的光子 (光具有波粒二象性) 与这个氢原子撞击，那么原子就会吸收光子能量，并将电子跃迁到高一级轨道上 —— 这是吸收特性。而其他能量的光子会不受影响地经过这个原子。当大批的光子都和原子发生反应，这种吸收特性就会在频谱上展现出来 —— 摄谱图上的暗带，或者曲线图中的波谷。

氢原子的电子落回其" 本来 "轨道时就会展示出其发射特性，当电子通过释放能量以降低轨道时，它会发射一个与升高到这一轨道时吸收的相同波长的光子。由于氢原子或其他原子有很多不同的能量状态，电子可能被提高到很多种不同高度的轨道上，或在直至电离时能量被完全剥夺，所以发射和吸收特性有很多种变化。这些处于不同能量状态下的原子共同构成了发射特性在频谱图上的反映，即摄谱图上的亮线或者曲线图中的波峰 (图 6.9)。

在丹麦物理学家尼尔斯·玻尔 (Niels Bohr, 1885—1962) 于 1913 年提出的这种原子模型里，电子只能在特定轨道之间跃迁，对应的特定能量称为量子 (在后来薛定谔模型中[17]，电子被理解为驻波，而不是绕原子运动的颗粒)。原子能量图表，也称为格罗特里安图[18]，阐释了不同原子中的电子能量跃迁状态。文献 [23] 中有很多例子，并且从网络上很容易得到各种原子的格罗特里安图。

以上对量子力学基础的简要介绍中忽略了一些因素，这其中就包括很重要的相对论效应。文献 [24] 中，美国物理学家费曼 (Richard P. Feynman, 1918—1988) 关于量子电动力学的简洁论述，是目前最好的光与物质反应的理论。

光谱线的宽度并不相同，在红外、可见光以及紫外线范围，任何明显的谱线变粗都是由于多普勒漂移 —— 原子在发光气体中不断运动所至。在微波频段，这种谱线变宽的多普勒效应又与压强下的分子运动有关。这种现象称为谱线压力增宽。

4. 量子能量

一个光子的能量可以由电子伏特 (eV) 衡量，作为确定波长的一个替代描述方法。电子伏特在伦琴射线和伽马射线中使用得更频繁，而波长更多用来描述紫外线以及更低的能量频段。举例来说，在可见光频段，光子的能量范围由红外端的 2 eV 到紫外端的 4 eV 不等，紫外线能达到 100 eV 左右。伦琴射线中的光子能量可以达到 100 keV，而伽马射线更高达 1 MeV

(见附录 D)。波长和量子能量之间的关系由下式表示:

$$E = h\frac{c}{\lambda} \tag{6.1}$$

式中: E 为电子伏特能量; h 为普朗克常数, 是光子能量和波长之间的比例系数, 为 $6.62606876 \times 10^{-34}$ J·s; c 为真空中光速, 为 299792458 m/s; λ 为波长。

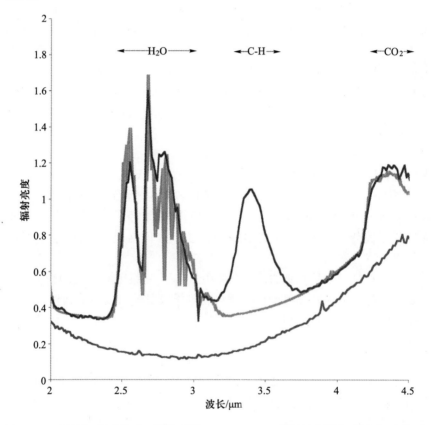

图 6.11　显示了 "深度撞击" 号航天器 (Deep Impact) 的红外光谱仪对彗星 9 p/坦普尔-1 号的图像。下边的一条曲线是 "深度撞击" 号抛出 375 kg 智能炮弹 0.7 s 之前拍摄的彗星核光谱, 可见反射的红外光谱和发射光谱。在这条曲线之上, 灰色曲线代表预测光谱, 而黑色曲线代表撞击发生 0.6 s 后所抛出羽云的光谱。请注意, 除了水和二氧化碳存在被预测到, 碳氢化合物并没有出现预测曲线里。受仪器分辨率所限, 并不知道此碳氢化合物具体为哪一种图片来自文献 [25], 由 AAAS 授权重印。

　　粒子与光子的相互作用, 除了表现为原子内部电子在可用能量等级之间的量子跃迁以外, 还有气相中的分子机械运动。分子在旋转和振动的过程中会产生或吸收光子。与旋转运动有关的光子,其波长主要位于红外和微波频段,它们的能量比可见光低,而与振动和电子运动有关的光子波长相比略短。在这些频段的观测,对研究大气的分子构成、彗星尾以及星际介质的科学家非常有用。

除分子级的光子作用外,发光或吸收光的气体的运动,比如太阳上白炽气体的剧烈对流运动,会带来随机的多普勒漂移。相应的波长变化同样会导致谱线变宽。

5. 反射光谱

光照下的物质,比如太阳系中的物体,对不同波长光子的吸收和反射情况都是独一无二的。通过观察一个小行星、行星或其他物体对太阳光或无线电波的反射情况,便可得知它们的表面成分或大气成分。

反射光谱被用在小行星分类上,根据太阳光反射率和反照率,小行星被分为三个等级。不幸的是,由于太阳风轰击 (也称为 "太空风化") 对小行星的辐射,会使这一方法变得复杂。文献 [27] 利用观测小行星的 "鹰隼"号 (Hayabusa) 来探索这种现象。频谱能够反映小行星表面构成,并把它们和地球上的陨石联系起来:

(1) 含碳 (碳型) 类小行星占小行星总数的 3/4,其反射频谱说明这些小行星由硅酸盐、氧化物、硫化物构成,与碳类球粒陨石相似。碳型小行星带外侧主要由这种类型的小行星构成。

(2) 含硅 (硅型) 小行星大约占已知小行星总数的 17%,反射频谱说明其主要成分硅酸盐与一般陨石接近,属于石质材料。它们主要存在于小行星带的内侧。

(3) 含金属 (金属类) 小行星构成了剩余部分,它们主要位于小行星带的中间部分。反射频谱表明其成分含铁,与铁陨石相对应。

参考频谱。科学家在确定所观测物质的化学成分时,需要参考通过实验室获得的各种物质的频谱。美国标准与技术国家研究院建立了一个可以免费调阅的参考频谱数据库 —— 一个化学 "指纹" 的数据库,以及其他相关信息[19]。比如计算机算法可以帮助科学家从数据库里挑选出从数学上最接近参考频谱的目标频谱。

2008 年 7 月,卡西尼号上的可见光与红外绘图频谱仪传回一张土卫六表面安大略湖 (Ontario Lacus) 地区的图。其中,2 μm 波长处有一明显波谷,证明了液态乙烷的存在。美国行星物理学家乔纳森·卢内 (Jonathan Lunine, 1959—) 是研究土卫六的专家,他曾在 2006 年说,无法 100% 确定

雷达图像所显示的土卫六上的湖面是否真的有液体存在,"除非我们把脚
趾伸到湖里",而卡西尼号传回的图像同样足以证实这一点。

6. 代表性仪器

科考仪器必须能够敏锐捕捉电磁频谱中的特定频段,收集利用来自目
标或目标区域的所有光线,分离并测量所捕获能量的波长,并有效地将结
果反馈。下面将介绍一些具有代表性的观测仪器。

7. 红外摄谱仪

由于宇宙膨胀,与地球距离遥远的恒星、星系以及类星体发出的可见
光或紫外线,经过多普勒频移都进入频谱中红外线频段。2003 年发射的斯
皮策太空望远镜,在太阳系轨道跟随地球运动,捕捉这些遥远星体发出的
红外线,包括较近星体和银河系中的物体。很多斯皮策太空望远镜的观测
目标通过裸眼是看不见的,因为星尘等物挡住了视线。斯皮策太空望远镜
有一套冷却系统,用液氦来使红外系统保持在 1.4 K 的温度,以降低自身
红外噪声,所以它可以不受这些物质遮挡的影响。斯皮策太空望远镜的三
套仪器之一就是红外摄谱仪 (IRS)[20]。

斯皮策太空望远镜的红外摄谱仪支持 30 余类宇宙现象的科学考察活
动。它使用两套分辨率不同的组件来覆盖波长范围 5.3~40 μm 的中红外波
段。每套组件有各种入射狭缝使红外线通过光栅发生衍射并进入检测器,
各有两个 128×128 的含砷和含锑的硅阵列检测器分别对应较短波长红外
线和较长波长红外线。IRS 由波尔航天实验室与喷气推进实验室 (JPL) 以
及康奈尔大学合作,根据康奈尔大学设计的原型制造而成。

以斯皮策太空望远镜的一个观测任务为例,距离 450 光年的银河系金
牛座 AA 星是一颗与太阳类似的,具有丰富原子发射频谱的恒星。这颗恒
星具有一个原型星盘,很可能处在行星系形成初期。据文献 [29] 介绍,天
文学家们发现这颗星富含简单的有机分子以及水蒸气。这些有机分子包括
氰化氢、乙炔和二氧化碳。图 6.12 中,菱形 "♦" 表示 OH 的旋转转移。

回到太阳系,文献 [30] 中有 "鹰隼" 号提供的小行星丝川 (Itokawa) 的
近红外观测结果。

8. 热红外仪器

热红外光谱仪是无源遥感仪器,它不仅可以确定目标的分子原子构成,
还可以确定遥感星体的表面温度。红外光谱仪能够精确测量热波长中的能
量通量,所以它也可以当做热辐射计来使用。而在以前,测量热辐射还需

要另外的辐射计。文献 [31] 叙述了卡西尼号如何利用红外频谱 — 辐射仪在土卫二南极地区发现发热现象。这颗直径 500 km 的含液态水卫星, 后来的确被证实存在间歇泉。

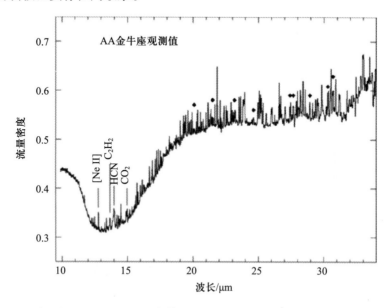

图 6.12　类日恒星金牛座 AA 星在其原行星盘中展示出中红外光谱指纹, 说明了有机化合物存在。(图片来自斯皮策太空望远镜, 来自文献 [29], 由 AAAS 授权重印)

9. 制图和成像光谱仪

作为无源遥感仪器, 制图光谱仪的成像原理与成像仪类似。它的像素数一般比成像仪少, 但每个像素都包含各种频谱信息。因此每一制图仪的像素都为一个区域的频谱采样, 比如为某星体的表面采样。

此 "图像" 称为立方体, 因为它们不仅包含长度和宽度, 还包括 "深度"信息。文献 [32] 描述了卡西尼号上的可见光谱和红外制图仪对惠更斯号着陆地点的观测; 文献 [33] 叙述了伽利略号木星探测器上 NIMS 仪器的发现; 文献 [34] 描述了卡西尼号的紫外线成像摄谱仪的各种观测发现。

10. 热辐射光谱仪

这些无源遥感仪器测量目标的温度和红外散射, 以此获得决定其化学成分的关键数据。与此同时, "火星环球勘探者" 号上的热辐射光谱仪(TES) 通过测量火星发射的热红外能量来研究火星大气和地理信息。文献[35] 叙述了这台由亚利桑那州立大学发明的仪器, 第一次为科学家提供了一份关于火星构成的详细调查数据。

火星探测巡视器勇气号和机遇号,同样安装有亚利桑那州立大学发明的小型热红外发射光谱仪 (Mini-TES)。它扫描火星表面并报告三维的红外线散射以及温度数据,以及提供可确定火星表面以及底层大气构成的关键信息。该仪器使用一台可 360° 旋转的潜望式卡塞格伦望远镜收集光线,而检测单元使用对波长 5~29 μm 光线敏感的结晶氘化硫酸三甘氨酸。

火星探测巡视器的 Mini-TES 的地表探测结果在文献 [36] 中作了叙述,文献 [37] 提到了它的火星大气观测结果。

11. 中子光谱仪

对光线不敏感的中子光谱仪 (GRNS),依靠探测自由中性亚原子粒子的能量分布,来探测太阳系星体表面附近是否有氢原子存在,以此为途径再判断水分子是否也存在。中子频谱仪也可以用来检测星体表面由太阳风带来的氢原子的存在。仪器检测环境中 "冷" 中子 (低能中子),也就是从氢原子上弹开的核,以此来检测太阳系星体表面的氢原子。

宇宙射线 21 与原子的强烈撞击会撞出中子及其他亚原子粒子,处于激发状态的原子回到原态时会释放伽马射线。一些中子就此直接进入太空,称为高能 "热" 中子。另一些热中子进入地壳,与其他原子核像乒乓球一样反复碰撞。如果这些中子只和更重的原子碰撞,就不会损失多少能量,而仍以近原速度穿梭,直到弹向外太空。举个例子,就像掷向岩石的乒乓球会原速弹回一样。航天器的中子光谱仪会捕捉到这些弹向太空的 "热" 中子。

如果中子撞击的是与自身质量相当的物质,就像乒乓球与乒乓球相撞 —— 则会损失速度和能量。这些中子被仪器当做 "冷" 中子看待。如果同时出现 "热" 中子的数量的大幅下降,则是氢原子存在的证据。

检测中子使用的是一种称为闪烁器的组件,闪烁器由例如含锂的玻璃的物质构成,它们在被中子击中后会发出脉冲,而脉冲亮度将于中子能量直接相关。

文献 [38] 描述了月球 "勘察者" 号是如何利用中子光谱仪判断月球上水的存在的。奥德赛号火星航天器也装备了中子光谱仪[39]。

12. 伽马摄射线光谱仪

无源遥感仪器,通过测量太阳系星体自然状态下发出的伽马射线的频谱 —— 也就是能量分布,科学家可以分析得到很多元素是否存在。就像上文提到的,这也包括从氢原子发出的伽马射线,所以伽马射线光谱仪也可以证明水的存在。

仪器所检测到的伽马射线源, 既可能是目标星体表面的放射性元素, 也可能是经宇宙射线撞击的离子。通过对伽马射线能量 (或波长, 见式 (6.1)) 的测量, 可以分析出是什么元素发出了这一射线。高纯度锗半导体晶体可以用来检测伽马射线, 这种晶体在接触伽马射线时会发出电荷脉冲。

信使号搭载伽马射线与中子光谱仪, 自 2011 年进入水星轨道工作, 它能够传回水星两极永久阴影部分的环形山中是否有冰存在的证据, 以解开文献 [40] 中根据地球雷达观测结果所产生的疑问。文献 [41] 中描述了火星奥德赛号的伽马射线光谱仪, 发现火星存在地下固态水的证据。"凤凰"号着陆器于 2008 年发射证实这一发现。

6.3.7 质谱仪

质谱仪是一种有源直接感知仪器, 在航天器中, 获取气态的样本, 并分析其化学成分, 也称样本为被分析物。分析步骤为: 首先电离被分析物, 然后测量它的荷质比。电量 Q 可从理论推导得出, 从而就得到了质量 m。测量荷质比 Q/m, 需要将电离化的被分析物置入质量分析仪中的电磁场, 并据其反应分类至不同检测单元。受到场力影响的粒子的偏移量取决于其荷质比, 根据牛顿第二运动定律, 质量小的离子偏转量大。检测单元记录单位原子质量单元检出的离子数。星际航天器上的质量光谱仪通常从星体大气, 彗星喷出物或类似羽状物的样本中辨认未知原子及其化合物。

计量原子质量通常使用单位道尔顿 Da[22] (这不是一个 SI 单位, 但 SI 也可使用该单位[23])。1 道尔顿的质量大概[24] 等于一个质子或一个中子的质量 —— 电子质量可以忽略不计 —— 所以 1 Da 的质量说明质谱仪检测到一个氢原子, 44 Da 则代表二氧化碳, 由于:

一个碳原子包含 6 个质子和 6 个中子, 约等于 12 Da:

两个氧原子, 各包含 8 个质子和 8 个中子, 约等于 32 Da。

下面以棒球运动为例来说明质谱仪工作原理。运动员以相同的力投掷不同质量的棒球, 同时棒球也受地球重力作用。在外力已知的情况下, 质量小的棒球比质量大的棒球扔得更远。记录不同距离上所堆积的棒球数, 即可得到物体的质谱。

惠更斯号上的质谱仪使用各种不同的振荡电场来分离被分析物以供测量。举例来说, 当使用 120 V, 频率为 2 MHz 的电场时, 16 Da 的离子将会因为谐振而得以通过电场到达检测单元, 未谐振的离子则不行。其他的电压频率组合又可以检出其他离子。文献 [42] 提供了一个动画, 很好地诠释了这一概念。

每个到达检测单元的离子将会与金属物体碰撞, 释放一系列电子, 所形成的的电信号被放大、分析后, 传回地面。

文献 [43] 描述了 1985 年, 乔托号 (Giotto) 航天器的质谱仪在哈雷 (Halley) 彗星上发现聚合物的过程。文献 [44] 提供了卡西尼号上的离子中子质谱仪的技术细节 (图 6.13), 以及测量土卫二所爆发羽状冰的结果。文献 [45] 回顾了维京号 (Viking) 宇宙航天器 1976 年在火星上使用质谱仪的过程。在维京号 (也包括 2008 年的 "凤凰" 号着陆器上), 附加仪器将样本预处理并送入质谱仪。

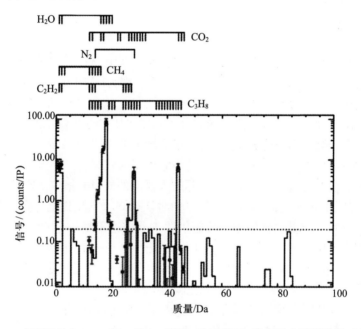

图 6.13　卡西尼号在 2005 年 7 月 14 日的一次飞越时, 其离子中子质谱仪对土卫二的冰羽状云的采样图。如图所示, 它发现包括 H_2O、CO_2、N_2、CH_4 (甲烷), C_2H_2 (乙炔) 和 C_3H_8 (丙烷) 相应原子量的分子存在。垂直轴表示积分周期计数, 水平轴虚线表示 $1-\sigma$ 噪声水平。来自文献 [44], 由 AAAS 授权重印。

6.3.8　大气分析仪器

大气分析仪是直接感知仪器 (例见附录 B) 与质谱仪一样, 其扮演的角色类似 "实验室黑匣子 ", 使它们可以归类为有源传感器, 不过同时它们也有像温度计一样的, 绝对意义上的无源组件。有源仪器在使用时, 会涉及很多阀门操作, 准备、分离、检测、分析、报告大气样本。文献 [46] 提供了一个惠更斯号大气分析仪器的全面介绍。

1. 气相色谱仪 (GC)

比如欧洲航天局的惠更斯号土卫六探测器, 其作用是将大气样本, 也就是被分析物, 分离为各个成分的气体。它的原理相当简单 —— 甚至可以说它仅仅是一个过滤筛子 —— 但制造却很困难。分离工作完成后, GC 将不同成分的气体按照时间顺序交给检测单元。

GC 在 "管腔" 中完成分离工作。所谓管腔, 是一个细长的管道, 在地球上使用的管腔通常是玻璃制造的, 但在太空中使用的话, 玻璃太易碎了。太空中使用的管腔采用一种叫 "硅化" 钢的不锈钢材质, 其内壁具有玻璃的质地。惠更斯号的毛细管长达 20 m, 其内壁图涂层的分子可以阻挡特定种类的各种气体通过, 同时允许某种气体通过 —— 就像筛子过滤液体中的某种物质一样。涂层会吸附其他气体, 并使特定气体更快地通过管腔。管腔数量不止一个, 惠更斯号上的 GC 有三个管腔, 分别有不同涂层, 来分离不同的气体组合。

GC 一旦被打开, 一般会保持运行, 这意味着它的寿命是小时量级的, 从航天器向目标天体靠近开始。比如惠更斯号的着陆, 或伽利略号的更深层探测。GC 一打开, 就会向管腔中注入不与涂层反应的载体气体, 一直到用尽为止。惠更斯号的 GC 携带 3 L 氢气作为载体气体。

载体气体空载一段时间后, GC 打开阀门使样本大气进入, 并和载气混合。载气推动样本在一定气压温度条件下通过管腔。样本被 GC 分离为组分气体并继续送入下一仪器, 一般为质谱仪, 来分析各成分气体的含量。通常统称 GC 和质谱仪为 GCMS。

惠更斯号的 GCMS 每 13 min 采集一次样本。在每个采集周期中, 10 min 花在分析样本成分上, 剩下的 3 min 里, 载体气体再次充盈管腔, 为下次采样做准备。文献 [47] 记录了惠更斯号的 GCMS 及其他仪器的发现。

2. 气溶胶收集热解器 (ACP)

它是一种有源直接感知仪器, 它的工作是为 GCMS 收集和预处理样本。气溶胶 (悬浮颗粒物, 比如云中水滴) 被 ACP 抽入并分离, 然后被蒸发、热解 —— 加热至气相 —— 之后送入 GCMS, 文献 [48] 分析了惠更斯号发回数据中对于探测地外生物的意义。

3. 大气结构仪器

它对航天器任务过程中的物理条件比如温度、气压等要素,使用无源传感器比如气压计和温度计,进行直接感知测量。惠更斯号大气结构仪器 (HASI) 也会使用有源器件测量测量大气的电特性,比如电导率、电磁波的电部分、直流电场强度,电离电导率,还有航天器加速度,以及 60 km 以下的海拔高度,见附录 B。文献 [47] 记录了 HASI 以及惠更斯号其他仪器的发现。

6.3.9 有源光谱仪

这类仪器包括仪器硬件和目标物直接接触的有源直感仪器 (如 APXS),以及不和被测物直接接触,而是捕捉其对所发信号的反应的有源遥感仪器 (如好奇号上的化学照相机)。附录 B 中有 3 个例子可以参考。

宏观尺度上,一个人可以通过触碰某物体来获得有关其质地的一些信息。比如,你不用费力拿起,就可以确定某物是由玻璃制作还是锡 —— 通过触感就可以判断。有源光谱仪正是在量子尺度上使用了这一原理。仪器用高能粒子或光子撞击样本的原子或分子,并在电磁光谱的合适位置观察其反应。

1. α 粒子 X 射线光谱仪 (APXS)

APXS 工作时需要与被测物直接接触。APXS 使用 α 粒子轰击被测物,一般是岩石或表层土壤。α 粒子,包括两质子和两中子的氦原子核通过仪器内部放射源发出。火星探测漫游者号 APXS 的 α 粒子源是放射性锔元素,^{244}Cm。当粒子撞击目标矿物时,只穿透表面很浅的距离,并与目标物的原子互相作用,产生 α 粒子的后向散射,释放光子以及伦琴射线。仪器检测并报告这几种能量形式,频谱 "指纹" 会将成分信息体现在数据中。文献 [49] 详细叙述了 APXS 的工作原理并提供了一些来自火星的数据报告。由于天然特性,APXS 无法识别比硅更重的元素,如重要成分铁。

2. 穆斯堡尔光谱仪

其工作原理与 APXS 类似,但穆斯堡尔光谱仪使用的是伽马射线,其能量恰好能够使岩石的原子作出回应。反射光谱对地理分析有很大帮助 —— 判断铁元素是否存在。文献 [50] 提到了 "机遇" 号火星探测器上的穆斯堡尔光谱仪,火星上发现了含铁矿物: 黄钾铁矾和赤铁矿。

3. 伦琴射线荧光光谱仪

伦琴射线荧光光谱仪使用高能射线轰击目标, 并记录目标反射光谱中较低能量的伦琴射线。这一过程称作荧光反应, 日常生活中经常可以观察到: 很多具有荧光涂层的物体, 在经较高能的 UV 射线轰击后, 会在暗背景下发出较低能量的可见光。文献 [52] 记录了 "隼鸟" (Hayabusa) 号航天器使用伦琴射线荧光光谱仪分析小行星上的矿物的过程。

4. 激光诱导遥感光谱仪

在数米外以高能激光照射目标, 使目标中小部分在高温下蒸发, 并观测这部分蒸发气体所发射的光谱。文献 [53] 记录了火星科学实验室 (Mars Science Laboratory) 号上的激光诱导遥感光谱仪, "化学照相仪", 对火星矿物的研究情况。

6.3.10　磁强计

磁强计是无源直接感知仪器 (例见附录 B), 通常被安装在星际航天器的长玻纤动臂上。它们必须与航天器星体中产生的电磁场隔离, 以便能够正确测量太阳或行星的磁场, 或由卫星导致的行星磁力线波动。

磁强计有两种不同设计。标量磁强计只测量磁场强度, 矢量磁强计只测量磁场方向。双模磁强计则能够同时测量磁场的强度和方向。每个 "旅行者" 号探测器均搭载四个磁通门, 将太阳磁层外侧的数据传回地球。文献 [54] 和 [55] 记录了 "旅行者" 1 号探测器 2004 年在 94 个天文单位 (94 倍于地球与太阳距离) 处穿过太阳风激波的结果。旅行者 2 号探测器的磁强计记录了其 2008 年在 86 个天文单位的距离上穿越太阳风激波的过程[56]。

磁通门磁强计使用交变电流线圈不断磁化、去磁化、再磁化一个易感核心。由于背景磁场的存在, 磁芯饱和所需电流的强度会随着磁力线指向而变得不同[57]。

6.3.11　无线电和等离子波探测器

无线电波和等离子体波探测器是一种无源式直接遥感仪器。该仪器所使用的开环接收机可设置接收频率范围从低于音频到几十兆赫无线电波和目标星球环境中各种现象产生的等离子体波。

无线电波在真空中传播。等离子体波是一种在航天器空间环境电子和离子的稀疏的流动, 可以以多种方式传播。文献 [58] 揭示了等离子体波的物理规律。

无线电波和等离子波仪器有相似之处, 因为它们共享相同的频率范围且能共用同一天线系统。旅行者号航天器上的行星射电天文学仪器和等离子体波仪器共用一个由两个 10m 长的金属杆组成偶极天线, 该天线在发射后展开成螺旋状。卡西尼号航天器上无线电波和等离子体波仪器采用三个这样的天线。

仪器被设计成能检测无线电波发射、等离子体波、等离子体温度、密度和密度波动。它们测量频率、幅度、极化方式、来波方向等不同属性。它们用于研究行星磁层和电离层的发生的各种现象、太阳风以及太阳风和磁层相互间的作用关系。它们同时能检测行星上的闪电、与航天器碰撞的灰尘粒子和电离现象。

文献 [59] 介绍了用卡西尼号航天器上的无线电波和等离子体波仪器探测土星上的闪电的情况。

6.3.12   撞击和尘埃检测器

撞击和尘埃检测器是一种无源式直接感知仪器。

首次穿越主小行星带在土星和木星附近的先驱者 10 号和先驱者 11 号航天器携带了 234 个撞击检测器, 该检测器位于 HGA 的后部, 由不同细长钢片单元组成。那时, 不知道小行星带是否对通过的航天器进行击打和喷砂, 对航天器而言是否有一个良好的飞行环境。幸运的是, 对于星际探测遇到的是后一种情况, 总共有 8 颗航天器成功地通过小行星带。每颗 "先驱者" 号航天器的撞击检测单元存储有加压气体。当检测单元被撞击, 细钢片上孔的口径尺寸通过气体泄漏率的测量予以反映。同时还有两个光学的流星探测器。航天器上的撞击检测单元显示初始的撞击发生在地球附近, 到航天器飞抵木星时开始减少。"先驱者" 号航天器同样记录了飞抵土星的撞击。文献 [60] 介绍了先驱者 10 号探测到的小行星带粒子的情况。

行星间的尘埃颗粒的直接观测有助于我们了解太阳系甚至是太阳系外星系的起源。基于上述原因, 织女星运载火箭 (*Vega*)、乔拓号 (*Giotto*)、伽利略号、尤利西斯 (*Ulysses*)、"星团" 号 (*Stardust*)、罗塞塔 (*Rosetta*) 和卡西尼号等航天器都配备了灰尘分析仪器, 有助于研究它们探测目标的位置。

卡西尼号航天器的宇宙尘埃分析器比木星轨道上运行的伽利略号航天器上的宇宙尘埃分析器版本高。在土星轨道运行的探测器，通过每秒最多一次的撞击能测量和报告许多尘埃颗粒的属性，如质量、速度、电荷、到达方向和化学组成。仪器的高效检测组件能检测到每秒上万次的撞击。当一个尘埃颗粒进入到桶形的灰尘分析器时，通过粒子的电荷会被四个不同倾向的栅格感测它通过的方向。来自于所有栅格的电信号能被用于分析灰尘粒子的电荷和飞行方向，一种飞行时间质量的分光计提供质量和特定的数据。宇宙尘埃分析器网站[26] 详细讲解了这些仪器的操作。

文献 [61] 介绍了卡西尼号航天器宇宙尘埃分析器研究了土星的环好粒子情况，文献 [62] 是一篇关于行星际空间灰尘的基础性文章。

6.3.13 带电粒子探测器

带电粒子探测器完全是无源式直接感知仪器。它们能检测比尘埃颗粒小得多的粒子。该仪器具备检测不同种类的中性或电离的原子甚至小于原子的粒子 (电子、质子、原子核) 的特性的功能。

1. 高能质子探测仪

航天器上的高能粒子探测器能检测被行星磁场捕获的高能电子，发生变异的原子核能量和组成以及源自于宇宙中太阳和其他天体的宇宙射线。旅行者号航天器的宇宙射线子系统仪器测量来源于行星磁层和太阳系外的星际的和银河间空间的粒子的存在和角度分布情况。旅行者号航天器配置的仪器能够检测到 3~110 MeV 的电子和 1~500 MeV 原子核以及从氢到铁等不同的元素。伽利略号航天器上的能量粒子探测器能检测到能量 20 keV~10 MeV 的原子核。参考文献 [63] 介绍了旅行者号航天器宇宙射线子系统和本地星际磁场的影响。

2. 低能电荷粒子探测器

检测中等能量 (高于等离子波，低于宇宙射线) 的粒子。旅行者号航天器的低能电荷粒子探测器检测范围从 10 keV~3 MeV。尤利西斯号和卡西尼号航天器配置了相似功能的仪器。文献 [64]、[65] 介绍了旅行者号航天器测量木星和土星的低能带电粒子环境的情况。

3. 等离子体仪器

测量航天器周围的电子和离子的特性，如密度、压力、速度和化学成分。探测器类似于大多数的光谱仪被设计用于分析原子和离子的特性。文

献 [66] 介绍了在土星磁层使用卡西尼号航天器上的等离子体仪器动态搜索等离子体并测量其特性的情况。

6.3.14 小结

本节内容没有覆盖星际飞行中使用的所有仪器。当然，所涉及的内容能够在星载仪器的类型和检测范围方面给从事跨太阳系研究的技术人员提供感性认识。

6.4 在轨科学实验

在正常飞行任务中，当航天器接近目标过程遥感和直接感知仪器可能连续采集数据。在航天器在其轨道飞行的过程中，科学团队利用一切机会获取图像、频谱、粒子和引力场数据。除了这些日常的操作，通常还有基于特殊方法的唯一机会实验，这些实验在发射前就已完成策划。

6.4.1 掩日和掩星

掩日和掩星实验是无源式遥感实验。

从航天器的角度看，当航天器运行到行星的后面时，太阳或遥远的星球被该行星所遮挡就叫做掩日或掩星。对于航天器而言，如探测木星、土星、天王星和海王星的旅行者号，探测冥王星和柯伊伯带的新地平线号航天器，掩日或掩星是千载难逢的机会。这些掩日和掩星事件是在航天器发射前就计划好的，所以航天器上要携带相应的无源式遥感探测器。当太阳或远方的星体消失在行星、卫星和行星环的大气后面时，通过遥控对这些仪器进行观测操作。当掩日和掩星事件发生时，获取的频谱数据可用于研究太阳和被掩星体的化学成分、结构、压力和其它的一些特性。文献 [67] 中的图 2 列出了卡西尼号航天器上的紫外图像光谱仪在土卫六掩盖恒星时从频谱中分析的结果，有非常丰富的 7 种分子结构。

行星掩星对于行星环结构测量非常有价值，因为当行星环通过行星前时，星光的强度会产生变化并闪烁。文献 [10] 介绍了一次掩星，旅行者号航天器观测到的土星环 (图 6.14)。文献 [69] 介绍了当卡西尼号航天器研究土星寒冷的小卫星土卫二时观测到两次行星掩星。文献 [70] 通过掩星实验中的新研究成果证实了土星环的历史可能比以前所预计还要早。附录 C 展示了卡西尼号航天器获取的独特的成像数据显示 2006 年 10 月太阳在被土星遮挡时形成了深深的阴影。

图 6.14　1981 年 8 月 25 日在太阳系掩星时旅行者 2 号获得土卫六的逆光图像。另外, 光谱仪器还获得土卫六的大气成分和结构的数据。详细信息请参见文献 [68], 该文献还包含从旅行者号飞船获取的的土星成像信息。图片提供: NASA。

6.4.2　无线电掩星实验

无线电科学掩星实验是有源式的遥感实验。1981 年, 旅行者 1 号航天器成功执行了非常关键的土卫六和地球的掩星实验。在此期间, 无线电科研团队测量了土卫六的实心体直径。因为土卫六上大气变得模糊导致土卫六不可见, 才结束了实验。该实验的具体情况参见文献 [71]。无线电科学掩星实验提供土星最大的卫星 —— 土卫六上稠密的大气层的新的特性数据。通过穿越土卫六大气层的 S 波段和 X 波段无线电载波信号 —— 关闭遥测信号, 加大发射功率, 净化载波频谱 —— 旅行者号航天器发现, 土卫六上的温度和压力允许甲烷以气态、液态和固态的形式存在, 就像地球表面上的水一样有三种形态。

无线电科学测量, 如在地面通过深空网的科学仪器进行观测, 可知道航天器的无线电信号如何在遥远的目标大气层被折射和衰减。无线电信号的闪烁、偏振和相位或频率变化等可以揭示许多大气特性。

掩星实验中获取土卫六大气层的基本信息属于旅行者航天器计划中高优先级的科学项目。旅行者 1 号航天器曾经在执行重要的无线电掩星实验中由于某种原因失败, 旅行者 2 号航天器将继续做相同的实验。为了完成这次实验, 旅行者 2 号不得不放弃 1986 年抵达天王星和 1989 年抵达海王星的计划。土卫六及其大气层是非常重要的科学目标, 旅行者 1 号航天器为了进行掩星实验而放弃了冥王星的探测计划。

当实施无线电掩星科学实验时, 航天器通过内部频率源混频产生下行频率信号。很多航天器上的内部频率源是一个超稳定振荡器 (USO)。而

USO 信号与上行信号相比稳定性较差, 但能产生足够稳定的相干下行信号以满足精确导航的需要。对于短期掩星实验而言, USO 作为参考源是足够稳定的。在掩星实验中, 航天器的上行信号将被探测的星体所切断, 所以航天器必须在实验过程中以非相干模式工作。

无线电掩星科学实验已经在所有主要的有大气层的星体中进行, 当然包括土卫六。1989 年旅行者 2 号在海王星及其卫星进行无线电掩星科学实验, 文献 [72] 是对这次实验结果的简洁的技术说明。参考文献 [73] 介绍了火星大气层的首次直接测量。这些都是通过无线电掩星科学实验完成的。

有证据表明无线电科学掩星实验获取的数据精度很高,2005 年通过搭载在穿越土卫六大气层的降落伞上的惠更斯探测器获取的温度值与 1981 年旅行者 1 号无线电掩星实验获取的数值非常一致。参考文献 [74] 显示了两者之间非常的一致性。

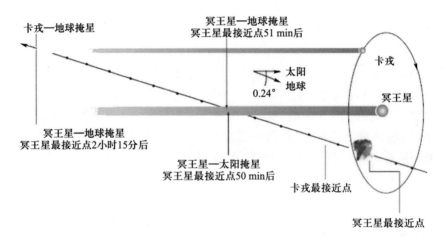

图 6.15 新地平线号飞船计划在 2015 年 7 月 14 日与冥王星和它的卫星卡戎遭遇并进行掩星实验。与冥王星的最近距离是 10000 km, 相对于冥王星以 14 km/s 的速度飞行。与卫星卡戎最接近距离是 27000 km。在没有进行掩星实验时, 冥王星的两个小卫星也将被观察到。图中, 弹道渐进线上点时间间隔为 10 min (图片提供: JHU/APL/NASA)。

6.4.3 无线电天体力学实验

天体力学 (CM) 实验是有源式直接感知实验。把该类实验划分为有源式的原因是深空网的上行信号与被测目标的下行信号相干。

　　航天器上的接收机锁定稳定的上行信号, 产生相干的下行信号, 该下行信号被深空网的闭环接收机锁定, 这是进行天体力学实验所必备的条件之一。另外, 该航天器被限制为工作在不喷气的模式, 即自旋稳定或利用动量轮稳定星体, 以避免因为非重力加速度的原因影响实验。无线电科学团队通过测量接收信号的多普勒频移能够精确计算出航天器的速度, 其精度达到毫米每秒的量级。基于所有精确已知的速度, 如地球的自转和公转速度, 目标和航天器的运动速度, 通过多普勒频移计算出来的速度变化量可以认为是由于目标质量引起的航天器加速度。目标的质量作为一个整体, 和已知目标质量分布情况条件下, 可以从天体力学实验计算出来。

　　给定一个质量值, 科学家可以获取基于图像的天体形态学模型, 研究人员从而可以精确地知道天体的密度 —— 单位体积的质量 —— 一个反映其内部组成的重要参数。

　　为了充分利用天体力学实验中航天器接近目标天体的短暂时间, 及早建立相干的通信链路是非常重要的。典型的做法是深空网天线在地面接收到航天器下行信号之前一个往返时间周期发送上行信号, 称为上行盲发。这样, 稳定的上行参考频率信号到达航天器的时候正是航天器与地球建立通信会话的时候, 所以它能够在相干模式上花最大程度时间来提供有用的多普勒测量。第 1 章介绍卡西尼号航天器与土卫八相遇时就是用的这种提前发上行的技术。

　　第 1 章没有提及的是卡西尼号航天器的 Ka 波段发射机提供额外的纯侧音信号以避免遥测字符相位抖动, 与之相干 (通过乘法器) 的上行信号来自于西班牙的 63 号深空测控站。相干的无线电链路采取不同频段的信号目的是对行星际等离子体的影响进行校准, 这样做提高了天体力学实验的准确性。

　　目前, 估计土卫八的密度是 1.083 g/cm^3, 只比水的密度稍大些, 可能其中只有少量的石质材料存在。参考文献 [75] 讲述了上述事实以及其他的在土星系统进行天体力学实验的发现。卡西尼号航天器用同样的方式测量土星的卫星土卫七 (Hyperion) 的密度, 发现该海绵状对象密度大约是水的一半, 水的密度接近于 1 g/cm^3。这意味着土卫七内部有非常多的孔。参考文献 [76] 介绍了会合 —— 舒梅克 (NEAR-Shoemaker) 号航天器的天体力学实验, 该实验以类似的方式工作, 并与 1998 年 12 月研究主小行星带 443 号卫星爱神星 (Eros) 的质量。参考文献 [77] 和 [78] 介绍了 "隼鸟" 号航天器使用天体力学质量测定和其他技术测量近地小行星 25143 号系川的特性。

6.4.4 上合实验

从地球上看,航天器的轨道处于或接近黄道面时,航天器将会每年一次通过或接近太阳的背面。此刻,太阳、地球和航天器会在航天器离太阳较远的那一端连成一线被称为上合。测量太阳、地球和航天器之间的角度或者说 SEP (日 — 地 — 星) 角,会随着地球的轨道运动减小,在形成一线前航天器会接近太阳,在此之后会逐步远离太阳。通常,当 SEP 角小于 3° 时,由于来自太阳的射电噪声的干扰,地球和航天器之间包括遥测数据的通信信号将会中断。在上合的前后几天,为了确保在没有地面通信期间的航天器的安全,航天器通常不执行遥控任务。在此期间,至少三种特殊的实验是可以进行的:

1. 日冕特性无线电科学实验

在上合期间创造一个机会,可通过有源式遥感技术来研究太阳。科学家感兴趣的是日冕特性[79],该特性可利用航天器上的无线电链路来进行测量,在此之前需关闭航天器遥测信号以确保实验不受干扰。而太阳的外层大气使航天器接收到的载波无线电信号发生了改变,无线电科学家记录接收到的信号,稍后加以分析太阳对其影响,如闪烁、衰减和旋转极化。

2. 广义相对论无线电科学实验

在上合期间,某种情况下,可以提供进行另一种有源式直接感知实验的机会。广义相对论 (GR) 认为,由于质量所造成的时空弯曲以及强烈的引力场的存在使光或其他电磁辐射的传播路径发生弯曲,这个数值是可检测到的。当航天器的无线链路经过太阳附近,测量地球和航天器间的距离时出现一个很好的机会,那就是在强引力场下时间膨胀的天体力学效果可以被测量得到。参考文献 [80] 介绍了卡西尼号航天器 2002 年进行的一次实验,证实了广义相对论预测到的百万分之二十的精度,该实验精度比同类实验已获得精度高出 50 倍以上。

3. 工程试验

当 SEP 角在 5° 和 2° 时,常进行工程试验,在此期间每天多次发送数以百计的 "空操作" 的命令到航天器上。在上合期间,遥测信号通常设置为低比特率,从而使电气工程师计算由于太阳的干扰,有多少条遥控指令被拒绝执行。

6.4.5 无线电引力辐射搜索

引力辐射搜索是有源式的直接感知实验。

广义相对论的一个预言是引力辐射: 在时空中以光速度传播的引力波被发射出去。直到现在该现象还没有被直接检测到。美国科学家拉塞尔·赫斯 (Russell A.Hulse, 1950—) 和约瑟夫·泰勒 (Joseph H. Taylor, 1941—)在 1974 年发现了双子脉冲星。赫斯、泰勒和其他人的工作证实了这对脉冲量的轨道周期正在减小, 如果脉冲星正辐射引力波则可被天体力学精确地预测, 从而构成引力辐射的间接检测。因为这一发现约瑟夫·泰勒教授被授予 1993 年诺贝尔物理奖。泰勒在参考文献 [81] 中证实了引力辐射的存在。

源自于遥远天体的事件包括巨大质量体加速度, 如中子星的在轨运行和凝聚或二维黑洞绕其重心的旋转, 引力波被预测以特定的方式辐射出去。当引力波在太阳系中传播时, 航天器和地球之间的距离会有微小的变化, 这符合我们的预测: 空间以某种方式交替拉伸和压缩会导致距离有节奏地发生变化。

当引力波穿越太阳系时, 特定的航天器可以参与搜索期待的时空变形。那些使用推进器进行姿态控制的航天器如旅行者号不能参加, 因为它的推力相对不可预知的非引力加速度较大, 将淹没检测到的有用信号。伽利略号和尤利西斯号是自旋稳定航天器, 卡西尼号航天器采用动量轮姿态控制, 可以帮助进行引力波的搜索。每次实验时航天器通常位于太阳相对于地球较近一端的背面, 目的是无线电链路中太阳等离子干扰最小。科学数据来自于航天器和地球间具有多普勒频移的相干无线链路的长期连续测量, 当引力波传播时相对速度会发生微小的变化。NASA/ASI 联合在卡西尼号航天器进行实验, 该实验对 $10^{-4} \sim 10^{-1}$ Hz 左右的频率敏感。参考文献 [82] 介绍了卡西尼号航天器引力波的搜索和其他无线电科学实验。

探测引力波是科学界的高优先级的规划目标, 并有好几个地方的地面观测站被设计和运行来试图检测到引力波。一种是由加州理工和麻省理工共同研制的激光干涉引力波天文台 (LIGO)[83]。基于地球的引力辐射观测站对下限为 10 Hz 的引力波不敏感, 而基于空间的探因为对超低频可以弥补陆基实验的不足。

注意术语引力波是指从产生引力辐射的宇宙事件所造成的引力辐射效果, 术语重力波是指另一种完全不同的物理现象。后者用来描述一种大气或海洋的流体振动, 在这种情况下流体扰动后在行星的重力下恢复平衡。

6.4.6 双基地无线电观测

双基地无线电科学观测是有源式遥感实验。在航天器接近观测目标期间, 通过遥控指令控制其关闭遥测和其他调制信号, 以便能够产生较强的 S 波段、X 波段或 Ka 波段的纯载波信号。地面遥控指令控制航天器保持实验者设计的精确姿态和自旋速率。当飞低目标时, 航天器自旋使得其无线电波束的反射和散射的能量会朝着地球定向, 从而描绘出目标表面精确的路径。

可以这样解释其工作原理: 想象当你从桌边通过时, 拿着激光器, 将它的光束瞄准放在桌子上的镜子。你必须保持瞄准精度, 就像在通过一个房间时激光器的反射光束始终照在一个特定目标上如天花板上的亮点, 也可以说像是一个消防喷头。这说明在实际的收发分置的实验中不考虑目标体 (反射镜) 或地球 (消防喷头) 的运动。

这种性质的实验已在接近金星、土卫六、月球和其他天体的航天器中实现了。双基地无线电科学实验结果大多通过分析返回的后向散射信号的特性获取。如果航天器的无线电波束照射到平静的液体表面上, 观测结果也有可能分析返回通过镜面反射信号获取。这样我们就可以解释土卫六表面的 SAR(合成孔径雷达) 图像, 如图 6.8 所示。

注意, 在一些文献中这样的实验也称为 "双基地雷达", 由于雷达技术的限制, 设备被安装在地球上, 但它通常不会涉及航天器的雷达设备, 如 SAR (合成孔径雷达)。文献 [84] 介绍了一种双基地的实验, 月球轨道上的克莱门汀 (Clementine) 航天器测量了月球表面返回的信号的极化效应。

6.4.7 重力场测量

重力场研究是有源式遥感实验。航天器绕太阳系天体的轨道运动, 在相干模式下利用无线电信号的微多普勒频移获取科学数据。它反映了航天器接近一个质量集中的天体的上下表面时小的加速度。撤离质量集中的天体中, 航天器加速度略有下降。航天器的轨道提供充足的数据研究对象的质量分布。

映射一个行星或其他物体的重力场, 至少有两个目的。首先, 行星或其他天体的精确的轨道导航需要天体的重力场变化的模型, 使之能预测航天器轨道小的扰动。其次, 重力场测量有揭示无论天体表面的上方还是下方的质量分布独特优势。这种测量在成像数据分辨中对分析天体本质属性具有研究价值。地球重力场映射有助于地质学家确定矿产和石油资源, 也有助于表征在行星内影响其表面形状和性质的持续基本地质运动过程的特性。

朱诺航天器任务的主要科研目标之一是通过木星的重力场的特性来了解行星的质量分布情况。参考文献 [85] 描述了火星环球探测器映射火星重力场的情况。

6.4.8　校准和地面应用

科学测量所使用的仪器具有量化误差。仪器在航天器上通过实际观测数据与基准数据比较进行校准，从而获取仪器的量化误差。

首先进行目标的红外光谱测量，红外光谱仪在没有任何发光物体的深空中发挥作用。获取到绝对参考值，仪器传感器的任何测量误差可被记录并在以后数据分析中加以处理。出于同样的原因，无线电科学实验总是通过测量航天器无阻塞、未调制的无线电信号作为开始和结束，该过程持续几十分钟。许多瞄准特定校准目标的成像仪器被安装在航天器的星体上。旅行者号航天器的校准目标是一个安装在星体下涂上已知的灰度和反照率值材料的矩形金属板 (见附录 A)。航天器的扫描平台可以瞄准照相机以便目标板满足观察视野进行校准。旅行者号航天器同一目标板用作航天器的电气系统调节器的热辐射源，使旅行者号的红外仪、红外辐射光谱仪 (IRIS) 可以被校准。每一个科学仪器和实验操作包括其他手段和过程用过来对其测量进行校准。

火星登陆器所使用的带灰度和彩色样本的校准目标在发射前已经拍下并精确测量，以便火星图像可以调整到与火星上的亮度和场景的光谱特性最接近。金星的 465°C 表面图片来自于 1975 年苏联金星 9 号、金星 10 登陆器和 1982 年金星 13 和金星 14 号航天器。图片中包括校准金星玄武岩成像的图像目标 (图 6.16)。文献 [86] 介绍了在图像色彩重构中使用用金星 13 号航天器校准目标的情况。

图 6.16　苏联的金星 13 号飞船传回的金星表面近赤道地区 Phoebe Regio 东面图像。右侧可见的图像校准目标。机械手臂采集板载 X 射线荧光光谱仪信号进行分析。图片由 NSSDC/ GSFC 提供。

如果在目标区域, 如火星表面, 已由着陆的航天器在现场直接测量周围环境的矿物质含量, 或高分辨率成像或光谱。这样的测量作为地面真实数据用于校准或以其他方式解释从轨道高度上获取的其他区域的类似数据。

作为一个例证, 火星探测器机遇号 (Opportunity) 识别表面的含铁矿物赤铁矿, 确认从轨道上由火星全球勘测热辐射光谱仪观测到的矿产。机遇号还确定毫米大小的赤铁矿丰富的小球, 科学家昵称其为 "蓝莓" 嵌入在层状岩石中。

6.5 科学数据管道

通过深空网接收和解码后, 遥测数据传递到飞行项目操作团队。数据管理人员使用自动化工具检查数据, 尤其关注任何原本应该存在于当前下行链路中却丢失的数据。通过检查操作日志和问题报告, 数据管理人员决定是否能恢复丢失的数据。通常, 丢失的数据可以很容易地从深空网或它的通信设备内部恢复出来 —— 实际上在大多数情况下, 可以在几个小时后自动完成数据恢复。如果数据由于接收问题而丢失, 例如在深空站下大雨, 数据可能永远丢失, 除非航天器仍然保存着数据, 可以通过发送指令重新下传丢失的部分, 但是在大多数情况下不可能重新下传。

找回所有丢失的数据后, 数据管理工程师确保工程数据仓库是最新的, 完全复制到备份的介质中, 并生成目录, 使数据可以在线检索。这样科学团队的成员就可以在数据到达地球几分钟或几小时后, 开始获取到数据。科学团队的成员包括学术界具有代表性的具有博士学位的专业人员以及他们的研究生, 还有来自世界各地工业和科学研究机构的科学家以及其他工作人员。

从一个位于世界任何地方隶属于科学团队的机构, 特许用户都可以连接到数据仓库, 发出请求 —— 查询 —— 提交后, 数据仓库会以查询中的参数选中用户感兴趣的数据, 例如生成时间或接收时间, 然后返回请求的数据。如果多个深空站接收到了相同的数据, 查询服务将自动从数据仓库中选择最佳质量的数据, 以满足用户的查询。

除了科学数据, 科学研究团队还需要另外的产品支撑科学分析。将他们的观测结果完整地保存在称为 SPICE 的文件中 (也称为核心)。SPICE即为飞行器 (Spacecraft)、行星 (Planet)、仪器 (Instruments)、C 矩阵 (Cmatrix 或摄像机角度) 和事件 (Events) 的简写。这些文件共同提供用户需要的内容。它们包括飞行器和行星星历、安装有校准器的仪器、飞行器方向、伴飞器经纬度、距离目标的距离、光照几何、飞行器事件顺序、需要某个时间转换的数据等。在 NASA 行星科学部门 (Planetary Science Division) 的指导下, 由导航和辅助信息机构 (Navigation and Ancillary Information Facility, NAIF) 生成上述产品。

科学团队将对获得的科学数据和所需的内核进行分析。初步分析结果将在新闻发布会之前完成, 但是全面分析结果则需数月完成, 全面分析结果将提交正式出版物公开。有时, 可能需要数年或数十年的时间去理解一个伟大的发现。

6.5.1　电视、广播和报纸

当一个探测器着陆在火星上, 一个火箭发射升空, 或者一个推进器通过机动在遥远星球的轨道上释放了一个探测器时, 新闻媒体通常将驻守在相关的航天操作中心, 报道航天事件的成功或失败。除了在报纸上、电视上或广播里发布临时追踪报道外, 人们还可以在其他地方寻找到感兴趣的星际任务进展情况。

6.5.2　网络媒体

被星际开发项目运作的互联网网站一般是第一个发现结果的地方, 这里的结果以最原始的未加工的状态公布出来, 大大早于对结果负责的科学家分析数据或在杂志上发表他们的发现。飞行项目渴望使用互联网这一高水平媒介, 不需要大量开支就可获得大量的观众, 向实际参与此项任务的多个国家的纳税人传达信息。这些网站可以很容易地通过搜索任务名称、任务目标或其他对象找到。其中包括可以消除搜索结果歧义的帮助, 例如, 搜索诸如 "旅行者号海王星" 或 "火星探险者" 这样的词语, 将产生更少包含汽车的结果。

对于访问者来说, 国家航天机构网站页的信息非常丰富。目前这些航天机构超过三四十个。下面选择其中一些组织 (以字母顺序排列):

(1) 中国国家航天局: http://www.cnsa.gov.cn。

(2) 欧洲航天局 (ESA): http://www.esa.int。

(3) 法国国家空间研究中心 (CNES): http://www.cnes.fr。

(4) 意大利航天局 (ASI): http://www.asi.it。

(5) 日本航天探测局 (JAXA): http://www.jaxa.jp。

(6) 俄罗斯联邦航天局: http://www.roscosmos.ru。

(7) 乌克兰国家航天局 (NSAU): http://www.nkau.gov.ua。

(8) 美国国家航空航天局 (NASA): http://www.nasa.gov。

NASA 和 "互联网档案"(一个位于旧金山的非赢利数字图书馆) 已将 NASA 获取到的照片、历史胶片和视频全面编辑在 "http://www.nasaimages.or 网站上。该网站将 21 个主要的 NASA 照片集汇总到一个单独的、资源可搜索的网站上。这是一个历时 5 年且没有消耗纳税人费用的项目。它的产品免费向公众开放。

除了由航天机构和个别航天飞行项目维护的网站外, 在下一小节讨论的科学同行评审期刊也存在于网上。SpringerLink 的网站 (http://www.springerlink.com) 提供了很多这种期刊便捷的搜索和访问。该网站管理着一个交互数据库, 包含了科学、技术和医学领域内的高质量期刊、书籍、考证工作和成果。

6.5.3　同行评审期刊

就像《自然》(Nature)、《科学》(Science) 和其他的同行评审期刊上发表科学家经过编辑们仔细审核过发现 (图 6.17)。这些期刊从许多稿件中选择有名的、重要的作品, 然后从作者的科学界同行聘请审阅人, 审阅人在审阅时不能联系被审作品作者。只有审阅评价通过后才会发表。

图 6.17　部分展示星际飞行器发现的正式科学同行审阅杂志。

科学期刊《自然》自 1869 年至今每周发表一期, 诞生于 19 世纪英国科技大进步的时代。《自然》期刊今天是由位于伦敦的《自然》发行团体发行, 每期的读者估计有 60 万人。它的网站是 "http://www.nature.com"。

《科学》是一个估计拥有约 100 万读者的科学周刊, 由美国科学促进协会 (AAAS) 于 1890 年首次发行位于华盛顿特区。网址为 "http://www.sciencemag.org"。

《空间科学评论》(Space Science Reviews) 由荷兰斯普林格 (Springer) 发行, 是科学空间研究的国际期刊。它侧重于天文物理学和行星系统、太阳、磁层和行星际介质的物理学。它发表特邀评论、专题卷册以及有一定专业知识的特约编辑。该期刊可在网址 "http://www.springerlink.com/content/102996" 查找到。

《伊卡洛斯》(Icarus) 是有关太阳系研究的国际期刊, 也是美国天文学会行星科学分会的官方出版物。《伊卡洛斯》报道太阳系及系外的天文学、地质学、气象学、物理学、化学、生物学和其他科学领域的最新研究成果。可以在 "www.icarus.cornell.edu" 在线找到该期刊。

《美国国家科学院会刊》(PNAS, Proceeding of the U.S. National Academy of Science) 报道物理学、生物学和社会科学方面的成果。该会刊可以通过 "http://www.pnas.org" 访问。

本章涉及的大部分出版物都适合对星际任务科学技术成果感兴趣的读者。那些对于星际飞行工程和应用科学领域更感兴趣的读者, 类似的技术出版物可以通过美国航空航天协会 (AIAA) 或 IEEE 查找, 也可以通过全世界类似的协会查找。

《科学新闻》(Science News, 科学与公众协会的出版物) 的编辑们, 自从 1928 年开始一直关注着主要的同行审阅期刊, 发表着所有科学关注领域新发展的简明报告。2008 年 6 月,《科学新闻》降低了印刷频率, 转而替代为利用互联网提供最新的报告, 同时每双周列出这些报告向用户印刷出版。在线网址为 "http://sciencenews.org"。

6.5.4 科学机构会议

目前全球有上百个学术组织致力于科学研究。许多科学家管理和操作着星际飞行的实验和仪器, 他们通常都是一个或数个学术组织的成员, 参与和致力于常规和特殊会议。这些会议一般由世界上不同地区的众多相关学术组织召开。这些学术组织包括: 皇家学会、美国天文学会 (AAS)、美国天文学会行星科学分会、美国天文学会天体力学分会、美国国家科学院、皇家天文学会、美国地球物理联合会、欧洲地球物理联合会、美国地球物理协会、美国地质学会、亚洲海洋地球科学协会。

这些学术组织的出版物和网站发布近期会议的通告。不是所有的学术组织都要求参会人必须是学术组织的成员, 有时科学工作者会集中在一起召开一些公开的会议。

6.5.5 数据传递

在很多情况下, 任何人都可以很容易得到星际任务的全部原始数据集。例如, 在与 PDS 网站签署协议后, 一旦产生新的数据, 用户就可以收到相关通知, 如图 6.18 所示。

PDS_Notification_Manager@jpl.nasa.gov, MESSENGER Release

Date: Tue, 15 Jul 2008 16:20:34 -0700 (PDT)
From: PDS_Notification_Manager@jpl.nasa.gov
To:
Subject: MESSENGER Release 3

[NASA] PDS RELEASES MESSENGER DATA

The Planetary Data System announces the third release of data from the
MErcury Surface, Space ENvironment, GEochemistry, and Ranging (MESSENGER)
mission. This release includes EDR (raw) data from the first Mercury flyby (M1)
from all of the instruments. In addition, in accordance with the project
archive plan, CDR (calibrated) data from the MDIS, MAG, and MASCS instruments
from the Mercury 1, Venus 2, and Earth flybys are included in this release.
The remaining instruments will provide calibrated data for all of the flybys to
date in release 5, scheduled for 15 March 2010.

Data sets from the following experiments are now available:

EPPS (Energetic Particle and Plasma Spectrometer)
GRNS (Gamma Ray and Neutron Spectrometer)
MAG (Magnetometer)
MASCS (Mercury Atmosphere and Surface Composition Spectrometer)
MDIS (Mercury Dual Imaging System)
MLA (Mercury Laser Altimeter)
XRS (X-Ray Spectrometer)
RS (Radio Science)

SPICE data for the mission to date are also included.

The data can be accessed from:

  http://pds.nasa.gov/subscription_service/SS-20080715.html

To access all data archived in the PDS, go to:

  http://pds.nasa.gov.

图 6.18　NASA 行星数据系统 (PDS) 关于数据集可用的通知。注:EDR 为实验数据记录的简写。由 NASA/PDS 提供。

6.5.6 发展前景

自从进入航天时代以后, 太阳系内的每个任务都提出关于回传数据的新问题。在"水手号"飞越了水星、金星和火星后, 有更多的航天器携带更多先进的仪器进入这些行星的轨道, 完成深空探索任务。伽利略号和卡西尼号携带着那个时代最先进的仪器飞行到了木星和土星区域, 解决先驱者号和旅行者号短暂飞越相遇 (交会) 问题。信使号的任务是进入水星轨道, 新地平线号任务是飞过冥王星, 越过海王星探测未知冰冻世界柯伊伯带。

全世界科学团体的成员包括: 发现新问题和新事实的人, 以及开发先进仪器使人类研究科学难题的认知范围和领域得以延伸的人。这些科学难题包括: 木卫二和土卫六被冰雪全球覆盖的大洋, 其本质是什么? 土星小卫星上连续不断的间歇泉从哪里获得的能量? 水星表面直接将巨大的金属内核裸露在外层, 为什么在表层没有金属痕迹? 火星的地下水能推断出什么?

科学家寻找机会将先进的仪器放在新的飞行任务中, 这些任务由工程师和科学家规划, 由许多世界空间基金协会和政府组织与投资, 用于飞越行星探索未知的宇宙。

注释

[1] 利克望远镜坐落于加利福尼亚洲汉密尔顿山。

[2] 科学飞行试验和仪器也采用同样的方法分类。

[3] 通常, 在每一个飞行计划的网站均能获得最新的原始数据。从 NASA 的行星数据系统 http://pds.jpl.nasa.gov 能够下载最高分辨率的和各种格式的来自太阳系探测的处理图像。

[4] 美国的地质勘探部门提供名为 ISIS 的免费图像处理软件, 其目的在于处理行星任务的图像。见 http://isis.astrogeology.usgs.gov。

[5] 利用包括球面像差、慧形像差、色差在内的高质量折射光学仪器, 能够减少或消除误码或失效。

[6] 关于卡塞格伦的变异设计包括施密特卡塞格伦、Maksutof- 卡塞格伦和称为修正板的薄镜片施密特相机以及里奇卡塞格伦设计。

[7] 在旅行者号扫描平台上的最后一台光学仪器于 2003 年关闭。其窄视角和广角相机是称作视像管的装置, 这些真空管的功能与阴极射线管和 CRT 类似。电子束以光栅、步进的方式在三硫化锑的管壁上一行一行地

扫描, 根据图像中光的强度的变化电子束的电流发生变化。这些变化转换为图像数据通过遥测通道进行传输。

⁸ 研究表明: 人类眼睛仅能感觉到 40 个不同的灰度等级。

⁹ http://sohowww.nascom.nasa.gov。

¹⁰ 下列 NASA/JPL 图像能够在线获取。旅行者 1 号: PIA02292, PIA02293 和 PIA02263。旅行者 2 号: PIA01951, PIA01387 和 PIA0138。

¹¹ 如下是对普罗米修斯、F 环和潘多拉的在线视频描述 (saturn.jpl.nasa.go 由此可直观地展示土星环系统的轨道力学细微差别。因为视频是由南边观察物体, 其旋转方向与图 6.4 中相反:

在卡西尼号图像电影中, 卫星普罗米修斯缓慢地撞击土星 F 环弥散的内部边缘, 椭圆的卫星在黑暗的通道中托出一条彩带。

在土星轨道周期的 14.7 h 内, 普罗米修斯到达其椭圆轨道的远拱点, 该点距土星最远, 距 F 环最近。在这里, 普罗米修斯的重力足以托出 "彩带"。

最初, 灰尘尺寸大小的物质被从 F 环中托出, 在普罗米修斯的轨道前形成彩带。随着时间的逝去, 由于 F 环中的物质逐步远离卫星, 彩带渐渐远离普罗米修斯。看起来, 彩带变成又长又黑的通道。

根据普罗米修斯的轨道周期, 彩带和通道将重复出现。当普罗米修斯再一次到达轨道的远拱点时, 它将再一次托出彩带。由于普罗米修斯的轨道周期较 F 环短, 因此新产生的彩带将在经度上超前前一个彩带 3.2°。

这样, 将沿 F 环产生一系列的彩色通道。在有的观测过程中, 出现同时产生 10~15 条彩色通道的现象。最终, 由于切向力的作用, 彩色通道消失扩散成灰尘粒子。

该视频仅记录了半个彩色通道周期的过程, 暗的画面表示普罗米修斯和 F 环通过土星的阴影部分。

该视频中的图像是卡西尼号在 2006 年 11 月 23 至 24 日拍摄的。它由 72 幅清晰的图像组成, 每 10.5 min 获取 1 幅图像, 共持续了 12.5 h。

经过裁剪的原始图像仅显示普罗米修斯的周围区域和 F 环的附近部分。电影覆盖区域为至土星径向 138000~ 142000 km。每一幅图像的投影范围: 纵轴表示至土星的径向距离, 横轴表示土星的经度。图像的比例是: 在纵轴方向, 每一像素表示 10 km; 在横轴方向, 覆盖了 0.005° 的经度范围。由于重复投影,F 环看起来是一条直线, 否则将是曲线。

由于 F 环是椭圆形状, 其至土星的径向距离在 1000 km 内变化。这说明, 在电影中 F 环看起来在纵轴方向移动。在每一次重复投影画面, 仅能看到环的很少部分, 因此环到土星的径向距离在图像中由左至右的变化量很小。

　　卡西尼 — 惠更斯任务是 NASA、ESA 和意大利空间机构的合作项目。JPL、帕萨迪纳市加利福尼亚技术学院管理任务。卡西尼号和搭载的两个相机是由 JPL 设计、开发和安装的。图像分析中心位于美国科罗拉多州博尔德的空间科学机构。本说明由卡西尼号图像团队和 NASA/JPL/空间科学机构提供。

　　[12] 也可以利用星光及灯光形成光学导航帧, 如惠更斯着陆器的成像仪和光谱辐射计就用来照射土卫六表面。

　　[13] 大规模、高清晰太阳光谱显示了上千种吸收特征, 这些特征可在 http://www.noao.edu/image gallery/html/im0600.html 发现。

　　[14] 这里, 用基尔霍夫定律简洁地描述傅科的发现。精确的描述参见参考文献 [19]。

　　[15] 见 http://astro.u-strasbg.fr/~koppen/discharge。

　　[16] 搜索 "DVD spectroscope." 可以从教育机构的网站下载这篇文章。

　　[17] 奥地利爱尔兰物理学家薛定谔 (Erwin Schrödinger, 1887—1961) 在 1925 年建立了这个原子模型。

　　[18] 以发明者德国天体物理学家沃尔特 · 哥特里安 (Walter Grotrian, 1890—1954) 的名字命名。

　　[19] 见 http://www.nist.gov

　　[20] Spitzer 的其他两个仪器是红外阵列相机和多带宽图像曝光计, 用来测量目标的位置和亮度。

　　[21] 宇宙 "射线" 是快速运动的粒子, 通常质子来源于太阳或银河系内外的光源。其原子核与铁一样重。

　　[22] 道尔顿是以英国科学家约翰 · 道尔顿 (John Dalton, 1766—1844) 的名字命名的, 他创造了原子理论。

　　[23] SI 的单位是 kg。道尔顿 (Da) 是原子质量的标准单位, amu 或 u 是碳-12 原子质量的 1/12, 等于 1.66×10^{-27} kg。

　　[24] 原子或离子的实际质量约为 1 Da, Da是用来确定化学样本原子质量的单位。

　　[25] 穿越小行星带的航天器包括先驱者 10 号、先驱者 11 号、旅行者 1 号、旅行者 2 号、伽利略号、尤利塞斯号、卡西尼 — 惠更斯号和新地平线号。

　　[26] 见: http://www.mpi-hd.mpg.de。

²⁷ 更多的关于 SPICE 内核的信息, 参见 naif.jpl.nasa.gov。

²⁸ 一些仪器甚至整个任务是由像行星协会这种私人组织的成员投资赞助的。

参考文献

[1] Ronald Florence. *The Perfect Machine: Building the Palomar Telescope.* Harper Perennial, 1995.

[2] Donald E. Osterbrock, John R. Gustafson, and W. J. Shiloh Unruh. *Eye on the Sky: Lick Observatory's First Century.* Univ of California Press, 1988.

[3] http://history.nasa.gov/sp-349, June 2008.

[4] David M. Harland. *Cassini at Saturn: Huygens Results.* Praxis-Springer, 2007.

[5] Floyd F. Sabins. *Remote Sensing: Principles and Interpretation.* Waveland Press, 2007.

[6] Ernst Wildi. *Photographic Lenses: Photographers Guide to Characteristics, Quality, Use and Design.* Amherst Media, 2001.

[7] Geoff Andersen. *The Telescope: Its History, Technology, and Future.* Princeton University Pres, 2007.

[8] Aristophanes. *Aristophanes: The Complete Plays.* NAL Trade, 2005.

[9] SOHO/LASCO image produced by a consortium of the Naval Research Laboratory (USA), Max-Planck-Institut fuer Aeronomie (Germany), Laboratoire d'Astronomie (France), the University of Birmingham (UK). SOHO is a project of international cooperation between ESA, and NASA.

[10] Arthur L. Lane, Charles W. Hord, Robert A. West, Larry W. Esposito, David L. Coffeen, Makiko Sato, Karen E. Simmons, Richard B. Pomphrey, and Richard B. Morris. Photopolarimetry from Voyager 2; preliminary results on Saturn, Titan, and the rings. Science, 215(4532):537–543, January 29 1982.

[11] Oliver Krause, George H. Rieke, Stephan M. Birkmann, Emeric Le Floc'h, Karl D.Gordon, Eiichi Egami, John Bieging, John P. Hughes, Erick T. Young, Joannah L.Hinz, Sascha P. Quanz, and Dean C. Hines. Infrared echoes near the supernova remnant Cassiopeia A. Science, 308(5728):1604–1606, June 10 2005.

[12] Bruce W. Hapke, Robert M. Nelson, , and William D. Smythe. The opposition effect of the Moon: the contribution of coherent backscatter. *Science,*

260(5107):509–511, April 1993.

[13] http://photojournal.jpl.nasa.gov/catalog/pia08329.

[14] Floyd M. Henderson. *Principles and Applications of Imaging Radar (Manual of Remote Sensing, Volume 2)*. Wiley, 1998.

[15] Royston M. Roberts. *Serendipity: Accidental Discoveries in Science*. Wiley, 1989.

[16] Alexander S. Sharov and Igor D. Novikov. *Edwin Hubble, The Discoverer of the Big Bang Universe*. Cambridge University Press, 1995.

[17] University of Arizona Robert Brown. NASA confirms liquid surface lake on Titan. NASA press release 2008-152, July 30 2008.

[18] Ralph Lorenz. *Titan Unveiled: Saturn's Mysterious Moon Explored*. Princeton University Press, 2008.

[19] Peter M. Harman. *Energy, Force and Matter: The Conceptual Development of Nineteenth-Century Physics*. Cambridge Studies in the History of Science. Cambridge University Press, 1982.

[20] Loewen. *Diffraction Gratings and Applications*. CRC, 1997.

[21] Fumitaka Wakabayashi and Kiyohito Hamada. A DVD spectroscope: A simple, highresolution classroom spectroscope. *Journal of Chemical Education*, 83(1):56–58, 2006.

[22] *Various sources in the public domain.*

[23] J. Michael Hollas. *Modern Spectroscopy*. Wiley, 4 edition, 2004.

[24] Richard P. Feynman. *QED The Strange Theory of Light and Matter*. Princeton University Press, 1985.

[25] F. A'Hearn et al. Deep impact: Excavating Comet Tempel 1. *Science*, 310(5746):258–264, 2005.

[26] M. Weiler, H. Rauer, J. Knollenberg, and C. Sterken. The gas production of Comet 9P/Tempel 1 around the Deep Impact date. *Icarus*, 191(2, Supplement 1):339–347, 2007.

[27] Takahiro Hiroi, Masanao Abe, Kohei Kitazato, Shinsuke Abe, Beth E. Clark, Sho Sasaki, Masateru Ishiguro, and Olivier S. Barnouin-Jha. Developing space weathering on the asteroid 25143 Itokawa. *Nature*, 443(7107):55–58, September 7 2006.

[28] Richard Van Noorden. Titan: swimming in the rain. *Nature*, July 24 2006.

[29] John S. Carr and Joan R. Najita. Organic molecules and water in the planet formation region of young circumstellar disks. *Science*, 319(5869):1504–1506, March 14 2008.

[30] M. Abe, Y. Takagi, K. Kitazato, Abe, T. Hiroi, F. Vilas, B. E. Clark, P.

A. Abell, S. M. Lederer, K. S. Jarvis, 10 T. Nimura, Y. Ueda, and A. Fuji-wara. Nearinfrared spectral results of Asteroid Itokawa from the Hayabusa spacecraft. *Science*, 312(5778):1334–1338, June 2 2006.

[31] J. R. Spencer, J. C. Pearl, M. Segura, F. M. Flasar, A. Mamoutkine, P. Romani, B. J. Buratti, A. R. Hendrix, L. J. Spilker, and R. M. C. Lopes. Cassini encounters Enceladus: background and the discovery of a south polar hot spot. *Science*, 311(5766):1401–1405, March 10 2006.

[32] S Rodriguez, S Le Mouelic, C Sotin, H Clenet, RN Clark, RH Buratti, B; Brown, TB McCord, PD Nicholson, and KH Baines. Cassini/VIMS hyper-spectral observations of the Huygens landing site on Titan. *Planetary And Space Science*, 54(15), 2006.

[33] T. B. McCord, G. B. Hansen, F. P. Fanale, R. W. Carlson, D. L. Matson, T. V. Johnson, W. D. Smythe, J. K. Crowley, P. D. Martin, A. Ocampo, C. A. Hibbitts, J. C. Granahan, and the NIMS Team. Salts on Europa's surface detected by Galileo's near infrared mapping spectrometer. *Science*, 280(5367):1242–1245, May 22 1998.

[34] Larry W. Esposito, Joshua E. Colwell, Kristopher Larsen, William E. Mc-Clintock, A. Ian F. Stewart, Janet Tew Hallett, Donald E. Shemansky, Joseph M. Ajello, Candice J. Hansen, Amanda R. Hendrix, Robert A.West, H. Uwe Keller, Axel Korth, Wayne R. Pryor, Ralf Reulke, and Yuk L. Yung. Ultraviolet imaging spectroscopy shows an active Saturnian system. Science, 307(5713):1251–1255, February 25 2005.

[35] P. R. Christensen, D. L. Anderson, S. C. Chase, R. T. Clancy, R. N. Clark, B. J. Conrath, H. H. Kieffer, R. O. Kuzmin, M. C. Malin, J. C. Pearl, T. L. Roush, and M. D. Smith. Results from the Mars Global Surveyor thermal emission spectrometer. *Science*, 279(5357):1692–1698, March 13 1998.

[36] P. R. Christensen, S. W. Ruff, R. L. Fergason, A. T. Knudson, S. Anwar, R. E. Arvidson, J. L. Bandfield, D. L. Blaney, C. Budney, W. M. Calvin, T. D. Glotch, M. P. Golombek, N. Gorelick, T. G. Graff, V. E. Hamilton, A. Hayes, J. R. Johnson, Jr. H. Y. McSween, G. L. Mehall, L. K. Mehall, J. E. Moersch, R. V. Morris, A. D. Rogers, M. D. Smith, S. W. Squyres, M. J. Wolff, and M. B. Wyatt. Initial results from the Mini-TES experiment in Gusev Crater from the Spirit Rover. *Science*, 305(5685):837–842, August 6 2004.

[37] Michael D. Smith, Michael J. Wolff, Mark T. Lemmon, Nicole Spanovich, Don Banfield, Charles J. Budney, R. Todd Clancy, Amitabha Ghosh, Geof-frey A. Landis, Peter Smith, Barbara Whitney, Philip R. Christensen, and

Steven W. Squyres. First atmospheric science results from the Mars Exploration Rovers Mini-TES. *Science*, 306(5702):1750–1753, December 3 2004.

[38] W. C. Feldman, S. Maurice, A. B. Binder, B. L. Barraclough, R. C. Elphic, and D. J. Lawrence. Fluxes of fast and epithermal neutrons from lunar prospector: Evidence for water ice at the lunar poles. *Science*, 281(5382):1496–1500, September 4 1998.

[39] W. C. Feldman, W. V. Boynton, R. L. Tokar, T. H. Prettyman, O. Gasnault, S. W. Squyres, R. C. Elphic, D. J. Lawrence, S. L. Lawson, S. Maurice, G. W. McKinney, K. R. Moore, and R. C. Reedy. Global distribution of neutrons from Mars: results from Mars Odyssey. *Science*, 297(5578):75–78, July 5 2002.

[40] Martin A. Slade, Bryan J. Butler, and Duane O. Muhlema. Mercury radar imaging: Evidence for polar ice. *Science*, 258(5082):635–640, October 23 1992.

[41] W. V. Boynton, W. C. Feldman, S. W. Squyres, T. H. Prettyman, J. Br " uckner, L. G. Evans, R. C. Reedy, R. Starr, J. R. Arnold, D. M. Drake, P. A. J. Englert, A. E. Metzger, Igor Mitrofanov, J. I. Trombka, C. d' Uston, H. W " anke, O. Gasnault, D. K. Hamara, D. M. Janes, R. L. Marcialis, S. Maurice, I. Mikheeva, G. J. Taylor, R. Tokar, and C. Shinohara. Distribution of hydrogen in the near surface of Mars: evidence for subsurface ice deposits. *Science*, 297(5578):81–85, July 5 2002.

[42] http://huygensgcms.gsfc.nasa.gov/animation.htm, 2008.

[43] W. F. Huebner. First polymer in space identified in Comet Halley. *Science*, 237(4815):628–630, August 7 1987.

[44] Jr. J. HunterWaite, Michael R. Combi, Wing-Huen Ip, Thomas E. Cravens, Jr. Ralph L. McNutt, Wayne Kasprzak, Roger Yelle, Janet Luhmann, Hasso Niemann, David Gell, Brian Magee, Greg Fletcher, Jonathan Lunine, andWei-Ling Tseng. Cassini ion and neutral mass spectrometer: Enceladus plume composition and structure. *Science*, 311(5766):1419–1422, March 10 2006.

[45] Klaus Biemann. On the ability of the Viking gas chromatograph-mass spectrometer to detect organic matter. *Proceedings of the National Academy of Sciences*, 104(25):10310–10313, June 19 2007.

[46] http://huygensgcms.gsfc.nasa.gov, 2008.

[47] FM Flasar, RK Achterberg, BJ Conrath, PJ Gierasch, VG Kunde, CA Nixon, GL Bjoraker, DE Jennings, PN Romani, AA Simon-Miller, B Bezard, A Coustenis, PGJ Irwin, NA Teanby, J Brasunas, JC Pearl, ME Segura, RC

Carlson, Mamoutkine, PJ Schinder, A Barucci, R Courtin, T Fouchet, D Gautier, E Lellouch, A Marten, R Prange, S Vinatier, DF Strobel, SB Calcutt, PL Read, FW Taylor, N Bowles, RE Samuelson, GS Orton, LJ Spilker, TC Owen, JR Spencer, MR Showalter, C Ferrari, MM Abbas, F Raulin, S Edgington, P Ade, and EH Wishnow. Titan's atmospheric temperatures, winds, and composition. *Science*, 308(5724):975–978, May 13 2005.

[48] Israel G., Cabane M., Coll P., Coscia D., Raulin F., and Niemann H. The Cassini-Huygens ACP experiment and exobiological implications. *Advances in Space Research*, 23(1):319–331, 1999.

[49] R. Rieder, T. Economou, H. Wänke, A. Turkevich, J. Crisp, J. BrWückner, G. Dreibus, and H. Y. McSween Jr. The chemical composition of Martian soil and rocks returned by the mobile alpha proton x-ray spectrometer: Preliminary results from the x-ray mode. *Science*, 278(5344):1771–1774, December 5 1997.

[50] G. Klingelhöfer, R. V. Morris, B. Bernhardt, C. Schröder, D. S. Rodionov, P. A. de Souza Jr., A. Yen, R. Gellert, E. N. Evlanov, B. Zubkov, J. Foh, U. Bonnes, E. Kankeleit, P. Gütlich, D. W. Ming, F. Renz, T. Wdowiak, S. W. Squyres, and R. E. Arvidson. Jarosite and hematite at Meridiani Planum from Opportunity's Mössbauer spectrometer. *Science*, 306(5702):1740–1745, December 3 2004.

[51] G. Klingelhöferfer, R.V. Morris, P.A. de Souza Jr., B. Bernhardt, and the Athena Science Team. The miniaturized Mössbauer spectrometer MIMOS ii of the Athena payload for the 2003 MER missions. In *Sixth International Conference on Mars*. Caltech, JPL, LPI, NASA, The Planetary Society, July 20-25 2003.

[52] Tatsuaki Okada, Kei Shirai, Yukio Yamamoto, Takehiko Arai, Kazunori Ogawa, Kozue Hosono, and Manabu Kato. X-ray fluorescence spectrometry of Asteroid Itokawa by Hayabusa. *Science*, 312(5778):1338–1341, June 2 2006.

[53] http://mars.jpl.nasa.gov/msl. *Mars Science Laboratory public website*. NASA/JPL.

[54] E. C. Stone, A. C. Cummings, F. B. McDonald, B. C. Heikkilav, N. Lal, and W. R. Webber. Voyager 1 explores the termination shock region and the heliosheath beyond. *Science*, 309(5743):2017–2020, September 23 2005.

[55] L. F. Burlaga, N. F. Ness, M. H. Acu na, R. P. Lepping, J. E. P. Connerney, E. C. Stone, and F. B. McDonald. Crossing the termination shock into the heliosheath: Magnetic fields. *Science*, 309(5743):2027–2029, September 23

2005.

[56] John D. Richardson, Justin C. Kasper, Chi Wang, John W. Belcher, and Alan J. Lazarus. Cool heliosheath plasma and deceleration of the upstream solar wind at the termination shock. *Nature*, 454(7200):63–66, July 3 2008.

[57] M. K. Dougherty, K. K. Khurana, F. M. Neubauer, C. T. Russell, J. Saur, J. S. Leisner, and M. E. Burton. Identification of a dynamic atmosphere at Enceladus with the Cassini magnetometer. *Science*, 311(5766):1406–409, March 10 2006.

[58] Donald Gary Swanson. *Plasma Waves*. Plasma Physics. Taylor and Francis, 2 edition, 2003.

[59] G Fischer, MD Desch, P Zarka, ML Kaiser, D Gurnett, WS Kurth, W Macher, HO Rucker, A Lecacheux, WM Farrell, and B Cecconi. Saturn lightning recorded by Cassini/RPWS in 2004. *Icarus*, 183(1), July 2006.

[60] R. K. Soberman, S. L. Neste, and K. Lichtenfeld. Particle concentration in the asteroid belt from Pioneer 10. *Science*, 183(4122):320–21, January 25 1974.

[61] Frank Spahn, Jürgen Schmidt, Nicole Albers, Marcel Hörning, Martin Makuch, Martin Seiß Sascha Kempf, Ralf Srama, Valeri Dikarev, Stefan Helfert, Georg Moragas Klostermeyer, Alexander V. Krivov, Miodrag Sremevi, Anthony J. Tuzzolino, Thanasis Economou, and Eberhard Grün. Cassini dust measurements at Enceladus and implications for the origin of the E Ring. *Science*, 311(5766):1416–418, March 10 2006.

[62] Eberhard Grün et al., editors. *Interplanetary Dust*. Astronomy and Astrophysics Library. Springer, 2001.

[63] M. Opher, E. C. Stone, and P. C. Liewer. The effects of a local interstellar magnetic field on Voyager 1 and 2 observations. *The Astrophysical Journal*, 640(1):L71–74, 2006.

[64] S. M. Krimigis, T. P. Armstrong, W. I. Axford, C. O. Bostrom, C. Y. Fan, G. Gloeckler, L. J. Lanzerotti, E. P. Keath, R. D. Zwickl, J. F. Carbary, and D. C. Hamilton. Low-energy charged particle environment at Jupiter: a first look. *Science*, 204(4396):998–003, June 1 1979.

[65] S. M. Krimigis, T. P. Armstrong, W. I. Axford, C. O. Bostrom, G. Gloeckler, L. J. Lanzerotti, J. F. Carbary, D. C. Hamilton, and E. C. Roelof. Low-energy charged particles in Saturn's magnetosphere: Results from Voyager 1. *Science*, 212(4491):225–31, April 10 1981.

[66] D. T. Young, J.-J. Berthelier, M. Blanc, J. L. Burch, S. Bolton, A. J. Coates, F. J. Crary, R. Goldstein, M. Grande, T. W. Hill, R. E. Johnson, R. A.

Baragiola, V. Kelha, D. J. McComas, K. Mursula, E. C. Sittler, K. R. Svenes, K. Szegö, P. Tanskanen, M. F. Thomsen, S. Bakshi, B. L. Barraclough, Z. Bebesi, D. Delapp, M. W. Dunlop, J. T. Gosling, J. D. Furman, L. K. Gilbert, D. Glenn, C. Holmlund, J.-M. Illiano, G. R. Lewis, D. R. Linder, S. Maurice, H. J. McAndrews, B. T. Narheim, E. Pallier, D. Reisenfeld, A. M. Rymer, H. T. Smith, R. L. Tokar, J. Vilppola, and C. Zinsmeyer. Composition and dynamics of plasma in Saturn's magnetosphere. *Science*, 307(5713):1262–266, February 25 2005.

[67] Donald E. Shemansky, A. Ian F. Stewart, Robert A. West, Larry W. Esposito, Janet T. Hallett, and Xianming Liu. The Cassini UVIS stellar probe of the Titan atmosphere. *Science*, 308(5724):978–82, May 13 2005.

[68] Bradford A. Smith et al. A new look at the Saturn system: The Voyager 2 images. *Science*, 215(4532):505–537, January 1982.

[69] Candice J. Hansen, L. Esposito, A. I. F. Stewart, J. Colwell, A. Hendrix, W. Pryor, D. Shemansky, and R.West. Enceladus' water vapor plume. *Science*, 311(5766):1422–1425, March 2006.

[70] Richard A. Kerr. Saturn's rings look ancient again. *Science*, 319(5859):21, January 2008.

[71] G. L. Tyler, V. R. Eshleman, J. D. Anderson, G. S. Levy, G. F. Lindal, G. E. Wood, and T. A. Croft. Radio science investigations of the Saturn system with Voyager 1: Preliminary results. *Science*, 212(4491):201–206, April 10 1981.

[72] J. D. Anderson G. L. Tyler, V. R. Eshelman, G. S. Levy, G. F. Lindal, G. E. Wood, and T. A. Croft. Radio science investigations of the Saturn system with Voyager 1: Preliminary results. *Science*, 212(4491):201–206, April 10 1981.

[73] Arvydas Kliore, Dan L. Cain, Gerald S. Levy, Von R. Eshleman, Gunnar Fjeldbo, and Frank D. Drake. Occultation experiment: Results of the first direct measurement of Mars's atmosphere and ionosphere. *Science*, 149(3689):1243–1248, September 10 1965.

[74] Jonathan I. Lunine and Sushil K. Atreya. The methane cycle on Titan. *Nature*, 1:150–164, February 17 2008.

[75] R. A. Jacobson, P. G. Antreasian, J. J. Bordi, K. E. Criddle, R. Ionasescu, J. B. Jones, R. A. Mackenzie, M. C. Meek, D. Parcher, F. J. Pelletier, Jr. W. M. Owen, I. M. Roundhill D. C. Roth1, and J. R. Stauch1. The gravity field of the saturnian system from satellite observations and spacecraft tracking data. *The Astronomical Journal*, 132(6):2520–2526, December 2006.

[76] D. K. Yeomans, P. G. Antreasian, A. Cheng, D. W. Dunham, R. W. Far-quhar, R. W. Gaskell, J. D. Giorgini, C. E. Helfrich, A. S. Konopliv, J. V. McAdams, J. K. Miller, W. M. Owen Jr., P. C. Thomas, J. Veverka, and B. G. Williams. Estimating the mass of Asteroid 433 Eros during the NEAR spacecraft flyby. *Science*, 285(5427):560–561, July 23 1999.

[77] A. Fujiwara, J. Kawaguchi, D. K. Yeomans, M. Abe, T. Mukai, T. Okada, J. Saito, H. Yano, M. Yoshikawa, D. J. Scheeres, O. Barnouin-Jha, A. F. Cheng, H. Demura, R. W. Gaskell, N. Hirata, H. Ikeda, T. Kominato, H. Miyamoto, A. M. Nakamura, R. Nakamura, S. Sasaki, and K. Uesugi. The rubble-pile asteroid Itokawa as observed by Hayabusa. *Science*, 312(5778):1330–1334, June 2 2006.

[78] Shinsuke Abe, Tadashi Mukai, Naru Hirata, Olivier S. Barnouin-Jha, Andrew F. Cheng, Hirohide Demura, Robert W. Gaskell, Tatsuaki Hashimoto, Kensuke Hiraoka, Takayuki Honda, Takashi Kubota, Masatoshi Matsuoka, Takahide Mizuno, Ryosuke Nakamura, and Daniel J. Scheeresand Makoto Yoshikawa. Mass and local topography measurements of Itokawa by Hayabusa. *Science*, 312(5778):1344–1347, June 2 2006.

[79] RICHARD WOO and PAUL GAZIS. Large-scale solar-wind structure near the Sun detected by Doppler scintillation. *Nature*, 366:543–545, December 9 1993.

[80] Bruno Bertotti, Luciano Iess, and Paolo Tortora. A test of general relativity using radio links with the Cassini spacecraft. *Nature*, 425:374–376, September 25 2003.

[81] J. H. Taylor, L. A. Fowler, and P. M. McCulloh. Measurements of general relativistic effects in the binary pulsar PSR1913 + 16. *Nature*, 277(437):437–440, February 8 1979.

[82] A. J. Kliore, J. D. Anderson1, J. W. Armstrong, S. W. Asmar, C. L. Hamilton, N. J. Rappaport, H. D. Wahlquist, R. Ambrosini, F. M. Flasar, R. G. French, L. Iess, E. A. Marouf, and A. F. Nagy. Cassini radio science. *Space Science Reviews*, 115(1-4):1–70, 2004.

[83] Alex Abramovici, William E. Althouse, Ronald W. P. Drever, Yekta G ̈ ursel, Seiji Kawamura, Frederick J. Raab, David Shoemaker, Lisa Sievers, Robert E. Spero, Kip S. Thorne, Rochus E. Vogt, RainerWeiss, Stanley E. Whitcomb, and Michael E. Zucker. LIGO: the laser interferometer gravitational-wave observatory. *Science*, 256(5055):325–333, April 17 1992.

[84] S. Nozette, C. L. Lichtenberg, P. Spudis, R. Bonner, W. Ort, E. Malaret, M. Robinson, and E. M. Shoemaker. Clementine bistatic radar experiment.

Science, 274(5292):1495–1498, November 29 1996.

[85] David E. Smith, William L. Sjogren, G. Leonard Tyler, Georges Balmino, Frank G. Lemoine, and Alex S. Konopliv. The gravity field of Mars: results from Mars Global Surveyor. *Science*, 286(5437):94–97, October 1 1999.

[86] C. M. Pieters, J. W. Head, S. Pratt, W. Patterson, J. Garvin, V. L. Barsukov, A. T. Basilevsky, I. L. Khodakovsky, A. S. Selivanov, A. S. Panfilov, Yu. M. Gektin, and Y. M. Narayeva. The color of the surface of Venus. *Science*, 234(4782):1379–1383, December 12 1986.

[87] M. K. Dougherty, L. W. Esposito, and S. M. Krimigis, editors. *Saturn from Cassini Huygens*. Springer, 2009.

[88] R. H. Brown, J.-P. Lebreton, and J. H. Waite, editors. *Titan from Cassini-Huygens*. Springer, 2009.

第 7 章

任务制定与实现

7.1 项目指南

征集: 总资金为 32500 万美元的火星项目建议书。NASA 发布的项目指南如下[1]:

AO 02-OSS-02

发布日期: 2002 年 5 月 1 日

意向通知日期: 2002 年 6 月 3 日

方案提交截至日期: 2002 年 8 月 1 日

NASA 空间科学办公室为空间科学火星探测计划 (Mars Exploration Program, MEP) 办公室的下次任务发布一个 Mars Scout 项目指南 (AO 02-OSS-02)。这个 AO 一旦发布, 精选的建议书意在提供一个或多个任务, 在 2007 年 12 月发射, 这些任务也可能经过再一次选择。这个 AO 涵盖的科学目标包括在当前已确定的 MEP 里。

AO 面向各种国外和国内的组织公开征集, 包括工业界、教育性机构、非营利组织、NASA 各中心和其他政府机构。这次征集将开放到 2002 年 8 月 1 日, 自发布之日起, 建议书准备的具体指导信息参考网站 http://spacescience.nasa.gov。

有关科学或技术方面的问题可以咨询太阳系系统探索部门的 James Garvin 博士, 代码是 SE, 太空科学办公室, 位于华盛顿的 NASA 总部, 邮编是 20546-0001。

前面章节已经知道一次星际飞行包括什么, 以及科学仪器和实验如何解决具体的科学问题, 而本章将介绍如何制定和实现这样的星际飞行任务。

我们将列出所涵盖的主要里程碑, 并用实例进行说明, 其中包括一些基于以上 AO 的部分最终结果。

由以上 AO 产生的任务最终命名为凤凰号 (Phoenix), 整个任务从 AO 开始到基本任务结束经历了相对较短的时间[2], 因此它是一个好的、简洁的范例。而且许多读者也可能已经比较熟悉这个任务, 因为它在许多公众媒体中已经报道过。虽然比较简洁, 但是 Phoenix 描绘了几乎任何星际探索任务生命周期的所有主要阶段 (文献 [1] 概述了 Phoenix 任务设计)。本章中, 在定义八类任务并比较它们不同的设计和实现之后, 将再次探讨 Phoenix 任务。

7.1.1 财务方面

从奔向火星的 Phoenix 任务的 AO 标价来看, 其大概是 2008 年华纳兄弟的蝙蝠侠电影 —— The Dark Night 成本的两倍。这部电影在全球发布的第一周就获得了 3.55 亿美元的收益。

美国在 2007 年的预算中为 NASA 划拨了 170 亿美元, 根据美国太空利益集团的说法[3], 该数字若除以当年的美国纳税人数, 则大约是每人每周 1.09 美元, 其中约 16 亿美元或 10.6% 用于机器人太阳系探索, 这笔资金基本上与 2008 年预算持平。在 2008 年 NASA 预算中, 被认为是 "探索系统和探索能力" 的载人太空飞行计划获得了 102 亿美元资助, 航空研究得到 7.32 亿美元资助。

7.1.2 关于火星侦察兵计划

NASA 的火星侦察兵计划旨在对重要的新发现进行快速响应, 以加强长期火星探索的努力。它由 JPL 为 NASA 空间科学办公室负责管理。前面提到的 AO 是该计划的第一个项目, 它是由奥德赛火星探测器 (Mars Odyssey) 的新发现所驱动的, 这个发现是利用伽马射线分光计测得火星两极地区存在地下水冰, 详见文献 [2]。这个侦察兵计划任务就是设计用来证实这个新的发现, 并调查以前或现在微生物栖息存在可能的重要性。

7.1.3 AO 响应

作为上述引用的 2002 年 AO 的响应, NASA 共收到了 25 份建议书, 并且为每个资助达 50 万美元进行可行性研究, 包括项目成本、管理和技术方案、实现途径、教育推广和小型商业投资。六个月后, NASA 从中挑

选了四个继续进行深入研究。其中三个重点关注火星大气, 一个将飞行沿
着 "自由返回" 轨道并带着样本返回地球。第四个将在火星北极圈内着陆
飞行器, 用以探寻水冰、测量大气和调查周围环境。该建议书是由包括亚
利桑那大学、JPL、洛克希德·马丁航天系统公司和加拿大航天局四方联
合提出的, 给定的预算包括发射成本限制在 3.86 亿美元。

根据该建议书, 着陆器可以采用以前两个失败的任务遗留下来的设计
和硬件 (这些费用不包括在上述整个预算成本中)。1998 年, 当火星极地登
陆者 (Mars Polar Lander) 试图在 "失明状态下"(下降时无法发射遥测信
号) 着陆在火星南极附近时而失去联络。2001 年, 火星勘探者项目由于固
有的风险而被取消, 但有价值的着陆器组件被妥善保存了下来。凤凰号从
这些失败的任务中重生, 并打算在火星北方高纬度地区开展以下活动:

(1) 探测过去和现在火星北极土壤中可能存在的生命迹象;

(2) 调查水冰的潜在储藏地;

(3) 提高对火星大气过程的认识;

(4) 测量火星北极地区的挥发物质, 例如水和有机分子。

作为一个任务制定和实现过程的实例, 在回到凤凰号向火星冰原进发
这个故事, 首先给大家一个更宽广的背景知识。

7.2 航天器类别

任务制定是由其目标所决定的。大体上, 我们可以将运行在星际空间
的所有飞行器归类为以下八类中的一种, 尽管某些任务具有多种特性。附
录 B 给出了每个类型的一个实例。

7.2.1 工程验证航天器

在决定使用某种特殊的设备或软件系统之前, 航天器设计师需要确保
其设计的每个单元或类似部分已经过飞行验证。这意味着无论多么有前景
的新技术, 即使航天器必须依赖它们执行科学任务, 若未经过飞行实验验
证, 它们也不会使用在航天器上。另一方面, 总线设备和科学仪器的新设
计能够在质量和功率需求上提供较为显著的改进, 以至于很难拒绝使用。
因此, 有时航天器设计的主要目标就是检验硬件和软件上的新概念。各项
新技术需要在飞行试验中经过严格的测试和评估, 之后类似的设计才可以
确信地使用在接下来的科学任务中。一个例子就是在深空 1 号工程任务

上演示验证的电离子推进系统, 后来作为主推进系统应用在黎明号航天器任务上。

对于组件, 无论硬件、软件或是两者兼有的系统, 都需分配一个技术准备水平 (Technology Readiness Level, TRL) 来表示其完备程度。该评估系统有助于决定一个正在开发的航天器是否依赖于一个特定的技术来完成任务。NASA 定义这个分级系统 (TRL 等级) 如下:

TRL1: 发现并报告基本原理。

TRL2: 技术概念和/或应用构想。

TRL3: 技术概念关键功能的理论分析与试验验证。

TRL4: 实验室环境下的组件和/或实验板验证。

TRL5: 相关环境下的组件和/或实验板验证。

TRL6: 相关环境下系统/子系统的原型验证。

TRL7: 空间环境下的系统原型验证。

TRL8: 实际系统在地面或空间通过飞行资格的测试/验证。

TRL9: 实际系统通过成功的任务操作确认飞行验证。

工程验证航天器能够使几个组件成功地达到 TRL-9。为了充分利用飞行过程中重要的科学探测机会, 这种航天器预计将至少携带一些仪器, 以在飞行过程中充分利用重要的科学探测机会收集科学数据。一旦任务的主要工程目标得到满足, 也可以给该任务分配一些纯科学的新目标。有时, 也可以在工程验证开展的同时进行一些科学观测。

7.2.2 天文观测航天器

天文观测航天器在星际空间飞行是为了将它们的仪器升高至地球大气层以上, 并远离地球的高温和强光。斯皮策天文望远镜就是一个例子, 它在近圆的太阳轨道上, 跟着地球绕着太阳运行。如果将地球到月球的距离或者更远距离定义为深空, 哈勃太空望远镜和钱德拉 X 射线太空望远镜天文台 (Chandra X-Ray Observatory) 都没有运行在深空, 前者的轨道高度为 610km, 而后者轨道高度为 13300km。然而, 它们都是天文观测航天器中很好的实例。两者都能在在轨运行期间将它们的光圈对准漆黑的太空, 并且使观测深入时空来捕获电磁波的波长和能量。这对于地球表面观测站来说, 由于大气层的吸收, 这些从地球表面是无法观测到的 (见附录 D)。

在 NASA 的大型轨道天文台计划 (Great Observatories Program) 中,

有四个观测航天器用从红外线到伽马射线的波段来观测宇宙: 斯皮策天文望远镜观测红外线, 哈勃观测近红外线、可见光和近紫外线, 钱德拉观测 X 射线以及康普顿伽马射线天文台 (Compton Gamma Ray Observatory) 观测从 1991 年至 2000 年光谱中最有活力的部分。许多其他的天文观测航天器已经运行在地球轨道上: 包括红外天文卫星 (the Infrared Astronomical Satellite), 发射于 1983 年; 宇宙背景探测器 (Cosmic Background Explorer), 发射于 1989 年; 普朗克卫星 (Planck) 卫星, 于 2009 年发射, 用于高分辨观测宇宙背景辐射。

7.2.3 飞越航天器

飞越航天器被设计用来从一个太阳轨道或经过某个天体的逃逸轨道上进行观测。它们并没有携带足够多的 ΔV 来进入目标天体的轨道。新视野号 (New Horizon) 航天器计划执行对冥王星和冥王一的飞越观测, 旅行者 1 号和旅行者 2 号采用了相同的方式观测了这个气态巨行星及其卫星。

7.2.4 轨道航天器

轨道航天器被设计成巡航至一个目标天体并在到达后进入其环绕轨道。由于在目标天体附近需要相当大的速度增量变化, 因此轨道航天器必须具备携带足够的 ΔV。信使号、伽利略号、卡西尼号以及所有的火星轨道器, 正如图中所看到的那样[4], 使推进箱膨胀来提供 ΔV。由于轨道航天器保持在目标天体的重复轨道上, 从而可以完成深入调查。实施的轨道器任务包括用于导航和通信的频繁跟踪。轨道器通常被设计用来观测行星, 像火星轨道器, 在圆轨道或近圆轨道上运行最好。它们通常具有高度重复的日程, 并且受益于航天器和地面上的自动操作, 如模版驱动的指令序列配置的使用。例如伽利略号和卡西尼号设计保持在目标行星大椭圆轨道上的轨道器, 需要频繁而精确的轨道调整来建立对行星自然卫星的近距离飞越。所有的这些都需要在科学规划、指令准备和工程活动上持续的工作来制定独特的指令序列。

7.2.5 大气探测航天器

进入和研究某行星或 Titan(太阳系中除了行星唯一具有大气层的天体) 的大气层需要进行很大的速度变化。当星际旅程结束时, 航天器相对于目标会有一个很高的速度, 这仅仅是由目标天体的引力所造成的。因此大气探测航天器通常用隔热防护罩保护起来, 通过将动能转化为热能并释放掉, 来迅速地降低航天器速度。当这个飞行制动功能结束后, 需要一个航天器携带的系统将释放和分离这个防护罩。其他的类似科学仪器以及降落伞装置也将部署到位。

7.2.6 着陆和穿透航天器

一个航天器试图缓缓地降落在星体表面或是将其埋在地表的最上层, 也需要应对很高的接近速度。若存在大气层, 隔热防护罩可用于飞行制动, 降落伞、推进器和安全气囊也可用来降低速度到一个可行的范围。着陆器和穿透器可能被设计有限的无线电发射功率来保存质量, 当它们在表面进行观测时, 联系地球可能需要依赖其附近的另一个航天器, 例如轨道航天器, 与地球进行通信。

7.2.7 巡视航天器

巡视航天器需要着陆, 因而它们同样需要降低接近速度。一旦在地表着陆, 它们具有巨大的能力来携带直接传感的科学仪器进行感兴趣目标的组成和机械属性测量。某些巡视航天器可以直接与地球进行通信, 某些依赖中继通信, 还有一些可以两者兼具。

7.2.8 通信和导航航天器

目前, 还没有一个很好的深空探测专用通信航天器的实例。十多年前, 有一个火星通信网络概念被提出, 它是由火星轨道通信卫星组成的网络, 主要为到火星表面和在轨航天器提供服务, 然而它终止于概念研发阶段。当前, 火星表面机动车和地球之间的通信中继是由已在火星轨道执行自身科学观测的航天器来完成 (即时很少)。这些航天器包括火星快车 (Mars Express)、火星奥德赛号 (Mars Odyssey) 和火星勘测轨道器 (Mars Reconnaissance Orbiter)。火星全球测量者号 (Mars Global Surveyor) 在失去联络前也中继转发数据。这些轨道器使用 UHF 波段发射和接收来自火星表面机动车的遥控和遥测数据。当前正在运行的火星表面机动车有火星探测漫游者 (MER-1 和 MER-2), 分别取名勇气号 (Spirit) 和机遇号 (Opportunity), 以及最近的凤凰号着陆器。火星全球测量者号支持探路者 (Pathfinder) 着陆器的中继, 着陆器接着与它的漫游者 Sojourner 进行通信。

7.2.9 尺寸及复杂性

航天器的另一种维度分类就是按尺寸、复杂性和费用。一端是旗舰级任务, 如 10 亿美元 (20 世纪 70 年代的美元) 海盗号 (Viking)、14 亿美元的两国联合任务伽利略号和 30 亿美元的多国任务卡西尼 — 惠更斯号 (Cassini-Huygens)。这样的计划都趋向长期的发展或运行寿命, 它们代表航天机构资源的巨大投入, 或是来自多个组织及航天机构的共同投资。另一端就是 1997 年的火星探路者计划, 它在密封气囊的保护下安全着陆 (它的团队利用安全气囊在火星表面释放了一个小型着陆器和巡视器), 并在火星表面漫游, 总共花费 1.5 亿美元 —— 不及 2008 年蝙蝠侠电影的成本。文献 [3] 中, 探路者项目经理 Tony Spear 生动地描述了从这个成本受限且短寿命的任务中所学到的内容, 该计划响应了 20 世纪 90 年代中期 NASA 的 "更快、更好、更廉价" 的理念。有时, 几个小任务可以被委任为一个大计划的一部分, 探路者就是下面即将提到的 NASA 发现者计划 (The Discovery Program) 中的一个任务。

7.3 任务制定

本章之前提到的星际飞行项目 —— 在土星轨道上的卡西尼号和未成功到达的火星气候轨道器旅行者号的发射和在轨飞行, 以及其他一些项目, 在 Phase E 中都有详尽的描述, 这里主要描述深空任务的其他常规阶段。

我们知道, 设计一个任务不仅仅包括轨道动力学和轨道设计。文献 [4] 为任务设计的诸多方面提供了全面指导, 包括 AIAA 开发的可以支持太阳系内任何地点且在技术上有效自主导航研究的软件及其说明。另一方面, 文献 [5] 未采用任何数学公式来阐明相似的主题。本章从一个对现有文献补充的角度来看待任务制定和实现各个方面。

前面引用的 AO 并不是表明凤凰号任务寿命期的开始, 而是 NASA 总部为一系列完成某些科学目标任务而制定构想的这一复杂过程的结果。NASA 作为在科学界享有优先权的回应, 使一些概念达到可以确知的水平, 即采用当前的技术状态能够实现。所以人们将会看到, 不是所有的任务都像凤凰号任务那样能作为一个 AO 的主题。

7.3.1 十年调查

许多任务的发起都源于十年调查, 它是由美国国家调查委员会组织科学界专家与普通大众通过太空利益集团共同制定的, 为美国后十年星际研究计划的优先权进行评估。他们评估星际科学探测的条件, 并将制定的优先顺序推荐给联邦投资委员会。其他的十年调查用于指导地球科学、天文学、天文物理学和其他学科。2002 年的行星科学规划 (调查), 除了收到行星科学界影响的成员投入外, 也还收到超过 54000 个普通大众的回应, 这其中 91% 都将火星任务排在前五位, 这些及其他信息都为 NASA 科学任务理事会 (the NASA Science Mission Directorate) 的行星科学部 (the Planetary Science Division) 提供指导。其中一个成功的例子就是 NASA 火星侦察兵计划中的火星探测计划, 设计执行 "机会任务" 用以对新发现实施快速响应。

7.3.2 竞争型任务

NASA 侦察兵计划中的一些任务是由竞争产生的, 例如凤凰号的任务。即 NASA 准备制订并发布一个 AO, 鼓励支持所选响应者之间进行竞争, 然后将任务授予获胜方。竞争任务具有严格的费用与时间计划限制[5], 2006 年 NASA 预算中分配了 9400 万美元, 以支持凤凰号任务的全面竞争。除了 NASA 侦察兵计划, 其他接受竞争的计划还包括:

(1) 发现者计划[6] 到目前已有 15 个竞争任务, 包括火星探路者及它的 Sojourner 巡视器, 水星信使号和到两个主要小行星带的黎明号。

(2) 新千年计划[7] (the New Millennium Program) 是为测试新的飞行技术而设计的, 到目前已包括深空 1 号、深空 2 号和 6 个地球轨道任务。

(3) 新前沿计划[8] (the New Frontiers Program) 目前已包括正飞往冥王星的新视野号, 以及计划发往木星的朱诺号。

7.3.3 分配型任务

另一方面就是分配的任务, 也称定向任务。它们一般比竞争任务要庞大且昂贵许多, 有些也是众所周知的旗舰任务。一个典型例子就是阿波罗计划 (the Apollo Program), 它是 1961 年由美国前总统肯尼迪指示 NASA 承担, 并于 1969 年首次实现人类登月。其他分配的 NASA 任务包括先驱者号、水手号、旅行者号、麦哲伦号、伽利略号和卡西尼号。虽然这些任

务自身是 "分配的", 但许多组件, 有时包括航天器自身可能都是通过全球竞标而提供的。洛克希德·马丁公司赢得竞标来为 JPL 制造和操控麦哲伦号航天器, 伽利略号的反推进模块是由德国提供的, 而卡西尼号的许多仪器是全球竞标的。当前正在研究的未来 NASA 旗舰任务包括木卫二轨道器和土卫六任务。

旗舰任务伽利略和卡西尼都有复杂的早期任务定义阶段。在 1979 年运载火箭选择开始变化时 (后), 伽利略号任务历经了 5 次重新设计, 直到 1986 年失去挑战者号航天飞机后才固定下来。卡西尼号起初是设想作为 NASA 水手马克 II (Mariner Mark II) 计划的一个任务, 经历了预算裁减和重新定义, 由于水手马克 II 计划的取消, 并经历了预算裁剪和重新定义之后才成为一个旗舰任务。直到 1989 年, 这个计划才包括 NASA 开发的土星轨道探测器卡西尼号和 ESA 开发的土卫六大气和地表探测器惠更斯号。最终, ASI 才打算开发任务的通信设备, 来自 18 个国家的工程师和科学家开展技术问题的协调。卡西尼号项目定义和设计经历了许许多多的组合, 最终形成一套完整而稳定的规范, 这些规范成为 1993 年开展电子元器件制造、航天器组装、测试以及 1997 年最终发射的基础。

7.3.4 任务管理

一个星际任务能够组织起来的根本原因在于它的管理。在美国起源于 NASA, 正如我们所看到的, 为每一次的飞行任务创建一个计划。可以注意到, 计划层是位于飞行项目层之上的, NASA 接着开发一个足够先进的项目概念, 并准许通过一次竞争来选择一个承包商承担这个项目, 或指派它的一个中心来指导项目制定和实现[9]。项目层管理可以比作大型远洋船的管理, 拥有众多远洋船就如同 NASA 与项目管理。除此之外可以类推, 星际科学探索的高科技就要求它们的领导者和职员在任务涵盖的技术领域具备世界级水平。

飞行项目管理主要负责:

(1) 项目制定: 评估可行性、技术、概念和风险; 组建团队、设计操作概念、创建需求和成功标准; 准备制订计划、预算、时间表和管理控制系统。

(2) 项目审批: 决策权威承认项目已经满足各方期望和项目制定需求, 并准备交付预算资金用于项目实现。

(3) 项目实现: 执行用于项目开发和运行的审批计划, 并使用管理控制系统以确保适合正常执行的性能。

(4) 项目性能评估及公司评估调查结果: 确保任务计划和执行足够充分。

在许多情况下, 项目经理会专注于任务所面临的技术和科学问题, 而副经理, 如果有编制的话, 一般负责管理工作的事务性方面。

1. 组织 (Organization)

没有一个人能独自应对星际飞行项目, 即使对于像凤凰号这样一个简单的任务, 因此, 项目经理需要将任务巧妙地分配给所信任的合伙人。项目经理信赖专家和团队每一员的各个方面, 例如:

—— 财务和人力资源管理;

—— 任务规划;

—— 导航;

—— 风险管理、任务担保;

—— 飞行系统开发和运行;

—— 深空网络技术;

—— 工程科学;

—— 地面系统开发;

—— 指令序列开发;

—— 实时运行操作;

—— 数据管理;

—— 公众支持。

需要通力合作的星际任务没有任何琐碎的事务, 就是将来自全球各地的组件组合成一个团体。大多数飞行项目经理都有多年不同星际飞行领域的经验, 这些经验能够帮助他们洞察项目中许多错综复杂的事物。他们的管理智慧指导任务的组织, 并收获许多帮助。一个类似 JPL 具有 "矩阵" 组织的机构, 力争将来自不同单位、部门和团队的专家 —— 矩阵的一个轴向, 来从事在不同飞行计划中不同飞行任务的不同阶段 —— 即另一个轴向。在整个任务期间, 任何给定的飞行计划将会给来自几十个部门的工作人员赋予类似 "远程通信" "任务结构" "业务操作" 以及 "空间科学" 的名称。

2. 风险管理 (Risk Management)

风险是在规定的成本、计划和其他约束条件下, 对实现目标的不确定性的度量。风险识别与一个计划的各个方面都紧密相关, 管理方对飞行团队中的每名成员进行调查, 以确定各种潜在的风险, 并指派一个或多个职员进行记录。这个过程称为的概率风险评价 (Probabilistic Risk Assessment)。它将任务专家汇集在一起, 在任务保险和质量控制的条例下对具体的项目风险进行确认和分类。

风险的一个例子就是航天器经过重要的小行星带时可能与未知目标发生碰撞。风险识别包括三个要素: 潜在的根源、可能性和结果。在该例中, 根本原因是碰撞过程中未知目标的存在, 对于可能性, 我们认为比较低, 而对于结果, 如果风险一旦发生是非常不利的, 即任务失败。

一个星际飞行项目中可能存在成百上千的风险。为了管理它们, 负责此任务的人员需要研究每一个风险, 并在一个图 7.1 所示的矩阵中确定其位置所在。如图 7.1 所示, 风险分析将每个确定的风险放置在矩阵的一个方格中。类似例子中的风险可能会出现在 "可能性" 的第一行和 "结果" 的第五列中, 即落在了灰色区域[10]。在例子中, 管理方可能决定花费有限的资源对小行星带的已知内容做更为深入的研究。管理方可能决定需要有限的资源来进一步研究小行星带中心的有关问题。否则, 任务可能会面临这个 "灰色" 风险并向其发展。如果分析表明, 在计划、质量、成本或其他资源的影响在可接受的程度范围内, 一些 "灰色" 风险可能会移动至白色区域, 管理者可能会授权这些减轻风险的活动。任何落在黑色区域的风险最初就被视为不可接受的, 并会成为更有力的分析对象, 甚至可能接受正式的审查。有助于减少航天器或任务风险的这些变化会被优先考虑实施。

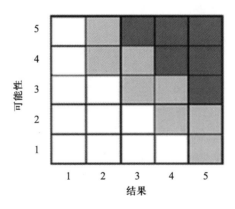

图 7.1   风险矩阵。可能性范围从最小值 1 到最大值 5, 结果的严重程度范围从最小值 1 到最大值 5。不同任务具有不同版本的风险矩阵, 其等级具有更精确的含义。

一个更为现实的例子就是将错误的指令发送到航天器。由于飞行团队在航天器有效期内会产生和上传成千上万或几百万指令, 一个错误指令发生的可能性高于底层的等级, 错误指令的后果从可以被忽视的到灾难性的, 因此这种风险可能出现在以上矩阵的 "不可接受" 区域, 对这类风险的缓解方法一般要建立在飞行操作中, 包括上传之前对指令序列进行测试、控制上行数据流中的 "家族" 产品、检查清单的广泛使用, 以及安排两个人员在向航天器发送指令时互相检查, 以确保期只有预期的产品被实际发送出去。

对于 1996 年发射且成本受限的火星探路者号任务, 在对其研发期间所认识到的风险的缓解措施进行讨论时, 项目经理 Tony Spear 就评论说:

"毫无疑问, 安全气囊作为最有风险的因素, 使得进入、下降和着陆阶段也被看作最大的任务风险时段, 因此我们分配了额外的开支和预留的时间来对安全气囊进行设计和测试, 包括在俄亥俄州桑达斯基的 Lewis Plum Brook 进行一系列的坠落测试, 这在最初是没有计划的。"

探路者于 1997 年 7 月 4 日成功着陆在火星阿瑞斯谷 (Ares Vallis), 展开了一个仪器轴承太阳能 "微型巡视器", 并传回了重要的地面实况科学数据。

7.3.5 任务阶段

无论是分配的还是竞争的,NASA 任务的制定和实现都要经历一套标准的阶段。它们是:

1. 任务制定

—— 准备阶段 A: 概念探索。
—— 阶段 A: 概念与技术开发。
—— 阶段 B: 初步设计与技术实现。

2. 任务实现

—— 阶段 C: 最终设计与制造。
—— 阶段 D: 子系统组装、集成、测试与发射。
—— 阶段 E: 飞行操作、维护与数据分析。
—— 阶段 F: 任务完毕。

在相邻阶段之间会有不同程度的重复。实际上, 阶段 C 和阶段 D 经常合并为 "阶段 C/D"。在阶段 A 之前, 如果从概念研究到到可行性检查都没有进行完善的研究, 就可能会产生任何数量的准备活动, 这就会产生大量的工作甚至需要发布 AO。类似伽利略号、卡西尼号或木卫二轨道器这样的任务,它们在阶段 A 正式开始之前都经历了漫长的发展过程。但是,一旦这个阶段正在进行当中,航天器就具有非常大的机会离开地球。

从一个阶段正式进入到下一个阶段之前,项目管理中有一个关键决策节点 (Key Decision Point, KDP),图 7.4 中给出了几个 KDP。图例揭示了在项目寿命期间,一些评审及其他活动如何六次引导向 KDP。对于每个 KDP,由决策权威来决定项目是否进展到下一阶段。这些 KDP 就如同项目必须经过的关口,在这些点上所做的决策会引起:

—— 授权进入下一个 KDP 的,或者

—— 等待明确的活动决定之后,批准继续进入下一个 KDP,或者

—— 不批准,在该情况下后续的活动可能包括以下几项:

索取更多的信息;

一个 "delta" 独立评审,解决变化 (delta) 的实现;

申请一个项目终止评审 (Termination Review);

指示继续当前的阶段;

项目重新定位。

有关任务制定与实现中各个阶段的定义的信息是由 NASA 提供的[11]。

7.3.6 评审

项目团队成员将评审 (Reviews) 视为目标来进行准备,同时项目管理利用它们以确保任务能够满足进度要求并且不超过预算的质量、电力、时间、金钱等其他限制。评审为项目管理提供关键决策节点的信息。

除了图 7.4 中给出的主要评审点外,在一个项目的寿命期内还有许多类型的评审。当任务处于实施过程中,所有的几十个子系统和仪器设备都会在项目较低层次的活动中具有独立的设计和实现计划,比如预测试评审及独立装配和子系统的预搭载评审,以及接收来自供应商的组件验收测试评审。

虽然表 7.1 列出了一个深空飞行项目可能包括的各种类型评审的构想,但在一个项目寿命周期内会有比表中所列出的更多的评审。对于每个飞行项目,不是所有表中列出的评审都需要执行。此外,基于特殊项目的一些具体需求可能还需要专门的评审。例如凤凰号降落雷达所引发的一些问题,尤其是一些是否由被释放的隔热板所产生的回波,可能会使雷达陷入着陆器已经到达近地面的 "思考",从而造成降落引擎过早地关闭。作

表 7.1 项目期间可能需要进行的评审列表

任务概念评审	中心管理委员会评审
系统需求评审	任务定义评审
系统定义评审	初步不支持评审
项目任务系统评审	初步设计评审
不支持评审	关键设计评审
系统集成评审	控制项目管理评审
任务董事会评审	系统集成评审
装运前 (预装载) 评审	操作准备评审
飞行准备评审	发射准备评审
运载火箭飞行准备评审	运载火箭发射准备评审
关键事件准备评审	指令序列批准会议
主任务结束评审	退役评审

为回应, NASA 成立了一个由核心雷达专家组成的雷达独立审查 (Radar Independent Review) 小组来评估凤凰号雷达团队的活动。评审组被授权判定情形特征是否已经描述清楚, 关乎雷达性能的重要风险是否已被确定并有所缓解, 以及任何遗留未缓解的风险对任务的影响是否足够轻微。凤凰号项目完全采纳了独立审查组的建议, 而评审专家也赞同凤凰号的方法。

2008 年 5 月凤凰号登陆前夕, 在回顾了凤凰号着陆器的所有评审过程时, 项目经理 Barry Goldstein 说, "凤凰号有许多问题需要面对, 我们在项目最后的五年里一直在测试着陆器。我们收到了许多建议, 其中有超过 24 个项建议来自不同的评审组 ……, 所有这些我们都已解决。而且除此之外, 我认为更重要的是, 我们已经发现并解决了超过 12 项涉及其他领域的导致火星极地着陆器失败的原因。"[12]

7.3.7 准备阶段 A: 概念探索

阶段 A 内的一些初步分析活动的结果是描述一个合理的航天器配置, 确定任何涵盖在实现任务成本、计划或技术可达性内的重大风险。它还包括成本和进度估计, 以及对任何可能需要的权衡研究做出决定。简而言之,它就是一个专业的概念设计。它可能不是最好的设计,而这将是阶段 B 的结果 —— 任务定义。现在,可以仔细研究一些初步分析的重点问题。

如果你想在车库顶上增加一个房间,你可能事先早就形成了关于这项目的想法,比如它的目的是什么,可能花费多少,以及需要哪些设施来满足目标。这就类似于准备阶段 A 的想法。这个阶段可能产生一些初步的数字,但直到每个受影响的人之间达成一个普遍的共识,如住户、邻居和房屋拥有者组织,并且不需花费大量的金钱和精力。一旦它在所有的约束范围内,它才是真正可取的,这时就会面临一个是/否的决策点:是,雇用一个建筑师并开始花钱;否,将这个想法推迟几年或许会重新审视它。也可能还有其他选项,比如 "是,但是 ……"。

预规划一个星际项目的最初工具之一,就是利用计算机程序将与设计这次旅程的相关的一些因素绘图并输出。若将航天器飞往另一个行星比作向一个移动目标投掷飞镖,要同时考虑飞镖投掷者也在一个移动平台上,并且太阳引力会使飞镖轨迹弯曲。对于一次火星之旅,每隔 25.6 个月当火星移动至合适的位置就有一次从地球发射的机会。在哪里可以找到帮助决定什么时候发射,旅行多长时间,到达环境是什么,需要多大的火箭等信息? 它就是猪排图 (Porkchops)!

1. Porkchop 图

这个奇特的名字来源于计算机产生的猪排形状的曲线 (图 7.2),用来显示在一个给定发射机会下星际飞行路径的重要特征。它们在技术上称作发射—到达图 (Launch-Arrival Plots)。通常,它们会显示出发和到达时间以及相应的出发能量 (C_3,下面将会讨论)。该图有时考虑特定的任务也包括其他有用的信息,如到达行星时的太阳经度、飞行时间,或到达时行星与航天器在天空的角位置。后者是非常重要的,如果到达地碰巧在太阳与航天器在天空夹角的几度范围内,这可能会阻碍无线电通信。

回执任务轨道 Porkchop 图被认为是考虑任务可行性的首要工作,因为它给出了运载火箭的基本需求,而这些需求会很大程度地影响任务成本。对于使用推力及制动进入轨道或者到达时进入大气层的航天器,一个用来预算到达环境的 Porkchop 图可以初步估计出航天器到达目标所需的推进剂负载或飞行制动能力。当考虑关键量 C_3 时,我们将返回到一个具有代表性的 Porkchop 图,并检查它显示的所有信息。

2. 特征能量 (C_3)

无论其他数据是否出现在图中 (图 7.2),Porkchop 图本身就显示 C_3

值。C_3 是一个加强的量值，它表示一次星际飞行单位质量所需求的两倍能量。设计一次星际飞行发射必须知道航天器需要火箭提供多大的能量，这个能量也称为 "逃逸能量" 或特征能量，即航天器摆脱地球引力 (或另一个被离开的物体的引力) 后，从太阳轨道改变到期望轨道所需要的单位质量动能 (速度平方) 的总和。该项记为为 C_3，单位是 km²/s²，且等于相对于离开物体的双曲线速度的平方。

$$C_3 = (V_\infty)^2 \tag{7.1}$$

式中：V_∞ 是航天器在在无穷远处的速度，实际上表示足够远的距离以致于开始忽略所离开天体的引力，它是飞行器离开或到达某个天体引力影响范围时所具有的速度。[13]

为了说明为什么特征能量 C_3 的单位是距离平方除以时间平方，考虑到能量的国际标准单位为 kg·m²/s²，当除以 kg 来对单位质量进行归一化，所以就约掉了 kg。

如果考虑一个从地球向上飞行的弹道轨迹，就如同投掷一个棒球，质量就会沿着轨迹返回地球，即 C_3 为负值。对于发射进入地球轨道来说，没有多余的速度使其与地球分离。对于为 0 的发射来说，仅仅意味着可以勉强逃脱，以 0 剩余速度到达 "无穷远"。对于一个到达其他行星的轨道，例如霍曼转移轨道，C_3 将大于 0，而且其轨迹相对于地球变为双曲线形 —— 在趋势的较远一边落回地球表面 (beyond the tendency to fall back to the surface)，同时进入到太阳的椭圆轨道。如果一个航天器以 3.162 km/s 的附加速度脱离地球的引力，则它的 C_3 值大约为 10 km²/s²，该速度足以经过一个长时间旅行飞往金星。而一次短时间飞往土星将需要 109 km²/s² 的 C_3。

因此，只要运载火箭具备 C_3 中对于给定质量所指定的有效负载能力，C_3 就可以用来考虑任何时间到达任何地方的星际飞行。参考文献 [6] 为如何计算 C_3 提供了一个全面的技术解释，但考虑到我们的目的，这里仅把它简单地当作一个品质因数用于比较不同的发射选项。被选择的火箭的 C_3 名义上的数值必须远大于从 Porkchop 图中获得的、航天器最坏情形下轨道所需要的数值 (有一点额外的余量始终是一个不错的想法)。因此，一旦任务确定了最终的发射和到达日期，或时间跨度 —— 称为发射周期[14]，就可以从猪排图中获取所需的 C_3 数值以及达成一致的余量，下面就可以购买运载火箭了。

在初步分析过程中也要考虑其他一些参数。航天器具有多大质量是决

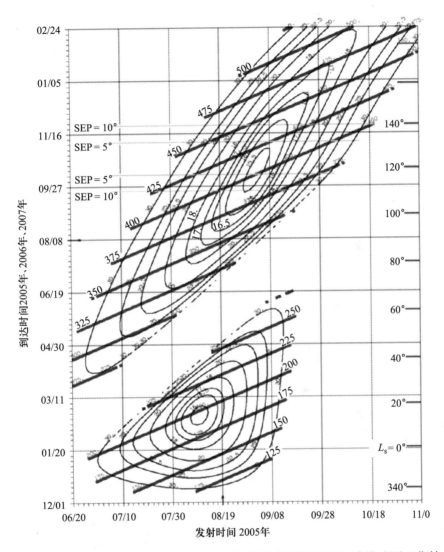

图 7.2   2005 年火星发射机会的 Porkchop 图。发射日期轴每两天一小格, 抵达日期轴
每五天一小格。曲线显示 C_3, 斜线表示飞行天数。L_s 表示到达行星时的太阳经度,
SEP 表示太阳—地球—探测器夹角。一些数字已经放大以便于阅读。读者若想仔细研
究该图的特写和颜色, 可以在网站上搜索 "JPL MARS PORKCHOP"。此图由
NASA/JPL-Caltech 提供。

定运载火箭提供所需 C_3 的基础。质量也是航天器所具有多大能力范围的
基础。电源的质量分配取决于子系统和仪器需要多大的功率, 并且该质量
必须包括航天器的所有子系统和科学仪器。航天器质量也在很大程度上取

决于提供到达 C_3 值所需携带的推进剂总量 (如果它是一个轨道器或着陆类型的航天器), 如卡西尼 — 惠更斯号 5712 kg 发射质量中多半都是推进剂。如果航天器计划着陆, 那么其到达 C_3 值将要满足额外的设备, 如空气动力热防护罩、降落伞、安全气囊或者反推力火箭, 所有这些起作用的、增加的质量。进一步的分析与设计将决定所有这些子系统的细节, 并且在阶段 B 将对质量和电源功率这些量值做一个稳定的预算。但让我们先返回到 Porkchop。

3. 迭代 Porkchop 特征图

仔细观察图 7.2, 所有曲线都代表出发 C_3 的常数值。水平轴表示 2005年可能的发射日期, 而纵轴表示 2005 年、2006 年和 2007 年到达火星的日期。为便于描述, 选择一个恰好落在矩形网格交点处的 C_3 值, 先看发射日期 08/19/2005, 接着向上至到达日期为 08/08/2006 的交点。该交点处的等位线的 C_3 值为 "17", 意味着在 08/19/2005 摆脱地球引力之后, 运载火箭必须提供额外的 $17 \, \text{km}^2/\text{s}^2$ 以出发飞往火星, 这是 4.123 km/s (17 的平方根) 的 ΔV 所需的能量。(回想之前对 ΔV 的讨论)。应用此图中的数值, 火星勘探轨道器于 2005 年 8 月 12 日发射, 并于 2006 年 3 月 10 日到达火星。

图中给出了两条曲线: 下方的曲线表示 "Type-1" 的轨道, 其完成飞行少于 180° 太阳真近点角; 上方的曲线表示 "Type-2" 轨道, 这些延伸飞行轨迹超过 180°。所有描绘出的 C_3 曲线都是基于 Lambert 理论[15] 的力学方程的一些解值而得到的, 其揭示了两个行星的轨道位置与穿越两者所需时间之间的关系。

4. 任务架构 (Mission Architecture) (图 7.3)、任务设计 (Mission Design) 及其他

在一次任务制定中, 担负不同角色的名称包括任务架构、任务设计、任务集成、任务规划等。参考文献 [7] 详细描述了这些名称所对应的技术职责。这些角色对于不同的项目可能有特定的定义, 但可以肯定地说, 任务架构作为项目准备阶段 A 的一部分, 是最先着手准备的。任务设计师需要了解项目预期的顶层需求并作出相应回应, 他或她的工作就是要描绘项目的总体情况, 回答一些问题例如: 任务会在制动和推进后使航天器着陆在行星表面吗, 它会环绕行星并利用天底点仪器对其开展研究吗, 它会在大椭圆轨道上环绕一个巨型气态行星飞行并遇到其卫星吗, 航天器如何抵达目的地, 它会运行多长时间。

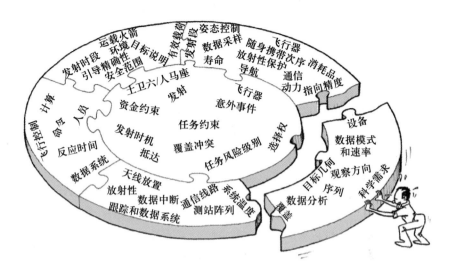

图 7.3　任务架构。确保任务设计的所有部分都能达到科学目标的人通常称为任务设计师,就像一个建筑师甚或一个探险队队长,必须仔细地使整个项目的许多不同技术元素与实际需求和能力相适应,而在此过程中没有任何遗漏。感谢 Charles Kohlhase 提供了框图概念和细节。Richard Rackus 提供了草图。

　　民用建筑师定义一个建筑以响应客户的需求,并出示承包商建造楼房所需的所有计划和细节。类似地,任务设计师完全定义了整个星际计划。任务所有的详细需求不包括在此架构内,如航天器设计、指向精度、存储器容量、推进剂装负载、运载火箭、飞行轨迹、DSN 跟踪需求、应急计划及许多其他内容。这些都是详细具体的需求,是工程师、设计师、集成师和规划师,以及其他职能人员用来创建和运行飞行任务的。任务设计师的主要任务包括原理分析、任务进程的规划与设计。

　　任务设计往往与航天器轨道创建联系在一起。一个任务设计师将要解决航天器发射阶段、地球轨道阶段、星际轨道进入阶段、中途机动推进阶段的导航问题,到达时的入轨与轨道修正,以及飞行制动等特殊操作[16]。

　　任务集成可能出现在项目组织中,也可能不出现。若出现,它的角色就处于任务架构的下游,主要负责使任务的所有组成部分"运行"起来。一个任务集成师使飞行系统、地面系统和任务科学形成一个连贯的计划,计划中项目的范畴、进度、风险、目标和成本都要满足给定的约束。若项目中"集成"的作用并不明确,相应的职能则可以在任务规划中找到。

　　任务规划可以在任务架构或任务集成期间或之后开始进行,根据已建立的总体架构来发布指南和约束并完成任务。它也具有持续性的功能,包括分配和跟踪可消耗的资源, 如基于推进剂质量的 ΔV 的使用, 以及航天器有限寿命驱动器循环利用的次数。任务计划作为规划团队生成的文档, 成为执行任务操作每一个环节的核心参考。一个飞行团队成员在任务计划中不仅可以找到任务寿命中有代表性的一天的描述, 而且可以找到贯穿于整个任务期间的所有轨道事件的精确日期和时间。另外, 任务规划也会适应于任务的发展, 例如基于对某目标的科学发现所进行的轨道调整的需求, 以及由于异常现象所造成的任务变化。

当寻找对于以上所提到的职能更为精确的描述时, 最好的方法就是观察一个具体的飞行项目。这些定义数年内都还会改变, 因为它们几乎完全依赖于个人的能力和兴趣, 并反映在项目的组织结构图中。参考文献 [8]通过 2002 年与巡航者号任务总体设计师、美国科学家、工程师和艺术家Charles Kohlhase (1935—) 的一次会谈, 讨论了这个问题。

7.3.8　阶段 A: 概念和技术开发

对于不同的任务, 应用到准备阶段 A 活动中的一些概念不同程度地交叠于阶段 A, 反之亦然。一旦决定创建一个特殊的星际任务, 那就表示阶段 A 已经开始了。这个关键决策点如同图 7.4 中所示用于分配任务的"KDP A", 以及用于 AO 驱动 (竞争) 任务的 "Down Select"。一些职能和活动可能还交叠于准备阶段 A 和阶段 A 之间。

在一个任务的寿命周期内, 阶段 A 是飞行项目进行到开发任务概念和明确必要的技术和管理方法的阶段。任务各部分的详细需求形成文档并经过正式的评审, 形成一个初步的项目计划。对于竞争型任务, 该阶段就是基于 AO 的提案正式通过评审并被选择的时期。

7.3.9　阶段 B: 初步设计和技术实现

阶段 B 的工作就是要明确任务所要开展的所有工作以及如何满足它们的需求。一切必须符合可接受的风险和满足成本和进度要求。这包括明确科学目标、发射、星际飞行、到达、运管和数据返回, 以及数据分析的计划和工具等在基准项目计划 (Project Plan) 中的一切。由项目撰写的项目计划是由 NASA 计划管理部门人员、NASA 各中心负责人、项目经理以及AO 驱动任务的负责人 (the Principal Investigator, PI) 达成的共识。该计划将经过同行、专家和非支持者的评审, 涵盖了所有财务和行政计划、科学目标, 以及实现它们的过程。

阶段 B 的末尾就是初步设计评审 (PDR)，主要是告知 "KDP C" 来决定任务是否有权继续进行下去。

项目终止评审 (Termination Review)，仅仅在凤凰号 PDR 一个多月前，该任务就可能被迫终止。国会已经对 NASA 实施了一套新的成本控制准则，仿照 1983 年的 Nunn-McCurdy 修正法案，旨在防止武器系统成本超支。NASA 规定对成本超额 30% 或者更大的项目强制自动取消。超额15%，法规要求项目要经过终止评审。2005 年 1 月 28 日凤凰号就被执行了一次终止评审。然而，项目幸存了下来，额外的资金将被用于在火星上开展的 150 天的首要任务。

1. 正式批准

任务寿命周期内所有阶段 A、阶段 B 的活动以及各种评审都是作为正式批准并继续开展任务的准备工作。沿途经历了许多决策，包括子系统、科学仪器、硬件和软件。分配型和竞争型任务一样，关键决策点 "KDP C" (图 7.4) 的一个肯定的结果就意味着项目可以根据任务准备飞行的假设条件进行经费支出。这是任务一个重大的决策点，在它之前通常会有一个PDR。对于凤凰号任务，PDR 的开展比实际转入阶段 C 还要早，并于 2005年 6 月 2 日作为一个确认评审 (Confirmation Review) 来决定是否继续进行阶段 C。

2005 年 3 月 7 日星期一早上 9 点。在小型会议室外，一名评委会成员独自在沏茶并挑选糕点。一个小会议室内，正在进行初步设计评审 (PDR)，从一个话筒处传来置评的声音，一些男女围坐在堆满文件和笔记本电脑的中央台桌旁，评审会成员倾听并记录着。他们是评审组成员。一些人的外套搭在椅子后背上，袋子和公文包放在身旁的地板上。台桌的最前端，一个年轻的凤凰号工程师默默地站在 LCD 投影仪投射在屏幕上的 PowerPoint演示文稿旁。他的面容屋后几十名或站或坐的与会者已经非常熟悉了，但这次没有了他一贯的牛仔裤和人字拖，而一身耀眼的西装使他看上去不同寻常。它不仅体现了这次评审的重要性，而且也表现出他对于这次火星任务能够通过仔细审核并获得批准的职业期望。几分钟后，有关所讲内容的讨论结束，这个工程师继续他的报告。

在评审最后几个小时的行政会议期间，评审会成员要在自己的房间内讨论他们的研究结果。行动申请书 (Request for Action, RFA) 的空白表格会在长达几天的评审期间分配给不同的发言人及其团队。NASA 总部将负责解释评审的最终结果，并从 2005 年 6 月的确认评审中决定凤凰号火星

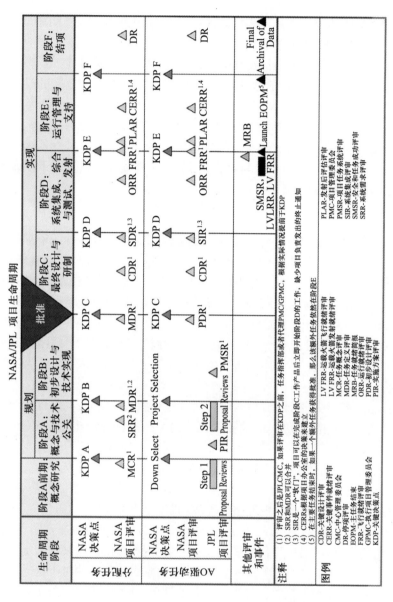

图 7.4　NASA 项目寿命周期，由 NASA 提供。

任务是否继续进行[17]。

2005 年 6 月 2 日，NASA 总部发布消息称凤凰号评审结果为 "Go"，即继续进入阶段 C 直至发射。凤凰号项目经理 Barry Goldstein 的评论被广泛宣传: "确认评审对于 NASA 所有的重点任务都是至关重要的一个步骤, 这次批准本质上证实了 NASA 对于航天器及科学仪器能够被成功建造和发射的信心, 而且一旦着陆器到达火星, 就可以成功实现所有的科学目标。"

7.3.10 阶段 C: 最终设计与工程研制

在阶段 C 中, 项目完成了满足详细需求的设计, 相关测试、飞行单元组件、装配以及子系统的研制也同时开展。文档设计、需求及其他任务规格和文本都要处于正式的变更控制下, 并且活动开始集中在准备关键设计评审 (Critical Design Review, CDR) 和系统集成评审 (System Integration Review, SIR), 以证明阶段 C 中的项目设计已经足够成熟支持后续全面的研制、装配、集成和测试。同时, 项目还要论证为完成飞行系统和地面系统开发, 以及任务操作所做出的技术上的努力正在走向正轨, 并且在成本和进度的约束下满足性能需求。关于管理计划、预算、进度和风险评估的进展报告也要呈现在 CDR 中。阶段 C 结束于在关键决策点 "KDP D", 如图 7.4 所示。

7.3.11 阶段 D: 装配、集成、测试和发射

在阶段 D(由于阶段 C 和阶段 D 之间的重复, 或许称为 "阶段 C/D" 更为恰当) 期间, 项目执行系统装配、集成和测试。这些活动聚焦于为飞行准备评审 (Flight Readiness Review, FRR) 开展准备工作。阶段 D 结束于关键决策点 "KDP E", 如图 7.4 所示。从装配到集成要接受验收测试以证明其满足规格要求, 部分还要接受合格性测试以确定其在操作过程中的特性是否超出曲线的极限值, 如温度和压力。

1. 部分合格性测试

附录 E 列出了所有成功任务的年代表。星际飞行的历史上有许许多多的失败, 而且似乎都集中在太空飞行的初期。哥达德空间飞行中心网站[18]上列出的任务呈现出一个明显的趋势: 随着时间的推移, 快速而迫切地学习经验教训获得了较少失败的回报, 这使得自信增强。徘徊者号 (Rangers)、先驱者号、水手号 (包括旅行者号) 以及许对其他的任务都至少成双地建造和发射。接着就有了单一的伽利略号、单一的麦哲伦号、单一的卡西尼号、单一的金星快车、单一的信使号、单一的新地平线号, 并且直到目前

都运行良好。如图 7.1 所示，飞行中只有一种类型失败的可能性较低，尽管其损失后果的严重程度非常高。

实践证明，部分合格测试有助于增加自信。以器件为例，小的电子器件如集成电路芯片，和当前较少范围使用的分离器件如晶体管和电阻器，在被选择前都要经过测试。极端条件可以有效剔除较差的器件。剩下的器件还需进一步的环境测试，模拟振动、真空、太阳光、温度以及其他飞行中可能会遇到的条件。

ATLO (Assembly, Test and Launch Operations) 代表装配、测试和发射操作。当某飞行正在进行 ATLO 时，JPL 的任何参观者都可能偶然遇见一件件飞行硬件在一个安静的队列里，从一个实验大楼移动到一个巨大的高架洁净室中，那里就是制造和测试航天器的地方。

今天是 2008 年 8 月 6 日。沿着 JPL 的探险家路中间一路向东，首先看到一名 Wackenhut 的保安开着一辆顶部装有红色旋转警示灯的白色轿车慢慢驶来。接着是一辆老式的黄色 CNG 动力叉式升降车，叉车两侧有两名工程师在路上行走着，他们身着带有反光条纹带的明亮橙色背心。叉车上放的电导半透明塑料包裹着的飞行硬件。从路旁观察是无法知道里面装着什么东西的。但无论它的类型和功能是什么，它都不会待在地球上很长时间了。

这个实际是火星科学实验室 (Mars Science Laboratory) 航天器的一个部件，位于 179 号楼的航天器装配厂 (Spacecraft Assembly Facility, SAF)，恰好出现在中层楼拿着相机的游客的视野里。这个移动的部件是经过几年规划、几个月研制及测试的产品，代表了充分的资金投入、研究、规划、评审、创新、技能劳动力和质量控制。它从实验室到 SAF 的移动过程是在亲手创造它的工程师们监视下完成的。工程师中的第三、四名走在叉车后边的左右两侧，而第五名在车队的末端，他们走在路中间，好像在用生命保护着这个飞行硬件。

在 ATLO 期间，所有航天器的子系统和仪器都整合在一个供应过滤空气的洁净室内。里面从事航天器工作的人员要求身着一次性的工作服、头套和鞋套。尽管没有粉红色的大耳朵，这些"兔子服"就像小孩子的服装。但是它们使敏感的设备和仪器免于受到人体自然脱落的头发和皮肤颗粒的污染。在进入过滤空气洁净室之前，每个身着"兔装"的人员需要经过风淋室除去身上的灰尘并通过一个阻隔室。洁净室内部环境对于空气灰尘颗粒、悬浮颗粒以及化学蒸汽等污染物有一个控制水平，并通过高效微粒空气过滤器和超低渗透空气过滤器进行持续循环清洁。洁净室根据每立

方英尺 (0.03 m³) 所含有大小 ⩾ 0.5 μm 空气颗粒物的数量来进行分类。相比于每立方英尺含有几百万颗粒物的办公室环境来说, class-100 (ISO-5 认证)[19] 的净室每立方英尺仅含有 100 个这样的颗粒物。

在 ARLO 期间加电时, 即使航天器可能展开为几个分离的部分, 它的电子部件可以正常运行并彼此保持通信。航天器的中央 CTS 计算机, 即使不是通信子系统, 也可以通过电缆向坐在洁净室附近办公室内的工程师发送遥测数据。工程师向航天器发送指令, 通过测量和记录的结果来证实几千条的离散指令操作正常。洁净室会安排一些特殊的测试, 通过遥控指令点燃烟火装置和驱动机械子系统。这些烟火装置以后会被新的所替换, 而这些测试主要是证明点火信号工作正常以及观测到预期的结果。

在 ATLO 完成之前, 航天器包裹在防护罩内, 并运到进行振动测试和热真空测试的地方。最后, 航天器被分解并运送到发射场, 在安装入火箭之前再次进行装配和测试。

2007 年 1 月 9 日: 火星探索计划分析组会议 (Mars Exploration Program Analysis Group Meeting, MEPAG Meeting) #16, 它是一次面向包括国际同行在内的所有火星科学团体成员开放的信息交流会议。在众多议题中, 本次会议涵盖了凤凰号项目进入到阶段 D 的进展情况。根据 NASA Watch 向公众提供的现场解说, John McNamee 博士代表 NASA 火星探索计划说明凤凰号的当前状态[20]。

航天器已经建成, 并完成全部集成。完整的功能软件已经交付使用, 正在等待一些雷达硬件。包括巡航真空测试的大部分环境测试项目已经完成, 仅剩下表面热/真空测试。计划 5 月中旬对航天器装船运输 (从科罗拉多州利特尔顿运到佛罗里达发射场), 发射 (时期) 从 (2007 年)8 月 3 日开始。由火星勘测轨道器拍摄的首幅着陆点照片是惊世骇俗的。我们认为目前对于合适的岩石分布已经有了切实可行的着陆点。雷达已经收到了大量的关注。我们 (最初) 认为系统无法工作, 现在我们认为系统 (是) 会在进入、下降和着陆阶段充分执行, 即使不是非常完美。

当天晚些时候, 凤凰号科学任务首席研究员 Peter Smith 博士说: "两年前我们得了恐惧症, 以为我们不能从冰冻而坚硬的火星极地土壤采集到样本。因此我们在机械臂末端装了一个动力工具 —— 锉机, 这是一种人们用于制作冰雕的工具。" 他向与会者展示了一些近期地面测试的照片, 在 −90°C 下成功获取那些坚如岩石的冰层样本。

图 7.5 1986 年在 JPL 准备运往佛罗里达的伽利略号 HGA 船运集装箱正在被装到卡车上。由于挑战者号航天飞行惨重的发射失败,这个集装箱在此次旅行是空着的。伽利略号将从佛罗里达的发射场逐渐运回 JPL,最终在 1989 年经过改进并返回发射场。

2. 测试

测试是 ATLO 的中间名字,但测试过程在 ATLO 开始之前就启动了。全面的测试是一项任务成功的基础。正如参考文献 [3] 所描述的,火星探路者号项目 1993 年开始不到一年,即发射前六年,就对它最有风险的子系统进行了概念验证测试。这些测试包括安全气囊、巡视器运动性能和着陆器固态 X 波段发射放大器。

项目工程师尝试将零件和装配组件尽快交付给 ATLO,以开展全面测试。像 "面包板" 这种早期开发的电路,通常要在测试实验室中被装配组件中更先进的工程模型所替代,然后被实际飞行器件所替代,并进行完整的测试。

进行端到端测试是为了确保正在开发的地面系统和飞行系统之间的双向通信是稳健可靠的。该路径必须支持出现在 ATLO 期间的飞行系统及子系统测试。在探路者号实例中,外部测试与 ATLO 同时进行,包括在爱德荷州空投带降落伞的着陆器模型,在莫哈韦沙漠点燃降落辅助火箭,以及在俄亥俄州 NASA 格伦研究中心的梅溪空间电力实验室进行的一系列严格的安全气囊测试。这是世界上最大的真空室,它被加压模拟火星大气。与 ATLO 同时并行开展的测试还包括: 探路者号工程师分别在莫哈韦沙漠的 JPL 和科罗拉多州的洛克希德·马丁公司进行的巡航阶段分离测试以及着陆器巡视器分离测试。在 ATLO 期间, 在加利福尼亚州北部的 NASA 艾姆斯研究中心对飞行制动隔热板进行测试。正如探路者号项目经理 Tony Spear 所述:

"没有什么可以胜过尽可能接近实际飞行条件来测试飞行器 (在一定条件下)。虽然我们在一开始就知道并着手计划, 但直到离开这个项目时才真正理解这是多么重要。"

7.4 任务实施

7.4.1 阶段 E: 飞行操作和数据分析

任务发射标志着阶段 D 和阶段 E 之间的界限, 然而它或许并不是想象的那么明显。飞行软件可能需要在航天器巡航过程中进行开发、测试以及安装, 地面系统开发可能需要继续进行。阶段 E 期间, 项目实现了前面阶段开发的任务操作计划。本阶段结束于关键决策点 "KDP F", 如图 7.4 所示。

阶段 E 已经形成了我们之前对于所有章节的观点: 对航天器进行操作和导航, 收集用于科学分析的数据以及公开发布。这些活动是同时进行的, 而且直至任务结束操作出现之前都是密不可分的。任务规划者谈及它们时将任务操作和数据分析 (Mission Operations and Data Analysis, MO&DA) 的词首合并在一起。

1. 主要任务操作

在 ATLO 之前及期间, 任务操作系统基本成型。它是由项目经理、工程师、科学家和管理者们依照之前阶段开发的计划将飞行任务的程序、硬件和软件合并在一起的集合。

主要任务操作时段包括巡航飞行至目的地, 到达或飞越 (对于那一类的航天器), 以及到达后至任务结束期间的操作。考虑到到达对于不同类型的航天器来说具有不同的含义。行星轨道器需要入轨火箭燃烧; 大气层和着陆航天器需要通过隔热板进行飞行制动, 随后是附加减速手段; 天文观测航天器可能简单地通过在足够的距离上实现地球或太阳轨道来标志到达。

图 7.6　凤凰号发射。Delta II 火箭照亮了在佛罗里达卡纳维拉尔角空军基清晨的天空, 它携带将火星作为旅行第一站的凤凰号航天器。这个强大的三级火箭载有 9 个固体火箭发动机, 于 2007 年 8 月 4 日早上 5:26 发射。图像 ID 是 181867main_Liftoff, 由 NASA 提供。

2. 巡航

巡航段操作的目标是到达目的地。航天器通过最多几分钟的火箭推力就可以进入预定的轨道, 并获得足够的动能来到达目标。一些小的轨道调整利用我们在第 2 章介绍的深空策略 (Deep Space Maneuvers) 和轨道修正策略 (Trajectory Correction Maneuvers) 来实现。巡航过程也是一个开启和检查科学仪器的合适时机, 或许还可以利用机会进行校准。短程巡航至附近的行星通常都包含这些活动。而对于到达外行星的远程巡航来说, 可能会存在一些如新视野号中相对安静的时期, 甚至还有休眠期。运营团队始终在为最终到达及特殊遭遇的完成和程序测试开发团队间的接口协议、雇用和训练新的团队成员、执行任务准备训练和测试, 以及实施任何有助于改善 DSN 性能的措施而进行准备。

3. 到达

对于众多类型航天器来说, 与发射过程一样, 抵达目的地也是一件不成则败的事件。

2008 年 5 月 25 日: 凤凰号 EDL 阶段。进入大气层、下降和着陆 (Entry, Descent, and Landing Event) 三个重要事件使得楼上观众席中的 40 个座位全部坐满了显赫人物, 包括当地国会议员、大学校长和理事、州政府官员和以及所有他们的私人贵客。JPL 火星计划总工程师 Gentry Lee (1942—) 正与他们进行生动翔实的互动, 观众们穿过他向下看到了近期刚完成改造的深空操作间 (Deep Space Operations Room) 及其相邻的、由玻璃幕墙组成的任务支持区域 (Mission Support Area)。

火星上三个在轨航天器在它们各自部分轨道段可以同时看到凤凰号和地球。近几个月它们为准备这个时刻已调整了自己的轨道, 通过捕获凤凰号信号并经 DSN 转发至 JPL 和其他设备以支持 EDL 阶段的那几分钟。玻璃幕墙前方的几十个男人女人是 DSN 操作工程师、凤凰号航天器工程师和管理人以及一些科学家。他们许多人坐在或站在标注有 "凤凰号通信 (PHOENIX TELECOM)" "DSN 首席操作 (DSN OPERATIONS CHIEF)" 等十几个名称的位置旁, 戴着一个连接无线局域语音网的耳机。每一名参与者都注视着桌上的计算机显示器, 而电视直播采访正在嗡嗡声中进行着。摄影师来回移动着, 远处墙上的大型背投屏幕正显示着动画和来自火星的数据。

不再有 EDL 命令能够从地球发出。所有的凤凰号事件都是由在轨航天器上的指令序列来驱动。凤凰号 EDL 工程师的声音在音响中传递, 每隔几分钟随着来自火星的信号指示事件发生就会依次叫出它们的名称:"巡航阶段分离", "降落伞展开"。每次通告都会在观众席和地下操作间引起兴高采烈的欢呼和掌声。JPL 和加州理工学院的会议室, 以及位于亚利桑那州图森的亚利桑那大学, 那里有它们的凤凰号科学操作中心, 也聚满了通过现场视频直播热切关注这些事件的人们。直播新闻媒体和网络广播拥有更为广泛的观众。

"雷达捕获 …… 降落伞展开!" 现场沉默的时间似乎远比实际的两分钟要长得多。观众们已经简单了解到, 这意味着着陆器的雷达高度计已经捕获到地表的回波。直径 12 m 的降落伞已经被释放, 飞行器的八肼单元推进器使其缓缓地向这个遥远世界的地面下降着, 连续制动并保持姿态稳定。300 N 的火箭发动机持续点火, 除了由凤凰号搭载的姿态控制系统执行的快速中断来保持着陆器的垂直姿态。

"60 m, 等待着陆。"

"着陆序列检测。"

图 7.7　在凤凰号任务的第五个火星日由机械臂摄像机拍摄的着陆器下方的图像。图像顶部可以看到位于着陆器底端的下降推力器。从着陆器北边朝着其南机械腿看去，可以看到光滑的表面，这是由于着陆时火箭喷射而造成的。大量挖掘出的光滑水平表面为下层材料是一层由薄土覆盖的冰层这一假说提供了证据。看着很亮的表面物质在图像的中间，由于图像部分感光过度，可能本身并不比阴影里最显著的物质亮。凤凰号任务是由图森的亚利桑那大学代表 NASA 主导。任务的项目管理是由 NASA 的 JPL 负责。飞行器开发是由洛克希德·马丁公司空间系统负责。图像 ID 是 20080531.html，由 NASA/JPL-Caltech、亚利桑那大学和马普研究所 (Max Planck Institute) 提供。

4. 实现指令序列

　　阶段 E 日常的基本活动是指令序列的编辑、开发、审核、重复执行及测试；上注至航天器、确认航天器正确接收；监视航天器执行并传回有价值的科学数据。这个过程对于不同类型的航天器是不同的。

　　如斯皮策 (Spitzer) 和哈勃 (Hubble) 等天文观测航天器，它们指令序列的开发是基于几个月甚至几年前征集和接收自科学团体的建议。通过评估过程的建议被安排到即将到来的指令序列中适当的地方，通常合并到同类的组里，对执行观测所需的姿态调整和仪器配置进行优化。

　　对于水星、金星、地球和火星的行星描绘任务的指令序列，一般在计划表中会包含大量重复的操作，即在行星旋转低于航天器近极轨道时基本采用同样的观测，在不同经度持续不断地进行考察。

　　对于如同新视野号和勘测者号的飞越航天器，其轨道相遇序列提前很早就准备好，而在相对较短的轨道相遇期间完成他们的使命。

　　对于如同伽利略号和卡西尼号的行星系统巡游航天器，它们的指令序列可被视为是行星描绘型和飞越型的混合体。当环绕气态巨行星飞行时，它们有很多重复的机会接近这些行星；而对于这些气态巨行星的卫星族，也时常会有单独计划好的飞越相遇指令序列。

对于火星着陆器和巡视器来说, 指令序列是根据日常安排开展工作的, 也有频繁更新的长期计划。

5. 地面操作

凤凰号每天至少有两次通信时段, 此时轨道器飞掠火星天空上方的位置, 向/从地球中继转发数据。位于亚利桑那州图森的操作团队, 通过分析前一天接收的遥测数据, 来确定下一步开展哪些科学活动以及什么时候执行。只要每天通信状况良好且航天器状态正常, 团队就准备好一个上行指令包, 并在地球时间的晚上, 将其通过 DSN 和火星轨道器转发至着落器上, 通过第二天的遥测来显示结果。这是所谓的战术时间表。当航天器无法接收新的指令序列时, 它就会回到一个所谓的 "跳动" 序列, 该序列始终存储在航天器上, 即采集存储图像及天气数据, 为随后的通信机会期间的下行传输做准备, 即拍摄和存储照片和天气数据用于下一次通信窗口的下行。凤凰号也有一个策略时间表, 为一个 7~15 天的时间段预先进行活动规划, 它可以根据战术日常时间表中的新发现进行改进。

火星探索漫游者的操作团队有一个非常相似的方法来开发和上注指令序列。Scott Maxwell (1971—) 是 JPL 火星探索漫游者项目的驱动程序的负责人。

时间是 2008 年 8 月 23 日星期六, Scott 站在台上, 墙面大小的图像投射在他的身后。他正前行经过他的 "双胞胎" 图像 —— 漫游者勇气号和机遇号巡视器, 以及它们从火星表面发回的景色图。他在华盛顿州西雅图 Gnomodex 会议[21] 上向一群人讲解着。被他称为 "如何驾驶火星巡视器速成班" 作为他报告的一部分, 他向大家描述了他们项目中有代表性的一天。驾驶一辆火星巡视器并不像人们起初认为的那样, 比如向前推动操作杆, 巡视器就前进。"向前推操作杆将意味着 10 分钟内不会有任何事情发生, 因为信号在以光速向巡视器传播, 然后巡视器开始移动, 而你并不知道。即使它立刻向回发送数据, 告诉你它在做什么, 也需要 10 分钟才能传回。" 他继续说:

"就想象一下在那种安排下将你的汽车倒出车道。所以取而代之, 我们采用一种 '日常策略循环操作 (daily tactical cycle)', 它是这样工作的:

利用巡视器是太阳能供电这一事实。当太阳在在火星天空中落下时, 漫游者必须关闭。而在关闭之前, 需要将图像和其他数据传回地球, 以告知其周围的情况和当天所做的一切。接着巡视器开始休眠, 而我们接下来继续工作。我们工作在火星夜班当中。"

与巡视器的通信包括下行遥测数据和上行遥控数据, 通常需要经过中继传输, 也称为与火星勘测轨道器或在轨的火星奥德赛号航天器的交叉链接。轨道器和巡视器之间的链路采用 UHF 波段, 而轨道器和 DSN 之间是 X 波段。图像以立体对的方式经过 "通信通道" 从巡视器传回, 工程师和科学家通过这些图像所建立的三维模型就可以维持巡视器周围的环境。"我们在桌面上有了 '火星视频游戏'", Maxwell 说。一个模拟的巡视器 "行驶在" 在虚拟的火星世界里, 以展示实际的巡视器的指令是如何操作的, 并辅助规划和测试。"我们可以描绘出巡视器的运动轨迹。不要限于视角, 你可以置身其后, 从各个角度去想象、观察这个模拟的世界。我们可以按照比例给地形覆盖上栅格。" 他继续说到:

"策略时间表有许多事情要做。"

"我们在早上聚在一起, 从巡视器获取数据, 对这些数据的任何异常进行快速评估, 以检查巡视器的状态是否安全正常。我们得到一个有关巡视器当天需要做什么的基本计划。紧接着, 我们召开一个大型会议, 拟订一个更为详细的计划, 并且确保所考虑的一切都在时间和能量预算之内。例如我们可能想要拍下一些照片然后再开走。我们是否在关闭通信路径的前一天有足够的时间做这些事情?"

"接下来我们将会议分成几个部分并且并行实现该计划的各个部分 —— 多个不同专业的人员针对不同的部分将计划转化为巡视器将要真正执行的指令。然后我们一起回到另一个会议上, 互相展示我们所做的第一份草稿, 并确保我们进度相同, 而且每个人都认为没有问题。然后我们再次分开, 进一步完善和落实计划, 将所有工作进一步分解为巡视器的指令。我们正考虑一些异常情况: 若驶离路径, 巡视器会正确地获取这个情况吗? 我们是否应该走沿着附近的这条路, 而不是那条路吗? 因此, 输入在指令序列中的一切都可以正确处理各种异常应急事件。对于那些软件开发者来说, 一般每天要编写五百至几千行代码, 其中一个错误会付出 300000 美元的代价, 或许实际上牺牲掉一个无价的国际太空资产。"

"然后我们又一起回来, 检查即将做的一切工作, 包括即将发往巡视器的逐条指令。我们一行接一行仔细认真地审查这些指令序列, 整个团队都要检查, 确保正确发现问题以及考虑到所有可能发生的意外事故。我们利用一堆软件工具执行这些指令, 然后返回来进行二次审查。所有我们将要发送到巡视器上的指令我们都要检查两遍。如果仍没发现任何错误, 我们就把所有通过仿真测试的指令上注到巡视器上, 然后回家睡觉。这就是一天, 一个策略操作周期。"

图 7.8　2005 年 5 月 19 日，勇气号在火星古谢夫陨石坑 (Gusev crater) 的边缘捕捉到太阳落下的图像。从全景相机拍摄的火星当地时间下午 6:07 来看，在经奥德赛号火星轨道器发射到地球的一天数据之后，勇气号还有时间和能量预算留出给日常指令序列来保持短暂的清醒。太阳大小看起来有从地球所看到的 2/3。图像 ID PIA07997，由 NASAL/JPL/Texas A&M/Cornell 提供。

　　"当太阳在火星天空升起时，巡视器收到指令，按照当天的科目执行命令。当太阳在火星天空降落时，巡视器向我们传回照片及其他数据以告知我们它实际做了什么 —— 正常的话就像仿真一样，然后巡视器回去休息，我们回去开展工作。每天都是这样循环往复的。"22

　　火星上偶尔的风暴使勇气号和机遇号可以较好地清理堆积在太阳能帆板上灰尘。但斜坡和岩石地形都对巡视器构成威胁 (因为火星大气密度低，所以风不构成威胁)。如果巡视器翻倒了，它将没有办法使自己直立起来。"照片正面朝上的时候才是好的一天"，当 Scott 介绍时，周围的人们报以大笑。

　　这个日常工作周期没有留给战术规划人员一点时间来规划更为长远的活动 —— 总体战略。一个由不同领域的科学家和工程师混合组成的团队会定期更新战略周期 (strategy cycle) 计划，就像凤凰号，通过策略周期中的各种事件进行告知。

6. 轨道航行 (Orbital Touring)

　　像伽利略号或卡西尼号这样的项目在巨大外行星的微小太阳系内进行大范围的航行。但航天器不只是到达那里、看看周围的情况。任务设计者在航天器离开地球很久之前就开始制订了几套候选的任务航程。其中一个如图 7.9 所示，每个候选任务的轨道都为获取科学数据提供不同的特定机会, 诸如特定光照条件下对自然卫星的飞越, 轨道倾角的选择以及行星巨大的磁场包络范围。科学团队审查几百个这样的航行设置选项, 而且成员们会在多年从事的航程规划过程中通过谈判对一些选项进行权衡折中。最终, 在航天器到达的前几个月, 项目科学团队会选择一个成功的设计方案。

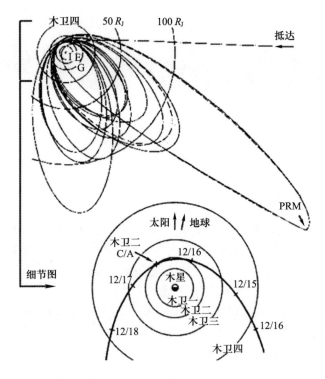

图 7.9　伽利略号主任务轨道航程, 视角是从木星北极上方向下看。

上方: G 表示木卫三, E 表示木卫二, $I = I_\mathrm{o}$, R_J=木星半径 (1 R_J = 71,492 km), PRM (Perijove Raise Propulsive Maneuver) 表示近木点抬高推进策略。轨道捕获后初始轨道进入伽利略卫星 I_o 的轨道内, 通过远木点推进机动增加轨道能量, 来扩大相应的近木点高度高于 250 R_J。每个随后的轨道都有近似两个月的轨道周期。木星的轨道运动朝右, 定向式太阳定向, 朝页面顶部。

下方: 伽利略号在 1997 年 12 月 16 日在 205 km 处与欧罗巴相遇的示意图。相遇期间采取的科学观测细节如表 7.2 所列。C/A 表示最接近方法。图由 NASA/JPL-Caltech 提供。

这个时候, 科学观测和试验, 连同诸如软件上注和轨道修正等重大的导航和工程操作, 都能在被选择的轨道航程几何框架下进行调度安排。任务规划人员记录所选的航程, 展示出成几百个事件发生的时间, 精确到分钟: 每次环形轨道面交叉点、每次对卫星的飞越、每个近拱点和远拱点、每次轨道倾角变化和每次轨道转移机动时机。接下来, 每个团队从他们的视角生成执行这些活动的命令序列。成像科学团队产生在每次飞越卫星或宿主行星期间对相机进行指向和获取图像数据的指令。航天器工程团队产生飞行器及其附属结构姿态控制的指令。无线电科学团队准备掩星试验和目标物体质量测定工作。任务规划人员向 DSN 提交本次航行通信和导航所需的高等级请求, 以至于后来命令序列团队成员能够与其他飞行项目代表商讨 DSN 测站对本次航行每个部分的具体覆盖范围。整个航程被分解成大量独立的指令序列周期并形成初步的产品。

表 **7.2** 伽利略号在 1997 年 12 月在 205 km 处与木卫二相遇期间执行的观测 (信息由 NASA/JPL-Caltech 提供)

观测	仪器	星历 UTC SCET 时
木卫二大气	UVS	1997 年 12 月 15 日 04:51
I_o 日食	SSI	07:42
木星光谱扫描	NIMS	09:57
开始木卫二重力场	RS	18:04
木星 C/A (距离中心 629000 km)		22:36
木卫二热点搜索	PPR	1997 年 12 月 16 日 01:58
木卫二 Mienos 线	NIMS	03:18
木卫二 Pwyll 立体彩照	SSI	03:27
木卫二磁气圈作用	F&P	03:44
木卫二 C/A(距离中心 1770 km)		04:05
注: SCET 表示飞行器事件时间; UVS 表示紫外线光谱仪; SSI 表示固体成像仪; NIMS 表示近红外光谱仪; RS 表示无线电可惜试验; PPR 表示光偏振计辐射计; F&P 表示域和粒子仪器; 木卫二半径为 1565 km		

对于一些时间点, 通常在任务前几个月或几周内取出并更新初步指令序列, 然后进入到一个将它们整合成涵盖几周任务操作的最终序列的团队中。除了生成这些指令序列, 该团队还要为每个序列发布一个称为事件集

成序列 (Integrated Sequence of Events, ISOE) 的目录。基于序列中的指令以及协定的 DSN 计划表, ISOE 给出了分别精确到分钟和毫秒的航天器活动以及 DSN 活动[23]。当每条指令序列都通过审查、批准及发布操作时, 一名 Ace 就可以取回包含几千条绝对时间指令的文件, 并将它安装到航天器上。

在这场游戏的后期, 在对于类似即将到来的卫星等目标物体进行星历表精细化的无线电及光学导航后, 每个安装在航天器上的指令序列都有一或两次更新的机会, 在这种情形下, 向航天器告知如何指向目标的矢量可能会通过覆盖其内存地址进行更新。其他情形就是已经预先设计好的观测命令的整块时序可以前后移动几分钟, 以适应导航团队最新轨道确定带来的微小变化。

表 7.3 所列为火星探索漫游者和卡西尼号科学操作特征比较[9]。

表 7.3 火星探索漫游者和卡西尼号科学操作特征比较[9]

	卡西尼	火星探索漫游者
科学机会	唯一	可重复
科学领导	多个 PI	单个 PI
科学讨论会	典型在学科组内	更多的是组与组之间
时间依赖性	预测性的操作	反应性的操作
下行评估	少有发生	高度依赖
科学计划生成	大量地并行处理	串行和并行
时间表优化	大多数设计唯一	更多可重用模板
规划周期时间	几周、几月	几小时

7. 阶段 E 的任务重设计

在任务发射后改变设计的想法起初听起来好像是不可能的。这种可能的代价是昂贵的、困难的, 但是它确实可以通过航天器自身软件变化、特殊的指令序列以及任务轨道或地面系统的变化来完成。

仅在航天器性能经过大量的重新设计之后, 计划到达天王星和海王星的旅行者 2 号任务才变得可行。可以回顾前面有关指令数据软件安装的描述, 以及那里对于重新设计全面描述的参考文献 (引自 Lanny Miller 等)。

回想为防止旅行者 2 号任务失败而对 DSN 上行程序的重新设计。这些特殊的程序从 1977 年开始就一直用于旅行者 2 号。

再有, 为了防止伽利略号任务绝大多数科学数据丢失而针对航天器与 DSN 性能阶段 E 的重新设计。回想对伽利略号 4.8 m 孔径 HGA 展开失败的讨论, 以及整个抢救过程的完整描述 (引自 Bill O'Neil)。

通过对发射后的卡西尼号到达土星的初始轨道的重新设计, 防止了惠更斯号任务所有遥测数据即将丢失的危险。由于来自惠更斯号的遥测信号多普勒频移超出了卡西尼号中继转发的能力, 其中用距离 60000 km 的飞越代替了 1200 km 的飞越, 以降低惠更斯号在土卫六大气下降期间的信号关闭率。

8. 扩展任务操作

任何已经成功完成发射、导航到目的地以及在其首要任务操作成功的星际飞行任务, 可以完全批准资助一些扩展任务操作的时长。与开发一个星际任务从准备阶段 A 到名义上结束的阶段 E 所需的花费相比, 航天器继续几年操作的费用显得微不足道。

当扩展任务完成后, 会讨论额外的扩展任务, 最终通过裁员为继续进行的第二次或第三次扩展任务降低成本。在旅行者号到达木星和土星的主任务操作期间, 项目拥有的全职员工多达几百人。如今, 只有几十个高技能的工程师和科学家在项目的名册当中, 而且很多人只在旅行者号上花费部分时间。

在阶段 E 最后几个月的时间里, 在所有任务扩展都已完成后, 项目会产生一个系统退役/废弃处置计划 (Systems Decommissioning/Disposal Plan), 为阶段 F 进行准备。

即使其中的一个项目即将结束, 该计划也可能还要继续进行。随着《凤凰号着陆器》一书的完成, 在本书即将出版之际, NASA 火星侦察兵计划中的下一个任务就已获批。该任务被称作 "火星大气与挥发物演变 (Mars Atmosphere and Volatile Evolution,MAVEN)"。任务是通过聚焦 "故事的另一半"(除了行星表面), 来解决 "火星的大气怎么了?" 的问题, 主要关注火星很早以前由球状磁场保护的稠密大气层。

7.4.2 阶段 F: 项目结束

在阶段 F 期间, 项目实施阶段 E 开发的系统退役/废弃处置计划, 并对返回的数据和样本进行分析。本阶段确保对任务工程和科学数据进行归档以及对采样的管理。

当任务接近尾声,并不是所有的都是坏消息。员工离开一个任务时通常已经开始参与到另一个任务的某个阶段,他们可能会加入并干完部分或所有的阶段。办公楼内令人垂涎的建筑面积释放并缓解了当地存在的 "空间" 问题。始终超配额订购的 DSN 资源也可以自由地支持其他目标。

任务操作终止后,项目存档的数据在几年或几十年后还可以为各种独立资助的研究活动所使用。许多人基于对这些存档的星际数据的研究获得了博士学位。

1. 航天器废弃处置

许多航天器遗弃在太空或轨道上。尤利西斯号在太阳极轨上已经完成了它的首要任务,并于今天耗尽了姿态控制所需的肼燃料。尤利西斯号发射于 1990 年,它的 X 波段行波管放大器 (TWTA) 在 2008 年 1 月 15 日发生故障。自此以后,科学数据都是通过航天器 S 波段发射器以较低的比特速率传输到 DSN,但 X-TWTA 的损失意味着关键位置的热损失,而且它的推进管路内的肼燃料正趋于冻结。为尽可能长时间维持操作任务,点燃推进器仅仅是为了保持液体流动,但这将可能在年底前耗尽燃料。燃料耗尽后,尤利西斯号将不再能使它的 HGA 指向地球,进而将被遗弃在轨道上 (近拱点约 1 AU, 远拱点约 5 AU),或者几千年后与地球或某颗小行星相撞,也或者由于逼近木星而进入一个不同的轨道。

伽利略号被有意安排撞向木星而被摧毁,主要是为了防止任何撞向木卫二及地球微生物污染这个有温暖盐水海洋的星体的可能性。卡西尼号也可能因为相同的理由撞向土星。至少土卫六和土卫二在它们的内部某些地方含有液态水的可能性非常高。

北极的阳光不久将永久地照射在凤凰号着陆器上。它的首要任务结束于 2008 年 9 月初,并继续运行来自 NASA 的扩展任务。在 2008 年 12 月 26 日火星秋季开始之前,在 11 月 26 日这天随着这个红色星球转到太阳后面,火星与太阳的夹角在地球的夜晚减小到不到 3°, 使得与地球的通信变得非常困难,并且随着夹角的进一步减小而不能通信。直到地球早晨的天空到来,通信再次变得可能,太阳在火星北极天空由于太低而无法使凤凰号发电。航天器及其仪器从未被设计在火星极地的秋季或冬季生存下来。根据项目经理 Barry Goldstein 在 2008 年 9 月 9 日所说:

"既然太阳不常在我们着陆点地平线上方,我们在每个火星日就尽量少发电。当我们在 5 月底着陆时,在任务的大多数时间每天大约产生 3500 W·h。目前每天大约产生 2500 W·h, 并且每天都在下降。在剩余的日子里, 我们需要尽量从任务中获取最后一点科学数据。"[24]

　　在那个月的晚些时候, 凤凰号气象站的 LIDAR 仪器报告了有雪从云层中降落, 并在到达到地面前升华了。2008 年 11 月 2 日接收到凤凰号最后的发射信号, 而在 11 月 11 日 NASA 宣布凤凰号任务结束。它的运行寿命比计划的 90 天时间超出了两个多月, 并且满足了所有原定的目标。太阳远离火星北极, 再加上太阳能帆板上的积尘, 标志着航天器的死亡。随着冬天的到来, 凤凰号将被干冰所包裹。在 2009 年 10 月下旬太阳再次升起在火星北极时, 是否有可能与凤凰号建立联系还是个未知数。

注释

　　[1] AO 由 NASA HQ 复制提供。实际上, 这仅是 AO 的一次公告, 因为 AO 的许多细节都在线有详细说明。

　　[2] 六年对于今天的标准来说相对较短, 而在太空时代的早期, 这可能似乎是一种永恒。

　　[3] 国家航天学会与美国航天基金会, 根据人口普查局的信息。

　　[4] 卡西尼号巨大的燃料和氧化剂箱在飞行器外部不可见。

　　[5] 纳恩 — 迈科迪法案要求: 若成本超过配额的 15%, 需要进行一次终止评审; 而超过 30% 则自动终止。

　　[6] 参见 http://discovery.nasa.gov。

　　[7] 参见 http://nmp.nasa.gov。

　　[8] 参见 http://newfrontiers.nasa.gov。

　　[9] NASA 的太空飞行计划和项目管理组织的整个结构和全部细节可以通过在线搜索 "NASA Procedural Requirements NPR 7120.5D" 找到。

　　[10] 彩色风险矩阵图表中给出的绿色、黄色和红色方格, 对应我们的白色、灰色和黑色, 分别表示安全、警告和不可接受。

　　[11] 参见 NASA Procedural Requirements, http://nodis.gsfc.nasa.gov。

　　[12] 来自 SpaceFlightNow 网站, http://spaceflightnow.com/mars/phoenix/080522landingpre.html。

　　[13] 万有引力并不真正具有一个有限的影响范围。宇宙中每个质量都在万有引力的作用下影响其他的质量。这里的意思是航天器在该点受行星的影响比太阳要大。

　　[14] 在发射期间的每一天, 发射窗口是一个短暂的机会, 从几秒到几小

时。

15 以瑞士数学家、物理学家和天文学家 Johann Heinrich Lambert (1728—1777) 的名字命名, 他于 1761 年首次计算出两个特定端点之间沿着椭圆弧旅行所需的时间。

16 一款免费下载的软件, 称为 Swing-By Calculator, 简称 SBC, 参见 http://jaqar.com。它可以让用户找到从一个出发行星到达一个抵达行星或通过多个行星路径到达日心轨道的运行轨迹。

17 这个小插图是根据典型的飞行项目审查条件而编制的。

18 参见 http://nssdc.gsfc.nasa.gov/planetary/chronology.html。

19 ISO 表示国际标准化组织 (International Organization for Standardization), 参见 http://www.iso.org。

20 NASA Watch 是一个私人网站, 作为 NASA 的一个监督部门, 参见 http://nasawatch.com。

21 Gnomodex 是一个重要博客和新媒体的年度会议 (称为汇聚)。

22 引用经过许可。

23 一个示例 ISOE 页面, 可以参见 http://www.jpl.nasa.gov/basics/soe.gif。

24 来源于凤凰号网站, http://phoenix.lpl.arizona.edu/09 09pr.php。

参考文献

[1] Mark D. Garcia and Kenneth K. Fujii. Mission design overview for the Phoenix Mars Scout mission. Technical Report 07-247, AAS, 2007.

[2] W. V. Boynton, W. C. Feldman, S. W. Squyres, T. Prettyman, et al. Distribution of hydrogen in the near surface of Mars: evidence for subsurface ice deposits. *Science*, 297(5578):81–85, July 5 2002.

[3] Anthony (Tony) J. Spear. Mars Pathfinder's lessons learned. *Acta Astronautica*, 45(4-9):235–247, March 1998.

[4] Charles D. Brown. *Spacecraft Mission Design, Second Edition*. AIAA Education Series. AIAA American Institute of Aeronautics and Astronautics, 2 edition, August 1998.

[5] Graham Swinerd. *How Spacecraft Fly*. Springer, November 14 2008.

[6] Howard D. Curtis. *Orbital Mechanics for Engineering Students*. Butterworth-Heinemann, December 27 2004.

[7] James R. Wertz and Wiley J. Larson, editors. *Space Mission Analysis and Design*. Microcosm Press, 3 edition, October 1999.

[8] http://www.planetary.org/explore/topics/spacemissions/voyager/stories_kohlhase.html, 2002.

[9] L. Cheng, N. Spanovich, A. Vaughan, and R. Lange. Opposite ends of the spectrum: Cassini and Mars Exploration Rover science operations. JPL Section 317 Noontime Seminar, June 26 2008.

第 8 章

展望

　　《深空飞行器》一书基本上可以看作当前星际飞行的一个真实写照，本章将展望一下未来。已有的文献已经涵盖了许多有助于星际飞行和解决科学问题的前沿技术领域。参考文献 [1] 就探讨得很好，是对本书的一个有益补充。本章列出并简要地介绍了几个精选的具有很大应用前景的技术，这些技术可能不久就会用到星际飞行的航天器上去。

　　虽然有很多的前沿要涉及，但由于带有推测性，这里也只是做个简单说明。如果在寻找地外智慧生命 (the Search for Extraterrestrial Intelligence, SETI) 中有突破性的发现，或在其他某个新兴科学领域的长期搜索中有经过证实的探测，如重力辐射，那么完全新的调查领域 —— 暂新的科学 —— 将开启，来探究长期悬而未决的问题，并且提出有关我们所生活的丰富宇宙的更多问题。同样地，在太阳系外的类地行星的探测，伴随着确定它们大气层成分的能力，正等着很快超越今天的解决能力。

　　或许，对于未来最重要的选择将是如何最好地受益于作为太阳系一员的地球，和通过进一步国际合作并应用行星探索工具，来监视我们共存大气的成分和这个生物圈的健康。国际上正在采取措施消除工业时代我们对自然环境造成的影响。风险很高，范围很广。若不进行有效的措施，很有可能发生不可逆转的环境恶化。

　　通过检测和跟踪横穿地球轨道的潜在威胁天体，我们也有能力和机会来发展人类社会和生物圈的长期安全计划。一个毁灭性影响的概率对于任何一年来说都很低，但潜在的后果太严重，不能忽略。

8.1 航天器总线技术

航天器总线技术有许多有潜力的技术点,本节将提到一些当前正在发展的、很有前景的航天器总线技术[1] 的开发。

1. Ka 频段无线电通信技术

传统上,遥测遥控数据通信能力是基于不断增加频率和减小波长的无线电链路能力。S 波段和 X 波段大约 2~12 GHz, 广泛用于太阳系。某些地球轨道航天器用 Ku 波段通信, 大约 15 GHz, Ka 波段数据通信大约 30 GHz, 现在正开始实施。卡西尼号使用未调制的 Ka 波段无线频率进行无线电科学实验,而火星勘测轨道器具有遥测调制的 Ka 波段实验能力,它演示验证了 6 Mb/s 的数据率 —— 与以前的火星通信能力相比提高了 10 倍。飞往木星的朱诺号任务, 计划 2011 年发射, 其通信将采用调制的 Ka 波段, 还有计划 2013 年发射的詹姆斯韦伯太空望远镜也是如此。增加载波信号频率的好处包括更高速率传输数据、航天器上和地球上天线尺寸的减小, 以及导航跟踪性能的改善。

图 8.1   伽利略号探测的来自地球黎明边缘的激光。图像 ID:PIA00230, 由
NASA/JPL 提供。

2. 自由空间光通信技术

从逻辑上来讲, 增加数据通信带宽的下一个步骤就是超越微波。光通信波长大概是 850~1625 nm, 今天在地球上的应用很普遍。调制的光透过薄玻璃 (二氧化硅) 光纤电缆传播, 给全世界几百万人带来了高速的网络、有线电视和电话通信。但脱离光纤限制进行光通信, 这个正在发展的技术称作自由空间光通信。当伽利略号第二次通过引力助推飞越地球前往木星时, 它就进行了这样一个光通信试验。两套激光脉冲从地球向距离大约 140 万 km 的航天器发射, 图 8.1 所示是由伽利略号航天器成像系统做的长曝光图像。图像拍摄于 1992 年 12 月 10 日, 是 8 天试验的第二天, 图像中右边是这个星球阳光照射的部分 (美国中西部), 左边是夜晚部分。伽利略相机是从框架的底端向顶端扫描 (近似从南到北), 模糊了地形特征但显示了单个脉冲。五个较大亮点以垂直排列的方式出现在黎明前中心线附近, 代表 10 Hz 速率的脉冲来自美国空军菲利普斯实验室的星火光学靶场, 位于新墨西哥州的阿尔布开克。那些左边可见的是来自 JPL 的桌山天文台 (Table Mountain Obsevatory) 的 15 Hz 速率脉冲, 位于加利福尼亚的赖特伍德。伽利略号光学实验验证了反过来运用地基望远镜将激光从地球 "上行" 照射到航天器上。没有尝试数据传输, 但这次实验预示着激光下行可能通过飞行器上的超轻设备产生, 并且上行数据可以通过小而轻便的望远镜接收, 而非巨大的 HGAs。JPL 的跟踪和数据采集技术发展办公室 (Tracking and Data Acquisition Technology Development Office) 为 NASA 的太空通信先进系统项目办公室 (NASA's Office of Space Communications Advanced SystemsProgram) 实施了这次试验。

3. 高级光电技术

星载和地基应用都受益于效率不断提高的太阳能电池和面板。一个很有前景的改进方法就是多接面薄膜光电技术。一层电池的每个薄膜都是由感应太阳光不同波长部分的材料组成, 并且为了提高效率, 可以使其他波长光穿过并达到下一层。

4. 核能技术

放射性同位素热电发电机 (Radioisotope Thermo-electric Generator, RTG) 正变得越来越先进, 需要较少量的放射性同位素材料提供热量并产生电能。转化放射性同位素产生的热量为电能的新方法能带来更高的效率, 因而进一步有助于减少在轨携带的同位素质量。基于在电子产品和微机械系统的先进技术, 结合在轨更低功耗需求的趋势, 追求在轨核裂变反应堆的强争议问题的需求可能会消除。斯特灵放射性同位素能源系统 (Stirling Radioisotope Power System, SRPS), 有时误称为一个 "斯特灵 RTG"[2], 可以在将来为深空任务产生电能。在实验室, 这些设备已经验证了所需放射性同位素量的减少, 相比于常规的非移动部分 RTG 减少 4 倍。同时也验证了在比能上的显著增长。这些设备正由 NASA 格伦研究中心和美国能源部联合开发。对于一个 SRPS, 一个多功能的放射性同位素热源提供热能, 而外部风扇提供辐射冷却。热梯度从热源处约 650°C 降到风扇处约 120°C。一个小的斯特灵引擎使用这梯度来产生机械能, 接着转化为电能。这个 SRPS 的密封压力引擎使用活塞来驱动交流发电机, 交流发电机的 AC 输出在离开 SRPS 之前被在轨转化为 DC。当前, 这套设备的整个系统效率超过 20%, 而一个 RTG 的典型效率小于 10%。

5. 机械系统的小型化

小型化传感器和激励器能够采用类似制造集成电路的加工过程实现。例如微电子机械系统 (Micro-Electronic Mechanical System, MEMS) 陀螺 (见第 3 章) 首次在 2006 年 12 月的战术星 2 (TacSat2) 飞行器上演示验证。这样的小型化设备费用一般不贵、功率不高, 而且比替换的宏面机械设备更可靠 —— 这些好特性使其很适合深空航天器。除了小型化陀螺, 微机械系统也有利于科学仪器的设计。完整的实验室化学过程可以使用集成在单个芯片上的显微管、泵和反应室来实施。

6. 计算和数据存储

你只需要看看台式机, 就能体会到计算和数据存储的发展。更小、更快的计算机趋势在 1965 年被美国商人 Gordon E.Moore (1929—) 所推崇, 作为一个通俗法则, 宣称一个便宜的集成电路具有的晶体管数量会指数级增加, 每两年近似翻倍。不断增加的轻便而低功耗的计算硬件使得星际任务实现更快且更复杂的数据处理和通信处理, 而 Moore 的法则对此具有偶然的影响。回顾第 1 章, 要到达无误差信息传输的香农极限, 采用低密度奇偶校验技术就可以。除了先进的硬件, 软件系统发展也在稳步地展开, 所以飞行器设计和测试工具、故障诊断系统、智能代理和通信编码算法都代表了需要持续改进的许多领域。

7. 电推进

离子发动机已开始盛行起来。深空 1 号航天器的技术演示完成了首次星际飞行验证, 由光电供电的离子发动机使黎明号航天器成为首个实现绕非地球的太阳系天体轨道运行的航天器, 即离开地球轨道, 进入另一个天体的轨道。电推进的非凡效率使得这项技术很有希望用于将来星际任务。

8. 光子推进

已经说了许多有关太阳帆能做些什么 —— 参考文献 [2] 很不错 —— 虽然这项技术仍没有经过一个专门飞行器[3] 的飞行验证, 但在不久将来的演示验证很可能产生有用的结果。光子推进使用薄膜和大面积反射面来获取来自太阳光的极小加速, 而非来自太阳风, 其稀疏而相对大的微粒会直接穿过太阳帆, 而不会产生机械能。经过持续长期的飞行, 光子推进有潜力使科学任务深入星际空间。

8.2 科学

以下都是有关科学研究的部分。航天器可以携带和支持测量仪器, 这些测量仪器解决了诸如第 6 章开始涉及的重大问题。在很多学科领域, 一些很重要的结论尚没有答案, 不过随着新型航天器和地面系统的应用, 其中的一部分肯定将被解决。

8.2.1 引力波天文学

在 1859 年, 基尔霍夫创建了光谱学科, 使得科学家们能够研究遥远物质的化学成分, 开启了一扇探索广阔领域的大门。爱因斯坦的引力场辐射是通过时空框架进行传输的, 如果确实有观察它的技术可行性, 首次这样的探索将指向一个前所未有的新领域, 与基尔霍夫的新科学分支并驾齐驱。

这样一个探索也许仅仅是冰山一角。除了众多担负行星探测任务的航天器编队之外, 还有像 LIGO 之类的基于地球的重力观测卫星 (在第 6 章提及)。在不远的未来, 专用的航天器系统将加入搜寻中。其中一个也许就是 DECIGO (十分之一赫的引力波干涉观测), 是一项日本的引力波观测任务, 计划的敏感性范围定在 0.1 Hz 和 10 Hz 之间。实验包括 3 个航天器, 各自飞行 1000 km, 由法布里 — 珀罗 — 迈克逊干涉仪来测量各自的相对距离。DECIGO 探险者任务计划安排的第一步是在 DECIGO 设计定型和飞行实验之前, 首先来验证所需技术; LISA, 激光干涉仪空间雷达, 一个由 NASA 和 ESA 联合实施的探索计划, 用来验证范围在 10^{-4} Hz 和 10^{-1} Hz

之间引力波的灵敏度。在 LISA 定型之前的 LISA 探险者也计划用飞行实验来做技术验证。

然而不同的是, 研究表明: 基于某些尚未认识的物理原因, 对引力场的直接测量是不可能完成的。尽管这令人遗憾, 但是关于自然界的物理现象, 其本身也是一个重要的探索。

8.2.2　系外行星探索

到 2009 年 3 月 8 日, 太阳系周围已知的行星数量是 342 个。时至今日, 人类尚未实际看到其他星系的行星, 都是被间接发现的, 依靠的是恒星引起的晃动, 或者在遥远的星球系统 "日食" 时亮度的变化。在这个历史性日子, 加利福尼亚大学伯克利分校的天文学家 Paul Kalas 领导的团队首次发布了一个系外行星的可见光图像[3]。在这个可见光图像中可以检测和确认的是, 这颗星占据了围绕北落师门星 (南鱼座的主星) 80 年周期的轨道, 其距离我们 25 光年。由位于大不列颠哥伦比亚省维多利亚的 Herzberg 天体物理学中心的 Christian Marois 领导的另一个团队, 在同一天宣布了三个系外行星的红外图像, 其围绕一颗距离 130 光年、被称作是 HR 8799 的恒星运动[4]。Marois 和他的同事们利用各种地基望远镜来获取这些图像。

开普勒飞船于 2009 年 3 月发射, 很快检测到系外行星, 也许在银河系中的其他恒星周围存在可居住的区域。随着不断提升的设备和技术, 更多的系外行星探索将有可能被实施, 例如天基干涉测量的应用, 通过分布广泛的多个望远镜来合成一个大的孔径。当使用在轨星际遮挡板来遮挡了星系中心恒星的光照, 而用另一个飞行器的望远镜来观测没有恒星照耀的行星时, 有可能发现宜居的系外行星。

8.2.3　外星生命搜索

另外一个非常重要的潜力探索领域是外星生命搜索 (SETI)。我们不期望双方能够通信, 因为往返于有清晰信号源的外星系所花的光时将肯定是不可忍受的。但是接收到一个可确认的单向信号将可以彻底激发外生物相关领域的研究, 也包括增加的 SETI 搜寻计划。然而有些令人失望的是, 虽然研究探测各种波长是一个有价值的科学探索, 但并没有产生实际结果, 这就是目前的状况。

8.2.4 宜居地确认

在太阳系中, 有几个潜在的栖息地可能适合人类在地球上所知道的某些生命形式的生存。凤凰号航天器传回了火星北极富含水冰的土壤中化学成分的有效数据。在木卫二中, 温暖的海洋似乎存在于薄冰层之下。而且在木星的其他卫星和土星的最大卫星土卫六中, 似乎有地下海洋存在。土星最小的卫星土卫二上丰富的水冰间歇泉中含有有机化合物, 这是一个非常有趣的研究目标。在太阳系中, 有可能发现真实的生命形式, 无论是微观或者其他, 都可能是在遥远的未来, 但是确定发现可能存在生命形式的居住地, 这一时刻即将到来。

8.2.5 传感器性能改进

在不久的将来, 除了可能发生激动人心的突破之外, 与远程和在线传感技术相关的许多技术都将是一个循序渐进的可持续发展过程。挑选几个例子来说明物理电磁探测器研发所取得的进展: 适用于可见光光谱以及更高能量的 CCD 检测器工作良好, 钱德拉 X 射线天文台使用了 CCD。使用光谱的 UV 和 X 射线的探测器将受益于微通道探测器图像增强技术的发展。闪烁检测器的发展已用于设计伽马射线观测仪器。随着以碲化镉、汞锑化铟、锗或硅为原材料的更高像素级先进半导体检测器的发展, 对光谱红外末端部分的检测可能会提前实现。

未来几代的原位测量站将减少火星或者其他星体耗资巨大的返回任务需求, 但是这类技术在短期内无法实现。能够在地球上对外星样品进行分析之前, 实质性的进步将来自于大致测定矿物样本年代的微型机器人技术。所以火星采样返回技术仍然是当前行星科学研究领域的一个重要目标。

在地球上, 越来越多的实验室基准光谱正在不断地加入到电磁光谱科学数据库中。对于飞行的航天器中的光谱仪器来说, 这些数据库是必不可少的组成部分。加入的额外数据可以帮助科学家们确定目前尚未确定的原子和分子结合过程。如参考文献 [5] 中所阐述的, 最近的循环光谱测定技术表明其能够识别行星际和星际空间中更多种类的分子。

8.3　出版和电子媒介

　　主要科学杂志和出版物的发行媒介正逐渐电子化。这种趋势的一个指标是流行周刊《科学新闻》的出版商最近做了一个决定,其将更加依赖于它的网站来及时地展示科学方面的标题和内容提要,而纸制复印发行的频率减少至半月刊[4]。

　　我们仅仅使用网站 http://sciencemag.org 一段时间,就能感觉到 Internet 带给读者、学生和星际飞行研究领域学者,甚至是整个科学界的巨大便利性。作者希望读者正用电子方式阅读本书的内容,就像其他的书或者期刊一样。这样,活的、吸收 CO_2 的树木不再被加工成供我们获取信息的书本和其他打印载体。在一个高速发展的信息时代,消耗石油和其他有限的资源,从而利用汽车、卡车来传递信息内容已经变得没有必要。特别是在技术领域,印刷媒体正在进入电子网站方式。向电子通信媒介发展的这种趋势很有可能将持续,这有助于维持地球的生态平衡。

8.4　人类太空旅行

　　基于当前现有的太空服技术,在太阳系中,除月球外,从物理上唯一有可能让人类涉足的就只有火星和小行星。当这一天真的来临时,这些目标将通过机器探测器被彻底检测,从而保证人类可以以最安全和最科学的方式访问这些地方。正如前面所提及的,下一代先进的机器人可以提供高精度远程呈现,这将最终消除人们对于亲自去小行星的需求。具有了如此高智能的原地机器人工作站,对于涉足火星有更进一步的要求:不让地球上人类自然携带的微生物来感染纯洁的外星球。

　　与地球家园相比,火星是一个引人注目的地方,其被以各种方式探索。当前科学知识证实 40 亿年之前,就像今天的地球一样,这颗临近的行星有其自身的磁场。该磁场保护着火星的大气层,在其表面有温暖的海洋。但是随着行星磁场的最终消失,太阳的带电粒子波吹走大气层,结果导致海洋的消失。

　　至于星际距离,即使 SETI 揭示了一个可行的目标,除非我们能够持续几十万年甚至更长时间的旅程,否则将永远无法驾驶星际飞船到达太阳系之外的行星。

8.5 保护地球

目前, 很多载有大量测量仪器的航天器正在地球轨道上测量和报告海洋、风云和大气层的状态, 计划在不久的将来会有更多。2009 年 2 月 24 日, 407 kg 的在轨碳观测航天器的载荷整流罩分离失败, 导致这颗卫星不幸发射失败。而在地球上, 技术的进步如从空间飞行发展而来的光伏技术, 将提供一些有价值的工具, 这些工具可以大量地减少二氧化碳和其他温室气体排放[5]。

我们了解到之前有破坏性的流星撞击到了地球表面, 最近一次是比较相对温和的空中爆炸事件 —— 好像是一颗彗星或者是小流星 ——1908 年发生在通古斯卡。我们了解到更遥远的过去, 发生过一些更大的碰撞, 并且认识到在今天的太阳系中行星之间碰撞的概率。每年大概有来自彗星和小行星的 35000 t 的物质进入地球的大气层。平均下来, 每年地球表面每 2500 km^2 的面积就有 10 g 未燃尽的物质落下。每年都会有一个直径 1 m 的物体冲击地球, 但更大的撞击发生的概率较小。参考文献 [6] 阐述了人类今天所面临的危险。一个直径为 100 m 的物体与地球的碰撞的概率为 1000 年一次, 但是这将引起一个 100 兆吨级 (4.3×10^{17} J) 的事件。据估计在地球轨道附近大约有 30 万个小行星。与直径为 1 km 的冲击物发生碰撞的概率为 6500 万年一次, 其影响在 100000 兆吨的范围。但是即使一些直径大约为 200 m 的物体, 若落入海洋, 也会引起破坏沿海地区的海啸。根据参考文献 [7], 直径为 400 m 的小行星对大西洋任何地点的冲击都将引起 100 m 高的海啸, 从而淹没海洋沿岸。

一些小程序已经在运行, 用于发现危险目标。比如, 一个称为林肯近地小行星研究 (LINEAR) 的美国项目, 在晴朗的夜晚, 使用若干个机器人望远镜形成的网络来自主地沿着黄道进行扫描和观测。该项目负责绝大多数近地小行星的探测 —— 在过去的几十年里, 每年数以千计。一些彗星由此被该组织发现和命名。

我们已经演示了飞向小行星和彗星的能力, 就有可能承担起改变所发现有威胁碰撞物轨迹的任务。在未来的某一天, 有远见和智慧的科学家和工程师在谨慎地应对这些应急事件时会采取这些措施吗? 截止到今天, 利用望远镜和计算分析工具, 已经发现了在太阳系存在一些潜在的危险物体, 这看似一个相对简单的工作: 监测、编目并尽可能的跟踪, 并时刻对来自太阳系外部的新彗星进行观测和跟踪, 保持警惕。这些工作并不一定需要最新的技术, 但是需要大量的资源。我们需要做的是拥有足够的意志和动机去寻找它们, 并建立一定的基础设施, 为后代保护我们的地球家园。

8.6 现实意义

美籍伊朗的太空爱好者阿努什·安萨里 (Anousheh Ansari, 1966—) 在她的个人网页[6] 中指出了太空探索对于人类的重要性, 并提到了 Ernst Stuhlinger 博士 (NASA 的马歇尔空间飞行中心管科学的副主任) 1970 年给在非洲赞比亚为卡布韦挨饿孩子工作的修女 Mary Jucunda 的意味深长的回信。Mary Jucunda 质问美国政府花费数十亿美元在空间探测项目上 (以下是那份广为流传回信的摘要), 表达了对修女为所需帮助的人所做贡献的钦佩后, 他写道:

"恐怕在国与国之间消除隔阂之前, 饥饿问题无法得以高效解决了。我不认为太空计划能一夜之间创造奇迹, 然而, 探索宇宙有助于促使问题向着良好的方向发展。"

"解决工程问题时, 重要的技术突破往往并不是按部就班直接得到的, 而是来自能够激发出强大创新精神, 能够燃起的想象力和坚定的行动力, 以及能够整合好所有资源的充满挑战的目标。毫无疑问, 空间飞行确实承担起了这样的角色。"

"如果我们希望提高人类的生活水平, 除了新技术的需求之外, 还有对科学基础研究不断提高的需求。我们需要更多的年轻人投入到科学事业中来, 我们需要给予那些投身科研事业的有天分的科学家更多的帮助。在此我要重申, 太空项目是科技进步的催化剂, 它为学术研究工作提供了绝佳的实践机会, 包括对月球和其他行星的研究、对物理学和天文学、生物学和医学科学的研究, 有它, 科学界源源不断出现令人激动不已的研究课题, 人类得以窥见宇宙无比瑰丽的景象, 为了它, 新技术新方法不断涌现。"

"如果国家之间不再比拼轰炸机和远程导弹, 取而代之比拼月球飞船的性能, 那将避免多少战乱之苦! 聪慧的胜利者将满怀希望, 失败者也不用饱尝痛苦, 不再埋下仇恨的种子, 不再带来复仇的战争。尽管我们开展的太空项目研究的东西离地球很遥远, 已经将人类的视野延伸至月亮、太阳、行星、乃至那遥远的星辰, 但我相信天文学家对地球的关注, 超过以上所有天外之物。太空项目带来的不仅有那些新技术所提供的生活品质的提升, 随着对宇宙研究的深入, 我们对地球, 对生命, 对人类自身的感激之情将越深。太空探索让地球更美好。"

2008 年 9 月，在华盛顿的史密森尼国家航空航天博物馆里，NASA 举行了庆典仪式。在聚会上，阿姆斯特朗，人类第一个登上月球的人，留下这样的话语：

"半个世纪之后，我们回首已经完成的工作，我们对宇宙的了解增加了不止千倍。我们得知现代人类已不受地球的重力场的禁锢 …… 我们已经向太阳系以及更遥远的地方发送了探测器，我们可以更加深入地认识宇宙和它的过去 ……"

"我们的目标 —— 更是责任 —— 是为后代进行开发：开扩人类的知识，在宇宙里探索人类居住和资源开发。我们最高和最希望的目标是人类能够提高智慧和性格，这样在未来的这些年里，在这些方面将可以作恰当的评估和选择。"

注释

[1] 参见第 5 章 "spacecraft bus" 的有关讨论。

[2] SRPS 设备包含放射性源，但是术语 "热电" 并未运用这些技术 (RTG 代表放射性热电产生器)。

[3] 由民间航天爱好组织 "星际协会" 进行首次尝试，2005 年其发射的 "宇宙 1 号" 发射失败。

[4] 参见 http://sciencenews.org。

[5] 认识到地球和大气层的脆弱性，可以促使各个国家团结起来共同减少 CO_2 的排放。

[6] 参见 http://anoushehansari.com。

参考文献

[1] Michel van Pelt. *Space Invaders - How Robotic Spacecraft Explore the Solar System*. Praxis, 2007.

[2] Jerome Wright. *Space Sailing*. Routledge, 1992.

[3] Paul Kalas, James R. Graham, Eugene Chiang, Michael P. Fitzgerald, Mark Clampin, Edwin S. Kite, Karl Stapelfeldt, Christian Marois, and John Krist. Optical images of an exosolar planet 25 light-years from Earth. *Science online*, November 13 2008.

[4] Christian Marois, Bruce Macintosh, Travis Barman, B. Zuckerman, Inseok Song, Jennifer Patience, David Lafrenière, and René Doyon. Direct imaging of multiple planets orbiting the star hr 8799. *Science online*, November 13 2008.

[5] Ron Cohen. With a closer look, chemists find molecules switch shapes slowly. *Science News*, 173(18):7, June 7 2008.

[6] Tony Reichhardt. Scaling the degree of danger from an asteroid. *Nature*, 400:392, July 29 1999.

[7] Jack G. Hills and Charles L. Mader. Comet/asteroid impacts and human society. *Annals of the New York Academy of Sciences*, 822:381–394, December 2006.

附录 A

典型航天器

本附录选取了十几个仍在星际空间飞行或已完成任务的深空航天器(其中一个正准备发射),进行了文字和图像描述。第 7 章介绍的八类航天器都有典型的代表。

本附录中,每个航天器限定 2 页左右的篇幅。这可以让读者很容易地比较各个航天器的特征、任务及类别,但不能详述航天器的所有活动、获得的发现及存在的问题。实际上每个航天器都可以用整本书来描述。另外,所列航天器的完整资料可以在 http://nssdc.gsfc.nasa.gov/planetary 网站上找到。

内容:

航天器	类别
旅行者号	飞越
新地平线号	飞越
斯皮策号	观测
钱德拉号	观测
伽利略号	轨道器
卡西尼号	轨道器
信使号	轨道器
惠更斯号	气象探测
凤凰号	着陆器
火星科学实验室	巡视器
深度撞击	穿透器
深空 1 号	工程验证

A.1 旅行者号航天器

分类: 飞越航天器。

任务: 访问外层大行星, 探索太阳风层。

命名: 根据行程。

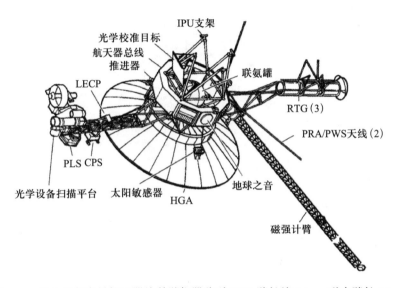

图 A.1 每个旅行者号航天器从科学仪器臂到 RTG 臂长约 8.5 m, 磁力臂长 13 m。
图片来源: NASA/JPL。

简介: 这两颗同类型的航天器都飞越了木星和土星, 旅行者 2 号继续抵达了天王星和海王星。它们都采用太阳系逃逸轨道, 已经飞越了太阳风边界激波。1998 年, 旅行者 1 号成为最遥远的人造天体。

有效载荷: 宽视角和窄视角科学相机、紫外光谱仪、红外光谱辐射计、照相偏振测量仪安装在扫描平台。低能带电粒子探测仪、等离子体光谱探测仪、宇宙射线探测仪、磁强计、等离子波探测仪、星际无线电天文接收仪、记录地球声音和图像的镀金唱片。

国家:	美国	发射质量:	800 kg
无线电频率:	S 波段和 X 波段	稳定方式:	3 轴稳定, 喷管
推进:	肼	电功率:	RTG (同位素温差发电机)
发射日期:	1977	运载火箭:	泰坦-III E/半人马

图 A.2　1977 年 3 月 25 日一个旅行者号航天器在 JPL 进行抗震测试。任务舱安装在最后抛射的喷射推进装置顶部。科学臂 (右) 和 RTG 臂 (左) 发射阶段被折叠。13 m 长的磁强计臂装载在左中的圆筒里。白色圆筒是 RTG 的仿真器, 实际上 RTG 仅在发射前安装。而热控天窗在飞行前安装。地球信息的镀金唱片置于图形中心的凸窗上。图片来源: NASA/JPL-Caltech。

A.2　新地平线号探测器

分类: 飞越航天器。

任务: 访问冥王星、卡戎星, 探测柯伊伯行星带。

命名: 根据行程命名。

简介: 新地平线号在 2007 年到达木星, 引力助推后将于 2015 年飞越矮行星冥王星及其卫星卡戎星, 并访问柯伊伯行星带的一个或多个天体。

有效载荷: 7 台仪器。Ralph, 由多光谱可见光成像相机和线性标准成像光谱阵 (LEISA) 组成的 6 cm 口径望远镜; Alice, 紫外线成像光谱仪; LORRI, 远程勘探成像仪, 包含一个 20.8 cm 口径望远镜和一个 CCD 成像仪; SWAP, 太阳风分析仪, 用来测量冥王星附近太阳风带电粒子; PEPSSI, 高能粒子频谱仪, 用来发现中性原子; SDC, 尘埃计数器。REX, 无线电科

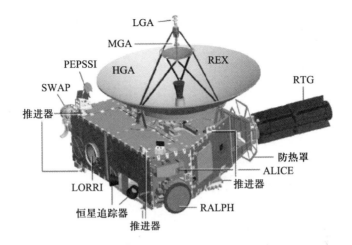

图 A.3 新地平线号航天器最宽约 3 m。图片来源: NASA/JPL。

图 A.4 新地平线号航天器探测飞越柯伊伯行星带天体效果图。太阳出现在宇宙尘埃中, 距离飞行器 45 AU。图中所示柯伊伯行星带的众多天体处于海王星以外, 由冰块形成, 相对地球很遥远, 肉眼不可见。图片来源: 约翰霍普金斯大学应用物理实验室/西南研究所 (JHUAPL/SwRI)。

学仪器, 功能同微波辐射计, 掩星实验时还可以记录接收的深空网上行光谱。

国家:	美国	发射质量:	478 kg
无线电频率:	X 波段	稳定方式:	3 轴喷管或陀螺
推进:	肼	电功率:	RTG
发射日期:	2006 年 1 月 9 日	运载火箭:	Atlas-V551/半人马

A.3 斯皮策太空望远镜

分类: 天文观测航天器。

任务: 观测宇宙深处、银河系、太阳系天体。

命名: 纪念美国天体物理学家 —— 莱曼·斯皮策 (1914—1997)。原名: 空间红外望远镜设施, 发射后改名。

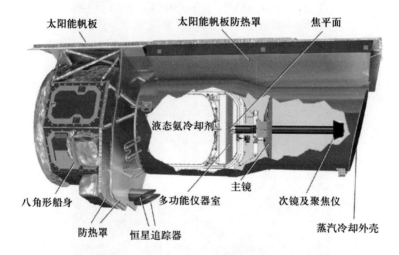

图 A.5　斯皮策太空望远镜全长约 5 m, 图中望远镜的外壳被去掉以显示里面安装的望远镜。图片来源: 改自 NASA/JPL-Caltech。

简介: NASA 四个大型天文望远镜之一 (另外三个为哈勃、康普顿及钱德拉), 运行在地球后方环绕太阳的公转轨道上, 距离太阳约 1AU。太阳面板始终对准太阳以避免红外辐射。望远镜主镜口径 85 cm, 主镜温度采用携带的 50.4 kg 液态氦蒸发冷却到 5.5 K。气冷罩冷却光学镜头的同时也冷却焦平面周边仪器。因此, 斯皮策不受温暖的光学系统干扰, 可以探测遥远天体发出的红外光谱。2009 年冷却剂耗尽后, 太阳光照射使得望远镜保持在 34 K (其他仪器采用被动冷却方式要低 4 K)。

载荷: 红外阵列相机, 工作在 3.6 μm、4.5 μm、5.8 μm 和 84 μm 波段。红外摄谱仪 (IRS), 工作在 5.3~37 μm (高分辨率)。多波段成像光度计, 工作在 24~160 μm。

国家:	美国	发射质量:	950 kg
无线电频率:	X 波段	稳定方式:	3 轴反冲叶轮
推进:	冷态氮	电功率:	太阳能
发射日期:	2003 年 8 月 25 日	运载火箭:	Delta-II

图 A.6 斯皮策望远镜释放防尘罩效果图。航天器表面的热防护层没有展示。环绕整个望远镜气冷罩的上表面为防热磨光金属层, 下半部分涂成黑色以接受辐射热 (网上搜索 IDsirtf0410 04 可以获得更清晰图像)。抛物型高增益天线安装在航天器左下部分, 本图不可见。图片来源: NASA/JPL-Caltech。

A.4 钱德拉太空望远镜

类别: 天文观测航天器。

任务: 拍摄宇宙高能事件图像和光谱。

命名: 纪念印裔美籍天体物理学家钱德拉·锡卡 (1910—1995)。

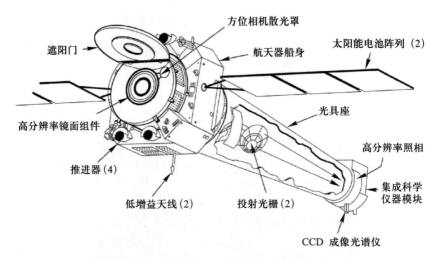

图 A.7 钱德拉探测器长 13.8 m, 太阳面板展开跨度 19.5 m。图片来源: NASA/CXC/SAO。

简介: NASA 四个大型天文望远镜之一 (其他为哈勃、斯皮策和康普顿)。钱德拉镜片角度分辨率很高, 比以前的 X 射线望远镜灵敏 100 倍, 发射前名称为高级 X 射线天文物理学仪器 (AXAF)。运行在一个 64.2 h 周期, 10000 km×140000 km 的地球轨道, 位于吸收 X 射线的大气层以外。自 1999 年 8 月, 钱德拉获取的数据极大推进了 X 射线天文学领域的进展。

有效载荷: 先进 CCD 成像光谱仪 (0.2~10 keV) 和高分辨率相机 (0.1 ~10 keV), 均安装在科学仪器舱内。高能透射光栅 (0.4~10 keV) 和低能透射光栅 (0.09~3 keV) 都能翻转到镜头的光学路径上。

国家:	美国	发射质量:	4620 kg
无线电频率:	S 波段	稳定方式:	3 轴反冲叶轮
推进:	肼	电功率:	光伏
发射日期:	1999 年 7 月 23 日	运载火箭:	哥伦比亚宇宙飞船/IUS

图 A.8 钱德拉太空望远镜效果图。钱德拉沃尔特 10 m 焦距掠射望远镜带有 1.2 m 口径和几个更小的高分辨率柱面改进型镜片，镜片之间互相嵌套，图中打开的镜头盖下面的同心环就是镜头外沿。望远镜向右侧的科学仪器舱延伸。图片来源：NASA/CXC/SAO。

A.5 伽利略号航天器

类别：环绕航天器。

任务：探索木星、木卫及其磁层。

命名：纪念伽利略 (1564—1642) 在 1610 年观测木星并发现木星最大的 4 个卫星。

简介：观测金星、地球和沿途 2 个小行星。释放木星大气探测器。1995—2003 年环绕木星，高分辨率观测木星及其卫星。观测行星磁层及其和太阳、木星及其卫星的相互关系。1994 年观测到舒梅克 — 列维 9 彗星碎片撞击木星。2003 年 9 月伽利略降落坠毁木星。

有效载荷：CCD 成像仪、紫外和超紫外光谱仪、近红外勘测分光仪、光偏振辐射计、能量粒子探测计、星尘探测计、等离子体光谱仪、重离子计数器、磁强仪、等离子波接收器。

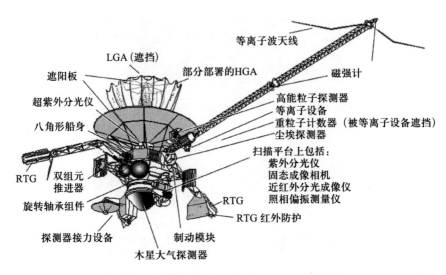

图 A.9　伽利略号航天器飞行配置图。航天器高 5.3 m, 自旋轴承组件上面旋转, 下面消旋保证指向一致。图片来源: NASA/CXC/SAO。

图 A.10　伽利略航天器。科学臂向下折叠, 置于中左部。安装好的磁强计臂尾部位于图中 NASA 标志左边。1 号低增益天线在高增益天线中心格网顶部。黑色大的大圆形是本体的太阳防护罩。重离子计数器及其两个圆形孔径位于中右边的本体顶端 (上幅图被遮住)。四个延伸到太阳防护罩外的吊装组件 (三个可见) 在发射前需要拆卸。图片来源: NASA/JSC。

国家:	美国, 德国	发射质量:	2380 kg
无线电频率:	S 波段①	稳定方式:	自旋
推进:	双组元	电功率:	RTG
发射日期:	1989 年 10 月 18 日	运载火箭:	亚特兰蒂斯宇宙飞船/IUS

A.6 卡西尼号航天器

类别: 环绕航天器。

任务: 探索土星、土卫及其磁层。

命名: 纪念意大利裔法国天文学家 G. D. 卡西尼 (1625—1712)。

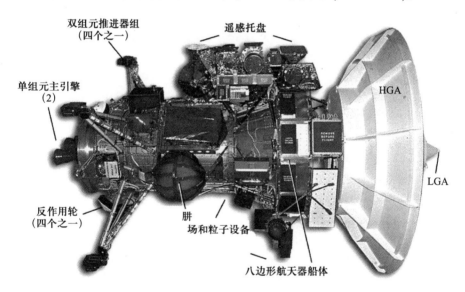

图 A.11　卡西尼号航天器长约 6.3 m。图中没有显示 RTG、热防护罩、主发动机盖、磁强计臂、无线电和等离子体波仪器天线、惠更斯天线。仪器盖和气窗标明: 飞行前拆卸。正面为光学遥感仪器光圈, 上面为散热器及恒星扫面光圈。航天器由于内含双组元推进剂, 最长达 6.8 m。图片来源: NASA/JPL。

简介: 在引力助推飞越途中观测金星、地球和木星。2004 年 7 月进入土星轨道。2004 年 12 月释放惠更斯探测器自由降落土卫六 (泰坦), 时间

---

①X 波段由于高增益展开失败导致不可用, 见图 A.9。

长达三个星期。目前卡西尼号环绕土星、观测土星环、土卫星、大气和磁层。

有效载荷: CCD 成像仪、紫外成像光谱仪、可见光和红外线测绘分光计、复合红外光谱仪、宇宙尘埃分析仪、磁强计、无线电波和等离子波接收器、磁场成像仪、等离子质谱仪、质谱仪、无线电科学试验的无线电频率仪器。

国家:	美国, 欧洲航天局, 意大利航空局	发射质量:	5712 kg
无线电频率:	S、X、Ka 波段	稳定方式:	3 轴反冲叶轮
推进:	双组元、单组元	电功率:	RTG
发射日期:	1997 年 10 月 15 日	运载火箭:	泰坦-IVB/半人马

图 A.12 卡西尼号航天器飞行状态效果图, 没显示防护罩。三个无线电和等离子波天线延伸长 10 m, 磁强计 (MAG) 臂延伸长 11 m。中心伺服馈源复杂的 4 m 口径高增益天线使得合成孔径雷达能够同时扫描 5 幅图像。RTG 装载在背面避免光学仪器红外照射。惠更斯探测器连在左边, 光学仪器光圈对准右上角。图形正中的凸起为宇宙尘埃分析仪, 二元推进高压密封氦储箱在右下角。参见 www.jpl.nasa.gov/basics/cassini。
制图: 高登·莫里森, 允许复制。

A.7 信使号航天器

类别: 环绕航天器。

任务: 环绕观测水星及其环境。

命名: 纪念罗马上帝的信使, 且作为首字母的缩写, 水星表面 (MErcury Surface)、空间环境 (Space Environment)、地球化学 (Geochemistry) 及测距 (Ranging)。

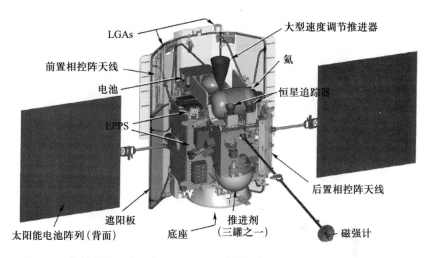

图 A.13   信使号航天器飞行配置图。探测器沿太阳面板方向长 6 m。图片来源: NASA/约翰霍普金斯大学应用物理实验室/华盛顿卡尼其研究所。

简介: 信使号航天器在引力助推甩摆途中观测地球、金星和水星, 在太阳轨道再经过两次水星助推甩摆, 于 2011 年 3 月 18 日进入水星环绕轨道。在水星轨道执行一年的任务 (约四个火星年)。

有效载荷: CCD 成像仪, 伽玛射线和中子分光仪, X 射线分光仪, 紫外、可见光和红外分光仪, 激光高度计, 磁强计, 能量粒子和等离子分光仪。这些仪器, 除了能量粒子和等离子分光仪 (见图 A.13 EPPS), 都装载在锥形发射适配器内的指向天顶的面板中。

国家:	美国	发射质量:	1100 kg
无线电频率:	X 波段	稳定方式:	3 轴反冲叶轮
推进:	双组元、单组元	电功率:	光伏
发射日期:	2004 年 8 月 3 日	运载火箭:	德尔塔-Ⅱ/恒星-48

图 A.14 信使号航天器环绕水星效果图。姿态控制保持整个航天器在陶瓷覆盖的太阳防护罩阴影中。图片来源:NASA/约翰霍普金斯大学应用物理实验室/华盛顿卡尼其研究所。

A.8 惠更斯航天器

类别: 环绕航天器。

任务: 调查土卫六泰坦的大气层和表面。

命名: 纪念荷兰天文学家克里斯汀·惠更斯 (1629—1695) 发现泰坦。

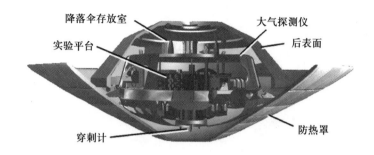

图 A.15   惠更斯航天器大气热挡板直径长 2.7 m。图片来源: 欧洲空间局。

简介: 2004 年 12 月 5 日惠更斯探测器同卡西尼号航天器在土星轨道分离, 其电池已保持了 7 年以上沉睡状态。星上定时器激活航天器上的电子设施, 开始了 2.5 h 的观测。热挡板把航天器的速度从 22000 km/h 降到 1400 km/h, 加速度峰值达到 14 g。然后引导降落伞拉开后盖, 打开 8.3 m 直径的主降落伞, 把航天器速度降到 80 m/s, 并释放热防护罩。此时仪器展开并开始采集收据。当航天器处于 110 km 高, 速度减到 40 m/s 时, 主降落伞分离, 打开 3 m 直径的降落伞并下降 2.5 h。当探测器高度为几百米时, 探照灯打开以照亮土卫六表面, 帮助获取图像和光谱。当力和硬度测量计撞到一个圆石并深入到沙里时, 探测器以 5 m/s 的速度降落到湿软的沙滩上。表面探测仪确定土壤的特征, 大气探测仪发现丰富的甲烷蒸气。这是因为火星表面温度为 90 K, 岩石和沙子都由水组成, 液体由甲烷组成, 相对温暖的航天器降落到冰冷潮湿的表面, 从而导致甲烷蒸发。

有效载荷: 悬浮物质采集器和高温热解器, 气象色谱仪和成分分光计, 降落成像/光谱辐射计, 大气构造探测仪, 多普勒风仪, 表面科学工具包包括采样和确定表面特征的多个仪器。

国家:	欧洲	发射质量:	319 kg
无线电频率:	S 波段 (与卡西尼号)	稳定方式:	自旋
推进:	无	电功率:	电池
发射日期:	1997 年 10 月 15 日	运载火箭:	泰坦-IVB/半人马

图 A.16　正在安装后盖的惠更斯探测器, 从热挡板边缘可以看到大气探测计的顶部。上嵌的引导降落伞移开后盖, 用过的热挡板释放, 8.3 m 直径主降落伞给探测器减速。图片来源: 欧洲航天局。

A.9　凤凰号航天器

类别: 着陆航天器。

任务: 研究火星水的历史及北极冰块存在生命的可能性。

命名: 以神话中浴火重生的凤凰命名。

简介: 凤凰号沿用了失败的火星极轨着陆器 (1998 年) 和取消的火星勘探者号 (2001 年) 遗留的硬件和计划, 在 2008 年 5 月 25 日登陆火星北极圈。成像系统帮助识别目标, 机械臂挖穿土壤, 深入到下面的水冰层, 并运送样品到实验仪器, 包括小型烤箱、质谱仪、盒装化学实验室确定土壤特征和冰块化学特性。

有效载荷: 表面立体成像仪, 热量和释出气体分析仪, 显微镜电化学和

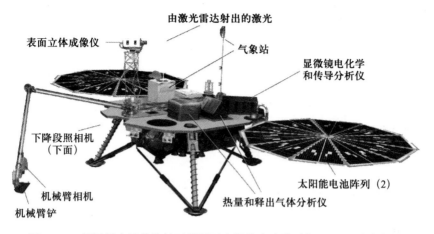

图 A.17 凤凰号火星着陆航天器展开太阳能电池阵后长 5.5 m。图片来源：NASA/JPL。

图 A.18 凤凰号着陆航天器效果图，进行 10 个月旅行后，进入大气层 5 min 前探测器巡航级被抛弃，然后，降落伞打开，制动热挡板释放。当星上雷达探测到距离地面 570 m 时，释放降落伞，肼推进剂工作实现软着陆，如图所示。2009 年 1 月前，由于在冬天缺少阳光极端寒冷，二氧化碳冻结，使得着陆器不能开展进一步的操作，因此凤凰号着陆器难以幸存。图片来源：NASA/JSC。

传导分析仪, 气象站, 机械臂相机, 小铲子, 热电传导探测器。

国家:	美国	发射质量:	350 kg
无线电频率:	UHF	稳定方式:	着陆前 3 轴稳定
推进:	单组元	电功率:	光伏
发射日期:	2007 年 8 月 4 日	运载火箭:	德尔塔 II

A.10   火星科学实验室航天器

类别: 巡视航天器。

任务: 调研过去和现在微生物生存的可能性。

命名: 客观描述 (发射前可能会更名)。

图 A.19   火星科学实验室效果图, 全长 2.8 m。图片来源: NASA/JPL-Caltech。

简介: 火星科学实验室计划在 2012 年底进入火星大气, 其质量比以前的着陆器重 10 倍以上。将首次在火星防护罩抛射前执行耗散能量的 S 形转弯技术。降落伞下降后, 反推火箭驱动的 "天空起重机" 吊装巡视器车实现软着陆。巡视器质量也是 2003 年火星巡视器质量的 4 倍 (勇气号或机会号)。

有效载荷: 降轨成像仪, 大气色谱仪, 质谱仪, 可调激光质谱仪, X 射线衍射镜, 荧光设备, 手持透镜成像仪, 阿尔法粒子 X 射线分光仪, 桅杆相机, 激光感应遥感化学微成像仪 (激光脉冲蒸发 10 m 远的目标材料, 光谱仪望远镜确认受激原子), 辐射评估探测器, 环境监测站, 中子动力反射仪器, 带桅杆的立体导航相机, 防灾相机, 样品采集/准备处理系统。

国家:	美国	发射质量:	3400 kg
无线电频率:	Ka 波段, X 波段, UHF	稳定方式:	火星引力
推进:	电子马达	电功率:	RTG
发射日期:	计划 2011 年 10—12 月	运载火箭:	Atlas—V

图 A.20　火星天空实验室 S 形动力再入后, 用天空起降机放低软着陆效果图, 同时, 降落伞下降, 反推火箭点火。图片来源: NASA/JPL-Caltech。

A.11 深度撞击号航天器

类别: 撞击航天器。

使命: 挖掘彗星 9P/坦普尔原料, 进行河外观测。

命名: 以任务命名 (借鉴 1998 年通行的同名电影)。

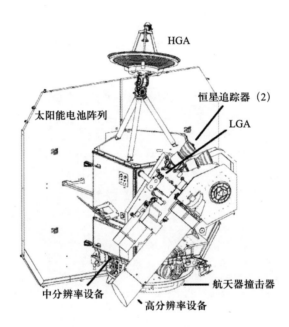

图 A.21 深度撞击航天器, 高 3.3 m。图片来源: NASA/JPL。

简介: 2005 年 7 月 3 日, 撞击器由飞越航天器释放并于次日自主导航实施撞击彗星。尽管此前没有成功的先例, 但撞击航天器通常设计了直接感应设施进行在轨测量。深度撞击号穿透彗星表面, 形成弹坑和喷出物, 从而便于飞越航天器和地球的远程观测。后来执行系外行星观测和扩展调查任务, 在 2010 年 10 月飞越哈雷 2 号彗星, 继续搜寻河外行星。

有效载荷: 飞越航天器, 包含高分辨率红外光谱仪和多光谱 CCD 相机的 30 cm 孔径望远镜, 12 cm 孔径中分辨率成像望远镜。自主导航撞击器, 包括 12 cm 自动寻的望远镜。

国家:	美国	发射质量:	650 kg+370 kg 撞击器
无线电频率:	S 波段、X 波段	稳定方式:	3 轴
推进:	单组元	电功率:	光伏、电池
发射日期:	2005 年 1 月 12 日	运载火箭:	德尔塔 II

图 A.22　深空撞击号飞越航天器 (上) 正在同撞击航天器 (与肩相平) 对接。撞击器在分离后用电源操作, 获取图像并通过嵌入式肼推进器进行自主导航, 以 10.2 km/s 的速度撞击彗星 (相当于 4.8 吨 TNT), 通过与飞越航天器的 S 波段无线电通信传回图像。图片来源: NASA/JSC。

A.12　深空 1 号航天器

类别: 工程验证航天器。

任务: 验证科学探测中的 12 项新技术。

命名: 以一系列深空技术验证任务的第一颗而命名。

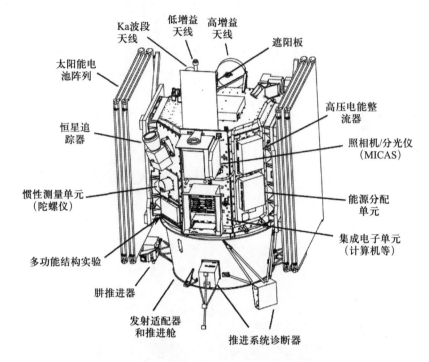

图 A.23 深空一号发射配置图, 高 2.5 m。图片来源: NASA/JPL。

简介: 验证太阳能推进、太阳收集器电磁阵、自主导航、自主远程代理、小型深空转发器、Ka 波段固体增幅器、信号监测操作、低功率电子器件、功率激活转换单元、多功能结构。微型集成相机/成像光谱仪, 单包离子和电子分光仪仪器。完成技术验证目标后, 先后于 1999 年飞越 9969 号小行星布莱叶和 2001 年飞越彗星波雷利, 并获得科学数据。

有效载荷: 12 个工程实验 (含 2 个科学仪器)	国家: 美国	发射质量: 489 kg
无线电频率:	X 波段、Ka 波段	稳定方式: 3 轴, 推进剂
推进:	电 (离子)	电功率: 光伏、电池
发射日期:	1998 年 10 月 24 日	运载火箭: 德尔塔 Ⅱ/恒星 — 48

图 A.24　深空一号飞行配置效果图, 采用太阳能电离子发动机, 太阳能电池阵全长约 12 m。图片来源: NASA/JSL。

附录 B

典型仪器

正如第 6 章所述, 有多少提出问题的科学家, 就有多少种不同的科学仪器。本附录不能列举所有的科学仪器, 在第 6 章描述的四类仪器种类中选取一两个代表性的例子。每个入选设备列出了能力和灵敏范围。另外还包括一个航天器上的工程应用 (恒星参考单元) 及地面站设备 (DSN 站)。

设备	分类
伽利略号固态成像仪	被动遥测
火星勘探者高分辨率成像科学仪器	被动遥测
卡西尼号雷达	主动遥测
火星全球勘探者火星激光高度计	主动遥测
斯皮策红外光谱仪	被动遥测
火星科学实验室激光感应遥感化学微成像仪	主动遥测
旅行者/磁强计	被动直接
惠更斯大气结构探测仪	被动直接
索杰纳阿拉法粒子 X 射线光谱仪	主动直接
火星探测巡视器莫斯鲍尔光谱仪	被动直接
卡西尼星座参考单元	工程验证[1]
深空站 55	深空站

---

[1]地基设施, 设计好的航天器姿态控制输入设备, 不是星载科学仪器载荷的一部分。

B.1　固态成像器

简称: SSI

航天器: 伽利略

分类: 被动遥测设备

概述: 拍摄高分辨率目标图像。引力助推飞越过程中目标包括: 地球、月球和金星云顶; 嘎斯帕行星, 艾达和艾卫; 途中还观测到彗星舒梅克—列维 9 撞击木星; 拍摄木星大气层各层由于成分不同导致的木星卫星反射和颜色变化的木星轨道图像。

图 B.1　伽利略固态成像器。左边的黑环是望远镜孔径, 次镜安装在透明石英光圈挡板中间。图片来源: NASA/JPL。

原理: 卡塞格伦反射式望远镜通过快门和特定滤波器聚焦光线到防辐射焦平面探测器。探测器通过热传导接触外部散热片被动冷却到约 163 K。发射后光圈盖被抛。

指标: 焦距, 1500 mm; 固定焦比, $f/8.5$; 28 种可调整曝光时间, 0.004~51.2 s; 视场 8.13×8.13 mrad, 对可见光、近红外线敏感;8 位置的机轮有 7 个光谱滤波, 波长范围从 400~100 nm, 还有一个机轮为透明; 得克萨斯仪器厂和喷气推进实验室联合研制的 CCD; 控制仪器的 RCA1802 微处理器。CCD 辐射保护为 1 cm 厚的钽片。

孔径: 176.5 mm

探测器: 800×800 像素 CCD

功率: 15 W, 28 VDC

质量: 29.7 kg

组装: NASA/JPL

位置: 消旋扫描平台

继承: 旅行者窄角相机望远镜, 快门, 滤波器

操作: 1989 年 10 月 18 日 (发射)—2003 年 9 月 21 日

B.2 高分辨率成像科学仪器

简称: HiRISE

航天器: 火星勘探者 (MRO)

分类: 被动遥感仪器

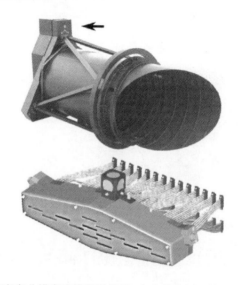

图 B.2 火星勘探者高分辨率成像科学仪器, 卡塞格伦望远镜, 后面带附加的折射光学系统, 14 个线性 CCD 相机组成的焦平面安装在箭头所指位置, 放大如上图所示。

图片来源: NASA/JPL-Caltech。

概述: 带有彩色成像的三个光谱滤波器, 可获取 1 m 特征高分辨率火星表面图像, 垂直分辨率达 30 cm 的立体图像。

原理: 带大口径镜头和一组 CCD 相机的卡塞格伦望远镜, 航天器切向运动提供图像的二维信息 (推扫模式)。光线通过常规双镜头卡塞格伦光学系统和路径上带双折射镜的第三个镜头聚焦到处于 12 m 路径末尾的焦平面。焦平面由 14 个影像宽度 2048 像素交错排列的 CCD 相机组成。数据存储在相机内存中。

指标: 12 m 焦距; $f/24$ 焦比; 所有 CCD 都是 2048 像素宽度。10 个配红色滤波器, 整体影像宽度 20000 像素, 两个配蓝绿滤波器, 2 个配红

外滤波器, 靠近红色阵列中心。内存: 28 Gb。分辨率: 1 μrad, 表面分辨率 0.5 m。

孔径: 50 cm。

探测器: 线性 CCD 相机。

功率: 68 W, 28 VD。

质量: 65 kg。

组装: 波尔航天公司。

位置: 天顶平台。

继承: 深度撞击, 哈勃太空望远镜。

运行: 在科学试验轨道 (制动后), 2006 年 9 月 29 日至今。

B.3 无线电探测和测距仪

简写: RADAR

航天器: 卡西尼号

分类: 主动遥感设备

概述: 主动模式下发射无线电波束, 并接收从目标散射和反射回来的微波无线电能量。被动模式下接收目标自然发射的微波能量。

原理: RADAR 是无线电探测和测距仪 (RAdio Detection and Ranging) 的简称, 但是该技术已经超越了这些功能。卡西尼号的雷达采用三种主动模式和一种被动模式。合成孔径雷达利用时间延迟和多普勒频移制作图像, 测量返回信号, 形成二维图形; 高度计垂直向地面发送激光能量并计算返回时间, 测量距离; 散射计测量散射能量强度; 辐射线测定仪采用被动遥感模式测量目标的自然微波辐射。

指标: 发出 13.78 GHz 的编码脉冲。分辨率是目标距离的函数。合成孔径雷达的分辨率为 0.35~1.7 km; 高度计, 水平方向 24~27 km, 垂直方向 90~150 m。辐射计: 7~310 km。

孔径: 4 m。

探测器: 微波接收器。

功率: 108 W, 28 VDC。

质量: 42 kg。

组装: ASI, JPL。

位置: 总线顶部, 高增益天线内。

图 B.3　卡西尼无线电探测和测距仪示意图,高增益天线中心附近的多个伺服可以获取 5 个独立波束的合成孔径图像数据。Radar 电子盒装在总线顶部高增益天线下方。
图片来源: NASA/JPL-Caltech。

继承: SIR-C 和麦哲伦号研发的技术。

运行: 2004 年 10 月 26 日至今。

B.4　火星轨道器激光高度计

简写: MOLA。

航天器: 火星全球勘探者。

分类: 主动遥感设备。

概述: 测量设备到火星表面的距离。数据用来绘制地形图,为估计气流速度和火星表面河道的流速提供信息。仪器采用被动遥感方式获取表面的红外辐射数据。

原理: 朝地面发射激光脉冲。每个脉冲的一部分激光输出能量转移到探测器时间计数器。反射式卡塞格伦望远镜把光线聚焦到探测器,并接收从目标表面以光速返回的能量。把接收到反向散射精确时间,与计数器时间进行比较,从而得到距离数据。80C86 微处理器控制仪器运行。

指标: 掺钕钇铝榴石近红外激光器, 波长 1064 nm; 激光点朝向 0.4 mrad, 火星表面覆盖 130 m。10 Hz 脉冲导致 330 m 的沿迹空间误差。测距分辨

图 B.4 火星全球勘探者的激光高度计。图片来源: NASA/JPL-Caltech。

率 37.5 cm; 绝对精度取决于航天器轨道误差, 通常小于 10 m。

孔径: 50 cm。

探测器: 硅光电二极管。

功率: 34.2 W, 28 VDC。

质量: 25.85 kg。

组装: NASA/GSFC。

位置: 天顶平台。

继承: 火星观测者 MOLA。

运行: 轨道捕获 (1997 年 9 月 11 日) 到航天器失踪 (2006 年 11 月 2 日)。

B.5 红外线摄谱仪

简写: IRS。

航天器: 斯皮策太空望远镜。

分类: 被动遥感设备。

概述: 通过斯皮策望远镜接收来自恒星、星系、太阳系目标, 以及其他目标的红外线, 并分解成连续的波长金星测量。

原理: 四个摄谱仪都可以在光线路径上设置光栅, 测量因光栅分散的波长的空间分布, 从而记录不同细节和波长的光谱。仪器采用液氦冷却到约 1.4 K。

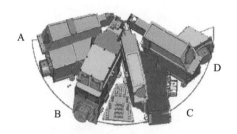

图 B.5 斯皮策红外线摄谱仪, 包括四个摄谱仪, 线性排列在望远镜主镜后冷却箱内。A —— 短波高分辨率, B —— 短波低分辨率, C —— 长波高分辨率, D —— 长波低分辨率。图片来源:NASA/JPL-Caltech, 斯皮策科学中心。

指标: 短波高分辨率光谱仪 (A), 波长范围 10~19.5 μm; 短波低分辨率光谱仪 (B), 波长范围 5.3~14 μm; 长波高分辨率光谱仪 (C), 波长范围 19~37 μm; 长波低分辨率光谱仪 (D), 波长范围 14~40 μm。探测器为 128×128 阵列。短波硅探测器镀砷; 长波硅探测器镀锑。

孔径: 斯皮策 85 cm。

探测器: 锑、硅砷、硅。

组装: 波尔航天公司。

位置: 仪器箱。

运行: 2003 年 9 月 12 日至今。

B.6　激光感应遥感化学微成像仪

简写: ChemCam。

航天器: 火星科学实验室 (MSL)。

分类: 主动遥感设备。

概述: 对 2~9 m 远目标的一小部分 (1 mm 直径) 进行激光加热到 10000°C, 对产生的等离子光谱进行微成像 (单独微成像操作可以在 9 m 以上)。

原理: CCD 远程微成像仪采用巡视器桅杆上的望远镜对 2 m 外的目标进行望远镜特写拍照。多达 75 个激光脉冲聚焦到同一点, 原子受激发消融。三个摄谱仪利用线性 CCD 探测器分解和测量发射谱线, 通过光栅将消融材料发出的光波分散成不同波长的成分。摄谱仪与望远镜通过光纤连接伺服。在对目标加热时, 激光感应损坏摄谱仪 (ILBS) 能远程清除灰尘和风化表面。

图 B.6 火星科学实验室激光感应遥感化学微成像仪正对 6 m 远预选微成像目标进行加热。注：红外激光束实际不可见。图片来源：NASA/JPL-Caltech/LANL/J.-L. Lacour, CEA。

指标：望远镜，10 cm 孔径施密特卡塞格伦；成像仪，10 m 距离，30 cm 视野，80 μrad 分辨率；激光，1067 nm 微波（红外），每 5 ns 脉冲 30 mJ，15 Hz 重复，重点 40 s，达到 75 个脉冲；摄谱仪对 240~800 nm 波长敏感，分辨率为 0.09~0.3 nm。

孔径：10 cm。

探测器：CCD 相机。

功率：7 W。

质量：6 kg。

开发：LANL, CESR。

位置：桅杆和主体。

继承：地基地质学。

运行：计划 2012 年登陆火星。

B.7 磁强计

简写：MAG。

航天器：旅行者 1 号，旅行者 2 号。

分类：被动遥感设备。

概述：测量行星附近、行星之间、日鞘层以及星际空间的磁场测量。

原理：发射后展开三叉玻璃钢臂，伸出两个弱场力遥感器。图 B.7 磁强计 C 在 13 m 长杆末端。磁强计 D 近似在臂中间。三叉臂使得高度敏感

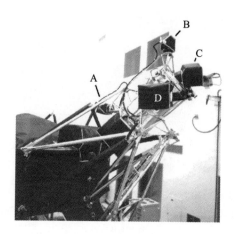

图 B.7 高增益天线安装前的旅行者 1 号的 4 个磁强计。玻璃钢臂安装在磁强计
"D" 后面的圆柱体内，可以延伸展开 13 m 长托住磁强计 "C"。强场磁强计 "A" 和
"B" 保持在所示位置。图片来源：NASA/JPL-Caltech。

仪器远离航天器金属和电流的磁场干扰。两个强场力遥感器 ("A" 和 "B")
固体安装在航天器本体附近。给高增益天线附近的金属丝线圈通电可以对
四个仪器进行在线校正。第 6 章讨论了通量闸门磁强计。

指标：每个航天器两个弱场力仪器，测量范围分为 8 段，从 $\pm 8.8\,\mathrm{nT}\sim$
$\pm 50000\,\mathrm{nT}$；两个强场力仪器，测量范围分为 2 段，分别是 $\pm 5\times 10^4\,\mathrm{nT}$
和 $\pm 2\times 10^6\,\mathrm{nT}$。

孔径：N/A。

探测器：通量闸门。

功率：3.2 W。

质量：5.5 kg。

研发：GSFC。

位置：臂端和本体附近。

运行：从 1977 年起持续至今。

B.8 大气结构探测仪

简写：HASI。

航天器：惠更斯号。

分类：被动直接感应仪器 (阻力遥感器除外)。

概述: 测量三轴加速度、大气压和温度、声故障、电阻、电容和电波,
也处理雷达高度计数据。

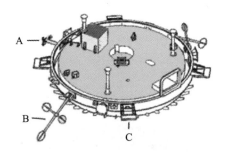

图 B.8　安装 HASI 传感器的惠更斯探测器。为说明需要, 移除内盖 (飞行时在
位)。"A" 指示的是压力传感器入口管和两个温度传感器; "B" 表示 2 个带电容和电波
传感器的臂; "C" 指出一个雷达高度计天线 (总共四个); 飞行器正中的小房子里是加
速度计。数据处理单元位于中心的左上方。图片来源: ESA。

原理: 与 HASI 处理单元对应的是两个温度传感器, 一个双元铂阻温
度计, 一个带喷嘴的入口管把大气传送在恒温的硅容绝对压力传感器中,
大气压使一片很薄的硅材料膜片弯曲。三个正交安装的压阻加速度计和一
个单轴 (自旋) 伺服加速度计位于飞行器质量中心附近。两个可伸展的臂
测量大气中的电性能。每个臂支撑 2 个环形的发射接收对管电阻传感器
和片状的张弛传感器, 这些都是主动直接感应传感器。

指标: 温度分辨率 0.02 K; 压力分辨率 1 Pa; 加速度 $1 \sim 10\,\mu g$ 高分
辨率, $0.9 \sim 9\,\mathrm{m}\,g$ 低分辨率; 声音门限 10 mPa; AC 电波强度门限 $2\,\mu\mathrm{V/m}$;
互阻抗 $10^{-11}\,(\Omega\mathrm{m})^{-1}$; 张弛间隔为 1 min, 25 ms~2 s, 1 mV 门限。

孔径: 喷嘴型压力入口管。

功率: 约 5 W。

质量: 总重 5.7 kg。

研发: ASI。

位置: 见图 B.8。

运行: 2005 年 1 月 1 日 09:15—13:30 (UTC)。

B.9　阿尔法粒子 X 射线光谱仪

简写: AXPS。

航天器: 索纳杰号。

分类: 主动直接感应仪器 (阻力遥感器除外)。

概述: 接收样品暴露在辐射源下反散射的阿尔法粒子、质子和 X 射线, 以提供火星岩石和土壤的化学成分。

图 B.9　安装在索纳杰后面的阿尔法粒子 X 射线光谱仪 。图像 ID JPL-25888BC, 图片来源: NASA/JPL-Caltech。

原理: 巡视器行使到目的地, 安装 AXPS, 与岩石和土壤样品紧密相连。仪器中的放射性同位素铜发射能量已知的阿尔法粒子, 包含两个质子和中子的氦原子核。当氦原子核撞击目标原子, 仪器用 256 个频道记录三种反应的能量光谱: 阿尔法粒子弹性散射, 特定光元素的阿尔法质子原子核反应, 目标原子受阿尔法粒子激发发出能量特征的 X 射线。这些光谱可以反映氢和氧之外的大多数目标元素的原子种类。有些 APXS 仪器, 如火星快车, 除了有阿尔法粒子发射源外, 还有一个 X 射线发射源。

指标: 元素组成的灵敏度达到百万分之一。经常测量的 MgO, Al_2O_3, SiO_2, K_2O, CaO, TiO_2, MnO 和FeO 灵敏度更高。索纳杰巡视器移动质量 11.5 kg, 由火星探路者巡视器运送到阿瑞斯谷。

孔径: N/A。

功率: 0.8 W。

质量: 0.74 kg。

研发: MPI, 芝加哥大学。

位置: 见图 B.9。

继承: 俄罗斯织女星, 福布斯和火星, 1996。

运行: 1997 年 7 月 24 日—9 月 27 日。

B.10 微型莫斯鲍尔光谱仪

简写: MIMOS-Ⅱ。

航天器: 火星探测巡视器。

分类: 主动直接感应仪器。

概述: 采用遥杆头和机械臂获得铁的伽玛射线光谱。在巡视器内部控制和处理电流。机会号微型莫斯鲍尔光谱仪在火星梅里迪亚尼平原探测到 7 种含铁材料: 橄榄石、辉石、磁铁矿、纳米氧化铁、铁纹石、赤铁矿、黄钾铁矾。勇气号在古谢夫环形山发现了前 6 种, 以及钛铁矿和针铁矿。

图 B.10　机械臂末端的 4 个单元之一为莫斯鲍尔光谱仪的遥感头。插图: 机械臂延伸到火星目标的桅杆导航相机视图。微型莫斯鲍尔光谱仪在图形中间, 其孔径为同轴的圆环 (APXS 在上面, 微型成像仪在微型莫斯鲍尔光谱仪后边, RAT 在右边)。导航相机图像和仪器的等比例模型图片来源: NASA/JPL-Caltech。

原理: 仪器头部与目标保持接触, 钴 (^{57}Co) 用伽玛射线照射来探测铁。根据莫斯鲍尔效应, 伽玛射线的一部分由于反弹不会失去能量, 因此几乎所有的能量都被目标原子吸收。遥感头通过线性电动机钻入目标, 速度范围为: ± 12 mm/s。多普勒频移辐射以匹配目标的能量吸收。在数小时的积分时间后, 探测器能够感知受激目标的伽玛射线辐射。

指标: 对发出的 14.4 keV 伽马射线敏感, 该射线能够表明存在铁元素, 包括相态和氧化态。最早的目标积分时间为 8 h, 2007 年 5 月后为 48 h 以上, 约为钴元素伽玛射线源的 5 个半衰期。

孔径: 1 cm 口径铝窗口。

功率: 2 W。

质量: 0.5 kg。

研发: 缅因茨大学, 德国。

位置: 见图 B.10。

继承: 首次为俄罗斯火星 1998 巡视器研发, 该巡视器发射失败。

运行: 2003 年 1 月至今。

B.11 恒星参考单元

简写: SRU。

航天器: 卡西尼号。

分类: 被动遥感工程应用。

概述: 拍摄行星区域图像, 并根据图像自动估计航天器姿态。

图 B.11 卡西尼号远程感应架的两个恒星参考单元。上面的恒星参考单元正好位于窄视角相机图形系统的左边, 相机的视轴正好垂直恒星参考单元的视轴。ID:97PC1028, 图片来源: NASA/JPL-Caltech。

原理: 小反射望远镜利用 CCD 对宽视角的恒星区域拍照。SRU 内部 JPL 研发的计算机程序利用存储数据最多辨认 5 个星, 并估计飞行器姿态。估计结果发送到 AACS。SRU 是卡西尼号姿态信息的主要来源, 或相对恒星背景旋转, 或保持静止。SRU 安装在垂直光学仪器的视野上。如图 B.11 所示, SRU 光圈指向科学仪器散热器的同一方向。(白环和其他平面)。飞行器侧边受飞行规则约束, 从不对准太阳。

指标: 恒星亮度 5.6; 数据恒星数量 5000, 视场大小 15°×15°; 姿态分辨率为 1 mrad。

视场: 7.5°×7.5°。

探测器: 1024×1024 像素 CCD。

功率: 12 W。

质量: 10 kg。

组装: 奥芬森·伽利略。

位置: 远程感应架。

运行: 1997 年 10 月至今。

B.12   深空站 55

简写: DSS 55。

设备: 深空网 55。

分类: 转发接收站。

概述: 获取来自航天器 X 波段和 Ka 波段频率的遥测、测距、测速和无线电科学数据, 也参加科学观测和工程活动。

图 B.12   深空站 55, 深空网最新的 34 m 口径波导深空站, 位于西班牙马德里。不同时间的建设视频见: deepspace.jpl.nasa.gov/dsn/gallery/video.html。图片来源:NASA/JPL-Caltech。

原理: 通过旋转轮和圆形钢轨完成方位指向, 通过滚柱轴承完成俯仰指向。进来的无线电信号到达抛物面主反射镜, 集中到 4 根桁架支撑的副反射器, 聚焦到主反射器中心孔下的焦点。无线电波束, 通过 2.5 m 直径的柱形波导, 以及路径上的 4 个镜面, 达到地面接收设备。转发器输出通过同样的镜片和波导到副反射器, 然后再经过主反射器增幅到航天器。标准配置是上下行同时。每个深空站通过光纤网同信号处理中心连接。

指标: 9 个 34 m 口径 DSN 站之一。三维位置精度达到毫米级。下行: X 波段 8.4~8.5 GHz; Ka 波段 31.8~32.3 GHz。上行: X 波段 7.145~7.235 GHz, 功率 17.5 kW。

口径: 34 m。

探测器: HEMT。

极化: 右/左圆极化。

移动质量: 300000 kg。

开发: NASA/JPL。

位置: 西班牙马德里。

增益: X 波段上行为 70 dB, 下行为 68 dB; Ka 波段: 下行 79 dB。

运行: 2003 年 10 月至今, 连续不断。

附录 C

宇宙空间

本附录解释了太空中特定区域和范围的专业术语，也给出了距离、光行时、粒子密度和温度等参数的一些近似值。另外，对木星的大气特性以及壮观的土星环也进行了介绍。从地球上观测木星和土星时，可以很容易看到木星 (图 C.2) 大气和土星环 (图 C.3) 的许多特征。

行星际空间是指日光层以内的太阳系行星间空间，也是受太阳磁场实际影响的区域。除了行星，行星际空间的大多数物质都来自太阳。太阳风 (快速移动等离子体) 从太阳向各个方向喷射，在太阳极点区域比赤道附近速度更快。日冕物质抛射 (间歇性喷发的离子云) 也在日光层以内从太阳向外抛射。

大多数行星都被磁场包围，磁场与太阳风和太阳物质抛射之间也有相互作用。像地球和气态巨行星之类有强磁场的行星都有磁层，这些磁层将它们周围的太阳离子都进行了隔离。

从海王星轨道向外，一群称为柯伊伯带的彗星体，可以延伸到日光层以外。与轨道面几乎限定在黄道面上的行星相比，科伊伯带包含了一些倾角范围很大的星体。

太阳风在称为激波边界的边缘降到亚声速，这个边缘恰好位于日光层的外围。旅行者 1 号和旅行者 2 号已经穿越激波边界，并且确认激波边界的位置也在不断变化。旅行者 1 号在向北 94AU 的地方飞出了激波带，旅行者 2 号在向南 86AU 的地方飞出了激波带。目前它们正在日鞘层 (激波边界和日球顶层的中间地带) 飞行。在日球顶层星际介质和太阳风的压力达到平衡。

行星际空间的质量分布主要包括太阳 (99.85%) 和行星 (0.135%)。剩

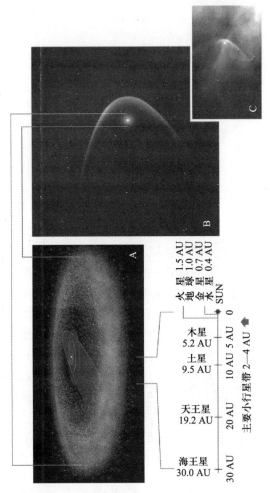

图 C.1 行星际空间及星际空间起点尺度的近似描述。太阳外面依次是类地行星、主行星带、气体巨星以及柯伊伯带。接下来是太阳风降为亚声速的激波边界以及日鞘。太阳风层顶标志着弓形激波和星际空间的开始。球状的欧特彗星云位于星际空间，距离地球 50000 AU。图 A 展示了行星和柯伊伯带，可看出冥王星是大椭圆轨道，远日点距离太阳约 49 AU。柯伊伯带可能比图中所示向外延伸得更远。图 B 给出了图 A 中太阳风层顶外抛物线弓形激波的尺度。激波边界位于弓形激波的浅灰色区域内，大约有 90 AU (旅行者测量的平均值)，日鞘也在这里开始。图 C 是恒星弓形激波的实拍图，大小约半个光年，距离地球约 1500 LY，在这里猎户座恒星风和猎户座星云中的气体与尘埃发生碰撞。图 A 插图由 Don Dixon 于 2008 年绘制，来源 cosmographica.com，允许复制。图 B 由斯皮策空间科学中心的 T. Pyle 绘制，通常标识太阳弓形激波，这里表示恒星在星际介质中运动时，斯皮策太空望远镜观测 R Hya 弓形激波的实际景象。图 C ID: STScI-PRC02-05，来源于 NASA 哈勃传统团队 STScI/AURA。

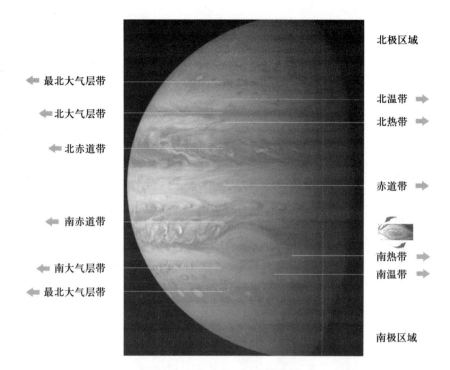

图 C.2 木星主要大气层带和区域示意图。这些区域多年来一直存在,那些经常不可见的特性没有展示 (例如, 有些区中可能会出现带状体, 还有一些高纬度的带和区), 参考文献 [4] 中给出了完整的信息。图中大气层带是云团上升颜色较暗的区域, 风如图中箭头所示从东向西吹。大气层区是云团下降颜色较淡的区域, 风从西向东吹。木星风速通常是 100 m/s 量级。木星大红斑在南部热带区域逆时针旋转。图像 ID:PIA04866, 摘自卡西尼号, 来源 JPL/NASA/ 空间科学研究所。

余的 0.015% 由其他的包括彗星、行星际卫星、流星以及等离子体等组成。

星际空间是日光层外部的空间, 在这里太阳磁场的影响并不能改变进入该区域带电粒子的方向。由于太阳在局域恒星中运动, 且穿越在气体云和尘埃中, 日鞘与弧形的 "弓形激波" 相连, 如图 C.1 所示, 星际物质聚成一团沿着弓形激波在日光层内流动。2008 年以前太阳、日鞘以及弓形激波之间的距离都不清楚, 据估计至少为 200 AU。星际空间位于弓形激波以外。

有 5 艘飞船已经飞往星际空间: 先驱者 10 号和先驱者 11 号已经失去联系; 旅行者 1 号、旅行者 2 号以及新地平线号, 已经穿过日鞘, 仍然可以探测周边环境并保持着通信, 将银河系内的星际旅行情况传送回地球。

星际空间中称为欧特星云的彗星天体区域认为是正好位于日光层外

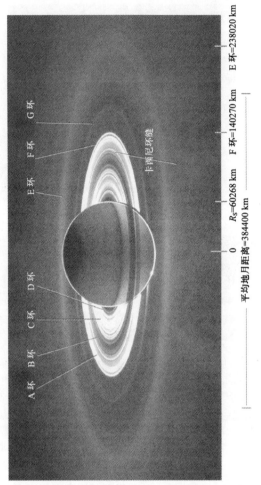

图 C.3 土星环示意图, 利用卡西尼号飞船 2006 年 9 月 15 日在土星阴影区拍摄的图片采用高相位角拼接形成。在地球上用小望远镜就可以很容易地看到图中较宽的 A、B 和 C 土星环。D、E、F 和 G 土星环的细微粒子 (通常在地球上很难看到) 在前向散射光中看起来比较亮。从地球上看卡西尼环缝中的细微粒子是透明的, 图中即使处于背光情况也比较亮。密度较大的 B 环看起来颜色比较深, 这是因为它挡住了从下边 (南) 穿过的光线。距离量给出了土星半径、F 环以及 E 环最密部分, 其直径大于地月平均距离。这幅图许多特征的详细描述可以在 www.jpl.nasa.gov/basics/saturn 中找到。例如, 遥远的地球只能在 G 环左上角才可以看到。土星的小卫星恩克拉多斯, 在图中 E 土星环左下角, 在图片中多次出现。E 环是由于土星卫星的间歇性物质喷射形成并维持。参考文献 [5] 给出了行星环系统的完整信息。放射云是杂散光形成的。土星环在垂直方向只有几十米厚, 它主要由无数种尺寸不同环绕土星轨道的粒子组成。

摘自图片 ID:PIA08329, 来源:JPL/NASA/Space Science Institute。

层, 距离太阳约为一光年。但在欧特星云内部没有观测到任何星体, 因此欧特星云被认为太阳附近发现的长周期彗星的发源地。

表 C.1　空间中的距离和光行时

距离 (近似)	光行时	例子
299793 km	1 s	78% 地月平均距离
149598000 km (1 AU)	8.31 min	日地平均距离
624150000 km	34 min	地球到木星距离
16.2×10^9 km	15 h	地球到旅行者 1 号距离[①]
63000 AU	1 y	光年
4.2 LY	4.2 y	最近的恒星
8.6 LY	8.6 y	亮星天狼星
26000 LY	26000 y	银河系中心
2.53×10^6 LY	2.53×10^6 y	最近的星系
14×10^9 LY	14×10^9 y	最远的星系
注: AU 为天文单位 (平均日地距离), LY 为光年		

表 C.2　空间粒子的温度和密度 (模型值)

区域	温度/K	密度, 原子数/cm^3
地球附近	10000	6
海王星附近	200000	1.4
激波边界	600000	0.1
太阳风层顶	2×10^6	0.2
弓形激波	30000	0.3
太阳风层顶外的星云	8000	0.3
局部星际空间	10^6	0.0001
星系间介质	100	10^{-6}
最佳实验真空	—	1000
居住环境	2.7×10^{19}	295

[①] 2008 年 12 月。

表 C.3 一些示例温度

开尔文温度	摄氏度/°C	华氏度/°F	例子
0	−273.15	−459.67	绝对零度
2.7	−270.5	−454.8	宇宙微波背景
4.2	−268.95	−452.11	液态氦沸点
20.28	−252.87	−423.16	液态氢沸点
35	−235	−390	海王卫之一特里同 (Triton) 表面
72	−201	−330	海王星大气 1-bar 层
76	−197	−323	天王星大气 1-bar 层
90	−180	−300	土卫六表面
100	−175	−280	水星表面黑夜一端
134	−129	−219	土星大气 1-bar 层
153	−120	−184	火星表面夜晚时低点
165	−108	−163	木星大气 1-bar 层
195	−78.15	−108.67	二氧化碳冰点
273.15	0.0	32.0	水冰点
288	15	59	火星表面白天时高点
288	15	59	国际标准大气
373.15	100	212	水沸点
635	362	683	金星表面
700	425	800	水星表面白天一端
1500	1200	2000	黄色烛光火焰
3700	3400	6700	太阳黑子
5700	5400	9800	太阳光球
7000	7000	12000	霓虹灯的等离子体
2×10^6	2×10^6	3.6×10^6	日冕
15×10^6	15×10^6	27×10^6	太阳核

银河空间: 太阳和行星、所有的局部恒星以及所有航天器除了沿着各自特定的轨道运行以外, 还沿着沿着银河系的中心区域作轨道运动, 该区

域有一个约距离地球 26000 光年的超大黑洞。银河系磁场以外是宇宙中数以亿计星系之间的广袤太空。

外层空间是一个文学术语,通常指地球大气层以外的空间,尤其指地表 100 km 以上的区域。所有空间中遍布着不同数量的引力、电磁辐射以及等离子体。没有空间是完全空无的,没有物体能摆脱地球或太阳引力,因为任何质量物质的引力只会随距离减小。但在轨道中的自由落体运动时,航天器会经历零或近零重量。

敏感仪器可以探测粒子的温度,虽然粒子温度可能达到几十万开尔文,但是航天器和小行星之类的物质不会受如此低浓度的粒子影响。它们主要受日照和阴影的影响。

参考文献

[1] May-Britt Kallenrode. *Space Physics: An Introduction to Plasmas and Particles in the Heliosphere and Magnetospheres*. Advanced Texts in Physics. Springer, 3 edition, 2004.

[2] Priscilla C. Frisch, editor. *Solar Journey: The Significance of Our Galactic Environment for the Heliosphere and Earth*. Astrophysics and Space Science Library. Springer, 2006.

[3] W. Oegerle, M. Fitchett, and L. Danly, editors. *Clusters of Galaxies*. Space Telescope Science Institute Symposium Series. Cambridge University Press, 1990.

[4] John W. McAnally. *Jupiter: and How to Observe It*. Astronomers' Observing Guides. Springer, 2008.

[5] Ellis D. Miner, Randii R. Wessen, and Jeffrey N. Cuzzi. *Planetary Ring Systems*. Springer-Praxis, 2007.

附录 D

电磁波谱

  图 D.1 给出了行星际飞行中常用的, 与电磁波谱相关的名词术语。当电磁波从红外线、可见光和紫外线、X 射线最后到伽马射线变化, 电磁辐射也从能量最低、波长最长变化到能量最高、波长最短 (注: 宇宙射线并不是指任意一种电磁辐射, 而是类似在星系中高速运动可穿越铁的氢原子核之类的粒子)。图中给出的波谱是一个垂直的列表。列表中的水平线表示同等波长、频率和光子能量的电磁辐射, 水平轴不区分光谱分布, 仅有名词术语。

  图 D.2 给出了地球大气和电离层不同光谱成分辐射的影响。大气层吸收了所有的伽马射线、X 射线以及大部分紫外线, 因此为生命在地球的生存提供了保障。大气层对许多红外波长的吸收影响了地基红外天文观测, 尽管高山顶上的天文观测对这种影响有所减缓。电离层对某些波长无线电信号的反射有助于远距离地面无线电通信, 因为信号可以在地球表面和电离层之间反射, 沿着地球表面传播到水平视线以外很远的地方。

  电磁波谱中的一小部分非常值得一提, 这就是可见光, 图 D.1 中很小的一部分。可见光一直在帮助人类 (包括史前人类) 探索和了解宇宙。在太空时代的开始时期, 从可见光之外波段 (或光子能量) 中得到有大量有用的信息已经成为可能。在已掌握的众多技术当中, 地球表面的无线电望远镜可以观测到星系空间中的肉眼不可见的各种现象, 如图 D.3 所示。红外机器人望远镜可以在大气层高空运行, 展示一些诸如恒星产生的地点和过程等难以发现的现象; 在轨运行的 X 射线望远镜和伽马射线望远镜使我们也可以一睹那些最壮观的宇宙事件。图 D.4 给出了 Johannes Kepler 在蛇夫星座中观测到并以其名字命名的 1602 超新星 (恒星爆炸) 的残骸。这幅图刊登在大爆炸观测 400 周年纪念刊上, 包含电磁波谱中几个部分 (两个 X 射线、一个可见光以及一个红外线) 的各自观测和综合观测。

注: 图 D.1 中一些指数没有标记, 因为相关的数值在实际中不常使用。例如,X 射线和伽马射线更通常用光子能量来识别, 而不是频率或波长。而无线电波通常用波长和频率识别; 红外线、可见光、以及紫外线中的许多实例通常也只用波长的值表示。

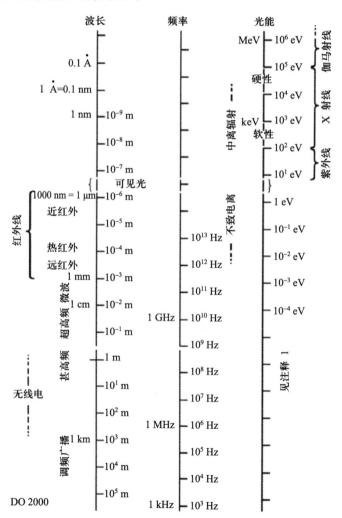

图 D.1　波长、频率以及光子能量等价关系, 也给出了常用的电磁光谱术语。1 Å (埃)=10^{-10} m=10^{-9} nm。

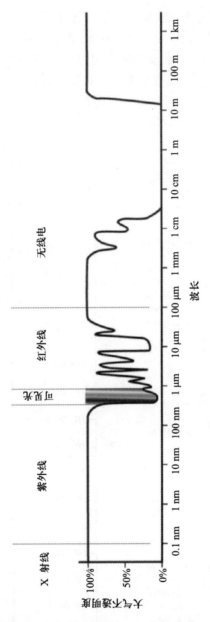

图 D.2 地球大气层对不同波长的吸收性。地球大气对 X 射线和伽马射线完全吸收 (本图没有标注伽马射线, 在左端向前)。大气也能吸收大多数紫外线, 但是随着波长趋近于光谱可见光中的紫光时, 吸收性越来越差。只有少部分可见光被吸收, 但是不同波长的红外线也能被吸收。大部分远红外线 (右侧部分) 以及毫米波长无线电波全部都被阻挡, 但是 10 m 以下波长的长波无线电波在大气层中可以畅通无阻, 大于 10 m 的波长则被电离层挡住频率和波长见图 D.1 (图片来源: NASA)。

射电星系0313-192
哈勃空间望远镜 ACS WFC · 超大天线阵

图 D.3 无线电和可见光成像的星系 0313-192。距离约 10 亿光年, 在哈勃望远镜的可见光图像中, 这个螺旋星云是侧向的。在 20 cm 波长无线电光波中, 可以看到高速粒子沿着银河系极点几千光年喷射, 进入周围的星际空间, 可能是由银河系中心黑洞周围的吸积盘引起的。右侧展示了更近距离, 3 cm 波长无线电观测的图像。无线电图像, 由位于新墨西哥索科罗的大型无线电天文望远镜阵列获得, 用淡灰色展示, 叠加到可见光图像上。左侧图形中可以看见的第二个螺旋星云比 0313-192 离地球近两亿光年左右。彩图见网上图片 ID: STScI-PRC03-04 (来源: NASA/NRAO/AUINSF 和 W. Keel (阿拉巴马大学))。

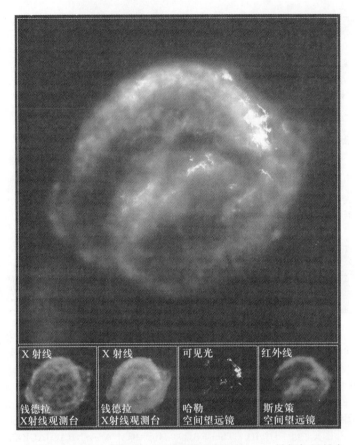

图 D.4 1604 号超新星多光谱图像。银河系最近发现的 1604 号超新星是由 Johannes Kepler 观测到的。400 年之后在地球轨道运行的钱德拉 X 射线天文台、尾随地球运行在太阳轨道上的斯皮策红外太空望远镜以及地球轨道上的哈勃太空望远镜在电磁波谱的四种不同光谱中观测到了 1604 号超新星 ——"开普勒超新星"。这幅图中给出了四种不同波长光谱的独立成像以及合成成像结果。不同波段获得的光谱揭示了诸如残骸外壳持续演化、膨胀且扩展到周围星际空间的过程。上网搜索图片 ID: STScI-PRC04-29a 可以查看彩图。来源:NASA, ESA, R. Sankrit 以及 W. Blair (约翰霍普金斯大学)。

附录 E

大事记

本大事记列出了星际航行中重要的、有意义的事件, 不仅包括大量航天器任务事件, 而且包括深空网建设过程中若干里程碑性的日期, 以及人类认知的历史性突破。

约公元前 270 年

希腊天文学家和数学家萨默斯的阿里斯塔克斯 (约公元前 310—230 年) 估算出太阳、月亮的大小及距离, 并提出地球环绕太阳运行。但该理论没有获得认可。

约 140 年

希腊/埃及天文学克劳迪亚斯·托勒密 (约 85—165 年) 著作《数学集》, 后来被称为《天文学大成》, 是一部论著地心说的天文学专著。

1543 年

波兰学者尼古拉斯·哥白尼 (1473—1543 年) 谨慎出版了日心论的太阳系理论。

1572 年

11 月 2 日发现仙后座超新星, 比金星还亮。丹麦天文学家第谷·布拉赫及其他天文学家记录了该星位置和亮度的准确观测。该星位于银河系 1 万光年远, 两年后仍然可见。其残骸 SN1572 迄今还是研究的目标。

1600 年

望远镜已经广泛应用, 主要用于地球范围观测, 但没有记载望远镜发明的准确日期。

1604 年

9 月 9 日在银河系距地球 2 万光年远发现蛇夫座超新星, 比木星还亮。包括约翰尼斯·开普勒在内的很多天文学家观测到这一个现象, 因此该超新星残骸被命名为开普勒星, 见图 D.4。

1610 年

1 月 7 日托斯卡学者伽利略 (1546—1642 年) 使用自制天文望远镜第一次观测到木星及其卫星。后来他又观测到土星, 并记录到: 令人震惊的是火星看起来不是一个简单的星体, 而是三个星体, 且互相之间几乎都能相连在一起。

1612 年

12 月伽利略观测到地球穿越土星环面, 并看到细小的环边缘。对于土星卫星的消失, 他记录到: 这种现象如此惊奇新颖, 难以预料, 我都不知道说什么了。

1619 年

德国数学家和天文学约翰尼斯·开普勒 (1571—1630 年), 根据第谷·布拉赫观测的大量行星位置数据, 发现行星运动三定律。

1655 年

荷兰数学家和天文学家克里斯汀·惠更斯 (1629—1695 年) 提出土星被 "一个细扁的, 不相连, 很可能是一个椭圆的光环" 环绕。同年他发现了火星最大的卫星土卫六。

1668 年

英国学者艾萨克·牛顿爵士 (1642—1727 年) 成功发明反射式天文望远镜, 作为牛顿反射镜而广为人知。

1676 年

生于意大利的法国天文学家乔瓦尼·多梅尼科·卡西尼 (1625—1712)，发现了命名为卡西尼环缝的土星光环暗缝。

1686 年

牛顿出版《自然哲学的数学原理》。

1704 年

牛顿出版《光学》，包含了其有关棱镜和可见光光谱的工作。

1781 年

3 月 13 日德国出生的天文学家威廉·赫歇尔用自制牛顿反射式望远镜发现海王星。

1800 年

3 月 13 日赫歇尔发现电磁光谱的红外部分。

1801 年

德国化学家和物理学家约翰·里特 (1776—1810 年) 发现电磁光谱的紫外部分。

1 月 1 日意大利天文学家皮亚齐 (174—1826 年) 发现第一个小行星——谷神星。最早被认为是个新的行星，现在被认为是环绕太阳行星带中数百万个星体之一。

1842 年

澳大利亚物理学家克里斯丁·多普勒发现了目标飞越和远离观测者时频率的变化。

1847 年

9 月 20 日美国科学促进会成立，于次年在宾夕法尼亚费城集会。1880 年开始出版《科学》杂志。

1856 年

苏格兰物理学家和数学家詹姆斯·克拉克·麦克斯韦 (1831—1879 年) 表示土星光环不可能是固体的, 且应该是由数量不确定且互不相连的粒子组成。

1869 年

8 月 18 日英国天文学家诺曼·洛克尔 (1836—1920 年) 和法国天文学家皮埃尔·简森 (1824—1907 年) 在观测日全食时在日冕光谱中发现一个黄色辐射光谱, 波长为 587.49 nm, 认为这是一个未知元素, 后来命名为氦。

11 月 4 日洛克尔出版了《自然》杂志第一期。

1880 年

7 月 3 日美国科学促进会开始出版周刊杂志《科学》。

1886 年

德国物理学家海因茨·赫兹 (1857—1894 年) 利用天线验证了电磁波的接收。

1877 年

9 月意大利天文学家乔瓦尼·斯基亚帕雷利 (1835—1910 年) 宣称在火星表面看到沟渠, 这个观念受到很大争议。美国天文学家洛厄尔 (1855—1916 年) 推广了这一观念, 但是最终被证实为光学幻像。

1895 年

意大利发明家马可尼·古列尔莫 (1874—1937 年) 发送和接收无线电信号以验证无线电通信可行性。

1900 年

10 月 9 日德国物理学家马克思·普朗克 (1858—1947 年) 提出黑体辐射定律, 用以描述可见光光谱。

1903 年

美国发明家奥维尔·莱特 (1871—1948 年) 试飞了第一架可操纵动力飞机。

1905 年

3 月, 德国出生的理论物理学家艾尔伯特·爱因斯坦 (1879—1955 年) 表示光电效应可以理解为光以能量的离散量子同物质之间的相互作用 (光子)。

1906 年

美国发明家李·德福雷斯特 (1873—1961 年) 发明了三极真空管放大器。

1913 年

7 月丹麦物理学家尼尔斯·玻尔 (1885—1962 年) 发表原子模型, 提出电子环绕中子运行, 当电子改变轨道时散发光子。

1925 年

德国工程师瓦尔特·霍曼 (1880—1945 年) 描述了星际转移弹道的最小能量。

1926 年

3 月 16 日美国发明家罗伯特·戈达德 (1882—1945 年) 发射了用德拉瓦喷嘴发明的第一个液体推进火箭。

1930 年

匈牙利裔美国工程师和物理学家西奥多·冯卡门 (1881—1963 年) 成为加利福尼亚古根海姆气动力实验室主任, 后来使该实验室成为喷气推进实验室。

1 月 18 日美国天文学家克莱德·汤博发现冥王星。冥王星最早被认为是一个新行星, 现在被认为是众多小天体之一, 在海王星外环绕太阳运行。

1939 年

1 月和 3 月德裔美国物理学家汉斯·贝蒂 (1906—2005 年) 出版了两篇论文, 提出恒星中核聚变产生能量。

1951 年

美国工程师朱里安·艾伦 (1910—1977 年) 和 A. J. 埃格斯 (1922—2006 年) 发现再入航天器破坏性的摩擦加热可以通过高阻力的钝鼻设计进行控制。

1957 年

开启航天时代

10 月 4 日苏联发射世界第一个人造卫星伴侣 1 号入轨。

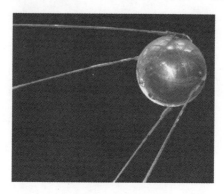

图 E.1 伴侣 1 号

1958 年

1 月 31 日美国发射其第一颗卫星探路者 1 号入轨。该卫星验证了范·艾伦带, 成为第一个做出重大发现的星载仪器。

7 月 29 美国国会批准建立美国航空航天管理局, 以替代国防宇航咨询委员会。

1959 年

1 月 4 日苏联于 1 月 2 日发射的月球 1 号飞越月球, 距离月球 5995 km, 进入日心轨道, 成为第一个逃离地球引力控制的卫星。

3 月 4 日前一天发射的美国先驱者 4 号飞越月球, 距离月球小于 60000 km。

9 月 14 日苏联于 9 月 12 日发射的月球 2 号, 在腐沼地区撞击月球。

10 月 7 日苏联于 10 月 4 日发射的月球 3 号返回了从月球背面拍摄的首批图像。

1961 年

8 月 23 日米歇尔·米诺维奇提出 "引力推进星际航天飞行", 后来被称为引力助推技术。

1962 年

4 月 26 日 4 月 23 日发射的徘徊者 4 号撞击月球背面。

8月27日美国发射水手2号,飞向金星。

12月14日水手2号飞越金星,距离34773km。

1963年

12月24日美国整合JPL深空监测全球设备,建立深空网。

1964年

7月31日美国7月28日发射的徘徊者7号航天器传回4308幅图像后在云海和风暴洋中间撞击月球。

12月28日美国发射水手4号,飞向水星。

1965年

2月20日美国于2月17日发射的徘徊者8号,在传回7137幅图像后在静海地区撞击月球。

3月24日美国于3月21日辐射的徘徊者9号,在传回5814幅图像后撞击阿方索环形山。

7月15日水手4号在9846km处飞越火星,在火星执行了无线电掩星试验,第一次从其他行星传回首批图像。

7月20日苏联于7月18日发射的探测器3号在9200km处飞越月球,传回月球背面的25幅图像后,继续飞向火星远日点进行航天器测试,并重新转发月球图像。

1966年

2月3日苏联于1月31日的月球9号,利用安全气袋和制动火箭在风暴洋实现月球软着陆,截至2月6日持续传回月球表面的全景图像和射电测量数据。

4月3日苏联于3月31日发射的月球10号进入月球轨道。

6月2日美国于5月30日发射的勘探者1号,利用制动火箭在风暴洋一个100km直径的环形山上着陆。截至7月1日,探测器在月夜幸存,并传回11240幅图像。

8月14日美国于8月10日发射月球轨道器1号,进入月球轨道。为侦探者和阿波罗寻找潜在的登陆点。探测器传回229幅图像和其他数据,直到10月29日根据指令撞击月球背面。

8月28日苏联于8月24日发射的月球11号,进入月球轨道,获得描述月球表面的X射线和伽玛射线,并测量引力场、流星和辐射流量。

10 月 25 日苏联于 10 月 22 日发射的月球 12 号, 进入月球轨道, 并传回图像和其他数据, 直到 1967 年 1 月 11 日。

11 月 10 日美国于 11 月 6 日发射的月球轨道器 2 号, 进入月球轨道, 并传回图像和其他数据为侦探者号和阿波罗号寻找潜在着陆点, 直到 1967 年 10 月 11 日其根据指令撞击表面。

12 月 24 日苏联于 12 月 21 日发射的月球 13 号, 在风暴洋附近月球表面软着陆, 并传回全景图像和土壤数据, 直到 12 月 31 日。

1967 年

2 月 8 日美国于 2 月 5 日发射的月球轨道器 3 号, 进入月球轨道, 并传回图像和其他数据为侦探者号和阿波罗号寻找潜在着陆点直到 10 月 29 日, 根据指令撞击表面。

4 月 20 日美国于 4 月 17 日发射侦探者 3 号, 在风暴洋东南一个 200 m 的陨石坑上软着陆, 截至到 5 月 4 日, 传回月球土壤数据和 6326 幅图像。

5 月 7 日美国于 5 月 4 日发射的月球轨道器 4 号, 进入月球轨道。其使命同月球轨道器 1 号和 2 号。

6 月 12 日苏联发射金星 4 号, 飞向金星。

6 月 14 日美国发射水手 5 号, 飞向金星。

7 月 22 日美国于 7 月 19 日发射的探险者 35 号, 进入月球轨道获取星际等离子体、磁场、能量粒子和太阳 X 射线的数据。

8 月 5 日美国于 8 月 1 日发射的月球轨道器 5 号, 进入月球轨道。

9 月 11 日美国与 9 月 8 日发射的勘探者 5 号, 在月球静海软着陆。

10 月 18 日金星 4 号进入金星大气层, 当航天器通过降落伞下降时多个设备传回数据, 成为第一个成功可控地进入下降到其他行星大气层的航天器。

10 月 19 日水手 5 号飞经金星 4000 km, 并传回数据。

11 月 10 日美国 11 月 7 日发射的勘探者 6 号, 在月球中央湾软着陆。

1968 年

1 月 10 日美国于 1 月 7 日发射的勘探者 7 号, 在月球高地第谷坑附近软着陆。

4 月 10 日苏联于 4 月 7 日发射的月球 14 号进入月球轨道。

9 月 18 日苏联于 9 月 14 日发射的探测器 5 号, 飞越月球, 并在 9 月 21 日可控再入返回地球, 其携带的生物种类仍然存活。

11 月 14 日苏联于 11 日发射的探测器 6 号飞越月球, 并在 11 月 17 日可控再入返回地球。

1969 年

1 月 5 日苏联发射金星 5 号, 飞向金星。

1 月 10 日苏联发射金星 10 号, 飞向金星。

2 月 24 日美国发射水手 6 号, 飞向火星。

3 月 27 日美国发射水手 7 号, 飞向火星。

5 月 16 日苏联金星 5 号飞到金星, 释放大气探测器进入金星大气, 并通过降落伞降落表面。

5 月 7 日苏联金星 6 号执行类似金星 5 号的任务。

7 月 20 日 7 月 16 日发射的阿波罗 11 号的 "鹰" 月球舱降落月球, 第一次把人类尼尔·阿姆斯特朗 (1930—) 和布兹·阿尔丁, 以及指挥舱驾驶员米歇尔·科林送上月球表面。他们在 7 月 24 日乘坐哥伦比亚号指挥舱返回地球。在后续阿波罗 12、14、15、16 和 17 载人登陆后, 最后一个踏足月球的宇航员尤金·瑟曼于 1972 年 12 月 19 日返回地球。

7 月 31 日水手 6 号飞越火星, 距离 3431 km。

7 月 17 日苏联于 7 月 13 日发射的月球 15 号, 进入月球轨道。

8 月 5 日水手 7 号飞越火星, 距离 3430 km。

8 月 11 日苏联于 8 月 7 日发射的探测器 7 号, 环绕月球, 于 8 月 14 日返回地球。

10 月加拿大物理学家威廉·波义耳 (1924—) 和美国科学家乔治·斯密斯在贝尔实验室发明 CCD。

1970 年

8 月 17 日苏联金星 7 号发射升空。

10 月 24 日苏联 9 月 12 日发射的月球 16 号, 从丰富海运送月球样本返回地球。

11 月 15 日苏联 11 月 10 日发射的月球 17 号, 在月球雨海软着陆, 并释放月球巡视器, 移动 10 km 采集土壤分析数据。

12 月 15 日金星 7 号软着陆金星, 通过轨道器传回数据。

1971 年

5 月 19 日苏联火星 2 号发射, 奔向火星。

5 月 28 日苏联火星 3 号发射, 奔向火星。

5 月 30 日美国水手 9 号发射, 奔向火星。

10 月 3 日苏联于 9 月 28 日发射的月球 19 号进入月球轨道。

11 月 14 日美国水手 9 号进入火星轨道, 成为环绕其他行星的第一个航天器。探测器环绕火星并传回数据, 直到 1972 年 10 月 27 日。

11 月 27 日火星 2 号进入火星轨道, 做科学观测, 直到 1972 年 8 月 22 日。

12 月 2 日苏联火星 3 号进入火星轨道, 携带一个着陆器实现软着陆。尽管着陆器 20 s 后功能失常, 但这是第一次在其他行星上的可控着陆 (1976 年, 海盗 1 号是第一个成功登陆的航天器)。

1972 年

2 月 21 日苏联 2 月 14 日发射月球 20 号在丰富海软着陆, 并在 2 月 22 日返回样品。

3 月 3 日美国先锋 10 号发射奔向木星。

3 月 27 日苏联金星 8 号发射奔向金星。

7 月 22 日金星 8 号进入金星大气曾, 软着陆, 并通过轨道器从表面传回数据, 持续 50 min 又 11 s。

1973 年

1 月 15 日苏联 1 月 8 日发射的月球 12 号和月球车 2 号, 到达月球表面。

4 月 5 日美国先锋 11 号发射, 飞向木星和土星。

6 月 15 日美国于 6 月 10 日发射的探险者 49-ARE-B, 进入月球轨道, 开展射电天文观测。

7 月 25 日苏联火星 5 号发射, 飞向火星。

11 月 3 日美国水手 10 号发射, 利用引力助推飞向金星和水星。

12 月 3 日先锋 10 号飞越木星, 距离 200000 km。

1974 年

2 月 5 日美国水手 10 号飞越金星, 距离 5768 km, 获得引力助推后飞向水星。

2 月 12 日苏联火星 5 号进入火星轨道。

3 月 29 日水手 10 号第一次飞越水星, 距离 704 km。

6 月 2 日苏联于 5 月 29 日发射的月球 22 号, 进入月球轨道。

9 月 21 日水手 10 号第二次飞越水星, 距离 48069 km。

12 月 4 日先锋 11 号飞过木星。

1975 年

3 月 16 日水手 10 号第三次飞过水星, 距离 327 km。

6 月 8 日苏联发射金星 9 号, 飞向金星。

6 月 14 日苏联发射金星 10 号, 飞向金星。

8 月 20 日美国发射海盗 1 号, 飞向火星。

9 月 9 日美国发射海盗 2 号, 飞向火星。

10 月 22 日金星 9 号软着陆, 在金星表面运行 53 min, 通过轨道器传回数据。

10 月 25 日金星 10 号软着陆, 在金星表面运行 65 min, 通过轨道器传回数据。

1976 年

6 月 19 日海盗 1 号进入火星轨道。

7 月 20 日海盗 1 号软着陆火星, 成为第一次成功登陆其他行星且运行正常的航天器。

8 月 7 日海盗 2 号进入火星轨道。

8 月 18 日苏联于 8 月 9 日发射的月球 24 号, 软着陆月球危海, 并于 8 月 22 号带回土壤样品。

9 月 3 日海盗 2 号软着陆火星。

1977 年

8 月 20 日美国旅行者 2 号发射升空, 飞向木星及更远。

9 月 5 日美国旅行者 1 号发射升空, 飞向木星及更远。

12 月 15 日旅行者 1 号在主行星带超过旅行者 2 号。

1978 年

5 月 20 日美国先锋号金星轨道器发射升空, 飞向金星。

8 月 8 日美国先锋号金星多星轨道器发射升空, 飞向金星。

8 月 12 日美国探险者 59 号, 也称为国际彗星探测仪 (ICE) 和日地探测器 (ISEE-C), 发射升空, 获得日心轨道数据, 并遭遇彗星贾科宾－兹纳。

9 月 9 日苏联发射金星 11 号, 飞向金星。

9 月 14 日苏联发射金星 12 号, 飞向金星。

12 月深空网马克 3 数据系统完成建设。这是采用 26 m、34 m、64 m 和 70 m 雷达建立和完成航天器和飞行工程组的跟踪系统升级。

12 月 4 日先锋 — 金星轨道器进入金星轨道。

12 月 9 日先锋 — 金星多星轨道器大气再入探测器及三个更小的探测器进入金星大气。

12 月 21 日苏联金星 12 号软着陆金星后, 通过轨道器转发数据 110 min。

12 月 25 日苏联金星 11 号软着陆金星后, 通过轨道器转发数据 95 min。

1979 年

3 月 5 日旅行者 1 号飞越木星, 获得到土星的引力助推。

7 月 9 日旅行者 2 号飞越木星, 获得到土星的引力助推。

9 月 1 日先锋 11 号飞越土星。

1980 年

3 月深空网具备实时接收综合处理多天线信号的能力, 通过站址组阵提高孔径有效性。

11 月 12 日旅行者 1 号飞越土星, 进入北向星际轨道。

1981 年

8 月 5 日旅行者 2 号飞过土星, 获得引力助推飞向天王星。

10 月 30 日苏联金星 13 号发射升空, 飞向金星。

11 月 4 日苏联金星 14 号发射升空, 飞向金星。

1982 年

3 月 1 日苏联金星 13 号软着陆金星后, 通过轨道器转发数据 127 min。

3 月 5 日苏联金星 14 号软着陆金星后, 通过轨道器转发数据 57 min。

1983 年

6 月 2 日苏联金星 15 号发射升空, 飞向金星。

6 月 7 日苏联金星 16 号发射升空, 飞向金星。

10 月 10 日金星 15 号进入金星轨道, 行星表面金星 SAR 成像。

10 月 14 日金星 16 号进入金星轨道, 行星表面金星 SAR 成像。

1984 年

12 月 15 日苏联织女 1 号发射升空, 飞向金星和哈雷彗星。

12 月 21 日苏联织女 2 号发射升空, 飞向金星和哈雷彗星。

1985 年

1 月 8 日先驱者号探测器发射升空, 飞向哈雷彗星。这是日本第一个星际飞行探测器。

6 月 11 日织女 1 号释放金星探空气球和着陆探测器。

6 月 15 日织女 2 号释放金星探空气球和着陆探测器。

7 月 2 日乔托号, 第一个欧洲星际探测航天器, 飞向哈雷彗星。

8 月 18 日日本彗星号发射升空, 飞向哈雷彗星。

9 月 11 日探险者 59 号遭遇彗星贾科宾—兹纳的等离子尾。

1986 年

深空网完成马克 4 计算机网络系统建设, 该系统用来管理 34 m 和 70 m 天线站的使用及其与航天器之间的链路连接。

1 月 24 日旅行者 2 号飞越天王星, 获得引力助推飞向海王星。

1 月 28 日美国挑战者号航天飞机及乘员在上升段遇难。

3 月 6 日织女 1 号飞越哈雷彗星, 距离 10000 km。

3 月 8 日彗星号航天器飞越哈雷彗星, 距离 151000 km。

3 月 9 日织女 2 号飞越哈雷彗星, 距离 3000 km。

3 月 11 日先驱者号飞越哈雷彗星, 距离 7000000 km。

3 月 13 日乔托号航天器飞越哈雷彗星, 距离 596 km。

1987 年

4 月 DSN 完成 3 个 X 波段高效率 34 m 天线站, 后来又升级了天线。

1988 年

5 月 29 日深空网完成 64 m 天线到 70 m 天线的升级。

7 月 12 日苏联福布斯 2 号发射升空, 飞向火星。

1989 年

1 月 29 日福布斯 2 号进入火星轨道。

3 月 27 日福布斯 2 号在火星卫星福布斯上释放着陆器前失去联系。

5 月 4 日美国麦哲伦号发射升空, 飞向金星。

8 月 25 日旅行者 2 号飞越海王星, 进入南向星际轨道。

10 月 18 日美国伽利略号发射升空, 飞向金星, 引力助推飞往木星。

1990 年

1 月 24 日日本飞天号工程测试航天器发射升空, 进入地球大椭圆轨道, 远地点到达月球距离。

2 月 10 日伽利略号飞越金星, 引力助推后飞往木星。

2 月 14 日旅行者 1 号相机在关机旅行 9 年后打开, 拍到太阳和 6 个行星的图片, 然后相机被永久关机。

4 月 25 日美国哈勃太空望远镜发射升空, 进入地球轨道。

7 月 2 日乔托号飞越地球, 获取科学数据和引力助推, 成为第一个从深空返回地球附近的航天器。

8 月 10 日麦哲伦号进入金星轨道。

10 月 6 日欧洲尤利西斯号太阳极轨轨道器发射。

1991 年

4 月 11 日伽利略号高增益天线尝试展开, 失败。

10 月 29 日伽利略号飞越 951 号小行星, 距离 1600 km, 飞往木星。

12 月 8 日伽利略号飞越地球, 引力助推飞向木星。

1992 年

1 月 8 日先驱者号飞越地球。

2 月 8 日尤利西斯号飞越木星, 倾角改变到 80°, 调整姿态, 使之能观测到太阳极区。

7 月 10 日乔托号飞越葛里格—斯克杰利厄普彗星, 距离 200 km。

9 月 25 日美国发射火星观察者号, 飞向火星。

12 月 8 日伽利略号第二次飞越地球, 进入引力助推弹道飞往木星, 利用科学成像设备观测地球上的激光强度执行光学通信试验。

1993 年

5 月 24 日麦哲伦号使用金星大气制动圆化大椭圆轨道, 这是在其他行星上的首次操作, 该结果从能力上有助于获取高分辨率引力场测量。

6 月 14 日先驱者号飞越地球, 在磁尾范围内。

8 月 21 日火星观察者号在进入火星轨道前失去联系。

8 月 28 日伽利略号飞越 243 号小行星艾达, 距离 2400 km, 飞往木星, 并发现艾达的卫星艾卫。

12 月 12 日哈勃太空望远镜完成在轨维修, 调整光学焦距及其他升级。

1994 年

2 月 21 日美国于 1 月 25 日发射克莱门汀号, 进入月球轨道。

7 月 16—22 日伽利略号观测到舒梅克—列维 9 号彗星的碎片撞击木星赤道以南的大气层。

10 月 13 日麦哲伦号在试验用太阳面板作为空气制动研究金星大气后完成末期试验撞击金星。

10 月 28 日先驱者号飞越地球, 距离 7000000 km。

12 月深空网完成第一个 34 m 波束波导天线站的建设, 后续对这些站进行了其他升级。

1995 年

7 月 13 日伽利略号释放木星大气探测器。

9 月 30 日最后一次接收距离 45 AU 先锋 11 号的信号。

12 月 7 日伽利略号进入木星轨道, 再入期间采集大气探测仪的遥测外测数据。

1996 年

1 月 14 日美国发射会合—舒梅克号, 飞向小行星 254 号。

11 月 7 日美国发射火星全球勘探者, 飞向火星。

12 月 4 日美国发射火星探路者号, 飞向火星。

1997 年

2 月 21 日哈勃太空望远镜完成第二次在轨维修。

6 月 27 日会合—舒梅克号飞越 253 号小行星马蒂尔德, 距离 1200 km。

7 月 4 日火星探路者号在火星阿瑞斯谷地区着陆。

7 月 6 日火星探路者号巡视器旅居者号驶出着陆器登上月球表面。

9 月 12 日火星全球勘探者进入火星轨道。

10 月 15 日美欧发射卡西尼—惠更斯号, 飞向金星, 采用引力助推到土星。

1998 年

1 月 11 日美国于 1 月 7 日发射的月球勘探者号进入月球轨道。

1 月 23 日会合—舒梅克号飞越地球, 距离 540 km, 引力助推后, 飞向小行星 433 号爱神。

2 月 17 日旅行者 1 号的飞行距离超过先锋 10 号, 成为最遥远的人造物体。

4 月 26 日卡西尼—惠更斯号飞越金星, 引力助推后飞向土星。

10 月 24 日美国发射深空 1 号技术验证探测器, 飞向 9969 号小行星布莱叶。

12 月 11 日美国发射火星气候轨道器, 飞向火星。

1999 年

2 月 4 日火星全球勘探者完成制动操作, 钝化轨道准备采集科学数据。

2 月 4 日美国发射星尘号, 飞向彗星怀尔德 2 号。

6 月 24 日卡西尼—惠更斯号第二次飞越金星, 引力助推后飞向土星。

7 月 29 日深空 1 号飞越 9969 号小行星布莱叶, 距离 26 km。

8 月 18 日卡西尼—惠更斯号飞越地球, 引力助推飞向土星。

9 月 23 日火星气候轨道器意外进入火星大气, 并失去联系。

2000 年

2 月 17 日会合—舒梅克号航天器进入 433 号小行星爱神轨道。

12 月 30 日卡西尼—惠更斯飞越木星, 引力助推后飞往土星。

2001 年

1 月 23 日会合—舒梅克号软着陆 433 号小行星爱神号, 成为第一个在小行星上着陆的航天器。

4 月 7 日美国发射奥德赛号火星探测器, 飞向火星。

8 月 8 日美国发射起源号探测器, 探测日第拉格朗日 L1 平动点, 采集太阳风样品。

9 月 22 日深空 1 号飞越彗星伯莱利, 距离 2171 km。

10 月 24 日奥德赛号火星探测器进入火星轨道。

11 月 16 日起源号达到 L1 点, 开始采集太阳风样品, 直到 2004 年 12

月 3 日。采集结束后,样品罐密封。

2002 年

1 月 11 日奥德赛号火星探测器完成轨道制动,圆化轨道,准备采集数据。

2003 年

1 月 23 日最后一次探测到先锋 10 号来自于 84 AU 以远信号。

5 月 9 日日本发射隼鸟号,飞向小行星 25143 系川。

6 月 2 日美国发射火星快车,飞向火星。

6 月 10 日美国发射勇气号火星巡视器,飞向火星。

7 月 8 日美国发射机遇号火星巡视器,飞向火星。

9 月 21 日伽利略号采用航天器自主引导进入木星大气层,以防止与木卫二碰撞以及把地球微生物带入木星表面和地下盐水海。

10 月 21 日美国天文学家迈克 · 布朗 (1965—),查德 · 特鲁西略 (1973—) 和大卫 · 拉宾诺威茨在柯伊伯带冥王星外发现一个物体,命名为厄里斯,引起科学家对行星定义的争论。

11 月 13 日欧洲于 9 月 27 日发射的灵巧 1 号技术验证航天器进入月球轨道。

12 月 25 日火星快车进入火星轨道。

2004 年

1 月 2 日星尘号飞越彗星怀尔德 2 号,距离 250 km,采集喷出物样品。

1 月 4 日勇气号火星巡视器到达火星谷塞坑。

1 月 15 日勇气号火星巡视器行使在火星土壤上。

1 月 25 日机遇号火星巡视器到达火星。

1 月 31 日机遇号火星巡视器行使在火星土壤上。

3 月 2 日欧洲发射携带菲莱着陆器的罗塞塔号,飞向火星,引力助推后飞往楚留莫夫格拉希门克彗星。

3 月 19 日隼鸟号飞越地球,距离 3725 km,引力助推飞向 25143 号小行星系川。

7 月 1 日卡西尼—惠更斯号进入土星轨道。

8 月 3 日欧洲发射信使号,飞向金星,采用引力助推轨道飞向水星。

9 月 8 日起源号回到地球。由于一个加速度计安装反导致降落伞没有展开, 样品罐在尤他沙漠破裂。对样品碎片进行了恢复分析。

12 月 25 日惠更斯泰坦探测器同卡西尼轨道器分离。

2005 年

1 月 12 日美国发射深度撞击号, 飞向彗星坦普尔 1 号。

1 月 14 日惠更斯号采用伞式降落穿过土卫一大气层, 成功着陆。

3 月 4 日欧洲罗塞塔—菲莱号第一次飞越地球, 引力助推后飞向楚留莫夫格拉希门克彗星。

5 月旅行者 1 号穿越太阳风慢于声速的太阳边界激波, 距离地球 94 AU, 进入日球层顶后面的日鞘层。

7 月 3 日美国深度撞击号释放撞击器, 放在距离 880000 km 的彗星坦普尔 1 号的路径上。

7 月 4 日深度撞击号撞击器碰上坦普尔 1 号彗星。当两者飞越 10000 km 时, 经过的航天器观测到这一事件, 地球上也多处观测到。

7 月 4 日深度撞击号开始扩展使命, 名为太阳系为行星观测和特征调查 (EPOXI), 利用其成像仪观测太阳系外行星遮蔽。进一步的扩展使命深度撞击延伸调查 (DIXI), 于 2010 年 10 月 11 日飞越哈雷 2 号彗星, 距离 1000 km。

8 月 2 日信使号飞越地球, 距离 2347 km, 引力助推后飞向水星。

8 月 12 日美国发射火星勘测轨道航天器, 圆化轨道准备采集科学数据。

11 月 9 日欧洲发射金星快车, 飞向金星。

11 月 19 日隼鸟号登上 25143 号小行星系川。11 月 24 日, 尝试采集样品, 计划在 2010 年 6 月返回地球。

2006 年

1 月 15 日星尘号携带彗星和星际材料的样品回到地球。

1 月 19 日美国发射新地平线号, 飞向木星, 引力助推后飞往冥王星和其他柯伊伯带天体。

3 月 10 日火星勘测轨道航天器进入火星轨道。

4 月 11 日金星快车号航天器进入金星轨道

8 月 24 日国际天文学会首次对行星金星科学定义, 决定将太阳系内的的几个天体, 包括冥王星, 定义为矮行星。

9 月 11 日火星勘测轨道航天器完成制动操作。

10 月 24 日信使号飞越金星, 距离 2990 km, 引力助推后飞向水星。

2007 年

2 月 25 日罗塞塔—菲莱飞越火星, 距离 250 km, 引力助推后飞向楚留莫夫格拉希门克彗星。

2 月 28 日新地平线号飞越木星, 采用引力助推弹道飞向冥王星, 卡戎星和其他柯伊伯带天体, 继续深入柯伊伯带及以远。

6 月 5 日信使号第二次经过金星, 距离 337 km, 采用引力助推弹道飞向水星。

8 月 4 日美国发射凤凰号, 飞向火星。

9 月 27 日美国发射黎明, 飞向火星, 引力助推后飞向主带小行星、灶神星、谷神星。

10 月 3 日日本于 9 月 14 日发射的月亮女神号航天器进入月球轨道。

10 月 9 日月亮女神释放伴星中继子卫星进入月球轨道, 开展无线电科学试验。

10 月 12 日月亮女神释放伴星甚长基线干涉测量无线电子卫星进入月球轨道, 开展无线电科学试验。

11 月 5 日中国于 10 月 24 日发射的第一颗深空任务, 嫦娥 1 号进入月球轨道。

11 月 13 日罗塞塔—菲莱第二次飞越地球, 距离 5295 km, 引力助推后飞向楚留莫夫格拉希门克彗星。

2008 年

5 月 25 日凤凰号着陆器登陆火星, 开始观测。

6 月 5 日信使号首次飞越飞越水星, 距离 200 km, 采用引力助推弹道在下一次太阳轨道重返土星。

7 月旅行者 2 号穿越太阳边界激波, 距离地球 86 AU, 太阳风处于低声速, 进入日球层顶后面的日鞘层。

7 月 1 日卡西尼号完成土星系统的首次履行, 开展土星轨道的扩展使命。

9 月 5 日罗塞塔—菲莱号飞越 2867 号小行星斯泰因, 奔向楚留莫夫格拉希门克彗星。

10 月 6 日信使号第二次飞越水星, 距离 200 km, 采用引力助推弹道,在下一次太阳轨道返回土星。

12 月 2 日最后一次接收凤凰号着陆器信号。

12 月 12 日第一次直接观测太阳系外行星 —— 北落师门恒星的行星。该行星距离地球 25 光年, 该行星由哈勃太空望远镜可见光图像观测和验证。

2009 年

1 月计划发射轨道碳天文台进入地球轨道。

2 月黎明飞越火星, 采用引力助推轨道飞向灶神星和谷神星。

9 月 29 日信使号第三次飞越水星, 距离 200 km, 采用引力助推弹道, 在下一次太阳轨道返回土星。

11 月罗塞塔—菲莱号飞越 2867 号小行星斯泰因, 奔向楚留莫夫格拉希门克彗星。

11 月 13 日罗塞塔—菲莱号第三次飞越地球, 奔向楚留莫夫格拉希门克彗星。

2010 年

10 月深度撞击号 (更名为 EPOXI) 计划飞越和观测哈雷 2 号。

2011 年

3 月 18 日信使号即将进入水星轨道。

8 月黎明即将进入主带行星谷神星轨道。

10 月火星科学实验室预计发射。

2012 年

5 月黎明即将离开灶神星轨道, 奔向谷神星。

2013 年

8 月欧洲将发射贝皮哥伦布号, 环绕水星进行为期 6 年的探测。

2014 年

5 月罗塞塔 — 菲莱号将进入一个楚留莫夫格拉希门克彗星, 动力下降并释放着陆器菲莱, 并在 2014 年 11 月通过鱼镖将菲莱与彗星连在一起。

2015

2 月黎明将进入主带小行星谷神星轨道。

7 月 14 日新地平线号将飞越冥王星, 距离 10000 km, 及其卫星卡戎星, 距离 27000 km。

注:

(1) 节选的航天器数据大部分来源于美国航天局戈达德飞行中心大卫·威廉姆斯网上出版的星际任务数据。任意星际航天器完整的技术细节及其任务能在 http://nssdc.gsfc.nasa.gov/planetary/chronology.html 上找到。

(2) 与第 2 章和第 4 章相对应, 大事记中没有列出失败的任务。

量纲, 缩略语, 希腊字母

量纲

国际量纲制中有 7 个基本量纲。所有其他的国际量纲都由这些基本量纲导出。许多导出量纲有特定的名称和符号。下列量纲大多数为国际量纲 (包括基本量纲和导出量纲) 和国际量纲制认可的量纲。其中国际量纲制的基本量纲定义来源于美国国家标准研究所《国际量纲制手册》。

A 安培, 国际单位制电流的基本量纲, 定义为: 在真空中相距为 1 m 的两根无限长平行直导线, 通以相等的恒定电流, 当每米导线上所受作用力为 2×10^{-7} N 时, 各导线上的电流为 1 A。

Å 埃, 国际认可的非国际量纲制长度量纲 (常用于波长和原子尺寸), 等于 0.1 nm。

AU 天文量纲, 基于平均日地距离的距离量纲。国际天文学会定义 AU 为一颗质量无限小 (可以忽略) 的颗粒, 以公转周期 365.2568983 日 (高斯年) 环绕着太阳公转, 且不受扰动影响的牛顿圆轨道半径。因此, 1 AU 定义为 $1.4959787066 \times 10^{11}$ m $= 149597870.66$ km。

bel 功率量纲, 普遍表示为分贝, dB, 0.1 bel。

bs 每秒字节数, 数据传输速率的量纲。

°C 摄氏温度, 从国际单位制基本量纲 K-273.15 导出。

c 分。乘数 $\times 10^{-2}$, 来自拉丁文 "centum"。

c 真空光速, 299792458 m/s。

cd 坎德拉, 国际单位制发光强度的基本量纲, 坎德拉是一光源在给定方向上的发光强度, 该光源发出频率为 540×1012 赫的单色辐射, 而且在此方向上的辐射强度为 1/683 瓦特每球面度。

Da 道尔顿, 原子的质量量纲, 近似等于一个质子或一个中子的质

量 (电子几乎没有质量)。

dB 分贝, 功率或功率比的常用单位, 用对数 $\log_{10}$ 表示, 几分贝就代表 10 的十分之几次幂: $20\text{ dB}=10^{20/10}=100$。

dBm 分贝毫瓦; $30\text{ dBm}=10^{30/10}=1000\text{ Mw (1 W)}$。

dB·Hz 分贝 · 赫兹; $40\text{ dB·Hz}=10^{40/10}=10000\text{ Hz (10 kHz)}$。

dBi 描述各向同性天线的增益; $50\text{ dBi}=10^{50/10}=100000$ 倍增益。

角度: 1 角度等于一个圆的 1/360。

eV 电子伏特, 一个光子或电磁波能量的量纲。

G 吉咖, 乘数, $\times 10^9$, 来自拉丁文 Gigas(巨大)。注: 在美国, Giga 表示 10^9, 也就是 10 亿 (billion), 而在其他使用国际单位制的国家, billion 表示 10^{12}。

G 高斯, 磁感应强度单位, 等于 1/10000 特斯拉。

g 克, 国际单位制质量单位。

Hz 赫 (兹), 国际单位制频率标准单位。来自于国际单位制基本单位 s^{-1}, 表示每秒的循环个数。

J 焦耳, 国际单位制能量、功、热量的单位, 等于 N·m, 由基本单位 m^2kgs^{-2} 得到。

K 开 (尔文), 热力学温度的国际单位制基本单位。开 (尔文) 是水的热力学温度三相点的 1/273.16。

k 千, 乘数, $\times 10^3$, 来自拉丁文 khilioi (thousand)。

kg 千克, 国际单位制质量基本单位。千克等于就是国际千克原器的质量。

LY 光年, 距离单位, 光旅行一年的距离, 大约 63240 AU。

M 兆, 乘数, $\times 10^6$, 来自拉丁文 megas (great)。

m 毫, 乘数, $\times 10^{-3}$, 来自拉丁文 mille (thousand)。

m 米, 国际单位制长度的基本单位 (美语拼写 meter, 其他地区 metre)。1 m 是真空中光速旅行 1s 的 1/299792458。

micro 乘数, 来自拉丁文 micros (small)。

μ 微米符号, 百万分之一米。也可以作为乘数前缀, 同 micro。

minute of arc 角分, 1 角分 $=1/60$ 角度 (°)。

mol 摩尔, 国际单位制物质量的基本单位。1mol 粒子集体所含的粒子数与 $0.012\text{ kg}^{12}C$ 中所含的碳原子数相同。

N 牛顿, 力的国际单位制单位, 来自于国际单位制基本单位 $m·kg·s^{-1}$。

n 纳, 乘数, $\times 10^{-9}$, 来自拉丁文希腊文 nanoz (dwarf)。

ohm (符号: Ω) 国际单位制电阻单位, 等于 V/A, 来自基本单位 $m^2·kg·s^{-3}A^{-2}$。

Pa 帕斯卡, 国际单位制压力或压强单位, 等于 N/m^2, 来自基本单位 $m^{-1}·kg·s^{-2}$。

rad 弧度, 国际单位制平面角度单位, 等于 $(180/\pi)°$, 大约 $57.295°$。

s 秒, 国际单位制时间的基本单位。1 s 等于 ^{133}Cs 原子基态的两个超精细能阶间跃迁对应辐射的 9192631770 个周期的持续时间。

角秒 ($''$) 1 角秒等于 1/60 角分 ($'$)。

sr 球面度, 国际单位制立体角的单位。以 R 为半径的球的中心为顶点, 展开的立体角所对应的球面表面积为 R^2, 该立体角的大小就是球面度。

量纲转换

表 F.1 国际单位制到英国量纲转换

毫米到英寸	mm	×	0.0393700787401575	=	in
厘米到英寸	cm	×	0.393700787401575	=	in
米到英尺	m	×	3.28083989501312	=	ft
米到码	m	×	1.09361329833771	=	yd
千米到英里	km	×	0.621371192237334	=	mi
克到盎司	g	×	0.0352739907229404	=	oz
公斤到磅	kg	×	2.20462262184878	=	lb
牛顿到磅力	N	×	0.224809024733489	=	lbf
开尔文到摄氏度	K	−	273.15	=	°C
摄氏度到华氏度	(°C×9/5)	+	32.0	=	°F

缩略语

3-D Three dimensional 三维

Ae Exhaust area 排气面积

At Throat area 喉部面积

AAAS American Association for the Advancement of Science 美国科学促进协会

AACS Attitude and Articulation Control System 姿态铰接控制系统

AAS American Astronomical Society 美国宇航学会

AC Alternating Current 交流电

ACP Aerosol Collector and Pyrolizer 悬浮物质采集器和高温热解器

Ag Silver 银

AIAA American Institute of Aeronautics and Astronautics 美国航空航天学会

Al Aluminum 铝

Al_2O_3 Alumina 氧化铝

AMD Angular Momentum Desaturations 角动量减小

Amp Amplifier (see also Units of Measure listed below) 放大器

AO Adaptive Optics 自适应光学

AO Announcement of Opportunity 招标公告

APL Applied Physics Laboratory, Johns-Hopkins University 约翰霍普金斯大学应用物理实验室

APXS Alpha-particle X-ray Spectrometer 阿尔法粒子 X 射线光谱仪

ARQ Automatic Repeat-request 自动重发请求

As Arsenic 砷

ASI Agenzia Spaziale Italiana (Italian Space Agency) 意大利航天局

ATK Alliant Techsystems, Inc. Previously Thiokol, Inc., now known as ATK Launch Systems Group. ATK 发射系统集团

ATLO Assembly, Test, and Launch Operations 组装、测试、发射操作

AUI Associated Universities, Inc. 联合大学

BCE Before Current Era 公元前

Be Beryllium 铍

BER Bit Error Rate 误码率

Biprop Bi-propellant 双组元推进剂

BLF Best-Lock Frequency 最佳锁定频率

bps Bits per Second 位/秒

BPSK Binary Phase Shift Keying Modulation 二进制键相调制

BVR Block-V (Roman Numeral Five) Receiver 块 V 接收器

BWG Beam-wave Guide DSN Antenna 波导深空网天线

C Carbon 碳

C_2H_2 Acetylene 乙炔

$C_2H_8N_2$ Unsymmetrical Dimethyl hydrazine, UMDH 不对称甘油二甲醚

C_3 Characteristic Energy (intensive quantity) 特征能量

C_3H_8 Propane 丙烷

C/A Closest Approach 最小路径

Ca Calcium 钙

C&DH Command and Data Handling Subsystem 指令和数据分发子系统

Caltech California Institute of Tech-nology 加利福尼亚理工学院

CAPS Cassini Plasma Spectrometer 卡西尼等离子分光仪

CCD Charge-coupled Device 电荷耦合器件 | 感光元件

CCSDS Consultative Committee for Space Data Systems 空间数据系统咨询委员会

Data Systems 数据系统

CD Compact Disc 压缩光盘

Cd Cadmium 镉

CDA Cosmic Dust Analyzer 彗星尘埃分析仪

CDR Critical Design Review 关键设计评审

CDS Command and Data Subsystem 指令数据系统

CEA Cambridge Electron Accelerator 剑桥电子加速器

CERR Critical Events Readiness Review 关键事件就绪评估

CESR French Centre d'Etude Spatiale des Rayonnements 法国空间辐射研究中心

$CH_3N_2H_3$ Mono-methyl Hydrazine, MMH 甲烷

CIRS Composite IR Spectrometer 混合红外光谱仪

Cl Chlorine 氯

CLT Command-loss Timer 指令丢失计时器

CM Celestial Mechanics 天体力学

Cm Curium 锔

CMC Center Management Council

中心管理委员会

CMD Command Data Type (one of seven in DSN) 指令数据类型

CME Coronal Mass Ejection 日冕物质抛射

CMG Control-Moment Gyro 控制力矩陀螺

CNES French National Center of Space Research 法国国家空间研究中心

CNG Compressed Natural Gas 压缩天然气

Co Cobalt 钴

CO2 Carbon Dioxide 二氧化碳

COBE COsmic Background Explorer 宇宙背景探索者

CTS Command and Telemetry Subsystem 指令遥测子系统

CXC Chandra X-Ray Center 钱德勒X射线中心

Δ DOR or DDOR Delta Dfferenced one-way range 较差差分单向测距

Δ V Delta V; change in velocity 速度改变量

DC Direct Current 直流电

DECIGO DECi-hertz Interferometer Gravitational Wave Observatory 分赫兹干涉仪引力波望远镜

DN Data Number in Telemetry 遥测数据数目

DOF Degree(s) of Freedom 自由度

Dop (Dopp) Doppler Shift 多普勒频移

DOR Differenced One-way Range 差分单向测距

DPS Division for Planetary Science of the American Astronomical 美国宇航学会行星科学部

DR Decommissioning Review 退役评估

DS1 *Deep Space 1* Spacecraft 深空1号飞行器

DSCC Deep Space Communications Complex 深空通信综合设施

DSS Deep Space Station 深空站

DSL Digital Subscriber Line 数字用户线路

DSM Deep Space Maneuver 深空机动

DSN Deep Space Network 深空网

DVD Digital versatile disc 数字多用途光盘

ECC Error-control Coding 错误控制编码

EDAC Error Detection and Correction 错误检测与校正

EDL Entry, Descent, and Landing 再入、下降和着陆

EDR Experiment Data Record 实验数据记录

EDT Eastern daylight time 东部夏季时间

EGA Engine gimbal assembly 引擎方向假组件

EHF Extremely High Frequency 超高频

EIRP Effective Isotropic Radiated Power 有效各向同性辐射功率

ENA Energetic Neutral Atom 高能中性原子

EOPM End of Prime Mission 主要任务末期

EPPS Energetic Particle and Plasma Spectrometer 高能粒子和等离子分光仪

ERT Earth-Receive Time 地面接收时间

ESA European Space Agency 欧洲空间局

ET Ephemeris Time (see Glossary) 历书时

EU Engineering Unit in Telemetry 遥测工程单位

F&P Fields and Particles 域与粒子

F&T Frequency and Timing Data Type (one of seven in DSN) 时频数据类型

FEC Forward Error-correction 前向纠错

FET Field-effect Transistor 场效应晶体管

FFT Fast Fourier Transform 快速傅立叶变换

FM Frequency Modulation (or modulated) 调频

FRR Flight Readiness Review 飞行就绪评估

g Local Gravitational Constant 当地引力常量

G Universal Gravitational Constant 万有引力常量

g0 Standard Earth gravity, 9.80665 m/s^2 标准地球引力

GaAs Gallium arsenide 砷化镓

GC Gas chromatograph 气相色谱仪

GCMS Gas Chromatograph Mass spectrometer 气相色谱质谱仪

Ge Germanium 锗

GEM Graphite-epoxy Motor 石墨环氧电机

GMT Greenwich Mean Time 格林尼治平时

GPMC Governing Program Management Council 控制工程管理委员会

GPS Global Positioning System 全球定位系统

GR General Relativity 广义相对论

GRNS Gamma-ray and Neutron Spectrometer 伽玛射线和中子分光仪

GRS Gamma-ray Spectrometer 伽玛射线分光仪

GSFC NASA Goddard Space Flight Center NASA 戈达德飞行中心

H$_2$ Molecular Hydrogen 氢分子

H$_2$O Water 水

H$_2$O$_2$ Hydrogen Peroxide 过氧化氢

H$_2$SO$_4$ Sulphuric Acid 硫酸

HASI Huygens Atmospheric Structure instrument 惠更斯大气结构分析仪

HCN Hydrogen Cyanide 氢氰酸

HEF High-efficiency (at X-band)

DSN antenna 高效 (X 波段) 深空天线

HEMT High-Electron Mobility Transistor 高电子迁移率场效晶体管

HF High Frequency 高频

HGA High-Gain Antenna 高增益天线

HiRISE High-Resolution Imaging Science Experiment 高分辨率成像科学实验

HRG Hemispherical-resonator Gyro 半球谐振陀螺

HST Hubble Space Telescope 哈勃太空望远镜

HTPB Hydroxy-terminated Polybutadiene Binder 端羟基聚丁二烯胶合物

I*sp* Specific Impulse (intensive quantity) 比冲量

IBM International Business Machines 国际商业机器

ICRF International Celestial Reference Frame 国际天球参考架

IEC International Electrotechnical Commission 国际电工技术委员会

IEEE Institute of Electrical and Electronics 电子电工研究所 Engineers, Inc. Originally (in its modern expanded scope, the name is simply I-triple-E) 电气和电子工程师协会

IERS International Earth Rotation and Reference Systems Service 国际地球自转服务

INCA Ion and Neutral Camera 离子中子相机

INMS Ion and Neutral Mass Spectrometer 离子中子分光仪

IPU Injection Propulsion Unit 喷射推进装置

IR Infrared 红外

IRS Infrared Spectrograph 红外线摄谱仪

IRU Inertial Reference Unit 惯性参考单元

ISO Integrated Sequence of Events 事件综合序列

I*sp* Specific Impulse 比冲量

ISS Imaging Science Subsystem 科学成像子系统

ISS International Space Station 国际空间站

IUS Inertial Upper Stage 惯性上面级

JAXA Japanese Aerospace Exploration Agency 日本宇宙航空研究开发机构

JHU Johns-Hopkins University 约翰霍普金斯大学

JPL Jet Propulsion Laboratory (Caltech) 喷气推进实验室

JSC NASA Johnson Space Center NASA 约翰逊空间中心

Ka Band of Microwave Radio Frequencies (see Appendix D) 微波无线电频率波段

KDP Key Decision Point 关键决策点

KOH Potassium Hydroxide 氢氧化钾

KSC NASA Kennedy Space Center NASA 肯尼迪空间中心

Ku Band of Microwave Radio Frequencies (see Appendix D) 微波无线电频率 Ku 波段

LANL U. S. Los Alamos National Laboratory 洛斯阿尔莫斯国家实验室

LASCO Large Angle Spectrometric coronagraph 广角分光日冕观测仪

LBS Linear Boom Actuator 线性致动器臂

LCD Liquid-crystal Display 液晶聚合物

LDPC Low-density Parity-check 低密度奇偶校验

LED Light-emitting Diode 发光二极管

LGA Low-Gain Antenna 低增益天线

Li Lithium 锂

LIBS Laser-induced Breakdown Spectroscopy 激光诱导解离光谱

LIGO Laser Interferometer Gravitational Wave Observatory 激光干涉仪引力波观测仪

LINEAR LIncoln Near-Earth Asteroid Research 林肯近地小行星研究

LISA Laser-Interferometer Space Antenna 激光干涉太空天线

LNA Low-Noise Amplifier 低噪放大器

LORRI Long-Range Reconnaissance Imager 长距离勘探成像仪

LRC NASA Lewis Research Center NASA 路易斯研究中心

LV FRR Launch Vehicle Flight Readiness Review 发射飞行器飞行就绪评估

LV LRR Launch Vehicle Launch Readiness Review 发射飞行器发射就绪评估

LY Light year 光年

MAG Magnetometer 磁强计

MARCI Mars Color Imager instrument 火星彩色成像仪器

MCD Maximum-likelihood Convolutional Decoder 最大似然卷积编码

MCO *Mars Climate Orbiter* Spacecraft 火星气候轨道器航天器

MCR Mission Concept Review 任务概念评估

MDR Mission Definition Review 任务定义评估

MEC Mass Expulsion Control 质量排出式控制

MEMS Micro-Electro-Mechanical System 微型机电系统

MEP Mars Exploration Program 火星探测计划

MEPAG Mars Exploration Program

Analysis Group 火星探测计划分析小组

MER Mars Exploration Rover 火星探测巡视器

MGA Mars Gravity Assist 火星引力助推

MGA Medium Gain Antenna 中增益天线

MIL-STD Military Standard 军用标准

MIMI Magnetospheric Imaging instrument 磁层成像仪

MIMOS Mini-Mössbauer spectrometer 微型莫斯鲍尔光谱仪

MIT Massachusetts Institute of Technology 麻省理工学院

MLI Multi-layer Insulation 多层绝缘

MMH Mono-methyl Hydrazine 甲肼

MMU Mission Module Unit 任务组装单元

MOI Mars Orbit Insertion Rocket Burn 火星轨道切入火箭点火

MOLA Mars Orbiter Laser Altimeter 火星轨道器激光高度计

MON Mixed Oxides of Nitrogen 氮氧混合物

MON Monitor Data Type (one of seven in DSN) 监测数据类型

Monoprop Mono-propellant 单组元推进

MPD Magnetoplasmadynamic Thruster 磁等离子流体动力推进

MPI German Max Planck Institute 德国马克思普朗克研究所

MP P Maximum Power Point 最大功率点

MRB Mission Readiness Briefing 任务就绪简报

MRO *Mars Reconnaissance Orbiter* 火星勘探者轨道器

MRO Memory Readout 内存读取

MS Mass spectrometer 质谱仪

MSL *Mars Science Laboratory* 火星科学实验室

N_2 Molecular Nitrogen 分子成核作用

N_2H_4 Hydrazine 肼

N_2O_4 Nitrogen Tetroxide (NTO) 四氧化二氮

NAIF Navigation and Ancillary Information Facility 导航和辅助信息设施

NASA U.S. National Aeronautics and Space Administration 美国航空航天管理局

Nd: YAG Neodymium-doped Yttrium aluminum garnet 掺钕的钇铝石榴石

NEAR *Near-Earth Asteroid Rendezvous* Spacecraft (renamed *NEAR-Shoemaker*) 近地小行星交会飞行器 (改名为: 回合—舒梅克)

NEO Near-Earth Object 近地目标

NH_3 Ammonia 氨

NH_4CLO_2 Ammonium Perchlorate 高氯酸铵

NiCd Nickel-cadmium 镍镉

NIMS Near-IR Mapping Spectrometer 近红外成像光谱仪

NIST National Institute of Standards and Technology 国际标准技术研究所

NO Nitric Oxide 一氧化氮

NRAO U. S. National Astronomical Radio Observatory 美国国家射电天文台

NRC U. S. National Research Council 美国国家科研委员会

NS Neutron Spectrometer 中子光谱仪

NSF U.S. National Science Foundation 国家科学基金会

NSSDC National Space Science Data Center 国际空间科学数据中心

NTO Nitrogen Tetroxide 二氧化氮

O_2 Molecular Oxygen 分子氧

OD Orbit Determination 轨道确定

OH Hydroxyl 羟 (基) 氢氧基

ORR Operations Readiness Review 操作就绪评估

OSI Open Systems Interconnection 开放系统互联

OSR Optical Solar Reflector 光学太阳反射器

OTM Orbit Trim Maneuver 轨道修正机动

Pc Combustion chamber pressure 燃烧室压力

Pe Exhaust Pressure 排出压力

P&W Pratt and Whitney 惠普

Pb Lead 铅

PDR Preliminary Design Review 早期设计评估

PDS NASA Planetary Data System NASA 行星数据系统

PDT Pacific Daylight Time 美国太平洋时区

PEPSSI Pluto Energetic Particle Spectrometer 冥王星能量粒子分光仪

Science Investigation 科学调查

PI Principal Investigator 首席调查官

PICA Phenolic-impregnated Carbon Ablator 酚醛浸渍碳棒烧蚀材料

PIR Proposal Implementation Review 申请完成评估

PLAR Post Launch Assessment Review 发射评估回顾

PLL Phase-locked-loop 相锁环

PMC Program Management Council 程序管理委员会

PMSR Project Mission System Review 项目任务系统评估

PN Pseudo-noise Code 伪噪声码

PNAS Proceedings of the U. S. National Academy of Sciences 美国科学院公告

PPR Photopolarimeter-radiometer 照相偏振测量辐射计

PRM Periapsis Raise Maneuver 近地点抬高机动

Pu Plutonium 钚

PV Photovoltaic 光电

px Pixel 像素

Q Quantity of Electrical Charge 电荷电量

QAM Quadrature Amplitude Modulation 正交调幅

QPSK Quadrature Phase Shift Keying Modulation 正交相位键偏调制

RJ Jupiter Radius/Radii 木星半径

RADAR RAdio Detection And Ranging 无线电探测和测距

RAT Rock Abrasion Tool 岩石磨损工具

RCS Reaction Control System 反作用控制系统

RDR Radar 雷达

REX Radio Science Experiment 无线电科学仪器

RFA Request for Action 确认事宜

RFI Radio Frequency Interference 无线电频率干扰

RHU Radioisotope Heater Unit 放射性同位素加热装置

RNG Range 距离

RPM Revolutions per Minute 每分钟转动次数

RPWS Radio & Plasma Wave Science 无线电等离子波学

RS Radio Science Data Type (one of seven in DSN) 无线电科学数据类型

RS Reed-Solomon Forward Error Correction RS 前向纠错

RSS Radio Science System 无线电科学系统

RTG Radioisotope Thermoelectric generator 放射性同位素热电式发电机

RWA Reaction Wheel Assembly 反作用轮

S Band of Microwave Radio Frequencies (see Appendix D) S 波段微波无线电频率

S33 Saturn-tour Command Sequence Number 33 土星旅行指令序列数 33

SAF Spacecraft Assembly Facility 航天器安装设施

SAO Smithsonian Astrophysical Observatory 斯密松射电天文台

SAR Synthetic Aperture Radar 合成孔径雷达

Sb Antimony 锑

SBC Swing-By Calculator 借力飞行计算器

SCET Spacecraft Event Time 航天器特征点

SDC Student Dust Counter 尘埃计数器

SEP Sun-Earth-Probe (spacecraft) angle 日地探测器角

SET Search for Extraterrestrial Intelligence 地外智能生命探测

SHF Super High Frequency 超高频

SI International System of Units 国际单位制

Si Silicon 硅

SiO₂ Silicon Dioxide. Silica 二硫化
硅

SIR System Integration Review 系统
集成评估

SIRTF *Spitzer Space Infrared Tele-
scope Facility* 斯皮策太空红外望
远镜设备

SLA Super Light-weight Ablator 超
轻烧蚀材料

SMSR Safety and Mission Success
Review 安全和任务成功评估

SN Supernova 超新星

SNR Signal-to-Noise Ratio 信噪比

SO2 Sulphur dioxide 二氧化硫

SOHO Solar and Heliospheric Ob-
servatory 太阳日球层观测站

SPC Signal Processing Center 信号
处理中心

SPICE Spacecraft, Planet, Instru-
ments, Cmatrix(camera angles),
and Events 航天器、行星、仪器、
相机角度和事件

SRM Solid-propellant Rocket Motor
固体推进火箭发动机

SRPS Stirling Radioisotope Power
System 斯特林同位素发电系统

SRR System Requirements Review
系统需求评估

SRU Stellar Reference Unit 恒星参
考单元

SSI Solid-state Imager 固态成像仪

SSME Space Shuttle Main Engine 太
空飞船主发动机

STS Space Transportation System

(space shuttle) 太空飞船

SWAP Solar Wind Analyzer around
Pluto 环冥王星太阳风分析仪

Tc Combustion Chamber Tempera-
ture 燃烧舱温度

TAI International Atomic Time,
from the French "Temps Atom-
ique International" 国际原子时

TCM Trajectory-Correction Maneu-
ver 弹道修正机动

TCP/IP Transmission Control Pro-
tocol and Internet Protocol 传输
控制协议和互联网协议

TDB Barycentric Dynamical Time
(see Glossary) 质心动力学时

TDM Time-division Multiplex 时分
多路转换器

TDRSS Tracking and Data Relay
Satellite System 跟踪和数据中继
卫星系统

TDT Terrestrial Dynamical Time
(see Glossary) 地心动力学时

TEGA Thermal Evolved Gas Ana-
lyzer 热演化气体分析仪

TES Thermal Emission Spectrome-
ter 热散分光仪

TLM Telemetry Data Type (one of
seven in DSN) 遥测数据类型

TNT Trinitrotoluene 三硝基甲苯

TRK Tracking Data Type (one of
seven in DSN) 跟踪数据类型

TRL Technology Readiness Level 技
术就绪等级

TT Terrestrial Time (see Glossary)

地球时

TV Television 电视

TVA Thruster-valve Assembly 推进器阀

TWNC Two-way Non-coherent 双程非相干

TWTA Traveling-wave Tube Amplifier 行波管放大器

UCLA University of California Los Angeles 加州大学洛杉矶分校

UHF Ultra High Frequency 特高频

UMDH unsymmetrical dimethyl hydrazine 偏二甲肼

USNO United States Naval Observatory 美国海军天文台

USO Ultra-Stable Oscillator 超稳定振荡器

UT Universal Time (see Glossary) 世界时

UT0 (see Glossary)

UT1 (see Glossary)

UT2 (see Glossary)

UTC "Temps Universel Coordonné", Coordinated Universal Time 协调世界时

UV Ultraviolet 紫外

UVIS UV Imaging Spectrograph 紫外成像光谱仪

UVS UV Spectrometer 紫外光谱仪

VIN Inbound Velocity 临界速度

VJH Jupiter's Heliocentric Velocity 木星日心速度

VOUT Outbound Velocity 超界速度

Ve Exhaust Velocity 排气速度

V2 German Liquid-propellant Rocket 德国液体推进火箭

VAC Volts AC 伏交流

VDC Volts DC 伏直流

VHF Very High Frequency 甚高频

VIMS Visible and IR mapping Spectrometer 可见光和红外成像光谱仪

VLBI Very long baseline interferometry 甚长基线干涉仪

WMAP *Wilkinson Microwave Anisotropy Probe*, and the Planck Surveyor 威尔金微波各向同性探测仪

WWW World-wide Web 国际广域网

X Band of Microwave Radio Frequencies (see Appendix D) X 波段无线电频率

XTWTA X-band Traveling-wave Tube Amplifier X 波段行波管放大器

YAG Yttrium Aluminum Garnet 钇铝石榴子石

Zn Zinc 锌

希腊字母

表 F.2　希腊字母

	大写	小写
Alpha (阿尔法)	A	α
Beta (贝塔)	B	β
Gamma (伽马)	Γ	γ
Delta (德尔塔)	Δ	δ
Epsilon (艾普西隆)	E	
Zeta (泽塔)	Z	ζ
Eta (伊塔)	H	η
Theta (西塔)	Θ	θ
Iota (约塔)	I	ι
Kappa (卡帕)	K	κ
Lambda (拉姆达)	Λ	λ
Mu (谬)	M	μ
Nu (纽)	N	ν
Xi (克西)	Ξ	ξ
Omicron (奥米克戎)	O	o
Pi (派)	Π	π
Rho (柔)	P	ρ
Sigma (西格马)	Σ	σ
Tau (陶)	T	τ
Upsilon (宇普西隆)	Υ	υ
Phi (斐)	Φ	ϕ
Chi (希)	X	χ
Psi (普西)	Ψ	ψ
Omega (奥米伽)	Ω	ω

名词术语

姿态和转动控制子系统 (Attitude and Articulation Control Subsystem, AACS): 负责估计和维护航天器指定方向、稳定性、绕一个或多个轴旋转，以及控制扫描平台、太阳能帆板或发动机喷嘴执行的软件和硬件。

美国天文学会 (American Astronomical Society, AAS): 始建于 1989 年，是北美天文学家的主要组织。

AA Tauri: 远离地球 450 光年的类日恒星，可能由带有气体和尘埃的盘状物构成，斯皮策太空望远镜的红外光谱仪揭露了其中有机化合物的明显特征。

A 环 (A Ring): 在土星系统中，用小望远镜可见的三个主要环中最外层。在 A 环外面的颗粒绕土星每 14.4 h 一圈，速度 16.66 km/s。

绝对零度: 是热力学温度开尔文度标的零点，该点分子的相对运动最小。

吸收光谱: 气体中原子或分子吸收的电磁辐射波长。太阳光穿过行星或卫星的大气，由于大气吸收，一些特定波长会丢失。参见反射光谱。

加速度 (Acceleration): 速度的变化率，包括方向和大小。在国际单位制中用 (m/s^2) 表示。

加速度计 (Accelerometer): AACS 输入设备，用来测量在轨加速度。

验收测试 (Acceptance Testing): 证实一个部件按规范工作的过程。

Ace: 语音网络上的呼叫号码，用于项目实施操作时的单点联系。

乙炔 (Acetylene, C_2H_2): 有机混合物，在外层太阳系大气和原行星盘中发现。

主动传感 (Active-sensing):, 通过提供所需能量探测目标并捕获响应以进行观测的一种科学仪器, 例如: 遥感雷达和直接检测 α 质子 X 射线光谱仪。

执行器 (Actuator): 在控制理论中, 系统中采用适当的自动控制改变状态的设备, 例如影响航天器姿态的反作用轮。

自适应光学 (Adaptive Optics): 地基望远镜系统, 采用可变形镜片消除大气波动产生的畸变, 提高目标分辨率。

气动制动 (Aerobraking): 通过大气摩擦将机械能转化为热能以减少航天器动能。应用于再入段和热防护下降, 以及航天器轨道的修正, 例如降低远拱点高度。

悬浮微粒 (Aerosol): 气体中细小固体微粒或液滴的悬浮物, 如大气中的云或雾。

悬浮微粒收集器和热解器 (Aerosol Collector and Pyrolizer, ACP): 一种主动感应科学仪器, 收集大气样本、获取悬浮微粒, 并加热使其变成气体, 供另一个仪器做进一步分析 (如气象色谱仪)。

航空肼— 50 (Aerozine50): 肼和偏二甲肼的混合物, 用于液体火箭燃料。

AGU: 美国地球物理联盟, 一个致力于地球和空间理解的全球科学社区。

AIAA: 美国航空航天学会, 始建于 1963 年, 致力于航空、航天、国防领域的科学和技术进步。

气囊 (Air Bags): 由探路者和火星快车所使用的位于着陆器外部的四个囊, 每个都有六角聚乙烯纤维布制成, 在与粗糙火星表面碰撞前充气。

反射率 (Albedo): 测量一个物体散射太阳光的程度。几何反射率测量从观测者正后方照射产生的亮度 (相位角为 0°), 如来自地球的邦德发射率, 以美国天文学家乔治·邦德 (1825—1865) 的名字命名, 考虑了所有波长和相角, 可以通过航天器观测。

算法 (Algorithm): 以计算机程序或数学方法定义完成一项任务的指令序列, 给定一个初始状态, 确定一个结束状态。

同素异形体 (Allotrope): 基于其原子结构分布, 一个元素所呈现的不同形式, 如石墨和钻石。

α 粒子: 氦原子核, 两个质子和两个中子。

α 粒子 X 射线光谱仪 (APXS): 一种主动直接感应科学仪器, 用来发射 α 粒子来探测近距离范围内的矿物目标。

高度计 (Altimeter): 航天器上用雷达测量距天体表面距离的一种仪器。

测高 (Altimetry): 由高度计测量结果组成的科学数据, 用于显示天体的地形起伏。

氧化铝 (Al$_2$O$_3$): 一种广泛用于磨料的化合物, 机械上制成单元肼推进器内的催化剂。

镀铝 (Alminized): 使金属铝镀在表面, 如 Kapton 多层绝缘薄膜层。

氨 (NH$_3$): 自然界中广泛存在的化合物。

高氯酸铵 (NH$_4$CiO$_4$): 在固体火箭发动机作为氧化剂广泛使用的化合物。

分析物 (Analyte): 在一个仪器中被分析的物质, 典型如气象色谱仪和质谱仪。

攻角 (Angle of Attack): 翼型和迎面而来的风之间的相对角度。

角动量卸载 (Angular Momentum de-Saturation): 在航天器机动中, 驱动反作用轮达到要求的转速, 而通过推进器或磁力矩器来使其稳定。

各向异性 (Anisotropy): 方向依赖的属性, 其对立面是各向同性。

招标: (Announcement of Opportunity, AO): 广泛发布信息来提供一个机会参与到一个计划或项目里。

锑 (Antimony): 一种化学元素, 符号为 Sb, 原子数 51, 半金属, 室温时呈固态, 用作 IR 检测器的组成部分。

远星点 (Apastron): 恒星轨道上的远拱点。

远日点 (Aphelion): 太阳轨道上的远拱点。

远拱点 (Apoapsis): 椭圆轨道上的拱点, 距离引力中心的最远点。

远火点 (Apoareion): 火星轨道的远拱点。

远月点 (Apocynthion): 月球轨道的远拱点。

远金点 (Apocytherion、Apokrition) 金星轨道的远拱点。

远银点: (Apogalacticon): 银河系轨道的远拱点。

远地点 (Apogee): 地球轨道的远拱点。

远水点 (Apohermion): 水星轨道的远拱点。

远木点 (Apojove): 木星轨道的远拱点。

远土点 (Apokrone): 土星轨道的远拱点。

远海点 (Apoposeidion): 海王星轨道的远拱点。

远天点 (Apouranion): 天王星轨道的远拱点。

电弧加热发动机 (Arcjet): 电热式推进, 运用高电流的电火花在火箭燃烧室内产生高温, 并引入液体推进剂如肼。具有高 I_{sp}、低推进的特点, 相比电离式发动机。

阿瑞斯谷 (Ares Vallis): 火星上的山谷之一, 有水流侵蚀的特征, 位于 3°N×342.5°E。

阿丽亚娜 (Ariane): 由阿丽亚娜空间公司生产的可扩展火箭。

阿丽亚娜空间公司 (Arianespace): 全球首个商业发射服务提供商, 建于 1980 年。截止到 2008 年底, 已为 70 个客户发射 261 个载荷。

小行星 (Asteroid): 太阳系形成的残余, 许多分布在火星与木星之间的小行星带上。

天体测量学 (Astrometry): 天文学有关精确确定和解释星体位置和运动的分支。

航天学 (Astronautics): 处理太空飞行的工程、科学和技术分支。

天文学 (Astronomy): 天体的科学研究。

ATLO: 组装、测试和发射操作, 处在任务阶段 D 向阶段 E 转化期间, 进行航天器组装、测试和发射。

大气 (Atmosphere): 行星的气候环境。地球到大气臭氧层的厚度约为地球半径的 0.5%。

大气观测航天器 (Atmospheric spacecraft): 八类航天器的一种, 用于进入并测量星体大气特征。

大气结构分析仪 (Atmospheric structure instrument): 被动的直接感应仪器, 装置大气观测航天器上, 用于提取大气温度、压力或其他特征。

自动重复请求或自动重复询问 (Automatic Repeat-request:ARQ): 数据发射的误差控制协议, 典型在地基系统往返时间不是问题, 信息 (数据包) 一接收就被接收方确认。

自主导航 (Autonomous Navi-gation): 航天器用来提供在轨位置和空间路径的的软件和硬件系统, 可自动执行轨迹修正。

秋分点 (Autumnal Equinox): 每年北半球秋季开始的昼夜平分点, 地球上为 9 月。该点太阳处于天球天赤道和地球赤道的交点上, 行星的每个位置上太阳中心平分水平面上下的时间。参考火星春分点。

方位角 (Azimuth): 参考平面的角度测量, 从当地水平面正北顺时针转到一个点的角度。自由度垂直于俯仰角。用于飞行器扫描平台或深空网天线驱动中, 用角度表示。

方位 — 俯仰 (Az-el): 角, 基于当地水平和垂直的旋转轴。在方位向的旋转在北、南、东和西之间变化; 在俯仰方向的旋转在水平轴和天顶之间变化。

B 环: 在土星系统中, 用小望远镜可见的三个主要环的中间, 在 B 环外面的颗粒绕土星每 5.76 h 一圈, 速度为 17.97 km/s。

后向散射 (Backscatter): 以低相角朝着观测者发射回来的光或其他电磁波长。

带宽: 信号处理中特定的频率范围, 例如无线电接收机的输入。在计算过程中指数据转发能力的速率。

质心坐标时 (Barycentric Coor-dinate Time, TCB): 基于不受太阳系质量引起的相对时间膨胀假设的时间基准。

质心动力学时 (Barycentric Dynamical Time, TDB)：TDB 是基于太阳系，和 TDT 之间差在毫秒以内。

基线 (Baseline)：两个光学或射频望远镜之间的距离，用来进行干涉测量，如 ΔDOR 和 VLBI。

序列 (Battery)：近似目标的集合。在电力系统中，大量的电化电池连成系列，为电力系统提供主要和次要电源。

隔舱 (Bay)：设备架和小舱。

信标模式 (Beacon-mode)：用来表示航天器下行信号特定副载波是否存在信号灯的通信模式。小天线可以观测信标，而大天线用于捕获足够信号功率来解码遥测。

系统差 (Bias)：一个本来存在的固定偏差，如反作用轮旋转速率或电路中的电压或电流。

大爆炸 (Big Bang)：宇宙学中时空开始的膨胀事件，被化石中的宇宙背景微波辐射和星系的衰退所证实。

恒温双金属片 (Bimetallic Strip)：用两个金属制成的设备，两片金属具有不同的热扩散系数，温度变化导致机械运动。航天器热控天窗和住宅恒温器通常采用双金属片控制。

二进制移相键控法 (Binary Phase Shift Keying, BPSK)：无线电信号中通过在载波相位中前进和滞后特定角度的调制方式。

双组元发动机 (Biprop Engine)：通过注入两种不同的液体化学物，燃烧剂和氧化剂，进行燃烧来产生推力。

双组元推力器 (Biprop Thruster)：小双组元发动机。

双基地无线电科学 (Bistatic Radio Science)：从航天器对于一个自然天体表面进行观测的无线电能量，其反射在地球上接收并分析，来帮助提起表面特征。

黑洞 (Black Hole)：巨大密度和质量的物体，其逃逸速度超过了光速，银河系中心观测到黑洞存在。

Block-V 接收机 (BVR)：一种高度进化的软件无线电接收机，被 DSN 用于发现、捕获和跟踪航天器信号，分离副载波，测量多普勒频移。

图像模糊 (Blooming)：CCD 相机中，由于过度曝光，电流溢出到相邻像素。

气体排出 (Blowdown)：航天器推进子系统的一种操作模式，加压气体不是恒定压力的，随着推进剂的使用而减少。

蓝莓 (Blueberries)：2004 年机遇号在火星梅里迪亚尼平原发现的小球形赤铁。

弓形激波 (Bow Shock)：磁层和其运动的环境介质的边界。有磁场的行星在太阳风中有弓形激波。太阳风层顶与恒星间介质交会时也有一个太阳的弓形激波。

B 平面 (B Plane): 垂直于通过目标天体中心的双曲线渐近线的目标平面。

航天器总线 (Bus, Spacecraft): 一个航天器的核心机械结构, 包括所有安装在内部或连接的子系统, 它的目的是支持科学仪器可靠运行。

总线接口单元 (Bus Interface Unit): 电子通信设备, 用来连接航天器子系统或组件到串行数据总线, 与其他子系统或组件交换数据。

C 环 (C Ring): 在土星系统中, 用小望远镜可见的三个主要环的最内层, 在 C 环外面的颗粒绕土星每 7.92 h 一圈, 速度 20.31 km/s。

电缆 (Cable): 一根或一捆网线。对于无线电频率信号, 电缆通常是一对同轴排列的导线。

镉 (Cadmium): 元素, 符号 Cd, 原子数 48, 金属, 室温下为液态, 有毒, 用于充电电池。

校准 (Calibration): 一个仪器在已知条件下操作, 记录数据, 用于测量一个测量设备固有误差, 并在观测目标时比较获得的结果。

校准曲线 (Calibration Curves): 从数值转化为遥测值的公式, 如 0~255, 其对应具有工程单位的物理值如 0~50 W, 这是基于传感器设计和飞行前测试得到的。

木卫四 (Callisto): 木星四个伽利略卫星中最外面的一个, 直径 5262.4 km, 可能有水在冰层之间。

呼号 (Call Sign): 声音网络和无线通信中的别称。呼号定义的是参与者的岗位职能, 而不是名称。

相机 (Camera): 利用成像探测器将光聚焦形成图像以进行图取并通过遥测转发到地球的成像科学仪器。

堪培拉深空通信站 (Canberra DSCC): DSN 三个全球深空通信站之一, 位于 $35°34'S \times 148°59'E$ 附近。

老人星 (Canopus): 超巨星船底座 a 星 F 型光谱, 仅次于天狼星的第二亮星, 在南纬地区可见, 距离 350 光年。

电容器 (Capacitor): 利用一个电介质分开的一对导电板存储电场能量的电子器件。能力用微法拉 (μF) 或皮法拉 (pF) 表示。

卡纳维拉尔角 (Cape Canaveral): 空军基地, 隶属于美国空军航天司令部第 45 航天联队, 位于佛罗里达的东方火箭发射设施。美国东海岸的所有非航天飞机发生都在这里进行。

碳元素 (Carbon Element): 符号 C, 原子数 6, 在许多同素异形体中可以发现, 包括结晶体、钻石、石墨、富勒烯。

二氧化碳 (Carbon Dioxide, CO_2) 金星和火星大气的主要组成部分。不幸的是, 20 世纪和 21 世纪地球大气中的二氧化碳成分逐渐增加。

碳质行星 (Carbonaceous, Ctype): 大多位于主行星带的外层部分, 小行星中约 75% 属于这个类型, 其成分包括硅酸盐, 氧化物和硫化物。

碳碳复合材料 (Carbon-carbon): 嵌入在一个碳基体的石墨纤维, 可以忍受排气喷嘴的温度和压力, 也称 3D 碳碳复合材料。

碳纤维环氧树脂或塑料 (Carbon-fiber Epoxy or Plastic): 很牢固的、质量轻的材料, 广泛应用于航天和其他领域。

载波 (Carrier): 转发器发出的未调制无线电信号, 用于多普勒频移测量, 无线电科学试验, 可以调制成携带遥测、指令、测音、旗语等。

载波抑制 (Carrier Suppression): 提高调制功率的同时减少载波信号的功率。

卡塞格伦 (Cassegrain): 光学和射频望远镜设计, 包括抛物面主反射器和一个较小的子反射器, 将一个长焦距折成紧结构。

卡西尼缝 (Cassini Division): 在土星系中, 位于 B 环外缘与 A 环内缘中间, 小望远镜可以清楚看见。其中的小颗粒绕土星 11.76 h 一圈, 速度是 17.8 km/s。

卡西尼航天器 (Cassini Spacecraft): NASA-ESA-ASI 联合研制的环绕航天器, 发射于 1997 年 10 月 15 日, 2004 年 7 月 1 日进入土星轨道, 2004 年 12 月 25 日部署 ESA 的惠更斯号探测器进入土卫六。以意大利出生的法国天文学家乔凡尼·多美尼科·卡西尼 (1625—1712) 的名字命名, 纪念其发现了土星 A 环和 B 环之间的缝隙。

仙后座 (Cassiopeia): 一个超新星残骸, 太空中最强的星际射频源, 距离地球约 11000 光年。

催化剂 (Catalyst): 加速化学反应而自身不消耗的一种物质, 如肼推进器使用铱。

阴极 (Cathode): 电流从设备中流出来的电极。

阴极射线 (Cathode Ray): 真空管中从加热的阴极流出的电流。

谐振腔 (Cavity Resonator): 一个内部中空的设备, 特定频率的电磁波可以在里面产生或选择。

天赤道 (Celestial Equator): 虚构天球中的地球赤道面大圆, 垂直于赤道面, 与黄道夹角为 23.5°。

天体力学 (Celetial Mechanics): 见无线电科学天体力学实验。

天体基准 (Celetial Reference): 从太阳敏感器、水平敏感器、星敏感器和恒星参考单元等设备导出的 AACS 输入。

半人马座火箭 (Centaur): 高能的上面级火箭, Whitney RL10 发动机使用液体氢和液体氧, I_{sp} 达到 449 s, 推力达 146 kN。

陶瓷布 (Ceramic Cloth): 陶瓷材料做成的织物, 可抗高温和粒子冲击。

谷神星 (Ceres): 小行星带的一

颗行星, 直径大约 950 km, 太阳系五个矮行星中最大最重的一个。黎明号航天器计划于 2015 年将谷神星作为环绕目标。

钱德拉 X 射线观测航天器 (Chandra X-ray Observatory): NASA 四个观测航天器之一, 对 X 射线的敏感度超过以前的望远镜 100 倍。

特征能量 (Characteristic Energy, C_3): 用于设计星际飞行的强度量, 表示一个星际飞行离开一个行星引力范围到另一个目的地所要求的每单位质量两倍能量。

化学火箭 (Chemical Rocket): 火箭发动机有液体或固体推进剂通过化学合成或分解来提供推力, 相比电子推进。

化学热力学 (Chemical Thermodynamics): 一个科学分支, 解决热相互作用, 并从事化学反应伴随的能量变化研究。

断路器 (Circuit Breaker): 电子设备, 用于断开过载电流。

经典力学 (Classical Mechanics): 物理应用, 不考虑特殊或一般相对性影响。

克拉门汀号 (Clementine): 工程验证航天器, 美国弹道导弹防御组织和 NASA 的联合项目, 发射于 1994 年, 测试微型传感器和先进航天器组件。除了测试, 它还使用可见光、紫外线和红外线不同波长拍摄月球, 获得激光测距高程、重力场和带电粒子测量。

宇宙背景探测器 (Cosmic Background Explorer, COBE): 由 NASA 戈达德太空飞行中心开发和控制的航天器, 用来测量宇宙早期的漫射红外和微波辐射, 于 1989 年发射, 在轨运行 4 年。

哈雷彗星 (Comet Hally): 周期彗星表编号 1 P/Hally, 也称哈雷的彗星, 以英国物理学家爱德蒙·哈雷 (1656—1742) 的名字命名, 他预测这颗彗星将在 1758 年返回, 可以每 75 或 76 年从地球看到。

指令序列 (Command Sequence): 具有时标的指令集, 其数量一般成千个指令, 上传至航天器指导它几周或几个月的活动。

指令丢失定时器 (Command-loss Timer, CLT): 异常保护程序, 一个看门狗定时器。每次航天器接收和解析任何指令, 它都将复位到一个正常值。若定时器达到 0, 且没有指令要接收, 它将把控制传给算法, 来开始采取措施, 如重构通信子系统。

通信和导航 (Communications and Navigation): 航天器八大分类之一, 设计用来在星体表面用户之间或遥远行星表面和地球之间转发数据。在地球轨道上有许多这样的航天器, 而目前还没有这类专门的航天器在星际空间。

康普顿伽马射线观测航天器 (Compton Gamma Ray Observatory): NASA 四个观测航天器之一,

感应来自宇宙 20 keV 到 30 GeV 范围内伽马射线。发射于 1991 年 4 月，运行于低地球轨道直至 2000 年 6 月，执行整个天空包括伽马射线暴的独立伽马射线源。以美国物理学家亚瑟霍利康普顿 (1892—1962) 的名字命名。

热传导 (Conductive Heat Transfer): 系统内或系统间传递热能从一个模块到另一个模块，不包括物质流。

连续谱 (Continuous Spectrum): 没有缝隙的波长范围。

控制理论 (Control Theory): 研究动力系统行为的工程和数学分支。

控制力矩陀螺 (Control-moment Gyro, CMG): 旋转质量设备，有时也称动量轮，它的转子差不多 100 kg 重，通过电动机驱动保持一定的转速。陀螺在空间和进动方面的刚性通过 CMG 轴的旋转来施加力矩作用到整个航天器。相比于反作用轮，在空间站上使用，而不在星际航天器上使用。

卷积编码 (Convolutional Coding): 前向纠错编码方法，用于航天器实现射频链路符号，如相位调制，响应于数据位的一种模式。维特比译码应用于接收时再生数据位。

科里奥利效应 (Coriolis Effect): 一种伪力，当运动的物体从一个旋转的参考系看时，呈现出明显的偏斜。旋转地球上的气团向南运动看起来向西偏斜。

日冕物质抛射 (Coronal Mass Ejection): 从太阳日冕层抛射出来的物质，速度达到 2700 km/s，包括 10^{13} kg 的等离子体。

相关器 (Correlator): VLBI 观测的计算机程序，用来分析不同地理位置的 DSN 站接收到的类星体的噪声波或航天器伪噪声，对波前信号进行匹配，并计算出每个观测目标精确的赤经和赤纬。

宇宙微波背景 (Cosmic Microwave Background, CMB): 一种充满整个宇宙的电磁辐射，在黑体辐射光谱的温度为 2.725 K，微波频率峰值为 160.2 GHz。

宇宙射线 (Cosmic Ray): 一种高速粒子，如同原子核。源可以是太阳，或是在我们星系或外星系的一个高能事件，如超新星。

宇宙学 (Cosmology): 理论天体物理学，从比单个引力体对象更大尺度地去研究宇宙的本质。

关键指令 (Critical Commands): 存储于在轨航天器的指令序列，航天器正操作在关键模式，优先于自主故障保护的特定层次。一个例子就是控制航天器发射、着陆或行星轨道捕获活动的序列。

关键设计评审 (Critical Design Review, CDR): 一个正式的审查，由项目成员作报告给评审委员会作，如 NASA 专家。它是一个飞行项目在继续阶段 D 之前必须经过的门槛。

关键模式 (Critical Mode): 在航天器 CTS 模式下运行关键指令序列。

低温学 (Cryogenics): 物理学有关非常低温研究的分支。

星间链路 (Crosslink): 在轨两颗航天器之间的通信链路, 见中继。

遥测遥控子系统 (CTS): 一个航天器的计算机, 存储通过通信子系统接收的指令, 按计划执行或发送到仪器或其他子系统执行。不同航天器命名会不同, 如遥控和数据子系统, 遥控和数据处理子系统。

D 环: 在土星系统中, C 环内狭窄的小环带。在 D 环内部的颗粒绕土星每 4.8 h 一圈, 速度 23.81 km/s。小望远镜无法看到。

黎明号 (Dawn): 离子引擎推进的 NASA 航天器, 发射于 2007 年 9 月 27 日, 进入主行星带的杜神星和矮行星谷神星。计划在 2011 年到 2012 年之间探测杜神星, 2015 年探测谷神星。

除自旋 (De-spin): 在自旋稳定的航天器上, 绕着姿态稳定自旋轴的相反方向持续地旋转平台, 来为天线指向或光学仪器用作稳定平台。

解码器 (Decoder): 操作在数据流的硬件或软件, 用来实现误差修正或解析其他编码, 生成与编码值相等的数据。

深度撞击 (Deep Impact): NASA 航天器, 2005 年 1 月 12 日发射, 用于研究彗星 9P/坦普尔的内部构造, 2005 年 7 月 4 日释放了一个自我引导的弹型航天器来撞击这颗彗星。

深空 1 号 (Deep Space 1): NASA 新千年计划的工程研制航天器, 发射于 1998 年, 测试了 8 项新技术, 接着分别于 1999 年和 2001 年遭遇小行星 Braille 和彗星 Borrelly。

深空机动 (Deep Space Maneuver, DSM): 确定性推进航天器机动, 即在星际巡航无法到达的情况下, 施加一个相对大的 ΔV 来实现一次引力辅助飞跃。

深空网络 (Deep Space Network, DSN): NASA 的网络, 由 JPL 负责管理。全球分布三个地面终端设施: 美国的戈达斯通、西班牙的马德里和澳大利亚的堪培拉。

深空站 (Deep Space Station, DSS): DSN 中 34 m 或 70 m 直径的射频望远镜天线。

ΔV: 速度改变量, 如经过推力事件或引力辅助。

确定性机动 (Deterministic Maneuver): 一次轨迹修正或轨道调整机动, 作为原来轨迹设计的部分必须要执行的机动。与随机机动比较。

DOR: 差分单程距离, DSN 的 VLBI 导航技术, 进行航天器的辐射观测, 不依赖于通常的多普勒和距离观测。

ΔDOR: Delta 差分单程测距, DSN 的 VLBI 导航技术, 进行航

天器和一个或多个类星体的辐射观测，来实现非常精确的赤经和赤纬测量。

直接感应 (Direct-sensing)：一种科学仪器类型，通过进入或沉浸在他们测量的现象中来进行观测，如烟尘探测器、磁强计。与遥感相对应。

指派型任务 (Directed Mission)：基于科学群体的期望由航天局将一个任务分配给某个组织，如伽利略、卡西尼。与竞争型人物相比。

多普勒残差 (Doppler Residuals)：导航数据，其中在航天器相关下行观测的多普勒频，考虑了所有已知的运动，如地球自转和进动，以及航天器的标称轨道。

下行 (Downlingk)：从一个航天器接收的射频链路。

双组元推进系统 (Dual-mode Propulsion System)：航天器的推进系统，设计使用可自燃的双推进剂在一起，如对于 TCM。

尘埃分析仪 (Dust Analyzer)：航天器上直接感应科学仪器，能够测量尘埃影响，并提取尘埃特征，如质量、飞行方向、速度、化学组成和电荷。

矮行星 (Dwarf Planet)：太阳轨道上的一个天体，它质量足够大，由于自身引力而旋转，但它并没有清除其周围相邻区域的星子，而且不是一个卫星。国际天文联合会 2006 年给出定义，截止目前太阳系发现五颗。

E 环 (E Ring) 土星系统最外边的环，土卫二间歇喷发的细小冰粒的松散集合体。E 环中部的颗粒每 32.88 h 环绕火星轨道一次，速度为 12.63 km/s，小望远镜看不见。

地球 (Earth) 太阳的第三颗行星，4 颗陆地行星之一。赤道直径 12756.2 km，上面覆盖着稠密的氮/氧大气和变化的水蒸气云，液体的盐水海洋，两极覆盖着冰块。2008 年末，仍然是已知唯一的生命居住地。到太阳的平均距离为 1 AU=14.960×10^7 km。

回声号 (Echo) 1960 年放入地球 180 km 高的被动通信测试和测地卫星气球，通过反射面反弹无线电信号进行通信测试。回声号还测量地球形状，以达到一个新的精度。

日蚀 (Eclipse)：太阳系天体阴影中的一段。

黄道面 (Eclipse Plane)：地球上空全年太阳出现的平面，月食发生在黄道面。

误差检测和校正 (EDAC Error-detection and Correction) 数据流中检测误差和重构原始数据的处理。行星际航天器采用给数据增加附加位的前向纠错方案 (FEC)，而不是采用耗费往返光行时的自动回复请求。

爱迪生效应 (Edison Effect)：热电子发射，阴极射线。

弹性碰撞 (Elastic Collision): 物体距离接近发生碰撞时动量的交换，通过引力而不是物理碰撞产生相互作用。碰撞体的所有东量能在碰撞前后保持不变。

电推进 (Electric Propulsion): 在推进器或火箭发动机中使用电或磁场对物质进行加速，采用小推力产生高比冲。

电爆装置 (Electo-explovsive Device): 单次使用部件的点火装置，例如推进子系统阀门，降落伞弹射器、爆破螺栓。

电解液 (Electrolyte): 包含导电自由离子的物质，例如导电电池。

电磁波 (Electromagnetic Wave): 光电等包含一个电场振荡的波，能够创造一个振荡的磁波，又产生一个电场，从而永久传播。

电磁光谱 (Electromagnetic Spectrum): 所有可能的电磁辐射频率 (或者波长、能量)。

电子 (Electron): 带负电荷的小质量亚原子粒子。当一个原子失去一个原子 (或得到一个原子) 称为电离。电子对于化学键、电流和磁流至关重要。

静电推进 (Electrostatic Propulsion): 用一个充电网格加速离子产生的推力。

电热推进 (Electrothermal Propulsion): 采用电弧加热气体产生的推进。

俯仰角 (Elevation): 垂直方位角的自由度，如在深空天线驱动中或航天器扫描平台上。参见 azel。

椭圆 (Ellipse): 圆锥曲线，平面内所有点到两个焦点的距离和相等，任意轨道的形状。注: 圆是一个偏心率为零的椭圆。

发射光谱 (Emission Spectrum): 受激气体产生的不同强度的波长。每个元素的原子发射光谱都是独特的，可以用来在未知成分中检测出该元素。

发射率 (Emissivity): 特定原料的辐射能量与同温下黑体辐射能量之比。测量原料吸收辐射能量的方法，数字上用 0-1 之间的数表达。

土卫二 (Enceladus): 土星卫星，被冰覆盖，直径 500 km，表面能够既有古老的撞击坑，又有现代地质活动留下的痕迹。其轨道在 E 环最稠密的部分。E 环是由土卫二南极区域间歇性喷发的水冰和其他成分组成。

编码器 (Encoder): 由于一些原因对数据流进行修改的硬件和软件，例如航天器前向纠错。大多数行星际航天器采用 Reed-Solomon、Golay、turbo 或常规方式编码。

接近 (Encounter): 航天器近距离接近太阳系天体，进行观测并把数据传回地球，进行无线电科学实验。

吸热作用 (Endothermic): 一个需要提供热能量的化学反应 (反义

词: 放热反应)。

高能中性原子相机 (Energetic Neutral Atom Camera): 被动遥感科学仪器, 能够拍摄磁层图像, 如卡西尼号磁层成像设备 MINI。

高能中性原子 (Energetic Neutral Atom, ENA): 快速移动的原子。在磁层中, 离子和电子受磁场限制四处活动。当一个离子与一个或多个电子碰撞到一起, 原子被中性化后就可以摆脱磁场约束逃离。

能量 (Energy): 物质和系统本质上具有的标量物理属性。通常定义为做功的能力, 与质量的关系式为: $E = mc^2$

能量密度 (Energy Density): 单位质量内储存的能量数量。如用于火箭发动机和喷管的电池引擎方向驱动电机 AACS 输出的电能, 其推力方向沿着航天器质量中心。

工程数据 (Engineering Data): 描述航天器状态和条件的遥测数据, 如温度、压力、计算机状态、推进器质量、电压、电流和开关位置。

工程验证航天器 (Engineering Demonstration Spacecraft): 航天器八种类别之一, 设计用来验证飞行中的新技术并提高在后续科学应用航天器中的技术完好性等级。

工程单位:(Engineering Unit, EU): 遥测数据数的校准处理中的测量单位, 如福特、安培、牛顿、度、摄氏度等。

热函 (Enthalpy): 系统热动力潜能的描述, 例如某种发热化学反应释放的热能数量。

星历 (Ephemeris (plural ephemerides)): 天体在任意给定时间位置的数字表示。

历书时 (Ephemeris Time, ET): 已过时, 1984 年被 TDT 和 TBT 替代。

历元 (Epoch): 天文学中, 根据国际协议制定天体坐标和轨道根数的精确时间。

J2000 赤道和春分点坐标系 (Equator and Equinox J2000.0): 基于 J2000.0 历元 (时间为 2000-1-1 12:00:00TT) 的平赤道和平春分点的坐标系。该坐标系用来表示太阳系星历表中物体的位置。xy 平面与 J2000.0 给定历元的地球平赤道平行, z 轴指向该历元的平北天极, x 轴指向该历元平春分点。

逃逸能量 (Escape Energy), 参见特征能量。

阅行星 (Eris), 矮行星, 直径约 2600 km, 在科伊伯带内环绕太阳运行。有一个卫星, 命名为戴丝诺米压。

乙烷 (Ethane Hydrocarbon, C_2H_6), 土卫六表面湖中的液体, 地球上和甲烷一样, 是天然气中的组成成分, 熔点 −182.76°C, 90.34 K, 沸点为 −88.6°C, 184.5 K。

欧拉角 (Euler Angle): 一个空间坐标系相对于另一个空间坐标系旋转的表现方式。

木卫二 (Europa): 伽利略发现的木星四个卫星之一, 按到木星的距离排列第二, 直径 3121.6 km。在很薄的冰层下和岩石层上面很可能存在一个温暖的盐水海洋。

触发器 (Exciter): 深空网 Block-V 接收机的一部分, 用来建立基于高稳定氢微波激射器频率参考的载波信号, 添加例如距离和指令数据的载波调制, 然后传送到高功率放大器的输入端 (速调管)。

系外行星 (Exoplanet): 太阳系外行星。

放热反应 (Exothermic): 释放热量的化学反应。类比: 吸热反应。

爆炸螺栓 (Exploding Bolt): 一个中空的金属螺栓, 包含了足够的爆炸材料, 能够炸掉所需要破开的最薄外壁。

太阳系外行星 (Extra-solar Planet): 环绕太阳以外的恒星旋转的天体。

F 环 (F Ring): 土星系统宽的 A 环外面的窄环。F 环外边部分的粒子每 14.88 h 环绕土星一次, 速度 16.45 km/s。小望远镜看不见。

故障保险 (Fail-safe): 航天器部件或弹道设计失效都会以一种安全的方式失效, 也就是不会导致灾难性后果。

整流罩 (Fairing): 安装在运载火箭顶端的气动舱, 当航天器在稠密地球大气层中时, 用于保护航天器。

故障保护监测 (Fault-protection Monitor): 航天器上安装的软件, 用于定期检查特定状态以确定是否存在故障。

故障保护响应 (Fault-protection Response): 航天器子系统或主计算机 (如 CTS) 自主响应的特定操作, 用以规避检测到的故障。

馈电喇叭 (Feed Horn): 与天线反射器连接的圆锥形导波管。

光纤光学 (Fiber Optics): 通过光纤利用全反射原理形成波导, 用调制光传输和接收信号的技术。光纤通信在主要通信网络中已经取代了大部分铜线通信。

场效应晶体管 (Field Effect Transistor, FET) 固态放大器离散部件。一个位于栅极的电场, 用于控制源极和漏极之间一个通道电流的流动。与基于小电流运行的晶体管进行比较来控制输出电流。

灵敏值 (Figure of Merit): 用于描述某个设备或系统相对于其他类似设备或系统性能的数值。

待飞状态评审 (Flight Readiness Review, FRR): 在发射周期开始前的一个会议上进行的航天器待飞状态的正规检查。

飞行软件 (Flight Software, FSW): 飞行过程中在航天器电脑上的应用软件。

航天器飞行系统

氟元素 (Fluorine): 符号 F, 原子数为 9, 所有元素中化学性质最活泼的。卤族元素之一。

磁通门 (Flux-gate): 磁力计利用线圈中的交流电对易变的内核进行连续的磁化、消磁和再磁化。当它处于周围环境的磁场中时，改变磁力状态所需的电流量会发生变化，因此可以作为磁场的指示器。

飞越航天器 (Flyby): 航天器八个分类中的一种，用于长巡航周期以及短暂飞越星体。

焦距比 (Focal Ratio): 光学设备的焦距除以有效孔径。表示为"f/#"，其中#为比率。也叫"f 数"或者"f 比率"。

焦点 (Focus): 光学设备上将聚集的点。

作用力 (Force): 当施加到自由物体上时，可以使它加速的一种影响。表达成一个矢量。

正向纠错 (Forward Error Correction, FEC) 错误控制系统，在传送数据之前给数据流附加冗余位，例如卷积编码、Reed-Solomon 编码。与自动重复查询 (ARQ) 比较。

前向散射 (Forward Scatter): 高照度相位角情况下的光线散射，通过达到光线波长尺度的粒子，进入半球空间，该空间限制在垂直于入射光线的平面内。

化石辐射 (Fossil Radiation): 宇宙大爆炸时期存留的辐射，它经过红移到了光谱的微波区域。

帧 (Frame): 在遥测过程中，一组可能包含数据包或部分数据包有序位，比如传输帧。

框架固连 (Frame Tie): 使用行星航天器和类行星的 VLBI 深空观测数据来统一参考框架，例如行星星历和国际天球参考框架 (ICRF) 统一。

易碎螺母 (Frangible Nut Explosive Nut): 爆炸螺母。

自由落体 (Free-fall): 航天器在轨运行过程中，观测设备测量不到重力加速度。

自由分子流 (Free-molecular Flow): 行星探测器进行大气制动的流体动力学区域，在这个区域大气分子的平均自由程大于航天器的尺度。

自行返回弹道 (Free-return Trajectory): 航天器从主星 (地球) 飞出，不用额外火箭推力只依靠副星 (月球) 的引力使航天器飞回主星的弹道。

无线光通信 (Free-space Optical): 利用红外辐射或者可见光发射器以及卡塞格林望远镜的光天线，在真空通道中进行发射器和接收器之间的通信。

频率 (Frequency): 每秒的周期数，单位符号是 Hz。

频率和时间 (Frequency and Timing): 七种深空数据类型中的一种。基于诸如氢原子之类的频率基准维持参考频率和时钟，并将它们发布给所有深空网子系统。John Harrison 在 1761 年指出了精确时钟在导航过程中的重要性。深空网频率和时间系统是一种可用于行星际导航的高精度时钟系统。

频段 (Frequency Band): 对某个频率范围的命名, 例如 S 频段 (大约 2 GHz) 或者可见光。

频率调制 (Frequency Modulation): 通过略微改变载波频率的方法, 将信息附加在载波信号上。

频率稳定性 (Frequency Stability): 无线电信号中, 电磁波峰值信号之间时间的一致性。用艾伦偏差表示。

燃料 Fuel 液体或固体化学品在催化推进器里迅速分解或者和另外一种化学品在双组元发动机或固体火箭发动机中结合, 生成热能从而转化为火箭推力。

G 环 (G Ring): 土星系统中, F 环和 E 环之间的窄环。G 环外层的粒子以 14.69 km/s 的速度, 每 20.88 h 绕土星运行一个轨道周期。小型望远镜观测不到 G 环。

增益 (Gain): 通过在大范围内收集较弱的输入信号或者主动放大弱信号, 来增加得到的信号强度。

星系 (Galaxy): 由恒星、星间气体、尘埃以及暗物质组成的受重力束缚的巨大系统, 经常绕着超级黑洞的中心进行轨道运动。我们的星系是银河系, 直径大约 100000 光年。最近的星系是仙女座螺旋星系, 离我们大约 2.5×10^6 光年, 处在和我们发生碰撞的航向。已知的最远的行星离我们有 2.5×10^9 光年。

伽利略航天器 (Galileo Spacecraft): NASA 在 1989 年 10 月 18 日发射的轨道器, 1995 年 12 月 7 号进入木星轨道, 1995 年 7 月 13 号释放木星大气探测器, 大气探测器随后进入木星大气, 在探测器入轨的关键过程中轨道器仍保持对它的跟踪。用托斯卡纳天文学家 Galileo Galilei (1564—1642) 的名字命名轨道器, Galileo 找到了明确的证据证明地球不是宇宙的中心。四个卫星命名为伽利略卫星用以纪念伽利略在 1610 年 1 月 7 日首次观测到它们。

镓元素 (Gallium): 符号 Ga, 原子数 31, 在略高于室温的情况下就会融化的一种金属。砷化镓是一种重要的光伏材料。

电流计 (Galvanometer): 电压表。

γ 射线 (Gamma ray): 在大约 10 电子伏区域的电磁辐射。由天然的高能事件产生, 比如在超级大黑洞的临界处物质的压缩。

γ 射线光谱仪 (Gamma-ray Spectrometer): 用于测量电磁光谱中能量最大部分的光子能量分布的被动型遥感科学设备。在行星航天器上, γ 射线光谱仪可以根据 20 种不同元素被宇宙射线轰击时释放的 γ 辐射的能量来识别这些元素的含量和分布,

木卫三 (Ganymede): 伽利略发

现的木星四颗卫星中的一颗，从里向外第三颗，直径 5262.4 km，太阳系中最大的卫星。最有可能在冰层之间有地下水。

气相色谱仪 (Gas Chromatograph)：一种直接感应设备，可以将混合气体分解成有序排列的气流。这些气流可以利用质谱仪进行深入分析。

地心 (Geocentric)：将地球中心作为参考。与测站地平中心比较。

几何反照率 (Geometric Albedo)：参见反照率。

地球静止轨道 (Geostationary Orbit)：航天器相对于赤道倾角不产生南北方向明显漂移的圆形同步轨道。

地球同步高度 (Geosynchronous Altitude)：离地球海平面大约 36000 km。

地球同步轨道 Geosynchronous orbit 地球卫星轨道周期等于一个恒星日，时间为 23 小时 56 分。在地球同步轨道，航天器相对于地球上一点是固定不动的。

锗元素 (Germanium)：符号 Ge，原子数 32。半金属，室温下为固体。在纯晶体形式下是重要的半导体。

乔托号 (Giotto)：1986 年飞向哈雷彗星的 ESA 航天器。

格林尼治平恒星时 (Greenwich Mean Time, GMT)：基于地球每分钟的旋转速率以及虚拟平太阳的运动，平太阳每天经过天顶运行速率

是它一年内经过近日点和远日点的速率的平均值。

金唱片 (Golden Record)：旅行者 1 号和旅行者 2 号各自携带了记录地球生命的图像和声音镀金铜胶片，进入星际空间。先驱者 10 号和先驱者 11 号各自携带一个镀金阳极电镀铝板，上面刻有反映人类居住的星球以及航天器所在星系的艺术品。当航天器在沿着我们星系进行轨道运动，并飞离太阳重力约束时，这些记录和胶片或许可以在星际尘埃的冲击下保存几百亿年。

戈德斯通深空通信中心 (Goldstone DSCC)：全世界三个深空通信中心中的一个，在北纬 35°15′，西经 116°48′。

石墨 (Graphite) 一种导电的碳元素的同素异形体。

石墨纤维 (Graphite Fiber)：碳纤维或塑料强化碳纤维。与玻璃纤维相比，强度好、重量小，在航天和其他很多领域都有应用。

光栅 (Grating)：参考衍射光栅。

万有引力 (Gravitation)：一个质量对另一个质量的天然加速度。在广义相对论中，起源于惯性物体运动的时空框架的弯曲。

引力辐射 (Gravitational Radiation)：在弯曲时空中，利用广义相对论预测的波动或引力波，它们是由巨大物体加速产生，例如中子星绕另一颗卫星做轨道运动或聚

合。现在还没有直接探测到该现象，但是在由一个脉冲星和恒星组成的联星系统的轨道衰减中有间接观测到。

引力波 (Gravitational Wave)：广义相对论现象，参见上文，与重力波进行比较。

重力场测绘 (Gravity Field Mapping)：当航天器接近行星质量集中区域时，航天器速度慢慢增加，从该区域离开时速度慢慢降低，通过多普勒频移测量行星航天器的速度，以进行科学考察。对恒星地表以上和以下的质量分布进行描绘。

引力助推 (Gravity Assist)：航天器和它将要飞跃的自然天体之间的人为引入的相互作用，也叫做弹性碰撞。当从系统中心 (例如，太阳) 测量时，某些自然天体的轨道动量减少或增加，作为交换，航天器的速度会发生较大变化。

重力梯度 (Gravity Gradient)：当存在一个巨大的引力质量时 (例如一个星球)，航天器的一面和另一面产生的引力差。引力差的产生是由于行星和航天器距离的平方不同。重力梯度会在物体上产生力矩。它使得月球总是一面朝着地球。

重力波 (Gravity Wave)：水力波，例如，在大气层中，行星重力导致空气对扰动产生反应，从而引起振荡。与引力波比较。

地面系统 (Ground System)：深空网和所有地基通信、计算硬件、软件以及与飞行系统相关的员工等。

地表实况 (Ground Truth)：由着陆器或巡视器在星球地表直接测量的数值，它们和遥感数据一致并且有助于标校遥感设备。可以帮助研究人员解读遥感数据。

裁切机 (Guillotine)：航天器上的电缆切割设备，由各种充电设备驱动。

火药 (Gunpowder)：中国在 9 世纪发明并使用固体火箭推进剂。由硫磺、木炭和硝酸钾组成的颗粒混合物，它们释放除氧气来点燃其他成分，属于低级炸药。

陀螺仪 (Gyroscope，简写 Gyro)：测量物体旋转的设备。AACS 惯性参考框架输入设备。陀螺仪技术可以使用一个小的转子、一个振动片、一个振动半球或者一卷光纤电缆。

陀螺效应 (Gyroscopic Effect)：陀螺轴相对于转子在空间保持不变，当受到外力矩时，陀螺轴产生进动现象。

海尔望远镜 (Hale Telescope)：加利福尼亚巴乐马山顶上最大的设备，一个 200 英尺 (5.1 m) 光圈反射望远镜。为纪念美国天文学家 George Ellery Hale (1868—1938) 而命名。在 1948 年时，它是世界上最大的望远镜，现在也是一流的科学设备。

妊神星 (Haumea)：矮行星，体积约 $1960 \text{ m} \times 1518 \text{ m} \times 996 \text{ km}$，在柯伊伯带绕太阳作轨道运动。旋转

速度很快, 周期小于 4 h, 使得它形状狭长。它有两个卫星, 叫 Hi'iaka 和 Namaka。

隼鸟号 (Hayabusa): 日本宇航局的航天器, 2005 年 9 月和小行星系川交会。预计 2010 年会送回地球一个采样罐。

日心轨道 (Heliocentric Orbit): 太阳在椭圆焦点的轨道, 例如地球轨道、尤利西斯航天器轨道和斯皮策航天器轨道。

日球顶层 (Heliopause): 日光层外边界, 在日光层外部生成一个弓形激波, 在行星际物质的混乱交界处。

日鞘 (Heliosheath): 太阳边界激波以外, 日球顶层以内的区域。

日光层 (Heliosphere): 等离子体受太阳风影响膨胀并且被太阳磁场和星际介质限制形成的圆弧顶。

氦元素 (Helium): 符号 He, 原子数 2, 室温下为气态; 六种惰性气体之一。为太阳命名的, 它是太阳中第一个发现的元素。

氦磁强计 (Helium Magnetometer): 被动感应设备, 它利用高频交流电放电和光泵激励细胞中的电离氦。测量氦吸收能量的变化可以估计外部磁场效应。

赤铁矿 (Hematite, Fe_2O_3): 在地球上主要在水中形成或变化。在火星上非常充足。

半球谐振陀螺仪 (Hemispherical Resonator Gyro, HRG) AACS 惯性参考系输入设备。利用固定部分感应某个轴的转动。通过压电效应, 依靠小的、振动的熔凝石英半球边缘上节点的进动来测量。

高电子迁移率晶体管 (High-electron Mobility Transistor, HEMT): 一个特殊的场效应晶体管。低噪声放大器, 接收微波信号的典型第一级放大器, 例如, 居民用的碟形天线。深空网高电子迁移率晶体管经过低温冷却来降低噪声的影响。

高增益天线 (High-gain Antenna, HGA): 航天器上的微波天线, 由最大的主反射孔径组成。可以参考旅行者号的 3.7 m 直径的高增益天线, 它将 X 波段的信号强度增加了 63000 倍, 或者说是增加到 48 dB。

大倾角轨道 (High-inclination Orbit): 轨道面和黄道面或者星球的赤道形成一个大的夹角。最大轨道倾角 (90°) 的轨道叫做极轨道。

高分辨率影像及科学实验相机 (HiRISE): 火星勘测轨道器上的有效载荷, 在可见光范围内可以获得火星表面 30 cm 的像素点。天线孔径是 50 cm, 焦距为 12000 mm。

希尔球 (Hill Sphere): 相比于其他星体的引力, 一个星体引力影响较大的区域。

霍曼转移 (Hohmann Transfer): 在转移轨道的近日点施加一个推力脉冲后可以达到的部分太阳轨道。要用椭圆轨道把航天器送到太阳附近, 就不能在目标行星的远拱点附近碰面。这种理想化的最小能量转移转化成了定时、轨道面倾角以及其他计划。用德国工程师 Walter Hohmann (1880—1945) 的名字命名这种轨道转移方法。

红外地平仪 (Horizon Sensor)：某些航天器上的 AACS 天球参考系输入设备，主要用于星球表面观测任务。

热中子 (Hot Neutron)：相对速度较高的中性核粒子。例如，在最近和一个巨大原子发生碰撞时产生。

内部数据 (Housekeeping Data)：科学设备上记录仪器状态的的遥测数据，包括温度、配置、电力等级等。

哈勃太空望远镜 (Hubble Space Telescope, HST)：NASA 四大天文台之一，于 1990 年 3 月 24 日发射。一个重 11110 kg 的航天器携带 2.4 m 孔径的 Ritchey-Chrétien 反射望远镜以及多种其他设备。由于主镜片存在制造产生的球面相差，1993 年航天飞机的宇航员通过安装光学器件对设备进行了修正。至截稿时刻，总共完成了四次相关的服务任务。望远镜用美国天文学家 Edwin P. Hubble (1889—1953) 的名字命名，他和他的助手 Milton Humason (1891—1972) 在 Wilson 山工作，主要测量遥远星系的光谱，他们在 1929 年发现红移的数量和它们的距离成正比，他们建立了宇宙扩展学说。

惠更斯号 (Huygens)：ESA 大气探测航天器。2004 年 12 月 25 日由 Cassini 号航天器释放，2005 年 1 月 14 号进入土卫六的大气层，将遥测数据传给 Cassini，然后转发回地球。Cassini 测量惠更斯号载荷的多普勒频移，Cassini 的多普勒频移也被地球接收，来跟踪伞降探测器在风力驱动下的运动。惠更斯着陆后幸存下来，记录下了着陆点甲烷、沙子等信息。航天器用荷兰天文学家 Christiaan Huygens (1629—1695) 的名字命名，他在 1655 年发现了这个土星的最大卫星。

肼 (Hydrazine, N_2H_4)：液体火箭燃料，在火箭推进器中和加热的催化剂结合迅速分解。

氢氟酸 (Hydrofluoric Acid)：氟化氢的水溶液，一种腐蚀酸，可以溶解玻璃。

氢元素 (Hydrogen)：符号 H，原子数 1，通常以二价分子形式存在，室温下为气态。宇宙中含量最多的元素。1783 年由于它在空气中燃烧可以生成水得以命名。

氢微波激射器 (Hydrogen Maser)：利用氢的物理特性形成的频率标准，在一个调谐的空腔生成并维持一个高稳定度的微波频率 (约 1420 Hz)。在深空网中使用，来生成上行载波信号并提供全系统频率以及时间参考。

过氧化氢 (Hydrogen Peroxide, H_2O_2)：不稳定的化合物，在低功

率火箭发动机中通过催化剂进行分解。

自燃 (Hypergolic): 两种火箭推进剂混合后同时点燃, 例如, 甲基肼和四氧化二氮。

土卫八 (Iapetus): 土星卫星中的一个, 第三大, 直径 1436 m。在离土星 3.561×10^6 km 的轨道上运行。主半球有一个高的赤道脊, 被深色的有机物质覆盖 (也可能是外生型)。尾半球有高反照率的水和冰。

影像运动补偿 (IMC): 飞跃星球时旋转航天器或者它的设备以保持目标在光学视场的中心。

成像雷达 (Imaging Radar): 参见 SAR, 合成孔径雷达。

影像学 (Imaging Science): 与规划、捕获、压缩以及传送、分析、修饰以及通过被动遥感设备得到可视化影像 (例如在可见光波长) 相关的学科。

成像光谱仪 (Imaging Spectrometer): 被动遥感设备, 有多种像素点成像, 所有像素点都在一次捕获 (而不是通过内部扫描原理), 每个像素点反映了观测到的诸多波长中每一种的强度。与映射光谱仪相比。它的输出可以称作 "立方体", 而不是一个二维图像。

撞击探测器 (Impact Detector): 被动直接感应设备, 用来测量尘埃粒子撞击事件, 也可以描述它们的特点。与尘埃分析仪进行比较。

影响半径 (Impact Radius): B平面图形上的圆, 如果航天器进入该范围内, 就会撞击目标星的表面。

脉冲 (Impulse): 作用力引起的动量 (质量 × 速度) 变化。例如, 从火箭推力得到。

脉冲涡轮 (Impulse Turbine): 改变射流速度 (而不是压力), 例如, 扩散收缩喷管中喷出的气流导致涡轮叶片动量 (脉冲) 的变化, 它不需要浸没叶片。

炽热 (Incandescence): 物体中发射出来的可见光。例如, 火箭喷管或钨丝由于它们的温度发射的可见光。

折射率 (Index of Refraction): 测量穿过一个介质时, 波的速度会降低多少。液体水的折射率是 1.33, 指的是光在水中减慢为 1/1.33 的光速。当介质的密度变化时, 光线会发生弯曲。

铟元素 (Indium): 符号 In, 原子数 49, 软金属, 室温下为固体。红外探测器的成分, 比如锑化铟。

锑化铟 (Indium Antimonide, InSb): 探测器中使用半导体, 例如, 二极管, 对红外辐射 1 μm 到 6 μm 的波长比较敏感。

磷化铟镓 (Indium-gallium Phosphide, InGaP): 高电子迁移率晶体管和 "多结" 太阳能电池中, 在高频和高能应用中使用的半导体。

惯性 (Inertia): 物体固有特性, 是牛顿第一定律的验证。惯性和物体的基础自然特性是正在研究的学科。

惯性参考系 (Inertial Reference): AACS 上基于内部陀螺仪且不需要外部参考框架记录航天器指向的输入设备。

惯性矢量传递函数 (Inertial Vector Propagator): AACS 中基于当前星历表，保持航天器对特定目标定向信息 (矢量) 的算法。计算矢量在未来会发生的变化。

下合 (Inferior Conjunction): 当地球和行星在太阳同侧时，地内行星或航天器和太阳的赤经重合的现象。与上合进行比较。

红外线 (Infrared, IR) 1 mm~380 nm 波长的电磁辐射。在自然界产生，例如动物和星体。

事件序列集成 (Integrated Sequence of Events, ISOE): 航天器和深空网事件的时间序列表。

强度 (Intensive Quantity): 用来表述每单位数量的 B 上附加有多少个单位的 A。例如，密度 (每单位体积的质量)、比能 (每单位质量的能量)、比冲 (每单位推力剂的脉冲)。

干涉法 (Interferometry): 用于描述两个或多个波 (如微波、无线电或者光线) 叠加产生干涉条纹的技术。以此来确定波源的特性，例如，可以通过 VLBI 确定光源位置或通过激光陀螺仪确定旋转速率。

星际空间 (Intergalactic Space): 星系之间的空间，例如银河系以外

的空间。

互联网协议 (Internet Protocol, IP): 参考 TCP/IP。

星际飞行 (Interplanetary Flight): 航天器飞出地球引力场约束范围的运动，航天器拥有典型的能量 C_3，且大于零。

行星际空间 (Interplanetary Space): 太阳系中行星和太阳之间的空间。

行星际航天器 (Interplanetary Spacecraft): 设计的可以飞离地球引力场约束的航天器。现在的都是机器人航天器。

星际空间 (Interstellar Space): 恒星之间的空间，它从日光层以外开始。

反向数据 (Inverted Data): 参考补充数据。

变换器 (Inverter): 参见功率变换器。

木卫一 (Io): 木星四个伽利略卫星中最靠里的一个，直径为 3643.2 km，是已知的活火山最多的木星卫星，目前时常会重新浮出表面。

离子 (Ion): 失去一个或几个电子的原子。太阳风用这些离子填满行星际空间。另外，拥有额外电子的原子也是离子，比如化学溶液。

离子发动机 (Ion Engine): 指利用高压电网格来将离子加速到高速度并产生推力的静电推进器。和 MPD 推力器相比，比冲高，推力低。

电离化 (Ionization): 电子从它们的原子钟移除的过程。通过吸收电磁能来完成。

电离层 (Ionosphere): 天体大气层的最高层, 被太阳辐射电离化。

红外分光仪 (IR Spectrometer): 参见分光仪。测量红外线中的不可见 "色彩"。

铱元素 (Iridium): 符号 Ir, 原子数 77。室温下为固体。非常硬、密度高、易碎、抗腐蚀金属。陨石中的含量比地壳中含量高很多。

铱星 (Iridium): 美国的地球通信卫星, 装载有非常大的太阳能电池板, 可以观察到明亮的镜面反射光, 在局部天空中叫做 "铱星闪光", 有时会在网上公布。

铁元素 (Iron): 符号 Fe, 原子数 26。室温下为强金属, 与碳进行合金可以生成强度更高的钢。类地行星核心的主要组成元素。

各向同性 (Isotropy): 各方向状态都是均匀的。与各向异性比较。

ISP: 参见比冲。

儒略年 (Julian Year): 定义年 365.25 天或者 31557600。公元 45 年, 儒略日历启用后开始定义儒略年。

朱诺 (Juno): 美国宇航局 "新疆界" 计划开始初步设计的木星极轨道器计划, 这是 2005 年 7 月提出的任务 A 阶段。计划于 2011 年 8 月发射, 预算为 7 亿美元。

木星 (Jupiter): 距太阳第五远的行星, 四个气体巨星或者类木行星之一。赤道直径为地球直径的 11.209 倍。氢气大气层, 有大约 10% 的氦以及其他气体。离太阳的平均距离为 5.2 AU。

木星半径 (Jupiter Radius): RJ=71492 km。

Ka 频段 (Ka-band): 范围为 26.5~40 GHz 的微波频率。

聚酰亚胺 (Kapton): 杜邦公司生产的聚酰亚胺薄膜, 它在极端温度下高耐久性, 电气性能好、重量轻。

开普勒第一定律 (Kepler's First Law of Planetary Motion): 每一行星沿一个椭圆轨道环绕太阳, 而太阳则处在椭圆的一个焦点上。

开普勒第二定律 (Kepler's Second Law of Planetary Motion): 指的是在相等时间内, 太阳和运动中的行星的连线所扫过的面积都是相等的。

开普勒第三定律 (Kepler's Third Law of Planetary Motion): 绕以太阳为焦点的椭圆轨道运行的所有行星, 其各自椭圆轨道半长轴的立方与周期的平方之比是一个常量。

动能 (Kinetic Energy): 物体由于运动而拥有的能量, 表达式为 $1/2mv^2$, m 为质量, v 为速度。

速调管 (Klystron): 深空网发射器中使用的高能微波放大器, 输出单位为千瓦 (kW), 例如, 电信使用的 X 波段是 18 kW, 在雷达天文学上则放大为 400 kW。

Ku 波段 (Ku-band): 范围为 12~18 GHz 的微波频率。

柯伊伯带 (Kuiper Belt): 太阳系中海王星外边, 离太阳 30 AU 到大约 55 AU。由包括冥王星在内的冷星体组成。

拉格朗日点 (Lagrange Point): 当航天器受到两个大星体引力作用时, 理论上在轨道上存在五个点可以保持稳定。例如, 在太阳和地球之间, 存在 L1 到 L5 五个点。受两大物体引力作用下, 能够使小物体稳定的点。

着陆器和穿刺航天器 (Lander and Penetrator): 八种航天器之一, 用于着陆到太阳系星体的表面。

激光 (Laser): 发出受激辐射产生相干光源的光电设备。

激光陀螺仪 (Laser Gyro): AACS 惯性参考系输入设备。利用固定部件感应相对于某个轴的旋转。利用干涉法测量多普勒频移来测量相对于某个轴的旋转。

激光导引遥感光谱仪 (Laser-Induced Remote-sensing): 一个主动遥感设备。轰击目标, 例如, 用聚焦的高能红外线轰击岩石, 使得部分岩石蒸发, 从蒸发出的气体中观测光谱。在火星科学实验室中命名为 ChemCam。

纬度 (Latitude): 在球体上测量的南北坐标, 用平行线表示, 在赤道为 0°, 南北极为 90°。与经度进行比较。

发射周期 (Launch Period): 发射会具有名义能量 C₃ 的时间范围, 并且抵达时间也可以计划好。

发射窗口 (Launch Window): 发射周期内每一天可能的发射周期, 也叫每天点火窗口。

发射到达曲线。

铅元素 (Lead): 符号 Pb, 原子数 82。软金属, 室温下为固体。

光行时 (Light Time): 无线电通信传播所需要的时间, 例如, 从深空网传到航天器再传回来的时间。

光线 (Light): 参见可见光。

发光二极管 (Light-emitting Diode, LED): 产生电子光的半导体二极管, 当电流通过 p-n 结时, 发射出较窄的光谱、非相干红外线、可见光或者紫外线。LEO 在将电能转换为光能方面比白炽灯和荧光灯效率更高。

边缘 (Limb): 太阳或者行星的可见边缘。

光致退化 (Light-induced Degradation): 太阳能电池板在前几周的使用过程中, 电量输出会有所减少。

林肯近地小行星研究小组 (Lincoln near-Earth Asteroid Research, LINEAR): 麻省理工大学林肯实验室的一项计划, 由美国空军和 NASA 资助, 研究监视地球轨道卫星的技术在近地小行星探测和编目过程中的应用。

链接 (Link): 航天器工程师和它们飞行中的子系统，以及科学团队和它们在航天器上的载荷之间的通信路径。包括航天器的通信设备，行星际空间、深空网设备、地球通信系统、计算机、路由器等参与到通信路径中的设备。通常一次具体链接会用几个小时。

液体乙烷 (Liquid Ethane, C_2H_6): 土星的卫星泰坦表面湖泊的主要组分。标准大气压下在 184.5 K 时沸腾。

液氮 (Liquid Helium): 液化的氮气，作为低噪放大器和红外设备的制冷剂。标准大气压下在 4.2 K 时沸腾。

液态氢 (Liquid Hydrogen): 液化的氢气，用作火箭推进剂。标准大气压下在 23 K 时沸腾。

液氧 (Liquid Oxygen): 液化的氧气，用作火箭推进剂。标准大气压下在 90.19 K 时沸腾。

液体推进剂 (Liquid-propellant): 用于火箭发动机或推力器的液体化学物质。如果发动机只用一种燃料叫做单元推进剂，例如肼；或者采用两种化学物质的叫二元推进剂，需要燃料和氧化剂。

激光干涉仪空间天线 (Laser-Interfer- ometer Space Antenna): LISA 计划中的引力波天文台。

锂元素 (Lithium): 符号 Li, 原子数 3, 碱金属，室温下为低密度固体。

当地民用时间 (Local Civil Time): 民政当局设定的法定时间，与协调世界时有一个固定偏差，使用夏令时可能会进行季节性调整。

当地平均时间 (Local Mean Time): 行星当地子午线的平太阳时(基于太阳的角度)。

锁定 (Lock): 通信系统中，闭环回路无线电接收机的状态，该回路中，锁相回路捕获输入信号，并且跟随它的每次相位偏移。利用遥测数据，深空网的遥测子系统的状态可以在数据流代码字 (伪随机噪声, PN 码) 中成功预测并找到。通常对一个航天器的锁定，指的是它的命令数据解码器正在从上行载波信号的相位偏移特征中解码二进制数。

日志 (Log): 在航天飞行操作中，例如实时事件的记录可以用 Ace 表示。包括诸如深空网跟踪开始、信号捕获、遥测锁定、观测航天器活动、异常现象描述以及文件资料的参考。

经度 (Longitude): 在球体上测量的东西坐标，叫做子午线的大圆弧与行星或其它星体相交于两个相反的旋转极。英国发明家约翰·哈里森 (John Harrison, 1693—1776) 首次给出了确定地球经度的方法，1761 年用作航海经线仪。与纬度进行比较。

洛伦兹力 (Lorentz): 点电荷在电磁场中受到的作用力。马达和发电机设计的原理。用荷兰物理学家 Hendrik Lorentz (1853—1928) 的名字命名。

百叶窗 (Louvers)：航天器总线上自动打开接受红外线辐射以维持内部所需温度的机械装置。受双层金属片周围环境的热能驱动。

低密度奇偶校验 (Low-density Parity-check, LDPC)：前向错误纠正编码系统，1960 年首先由美国毕业生 Robert Gallager (1931—) 提出。Gallager 编码在当前的数字卫星电视中使用，可以达到零点几个分贝的香农极限以内。LDPC 对消息中的每一位都利用了解码器。

低增益天线 (Low-gain Antenna, LGA)：航天器上较小的、接近全方位的微波天线，增益大约 1 dB 或差不多大小。

低噪声放大器 (Low-Noise Amplifier, LNA) 深空网微波子系统组件，卡塞格伦望远镜反射镜和伺服机构的下游。高电子迁移率晶体管和微波激射器都是。通常都要用液氮冷却到几个开尔文。

发光度 (Luminosity)：一个物体的能量，例如，一个星体单位时间内的辐射量。视光度指的是可见光辐射。热广度指所有波长的辐射。

月球探勘者号 (Lunar Prospector)：NASA "发现" 计划的一项工程，1995 年 1 月开始，探测器绕月球极轨道飞行了约 1.5 年，用于探测月球表面元素及重构月球重力场。

马赫数 1.0 (Mach 1.0)：声速，根据传播介质密度和温度的不同发生改变。用捷克奥地利籍物理学家 Ernst Mach (1838—1916) 的名字命名。

马德里深空通信中心 (Madrid DSCC)：深空网三大通信中心的一个。约北纬 40°26′, 西经 2°0′。

麦哲伦号 (Magellan)：NASA 发射的轨道器，利用合成孔径雷达成像、高度计以及辐射线测定仪绘制金星表面高分辨率图像，并且进行了金星大气探测，利用大气制动技术改变轨道参数。

镁元素 (Magnesium)：符号 Mg, 原子数 12, 金属特性强，室温下为轻质量金属。在氧气中容易燃烧，释放出白色亮光。

磁力矩器 (Magnetic Torquers)：AACS 输出设备，与地球磁场相互作用来控制航天器姿态的电磁器件。

磁强计 (Magnetometer)：被动直接感应行星或行星际或星际空间磁场的仪器。

磁气圈 (Magnetosphere)：由诸如太阳、地球、木星等天体产生并包围这些天体的磁场区域。在外部太阳风或者星际物质的外力作用下，磁气圈通常为水滴形。

主小行星带 (Main Asteroid Belt)：火星轨道和木星轨道之间的区域，该区域充满了太阳系形成过程中剩余的空间碎片。

鸟神星 (Makemake): 矮行星, 直径约 1500 km, 在柯伊伯带绕太阳进行轨道运动。

测绘光谱仪 (Mapping Spectrometer or Spectrograph): 被动遥感设备, 有多重像素用于成像, 通过内部扫描机制形成 (而不是所有的一次形成), 每个像素反映了所观测到的波长的强度。与成像光谱仪比较。

火星 (Mars): 距太阳第四元的行星, 四个类地行星之一。直径约为地球直径的 0.532 倍。表面温度从 −120°C 到 15°C。

火星气象轨道器 (Mars Climate Orbiter): NASA 发射的行星轨道器, 1998 年入轨过程中失去联系, 主要是由于行星际巡航过程中使用米制和英制单位混乱, 产生积累误差所致。

火星探测巡视器 (Mars Exploration Rover): NASA 发射的双星探测器, 分别为勇气号和机遇号, 2003 年发射到火星两个相对的表面。

火星快车 (Mars Express): 欧洲航天局行星探测飞行器于 2003 年开始对火星进行探测。

火星全球勘探者 (Mars Global Surveyor, MGS): 美国国家航空航天局的行星探测卫星, 于 1997 年 9 月至 2006 年 11 月对火星进行探测。

火星观察者号 (Mars Observer): 美国国家航空航天局的行星探测器, 1993 年 8 月, 在进行轨道插入准备时对双组元推进剂贮箱增压期间, 飞行器与地面失联。

火星探路者 (Mars Pathfinder, MPF): NASA 发现计划的行星登陆器, 于 1997 年 7 月在火星登陆。它搭载的索纳杰号火星车是第一部可在其他行星上漫步的登陆器。

火星极地着陆者 (Mars Polar Lander (MPL)): 是 NASA 火星探测 98 计划的一个着陆器, 1999 年 12 月在进入大气层下降的过程中失去联系, 预计登陆在火星的南极。

火星勘测轨道飞行器 (Mars Reconnaissance Orbiter, MRO): NASA 的行星轨道飞行器, 2006 年 3 月进入火星轨道。

火星科学实验室 (Mars Science Laboratory, MSL): NASA 的探测器将于 2011 年发射。

微波激射器 (Maser): 低噪声放大器将受激辐射的发射的微波信号的强度相乘, 同时产生极低的噪声。比较激光。

微波激射器频标 (Maser Frequency Standard): 微波频率谐振腔振荡器基于比如氢原子受激发射的信号, 用于深空测控网的上行信号产生和其他需要高频率稳定度的信号。参见频率和时间章节。

质量 (Mass): 物体的内在属性, 是物体产生动量的原因, 和重力相关。在质能方程中表述为: $E = MC^2$。

质量排出式控制 (Mass-expulsion

control, MEC)): 通过火箭推进器对姿态进行控制。

质谱仪 (Mass Spectrometer): 能够直接对电离气体样本进行检测，探明其含有原子或分子的质量分布范围 (从而了解其化学种类)。

质量排出装置 (Mass-expulsion Device): 火箭发动机或推进器。

最大功率点 (Maximum Power Point, MPP): 太阳能电池板在一定的温度和日照强度下，从而产生出最大功率点，最大功率点追踪电路可以计算和使用最大功率点。

最大似然卷积译码器 (Maximum-likelihood Convolutional Decoder, MCD): 深空探测网的电子设备硬件上采用 Viterbi 译码算法来进行前向纠错和将无线电信号转换为数据比特。

平太阳 (Mean Sun): 虚拟的天体，其每天经过同一点的速度是太阳全年运行速度的平均值。用于格林威治时间。

机械传动装置 (Mechanical Devices): 航天器的一个分系统，包含可展开和可操作的机械装置，比如仪器支臂和着陆支柱。

中增益天线 (Medium-gain Antenna MGA): 是航天器的通信分系统装置，可以提供比低增益天线较高的增益，同时在较低增益时，覆盖面积比高增益天线广。

兆像素 (Megapixel): 一百万像素 (光电门)，用在 CCD 中。

记忆效应 (Memory Effect): 由于镍镉电池重复的充电和放电不完全，导致电池容量减小的效应。

微电子机械系统陀螺仪 (MEMS Gyros): 微电子机械系统旋转感应装置，用于手持遥控器和赛格威个人平衡车。已经应用于航天器。

水星 (Mercury): 太阳系最内侧的行星，四颗类地行星之一。直径为地球的 0.383，距太阳的平均距离为 0.387 AU，表面温度范围为 $-183°C$ 至 $427°C$。

汞 (Mercury): 元素符号为 Hg，原子序数为 80，室温下呈液态，激发时，在紫外线波段，蒸气放射性强烈，有毒。

子午线 (Meridian): 两极之间的经线。

信使号 (Messenger): 水星轨道飞行器，计划于 2011 年 3 月 18 日进入水星轨道。

金属小行星 (Metallic (M-type) Asteroid): M-型小行星，约占主小行星带行星种类的 8% 并且大多位于主行星带中间。它们的反射光谱一般表明是由金属铁组成，这和铁陨石的光谱相吻合。

流星 (Meteor): 空间物质由外层空间进入或者穿越地球大气层燃烧光迹。

陨石 (Meteorite): 从外层空间降落在地球表面的空间物质。

流星体 (Meteoroid): 星际空间

物质可能会对行星或者航天器产生碰撞。

气象站 (Meteorological Station): 通过直接传感, 对一系列风速、风向、温度、气压、湿度等气象条件进行测量的仪器。

甲烷 (Methane): 地球上室温时呈气态。带外行星大气层的组成成分也是土星卫星泰坦上的云层和湖泊的组成成分。

微波 (Microwave): 无线电波中一个有限电磁频带, 波长在分米级。

微小行星 (Minor Planet): 比小行星还小的行星。

任务 (Mission): 为实现某个目标而设计的项目。通常和项目互相替换使用。

任务阶段 (Mission Phase): 一个工程生命周期的阶段, 有代表性的划分为初始阶段 A 初期研究, 阶段 A-D 开发、组装和测试, 然后是阶段 E 运营。

任务计划 (Mission Plan): 为了实现任务每个阶段而编写的详细说明文档, 是完成任务的重要参考。

甲基肼 (MMHMono-methyl Hydrazine $CH_3N_2H_3$)): 火箭二元推进剂系统的液体燃料, 与二氧化氮 (N_2O_2) 混合能自燃。

任务操作与数据分析 (MO&DA Mission Operations and Data Analysis): 任务生命周期的 E 阶段, 随着数据的接收而进行, 至少进行数据初始分析。

调制 (Modulation) 将信息变换成传输信号的技术, 比如将相位变化调制在无线电传输信号上。

调制度 (Modulation Index): 在相位调制中, 不同角度或者弧度的波不断变化组成了信息符号。

动量 (Momentum): 物体质量与速度相乘的物理量。

动量推力 (Momentum Thrust): 火箭引擎推动力的主要组成部分, 从喷气管的质量加速度产生。动量公式中方向为左时, 为正值 $F=mV_e+P_eA_e$。比较压力推力。

动量轮 (Momentum Wheel): 参见反应轮。

监控数据 (Monitor Data): 深空测控网七种数据之一。反映了深空测控站设备运行情况, 如接收信号强度、发射功率和天线角度。

单壳体结构 (Monocoque): 负载完全由外壳支撑的结构设计, 从法语 "单壳" 而来。

丙酸推进器 (Monoprop Thruster): 小型火箭发动机采用单一液体推进剂, 如肼, 与电加热的催化剂不断接触引发液体的分解爆炸。

月球 (Moon Capitalized): 地球的天然卫星, 此外也是其他天体的天然卫星。

摩尔定律 (Moore's Law): 由英特尔公司共同创办人 Gordon Moore 推测, 它描述了集成电路芯片上的晶体管数量每两年提升一倍。这个推测已经适用了 40 年或更久。最早是在 1965 年 4 月 19 日出版的《电子学》杂志《让集成电路填满更多的组件》中提出的。

活动式穆斯堡尔分光仪 (Mössbauer Spectrometer): 主动式直接传感科学仪器, 善于测量岩石中的含铁矿物。

磁等离体动力推进器 (MPD Thruster) 电力推进的方法, 采用由磁场与电流相互作用产生的力 (洛伦兹力) 将离子加速从而产生推进作用。高比冲, 低推力。与离子发动机进行比较。

多结点太阳能电池 (Multijunction Solar Cell): 也叫做多能带隙。该太阳能电池由多层的半导体薄膜层组成, 每层能够发射出不同波长范围的光波。

多路复用 (Multiplex, MUX): 在单一的信道上集成或测量多路信号的技术。

天底 (Nadir): 相对于观察者最低的点。与天顶点相比较。

会合 – 舒梅克号 (NEAR-Shoemaker, Near-Earth Asteroid Rendezvous): NASA 航天器, 从 2000 年 2 月起进入爱神小行星轨道, 2001 年 2 月登陆小行星表面。

氖 (Neon): 元素符号为 Ne, 原子序数为 10, 室温呈气态, 6 种稀有气体之一。激发时, 强烈释放出橙红光以及其他波长的光。

浊度仪 (Nephlometer): 一个主动式遥感科学仪器能够探明大气中云层分子并且观察光的反射。

海王星 (Neptune): 太阳系第八大行星, 四大气态巨行星或类木行星之一。赤道直径是地球的 3.883 倍, 大气层以氢为主, 约有 19% 的氦和 1.5% 的甲烷。距太阳的平均距离大约为 30.07 AU。

镎 (Neptunium) 元素符号为 Np, 原子序数为 93, 金属, 室温下呈固态。不是天然的元素, 这种放射性元素由人工核反应得到。

中子 (Neutron): 组成原子核的不带电核子, 类似于质子。

中子辐射 (Neutron Radiation): 运动的中子带来电离辐射, 由核裂变和核聚变激发产生。

被动式中子分光计 (Neutron Spectrometer Passive): 直接传感科学仪器, 使用闪烁体来测量自由中立亚原子粒子的能量分布。多重探测元素将目标表面和被激发出的背景中子辐射分离的几何分布。用于识别目标表面的水。

新地平线号 (New Horizons): 2006 年 1 月 19 日发射的 NASA 飞行探测器, 2015 年 7 月 14 日, 相遇冥王星和它的卫星 Charon, 然后可能继续进入柯伊伯带的其他不明天体进行考察, 2007 年 2 月 28 日, 在途径木星时借助木星的引力助推和仪器探测。

牛顿第一定律 (Newton's First Law): 任何物体均保持静止和匀速

直线运动状态, 直到外力迫使它改变运动状态为止。

牛顿第二定律 (Newton's Second Law): 物体加速度的大小与作用力成正比, 与物体的质量成反比, 加速度的方向与作用力方向相同。

牛顿第三定律 (Newton's Third Law): 相互作用的两个物体之间的作用力和反作用力总是大小相等, 方向相反。

镍 (Nickel) 元素符号为 Ni, 原子序数为 28, 金属元素, 室温下呈固态, 用于可充电电池。

镍镉电池 (Nickel-cadmium Batteries NiCd): 可充电电池具有高度重复循环利用性能。在某些情况下, 具有记忆效应, 降低了循环利用的性能, 由于含有镉元素具有毒性。

镍氢连续充电蓄电池 (Nickel-hydrogen NiH$_2$): 可连续充电蓄电池, 具有高循环耐久性, 在航天器上得到了良好应用, 封闭在压力容器里。

铌 (Niobium (also called columbium)): 也称作钶, 元素符号为 Nb, 原子序数为 41。金属元素, 室温下呈固态, 高熔点 (2477°)。铌钢合金被用于火箭发动机。

氮 (Nitrogen): 元素符号为 N, 原子序数为 7, 通常以双原子分子氮气的形式出现, 室温下呈气体, 是地球和泰坦 (土卫六) 大气层的主要成分。

非相干通信体制 (Non-coherent) 飞行器下行信号与上行信号的相位不相干。

四氧化二氮 (Nitrogen Tetroxide Oxidizer, NTO): 氧化剂, 强氧化剂, 剧毒, 强腐蚀性, 与各种形式的肼混合能够自燃。

章动 (Nutation): 大型轴对称物体旋转时对称轴还会在铅垂面内上下不规则摆动, 比如行星和旋转的飞行器。

观测量 (Observable): 用来确定航行轨道的表征参数, 如飞行器的距离、赤经、磁偏角、多普勒频移或者光学导航数据。

太空望远镜 (Observatory Spacecraft): 八种的航天器之一, 设计在地球大气层外观察深空现象, 如史匹哲太空望远镜, 太阳和日球层探测器 (SOHO 卫星), 钱德拉 X 射线太空望远镜。

掩星区 (Occultation Zone): 从太阳或地球上观察行星或者其他物体的背后区域。

欧姆定律 (Ohm's Law): 在同一电路中, 导体中的电流跟导体两端的电压成正比, 跟导体的电阻成反比, $V = IR$。

全向性 (Omnidirectional): 天线的特性, 在各个方向均可以接收或者发射信号, 或者至少可以覆盖天线的大部分空域。

单工 (One-way): 通信模式, 在深空测控站不向 (尚未) 发射上行功率就能收到飞行器下行信号。

安大略卫星湖 (Ontario Lacus): 土星最大的卫星土卫六地表湖泊, 该地形由大量的水冰形成, 温度约 90 K, 湖泊充满液态乙烷和 (或许有) 甲烷, 该湖泊于 2008 年由卡西尼 — 惠更斯号发现。

开环 (Open Loop): 在控制理论中, 在运行过程中, 没有自适应调节的系统。

开环无线电 (Open Loop Radio): 接收机追踪一组频率信号, 通常选取其中的样本记录下来, 然后进行快速傅立叶变换将所接收所有频率的功率电平展示出来。用于无线电科学和甚长基线干涉测量。

开放系统互联参考模型 (OSI Open Systems Interconnection) 开放系统互联, 一个早期的互联网参考模型被 TCP/IP 模型替代。

光学导航图像 (Opnav): 经常指用于在某个目标天体附近进行导航的光学的图像, 为了显示背景恒星而过度曝光。

机遇号 (Opportunity): 火星探测漫步车的名字, 2004 年, 在机遇号的双胞胎勇气号着陆火星三周后, 机遇号在勇气号着陆点的背后子午线高原着陆。

对立效应 (Opposition Effect): 一个物体表现得更加明亮。例如, 月亮在对立面 (相位角接近 0)。

光调制器 (Optical Modulator): 光纤链路中的设备通过随时改变光传输的透明度从而达到在链路中控制光的强度。

光学导航 (Optical Navigation): 处理航天器上的导航图像, 在地面或者机载导航仪通过遥测接收到图像后, 对它们进行处理, 通过背景中可识别的恒星提供航天器与目标的相对位置信息。

光学太阳反射镜 (Optical Solar Reflector): 在飞行器上的镜样元件用来减少太阳热量。

轨道 (Orbit): 一个物体围绕另一个物体, 或者围绕两者之间的重心运动的引力束缚路径。

轨道计算 (Orbit Determination, OD): 一组计算机程序利用航天器观测数据以及运动定律确定航天器轨道。

轨道进入 (Orbit Insertion Burn): 火箭发动机在到达目标比如说行星上方点火, 使飞行器星际巡航降速否则飞行器将运行在该目标的轨道里。

轨道航行 (Orbital Tour): 轨道航天器的任务, 包括与天体相遇除了它本身正在运行的轨道, 比如伽里略号不仅观察了木星的卫星也对木星进行了观察。

轨道探测器 (Orbiter): 八类航天器之一, 飞行器进入目标天体的轨道, 对天体及其环境和相关物体进行观察。

振荡 (Oscillation): 重复的变化, 如电磁波场强。

振荡器 (Oscillator): 用来建立

和维持振荡的元器件, 比如电路中的无线电发射器。

轨道机动调整 (Orbit Trim Maneuver, OTM): 航天器机动推进, 以对其围绕目标飞行的轨道进行较小的调整。

外层空间 (Outer Space): 地球表面超过 100 km 的空间。

氧 (Oxygen): 元素符号为 O, 原子序数为 8, 在地球大气层中以双原子分子 O_2 形式出现, 室温下呈气体, O_2 预计不会在任何其他行星的大气发现, 因为它是不断在反应, 除非一些过程, 例如, 光合作用, 不断地补充它。

氧化剂 (Oxidizer): 在化学反应中使另一物质得到氧的物质或者在氧化还原反应中获得电子的物质。

包 (Packet): 一组格式化的比特字符串。

分组模式 (Packet-mode): 现代数据通信手段, 利用一组格式化比特串的包头进行路由。比较时分复用。

潘多拉 (Pandora): 土星的卫星 —— 土卫十七, 其轨道在 F 光环的外侧也是 F 光环外的牧羊卫星 (另外一个是普罗米修斯, 土卫十六)。大部分由水冰组成, 长度为 114 km。

降落伞炮 (Parachute Mortar): 一种烟火装置, 点火后从其存储装置中发射出降落伞。

并联 (Parallel Connection): 相似元器件如电池或太阳能电池的电气排列方式。它们的正极连接, 负极也相连, 这样能够增大电流同时保持电压稳定。比较串联。

深空测控网空间链路会话 (Pass DSN Space-link Session): 航天器从上空经过的跟踪弧段。

被动传感器 (Passive-sensing): 一类科学仪器, 不需要主动发出能量就能观测物体, 比如遥感相机和光谱仪、尘埃探测器和磁力计。

载荷 (Payload): 在运载火箭上, 空间飞行器的一部分和产生推进力的装置, 也指航天器上搭载的科学仪器。

近拱点机动上升 (Periapsis Raise Maneuver): 当进入或接近远拱点时, 机动地使用推力提升轨道的能量, 这样接下来进入近拱点时, 轨道高度得到了提升。

近拱点 (Periapsis): 椭圆轨道中最接近引力中心的点。

近火点 (Periareion): 环绕火星轨道的近拱点。

近星点 (Periastron): 环绕恒星轨道的近拱点。

近金点 (Pericytherion Perikrition): 环绕金星轨道的近拱点。

近银心点 (Perigalacticon): 环绕银河轨道的近拱点。

近地点 (Perigee): 环绕地球轨道的近拱点。

近日点 (Perihelion): 环绕太阳轨道的近拱点。

近冥点 (Perihadion): 环绕冥王星轨道的近拱点。

近水点 (Perihermion): 环绕水星轨道的近拱点。

近木点 (Perijove、Perizene): 环绕木星轨道的近拱点。

近土点 (Perikrone): 环绕土星轨道的近拱点。

近月点 (Perilune、Periselene): 环绕月球轨道的近拱点。

近海点 (Perilune): 环绕海王星轨道的近拱点。

近天点 (Periuranion): 环绕天王星轨道的近拱点。

相位角 (Phase angle): 光源照亮物体方角度。0° 是指观察者背后的方向, 旋转 180° 观察者即在目标身后面朝光源的方向。一般来说, 低相位是指相位角接近 0°, 高相位是指相位角接近 180°。

相位相干 (Phase coherence): 两个或两个以上电磁波, 随着时间的变化, 波峰和波谷的变化遵循一定的关系。

相位调制 (Phase Modulation): 信息加调的一种方式, 如遥测、载波或副载波信号的预定相位步进的加调方式。

阶段 (Phase): 工程生命周期的一个过程。一般被描述为前期初步研究, 阶段 A-D 为开发、组装和测试, 然后是阶段 E 运营管理。

相位 (Phase): 波相位在一段参考时间内偏移一个完整的周期, 用 0° 到 360° 来测量。

锁相环 (Phase-locked-loop, PLL): 闭环控制系统, 如无线电接收信号随着输入信号的频率变化而变化。

凤凰号火星登陆器 (Phoenix Lander): NASA 的名为 "侦察" 的火星探测计划的火星登陆器, 2008 年 5 月 25 日, 登陆火星北极, 对冻土地带展开了一系列的探测和分析。2008 年 11 月 11 日, 火星的秋季将要开始时, 任务结束。

光电效应 (Photoelectric Effect): 量子电子现象, 当物质受到电磁辐射比如光时, 物质的电子会接收能量并激发出来。

光电门 (Photogate): 一个独立的光敏硅电容, 用来构成单像素的 CCD 图像检测器。

摄影 (Photography): 用基于化学的方法在胶片上留下图像。法国艺术家、化学家路易·达盖尔 (1787—1851) 发明了一种实用的方法 —— 达盖尔照相法, 包括准备、曝光、显像和固定板捕获图像。1838 年, 他拍到了月亮的一张照片。早在电子成像之前的太空时代, 在科罗娜项目中, 装有曝光胶卷的存储罐被一系列地球轨道卫星带回地面, 从 1959 年到 1972 年, 在太空舱降落时, 在空中被特殊装置的飞机恢复。

光度计 (Photometer): 被动式光学探测仪器, 被用来测量照度或者辐照度。

光度测定、测光法 (Photometry) 数据类型，与电磁辐射比如光的强度和量相关，使用光度计可以捕捉一个物体的自然辐射或反射。研究这一现象的科学领域，比如分析物体表面成分。比较辐射线测定。

光子 (Photon): 光量子或者其他电磁现象。

光电的 (Photovoltaic, PV): 用来描述一类材料，该材料高效率的能将光转化为电流。

酚碳热烧蚀板 (Phenolic Impregnated Carbon Ablator, PICA): 现代系统隔热材料用作进入大气层的隔热防护。具有低密度，在高温融化时，高效的烧蚀能力等优点。

压电的 (Piezoelectric): 用来描述一类材料，当对该材料施加作用力或者使其外形发生变化时，该材料表面会产生电荷。这样的应用有水晶 (或陶瓷) 扬声器和耳机。

先驱者号探测器 (Pioneer Spacecraft): NASA 的行星和行星际系列探测器，用来完成对太阳、木星、土星、金星的首次探测。这些任务几乎没有任何相同之处，除了它们都为后续的深入调查铺平了道路和都采用旋转稳定的探测器。

俯仰 (Pitch): 围绕着航天器的 x 轴进行转动。

普朗克常数 (Planck Constant): 光量子能量与频率的比值是一个常数: $6.626068 \times 10^{-34} \mathrm{J \cdot s}$.

普朗克卫星 (Planck Surveyor): 天文台航天器于 2009 年发射，它被设计用来以史无前例的高灵敏的角解析力获取宇宙微波背景辐射在整个天空的各向异性图。

行星 (Planet): 在太阳轨道的天体，质量足以克服固体引力以达到流体静力平衡 (近于圆球) 形状，并且能够清除其轨道周围其他物体。上述定义由国际天文学联合会 2006 年定义。也参考矮行星。

行星射电天文学 (Planetary Radio Astronomy): 观测行星系射电频率发射和日光层现象的学科。在旅行者号上，被动式直接感应行星射电天文设备与等离子波仪器共同使用一个直径 10 m 的天线。

等离子体 (Plasma): 由原子和离子组成的带电气体状态物质。

等离子体光谱仪 (Plasma Spectrometer): 被动式直接感应设备，用来测量外界等离子体的特性，如化学组成、密度、流量、速度以及离子和电子的温度。

回放 (Playback): 从航天器的存储设备中读取海量数据并以遥测的形式传送到地面上。

冥王星 (Pluto): 矮行星，柯伊伯带天体，它的轨道具有高的离心率 (椭圆形)，使其到太阳的距离为 30 AU 到 49 AU，这样在某些区域，会比海王星离太阳更近。1930 年，冥王星被美国天文学家克莱德·汤博 (1906—1997) 发现。直径是地球直径的 0.187，从地球上测得其表面温

度为 $-382°C$。目前已知冥王星有三个卫星。正如 1801 年，众多小行星第一个被发现的谷神星，也曾被声明是一颗新行星，冥王星作为柯伊伯带众多天体中首先被发现的。小行星曾被认为是行星，2006 年，由于越来越多的相似天体被发现，冥王星被重新划入小行星。

类冥矮行星 (Plutoid)：与冥王星相似的天体，如柯伊伯带里的其他大型天体。

钚元素 (Plutonium)：符号为 Pu，原子序数为 93。金属，室温下呈固态，放射性元素，非自然元素，通过核反应人工获得。

二氧化钚 (Plutonium Dioxide (PuO_2))：放射性同位素的一种形式，用于星际航天器上的放射性同位素热电式发电机。

推进剂管理装置 (Propellant Management Device, PMD)：在无动力或者失去重力加速度的情况下，推进剂储箱里的叶片或者隔板利用表面张力将储箱内的液体推进到储箱出口处。

偏光计 (Polarimeter)：被动遥感科学仪器用来测量目标发射或反射的光的偏振。

偏振 (Polarization)：电磁波如微波或光的电场分量的特定方向，左旋圆偏振，右旋圆偏振，线偏振。

偏光镜 (Polarizer)：一种设备可以过滤掉光或者微波无线电中不需要的偏光从而得到所需要的偏光。

极地轨道 (Polar Orbit)：倾角为 90° 的轨道。

特征图 (Porkchop Plot Launch-arrival Plot)：特征能量的 C_3 上的发射和到达日期的 $x-y$ 网格计算机生成的轮廓。通常情况下，轮廓呈猪排的形状。

钾 (Potassium)：元素符号为 K，原子序数为 19。碱性金属，室温下软态固体，极度活泼。

氢氧化钾 (Potassium Hydroxide (KOH))：强碱性化合物，溶于水可做碱性电池的电解液。

功率通量密度 (Power Flux Density)：单位面积上通过的功率，乘以时间。强度量。

电源逆变器 (Power Inverter)：将直流电转换成交流电的电子器件。

功率裕度 (Power Margin)：电源产生的电力和实际使用的差。

功率瞬变 (Power Transient)：突发、临时增加的电力消耗，如由于设备开机预热时产生的浪涌电流。

岁差 (Precession)：一个旋转天体的转轴指向变化的特性，如与所施加的扭矩成直角。

初步设计评审 (Preliminary Design Review, PDR)：在任务的生命周期里的一个重要步骤，其中审查委员会确定这个项目是否被批准用于最终的设计和制造，阶段 C。

加压物体 (Pressurant)：在液态

燃料箱里聚集的气体, 如氦等, 用来提供的动力来推动液体推进剂进入发动机或推进器内。

压强推进力 (Pressure Thrust): 分力, 来自于火箭发动机喷嘴内表面上的排气压力。在: $F = mv_e + p_e A_e$, 方向朝右时为正, 比较动量推力。

压力调节 (Pressure-regulated): 推进系统的操作模式, 在火箭燃料燃烧时, 压力是通过调节器进入推进剂储箱的, 以保持恒定的压力和恒定推进剂流量。比较排气。

原电池 (Primary Battery): 航天器电池, 航天器的运行提供所有的电力, 如伴侣号上的银—氧化锌电池, 惠更斯号的锂—硫二氧化物。

首席专家 (Principal Investigator): 专业的科学家, 带领对在航天器上开展的一个或多个领域的实验和 (或) 观测。通常具备学术的教授的水平, 拥有包括攻读该首席专家所在领域的研究生和科学家, 工程师和技术人员组成的团队。

计划 (Program): 在一个任务中管理层次高于项目。一系列具有相似的成本约束和主要目标的航天器, 如 NASA 的火星探测计划。以定义的结构和 (或) 技术途径、需求、筹资水平为特征, 和一个开展并指导一个或多个工程的管理结构。

程序 (Program): 计算机的指令。比较数据。

项目 (Project): 管理层次低于计划, 如凤凰号火星登陆项目。以明确需求、生命周期成本、开始和结束为特征。

普罗米修斯 (Prometheus): 跨越土星 F 光环的两个牧羊卫星最内侧的一个 (另外一个是潘多拉)。长度约 145 km, 大部分由水冰组成。

丙烷 (Propane (C_3H_8)): 在太阳系外发现的碳氢化合物。

推进剂 (Propellant): 在火箭发动机或推进器里的反应物, 如离子火箭发动机里的被电离的氙气, 对离子发动机进行加速。单组元推进器里被分解的肼, 或者固体火箭发动机里燃烧的颗粒混合物。

质子 (Proton): 带正电荷的亚原子粒子, 质量与中子接近。

伪随机噪声码 (Pseudo-noise Code (PN)): 用于识别每个遥测传输帧的开始的比特组合模式。

脉冲等离子体推进器 (Pulsed Plasma Thruster): 由磁等离子体推进器变化而来, 火花塞工作时, 采用固体推进剂进行烧蚀。

推扫 (Push-broom): 由排列成一条线的光电门组成的探测器进行成像的技术。由于飞行器的运动而建立起二维图像。比如, 火星侦察轨道器上的 HIRISE(高分辨率成像科学设备): 相机。办公室里的复印机也采用了相同技术。

烟火装置 (Pyrotechnic): 航天器上用爆炸释放能量来完成一次性操作的装置, 如关闭阀门、切掉电源和松开螺栓。

四脚架 (Quadrapod)：四腿支撑，比如深空网天线上将副反射面支撑到主反射面上的装置。比较三脚架。

合格性试验 (Qualification Testing)：在极端条件下比如温度或压力，确定组件的操作特性的程序。

石英 (Quartz)：在地球上储量丰富，由二氧化硅组成，SiO_2 的四面体晶格。

类星体 (Quasar)：最初是类星体射电源。目前已知是一种在极其遥远，能量极大的活跃星系核，其中物质被牵引入超大质量的黑洞。从地球上看，类星体显示为一个电源。一些类星体在天空中的位置形成国际天球参考框架 (ICRF) 的基础。

四元数 (Quaternion)：数学结构，它描述了三维空间旋转。代数中的每个对象包含四个标量变量和可以进行操作的单一实体对象。

雷达 (Radar)：主动式遥感技术，最初是"无线电探测和测距"，用于科学观测的模式，如合成孔径成像，散射测量和高度测量，相对高功率无线电能量的短暂脉冲指向目标。在某些模式下，这些脉冲经过调制识别标氏。用于所有的有源模式下的回波收集和分析。

雷达天文学 (Radar Astronomy)：天文学分支，深空网测控站向感兴趣的目标如行星、小行星或者卫星发射高能量的无线电脉冲比如 S 频段或 X 频段。在全球广泛布局的地面接收站捕捉到反射信号，用来形成图像或者从回波中提取其他数据。

赤经、赤纬 (RA-dec Right Ascension-declination)：基于天球赤道的旋转轴，在赤经从东西方向进行旋转，垂直于天赤道，赤纬从南北方向。赤经用时、分、秒表示，与地球的自转相关联。赤纬用南天极、北天极的角度表示。比较方位 — 俯仰。

辐射 (Radiation)：能量以电磁波或亚原子粒子的形式向外扩散。

无线电和等离子波 (Radio and Plasma Waves)：科学研究课题，内容关于从太阳或行星的电磁环境中自然辐射或在等离子体中产生的波，频率范围从音频到射频一直到几十兆赫。

射电天文学 (Radio Astronomy)：通过观测天体的无线电波的来研究天文现象的学科。

射电天体力学 (Radio Science Celestial Mechanics)：实验时，在航天器中，由于引力作用，自然物体的质量通过测量其速度的变化来确定的。速度的测量是通过航天器两路相干载波在频率上明显的多普勒频移来测量的。

无线电科学数据 (Radio Science Data)：七种深空网数据类型之一。利用航天器的无线电发射机和深空网作为一个科学仪器系统，来帮助描绘任何或几种模式下的目标或现象的特征。在环绕或大气掩星实验中，接收信号产生衰减、闪烁、极化，这些都被记录下来并研究。其他模式下包括天体力学实验，引力波搜索，双基地无线电，太阳的相对论效应和太阳日冕层的表征。

原始图像 (Raw Image): 一种图像，如从航天器的 CCD 中获取，为了更具研究价值尚未经过校准。也未进行增强对比度或者是合成一个彩色图像的。

放射性同位素加热器单元 (Radioisotope Heater Unit): 含有少量封装放射性同位素的设备，会不断地放热，一般约 1 W。装在航天器总线及其附属物上用于温度控制。

放射性同位素 (Radioisotope): 原子核很不稳定的元素，随着原子核衰变时不断的放射射线。

辐射计 (Radiometer): 被动式遥感科学仪器，用来测量目标发出的自然无射电辐射，如微波频率。比较光度计。

无线电外测量 (Radiometric): 深空网获得的导航观测数据类型，如航天器载波的多普勒频偏，距离测量或者 VLBI 观测。比较光学导航。

辐射测量 (Radiometry): 关于电磁辐射量或功率的科学或科学数据，如用辐射计测量的目标自然辐射的微波射电能量。研究这一现象的科学领域，如分析目标表面成分。比较光度测定。

测距数据 (Range Data): 深空网测得的跟踪数据，是指深空网天线与航天之间的往返距离。

测距侧音 (Ranging Tone): 调制到深空网上行链路，随后航天器下行载波信号被导航仪用来确定距离航天器的往返的视距距离。

反作用控制系统 (Reaction Control System, RCS): 航天器推进系统推进器被用作姿态控制和偶尔的中途修正和机动轨道修正。

反作用轮 (Reaction Wheel): 主动姿态控制系统输出设备，用于对航天器施加扭矩。一般质量约在 10 kg 左右，小，电力驱动，其旋转轴被固定在航天器上。通常在航天器的三轴方向三个或更多的反作用轮排列成排，分正、负两个方向对航天器施加扭矩，也被称作动量轮。

实时 (Real Time): 对一个系统进行操作，到结束只有最小的时间延迟（即便是以光时计算，往返时间也是用小时或天来测量）。比如在控制系统中，传感器的输入立即被处理成为输出，自动改变系统的状态（如防抱死系统）或者人们观察和选择性地控制系统输入。相较之下，非实时是指地面数据存储设施操作，用户可以在方便的时候访问。

接收机 (Receiver): 无线电设备，可以选择所需的频率，进行放大，从中获取信息，如音乐或航天器遥测。比较收发器。

红色告警 (Red Alarm): 声光告警, 例如, 在电脑屏幕和寻呼机上, 醒目显示超过工程师设限的遥测值。代表了往往会威胁航天器的健康或安全的条件。

里德—所罗门 (Reed-Solomon): 前向纠错编码方法, 其中航天器计算机里的数据块被译码成多项式, 多个点上对这些多项式求冗余, 然后将其当成数据进行传输。

反射谱 (Reflectance Spectrum): 通过物体表面反射的光的光谱波长。因为目标可以吸收一些入射光波长, 相应的反射光谱可能在这些波长上削弱了, 可以提供物质表面组成信息。肉眼看见红色的花是因为花吸收了光谱中的蓝色波长的光线。

反射 (Reflection): 波的传播方向在两个不同介质的交界面上发生改变, 包括散射和 (或) 镜面反射。

折射 (Refraction): 由于光在在两种不同的物质里传播速度不同, 故光的传播方向发生变化, 例如, 当光从一种介质传播到另一种介质。

风化层 (Regolith): 岩石表面覆盖的灰尘、泥土或碎石。

继电器 (Relay): 机电设备, 比如在配电线路中, 其电气触头由一个电磁铁控制的, 该电磁铁的线圈由一个来自计算机的小电流激发启动。

中继 (Relay) 信号由地面上发送到一个航天器, 再由该航天器发送到另外一个航天器, 反之亦然的无线电通信, 如地球与火星轨道器、火星登陆器之间的遥控遥测数据通信。航天器对航天器的链路被称作交联。

遥感 (Remote-sensing) 科学仪器种类, 可以在一定距离观察现象, 如被动式感应相机, 主动式感应成像雷达。比较直接传感。

电阻加热推进器 (Resistojet): 一种电热推进方法, 它采用高电流电阻加热单元, 如电线, 这样使得火箭发动机燃烧室温度较高, 然后从喷嘴里喷射出液体推进剂进入燃烧室, 如氩气或肼。高比冲, 低推力。

赤经 (Right Ascension): 天球坐标系里的两个坐标值之一, 用东西弧度来衡量。比较赤纬。

翻滚 (Roll): 围绕航天器垂直轴 (z 轴) 的旋转。

室温 (Room Temperature): 用于科学应用的温度, 平均温度为 $21°C$ 或者 $294\,K$。

漫步车 (Rover): 八类航天器之一。航天器被设计用来降落在天体表面和行走以收集科学数据, 例如, 放置直接传感的科学仪器去接触选定目标。

放射性同位素热电式发电机 (Radioisotope Thermoelectric Generator, RTG): 航天器电力供应是通过由放射性同位素自然衰减产生的热量, 热电偶和散热片利用热梯度和塞贝克效应产生电流，没有活动件。

S 波段 (S-band)：频率范围在 2~4 GHz 的微波。

安全 (Safing)：航天器的情况，通常是对航天器被故障保护监测检测到故障后的回应。在这种情况下，航天器正常的操作暂停，它的姿态、电力以及其他因素都将保持现状，以保证航天器及其仪器免遭损坏。

人马座 A* (Sagittarius A*)：(星号的意思是星) 天空中的一个点，是银河系银心的超重黑洞。定时观察 (见互联网) 揭露了高速运动的星体围绕着这个黑洞运行。

合成孔径雷达 (Synthetic Aperture Radar, SAR)：成像雷达技术，真实接收天线边移动边接收从一定距离发出的发射脉冲，并将该无线电信号反射回去。由一列等反射距离的天线按照等多普勒频移的线交叉排列，这样就形成了成像的像素。

合成孔径雷达测绘带 (SAR Swath)：沿着物体表面获得的雷达成像数据形成了一个相对窄的测绘带。

饱和 (Saturation (light))：(光) CCD 像素在某一点上电子电荷达到最大，并且会向相邻像素溢出。

饱和 (Saturation (angular momentum))：(角动量) 在该点上反应轮的每分钟转数不能再安全地增加。

土星 (Saturn)：离太阳距离 (由近至远) 第六颗行星，四个气态巨行星或类木行星之一，赤道直径是地球的 9.449 倍，大气层由氢气组成，大概包括 3% 左右的氦气以及其他微量物质，包括氨和水冰云层。距太阳平均距离为 9.58 AU。

土星半径 (Saturn Radius)：在赤道上，1 R_S=60330 km。

扫描平台 (Scan Platform)：铰接式航天器附件，不依赖与航天器姿态进行指向的仪器。

散射测量 (Scatterometry)：雷达侦察中，测量一个信号发送到物体表面被反射回来的能量，在发射脉冲间隔里的噪声也被记录下来，用来从反射信号里减去。由于从不同高度和方向对波进行反射时，反射能量也不同，可以用来推断海面上的风向和风速。

科学数据 (Science Data)：航天器上科学仪器返回的遥测数据，如相机、光谱仪等，或者在无线电科学实验中，航天器的载波信号，如大气掩星。比较工程数据。

闪烁 (Scintillation)：视在亮度的快速变化，例如，航天器的无线电信号穿过环系或大气层。也指电离事件中，透明材料产生的闪光，用于一些高能粒子探测器。

闪烁体 (Scintillator)：一种用于高能粒子探测器的透明材料，揭露了材料中闪光产生的粒子的路径。

蓄电池组 (Secondary Battery)：

系统中可重复充电的电池, 是另一个主要的动力来源。当主电池不能工作的短时间内提供电力。例如, 太阳能帆板处在阴影中时。

塞贝克效应 (Seebeck Effect): 又称作第一热电效应, 它是指由于两种不同电导体或半导体的温度差异而引起两种物质间的电压差的热电现象。

硒 (Selenium): 化学符号是 Se, 原子序号 34。室温下是固态非金属。

信标 (Semaphore): 一个没有遥测数据的基准信号, 比如在载波上调制一个副载波表明航天器健康或当前异常, 或者中断副载波表示类似打开降落伞这样的事件。

半导体 (Semiconductor): 单方向导电的物质, 例如晶体硅, 用来制作电子元件。

半固定式 (Semi-monocoque): 在运载工具的表面支撑有效载荷的结构设计, 如飞机的机身部分。

序列 (Sequence): 参照命令序列。

串联 (Series Connection): 连接电路元件的基本方式, 例如电池中的各个单元, 一直将一个的正极与另一个的负极相连。增加电压, 保持电流。比较并联。

寻找外星智能 (Search for Extraterrestrial Intelligence, SETI): 是一项科学研究, 从星际间接收无线电和光信号, 来寻找其中智能生物

进行通信的证据。

香农极限 (Shannon Limit): 在一个物理噪声信道 (无线电或光), 数据通信传输速率的上限。用 C 表示:

$$C = B \log_2 \left(1 + \frac{S}{N} \right)$$

其中: B 是信道带宽; S 是信号功率; N 是噪声功率 (S/N 是信号噪声功率比)。

剪切面 (Shear Plate): 航天器结构部件, 通过关闭内侧和外侧的面, 改变剪切方向承载的负荷。

国际单位制 (International System of Units, SI): 科学界广泛使用的度量系统。在国际贸易和金融中也占据主导地位。

信号 (Signal): 由航天器或地面网为通信产生的无线电波形, 同时伴随电磁现象。例如一些科学仪器产生的信号。

信号电平 (Signal Level): 信号的功率值。

信噪比 (Signal-to-noise Ratio, SNR): 在感兴趣频率范围内, 信号功率与环境噪声温度的比值。

硅质 (S 型): 小行星 (Silicaceous (S-type) Asteroids) 由石料构成的小行星, 类似于普通球粒陨石。S 型小行星占已知的小行星 17%, 通常占据主带的内侧区域。

硅 (Silicon): 化学符号是 Si, 原子序号 14。一种重要的半导体和光电材料。

银 (Silver): 化学符号是 Ag, 原子序号 47。室温下是固态金属。

单容错 (Single-fault Tolerant): 在一个子系统的部件出现错误后依然能够继续操作的状态。例如, 通过硬件备份来实现。

太空吊车 (Sky Crane): 采用液体推进剂, 是航天器的组件, 设计用来将火星科学实验室放到火星表面。

太阳和太阳风层探测器 (Solar and Heliospheric Observatory, SOHO): 航天器在地球 L1 拉格朗日点对太阳、太阳风辐射、背景恒星和偶然接近的行星或彗星, 进行连续的多谱线的观测 (图片和视频在网上很容易找到。)

"索杰纳" 号 (Sojourner): 火星探测器, 于 1997 年 7 月 4 日由 "火星探险者" 号部署。是第一个在其他星球上的探测器。长宽高为: 65 cm×48 cm×30 cm, 重量为 10.6 kg。在 83 个索尔的使用期内, 发回 550 幅图像, 分析了在着陆点附近 16 个位置的矿物质。

太阳电池阵驱动机构 (Solar Array Drive): 电动马达驱动执行器将太阳能一块电池板或电池阵列自由移动一个或多个角度, 并向控制器提供反馈。

太阳能电池 (Solar Cell): 一块光电材质上面附着导体, 在被照明时能产生电流。

太阳掩星 (Solar Occultation): 太阳在航天器与观测者之间通过而产生的遮蔽现象。

太阳能电池板 (Solar Panel): 在一块基板上排列了很多的太阳能电池。

太阳光子压力 (Solar Photon Pressure): 也叫作太阳辐射压力。由于入射的太阳光产生的很小的压力常量。在日光航行中是很有用处的。光压是太阳系内航天器需要进行调整的主要微小压力。如果地球轨道航天器具有不对称的侧面, 则需要频繁产生反冲力, 从而抵消这种效应的力。例如火星气候探测者号。

光压航行 (Solar Sailing): 利用太阳光压的方法 (不要与太阳风混淆), 作为推进力操控航天器在太阳系内, 也可能是星际间飞行。截止到现在, 没有一个专门的航天器成功完成日光航行, 虽然 2008 年信使号通过它巨大的太阳遮罩利用日光航行, 跳过计划修正而直接接近目标点。以前的航天器利用光压进行姿态控制, 例如 1974 年的水手 10 号。信使号团队设计了一连串主体、遮挡物的姿态和太阳能帆板的旋转角度, 将影响轨道参数, 在未来应该能够减少中途修正的次数。

太阳风 (Solar Wind): 太阳不断排放等离子体, 主要是氢原子核 (质子) 和电子, 形成了日球层。尤利西斯号航天器判定太阳风的速度在太阳的高纬度要快的多。

固体火箭发动机 (Solid Rocket

Motor, SRM): 是一种简单的推进系统，混合了颗粒燃料、氧化剂和黏合剂，直到被点燃，它们之间不产生反应。塑造成一个轻质量的壳体，并设有喷嘴。一旦点燃，固体推进剂持续烧直到耗尽，在一次发射中提供所有的动力。

固态数据存储器 (Solid-state Data Recorder): 航天器上有大量的数据存储设备，用于动态随机存储访问，此类商用设备已经在个人电脑上应用。为了防止航天器辐射引起的比特反转，具有错误检测、纠正算法和物理屏蔽、加固。典型的容量是 2 Gb。(目前具有巨大优势的消费产品，暂时不满足航天质量的要求)。

固态电源开关 (Solid-state Power Switch): 是一个电子部件，接收命令向指定航天器组件提供电力。取代机械继电器和热保险丝，具有检测、控制、飞行中错误隔离和提供在线个体重启能力。

太空风化 (Space Weathering): 太阳能系统无气体表面受到的腐蚀，是由宇宙射线的冲击、太阳辐射、太阳风粒子和由各种规模的流星轰击造成。

航天器 (Spacecraft): 飞出地球大气层的运载工具。可以是单数或复数形式。

深空网的空间链路周期 (Space-link Session DSN Pass): 当航天器穿过天空的跟踪时段。

比能 (Specific Energy): 单位质量所具有的能量，用 J/kg 表示。国际单位制中使用 m^2/s^2。

比冲量 (Specific Impulse): 写作 I_{sp}，每单元推进剂的冲击量，描述发动机效率的一个密度量。基于推进剂质量或重量 (质量受地球重力的影响)。在后面的描述中，I_{sp} 的单位是 s。简化形式:

$$I_{sp} = v_e/g_o$$

谱密度 (Spectral Density): 单位频率上的能量。表示为 dBm/Hz 或 W/Hz。

光谱仪 (Spectrograph): 参见分光仪。相对于测量，它是通过图像记录数据。早期光谱仪使用胶片。随着设备已经更新了好几代，两种仪器基本重叠。

分光仪 (Spectrometer): 被动远距离感应光学仪器，将入射光分散 (IR、UV、X 光等) 并测量其中每一个观测波长的强度。

分光光度计 (Spectrophotometer): 参见分光仪。

分光镜 (Spectroscope): 参见分光仪。其中的 "镜" 字是指仪器装有用于视觉观察的目镜。

光谱学 (Spectroscopy): 该分支学科包括大量的波长、频率和能量函数的测量。参见附录 D。适用于电磁频谱的任意部分。

电磁频谱 (Spectrum, Electromagnetic): 所有可能的电测辐射频

率 (或波长、能量)。参见附录 D。

镜面反射 (Specular Reflection): 通过光的波长对微波像镜面一样进行反射, 一条射线从一个方向上入射, 从一个方向上出射。比较反向散射。

球锥形状 (Sphere-cone Shape): 进入大气层热障的形状, 前端是球形, 后面是锥形, 其角度取决于介质和入射条件。

SPICE 文件 (SPICE File): 是 "航天器、行星、仪器、C 矩阵 (相机角度) 和事件" 文件的简写。一个文件提供了航天器、行星星历表、仪器的安装路线、航天器的方向、子航天器坐标、目标距离、形状照明、时间顺序和时间转换数据等科学观测的环境。

自旋轴承装置 (Spin Bearing Assembly): 是旋转航天器和其消旋部分的接口。通常调节机械负载、电力、无线电信号, 与或数据的转换。

自旋稳定 (Spin Stabilization): 航天器的姿态保持在一直沿一个设定的轴整体旋转的模式。比较三轴稳定。

勇气号 (Spirit): 火星探测漫游者中携带的火星车, 于 2004 年在火星南半球的古谢夫陨石坑着陆, 在三周前它的 "兄弟", 机遇号在火星的另一面着陆。

斯皮策太空望远镜 (Spitzer Space Telescope): 是 NASA 四个主要空间望远镜之一。对红外辐射源

敏感。2003 年 8 月发射, 占据日心轨道, 落后于地球的位置。望远镜口径 85 cm, 采用里奇 — 克列基昂光学系统。仪器和望远镜使用液态氮进行冷却, 以最小化红外噪声。冷却剂预期 2009 年用完, 但是它的一个仪器在加热模式下的操作已经被保留。最初称为空间红外望远镜设备 (SIRTF), 发射后改名为史匹哲太空望远镜。

斯普特尼克 (Sputnik): 苏联的系列地球轨道航天器, 包括人类第一颗人造卫星, 于 1957 年 10 月 4 日发射。

标准差 (Standard Deviation): 均方根 (RMS) 值的平均偏差, 记为 σ。

标准重力 (Standard Gravity): 地球表面的加速度, 980665 m/s^2。

星扫描器 (Star Scanner): 主动姿态控制系统的参考天体输入设备, 估计三轴的姿态, 利用航天器旋转时横星通过两个夹缝间的时长。

星象跟踪仪 (Star Tracker): 主动姿态控制系统的参考天体输入设备, 提供单轴的姿态信息, 通过不断测量一个明亮的恒星在其视场的角运动。

恒星 (Star): 一个大的发光电磁球体, 如太阳, 其他的非常遥远, 因此显得更暗。

星尘计划号 (Stardust): NASA 航天器, 捕获彗星尾部和星间尘埃粒子, 并于 2006 年 1 月 15 日返回

地球。

统计策略 (Statistical Maneuver): 一种弹道修正或轨道约束策略, 用于补偿变化, 这是导航过程中正常的一部分, 例如在一次跳跃后进行小的调整。

斯蒂芬 — 玻耳兹曼常数 (Stefan-Boltzman Constant): 物体的放射能力是随温度、波长而改变的: $E = 5.67 \times 10^{-8} \text{ W/m}^2/\text{K}^4$

恒星掩星 (Stellar Occultation): 由一个感兴趣物体和它后面的恒星构成的一段通道。常常用来搜索或测量一个大气或环系统。

恒星参考单元 (Stellar Reference Unit, SRU): 主动姿态控制系统的参考天体输入设备, 具有一个视场望远镜和恒星识别系统, 能够提供三轴的姿态参考信息, 无论航天器的方向在不在旋转。

斯特灵放射性同位素动力系统 (Stirling Radioisotope Power System, SRPS): 一种机械设备, 其斯特灵发动机从热梯度获取能量来运转一台交流发电机来产生电力。热梯度由一端的热放射性同位素和另一端的冷却片形成。

平流层 (Stratosphere): 是大气的一层, 位于对流层之上, 散逸层之下。温度是分层的, 随海拔高度冷却。

结构分系统 (Structure subsystem): 航天器轻质量的骨架, 为其他子系统提供机械支撑和校准。

支柱 (Strut): 结构系统的成员, 常常设置为三角形支撑仪器或火箭推进器组。通常用金属接头的碳纤维管制造。

子组件 (Subassembly): 航天器或地面系统的组成部分, 低于组件层。层次关系为: 系统、子系统、组件、子组件。

子系统 (Subsystem): 航天器或地面系统的组成部分, 低于系统层, 高于组件层。层次关系为: 系统、子系统、组件、子组件。

副载波 (Subcarrier): 音频调制到载波, 可能是一个信号量或携带自己的调制信息。

升华 (Sublimation): 从固态到气态的状态转化。

亚毫米 (Submillimeter): 通常描述一个无线电信号的波长小于 1 mm。

副反射器 (Subreflector): 卡塞格伦高收益或深空网天线的第二级反射面。比主反射面要小, 通过三角架或四脚架安装在主反射面上。类似卡塞格伦望远镜的副镜。

足够稳定的振荡器 (Sufficiently-stable Oscillator, SSO): 组装在通信子系统, 能达到足够的频率稳定度, 通常在 1000 s 内变化小于 10^{-11}, 作为下行载波信号的参考源。这在一些无线电科学实验中非常有用, 如掩星, 能够支持一条链路调制遥测和距离信号。导航通常需要更好的稳定度。

硫 (Sulphur): 化学符号 S, 原子序数 16。常温下是黄色的非金属固体。

太阳 (Sun): 太阳系的中心, 光谱为 G2 等级。向外膨胀的等离子层叫日球层, 在边缘与星际物质向冲突。太阳能辐射和电磁场控制着日球层。

太阳传感器 (Sun Sensor): 姿态和动作控制子系统根据设备输入提供关于姿态的信息, 如倾斜和偏航。

太阳 — 地球 — 航天器角 (Sun-Earth-probe Angle, SEP): 太阳、地球和航天器之间的角度。每年航天器在黄道面附近工作时接近于 0。

太阳同步轨道 (Sun-synchronous Orbit): 卫星的轨道平面和太阳始终保持相对固定的取向, 在航天器近拱点表面能够获得足够的光照。例如, 本地太阳时间下午 2 点, 可以利用表面阴影的所需长度。

上合 (Superior Conjunction): 连接地球、航天器和太阳, 当地球和航天器分别位于太阳的两侧。这段时间航天器由于太阳噪声的干扰, 通信可能出现问题。

超新星 (Supernova): 是某些恒星在演化接近末期时经历的一种剧烈爆炸, 短暂时间能够照亮整个银河, 同时创建的重元素并向星际空间喷射物质。

掠飞 (Swing-by): 航天器从行星附近飞过, 是为了利用行星的重力。

符号 (Symbol): 调制的基本单位。例如, 在微波二进制相移调制中, 载波的相位值是超前或滞后固定的值。在星际间的应用, 大量的符号比单比特构成的数据更好。

同步旋转 (Synchronous Rotation): 天然或人造卫星旋转时由于重力梯度, 始终保持一面面向中心物体, 如月亮相对地球就是同步旋转。

系统噪声温度 (System Noise Temperature): 接收天线、反射面、波导和低噪声放大器等包含的噪声总和。利用开尔文温度测量。

系统 (System): 一个飞行系统 (航天器) 或者一个地面系统 (深空网设备)。层次结构依次为: 系统, 子系统, 部件, 子部件。

国际原子时 (Temps Atomique International, TAI): 加权的平均时间由世界范围内 50 多个实验室的数百个原子中一起保持。国际原子时减去 UT1 时间在 1958 年 1 月 1 日近似为 0。

钽 (Tantalum): 元素符号 Ta, 原子序数 73。室温下为稠密金属固体。用于高性能的电容器, 并为在星际空间中的敏感电子设备提供辐射屏蔽。

目标平面 (Target Plane): 查看 B-飞行器。

目标运动补偿 (Target-motion Compensation): 查看图像运动补

偿。

地心坐标时 (Geocentric Coordinate Time, TCG): 1991 与地球时间一同定义。

中途轨道修正 (Trajectory Correction Maneuver, TCM): 航天器机动推进, 使靶向到达时间产生一个小的调整。对比机动轨道修正。

传输控制协议/因特网互联协议 (Transmission Control Protocol, Internet Protocol, TCP/IP): 在因特网或其他网络中应用的一组通信协议, 以其中最著名的两个协议命名。采用分层设计, 每层通过定义活动和接口与相邻层相连。

地球力学时 (Terrestrial Dynamic Time, TDT): 在 2001 年被地球时间取代。

通信信道 (Telecommunications Channel): 一个用于通信的频率带。

遥测信道 (Telemetry Channel): 采用遥测进行重复测量, 例如某一特定检测点的温度。

遥测数据 (Telemetry Data): 深空测控网的七种数据类型之一。将符号在航天器的下行链路载波中调制为可恢复的数字比特位, 表示科学设备的观测值, 如图像、航天器发动机情况 (压力、温度) 和光学导航观测数据。

远程呈现 (Telepresence): 能够让你在现场之外实时地感知现场, 并有效地进行某种操作的技术。

终端震波区 (Termination Shock Region): 是太阳风由于接触到星际介质而开始减速的区域。航海家 1 号和 2 号在观测地球周围环境时发现过这样的区域。

热辐射光谱仪 (Thermal Emission Spectrometer): 远程被动接送红外可见光的科学仪器, 捕获目标发射或反射的光谱。可以用来识别矿物质元素。

热能 (Thermal Energy): 区别物体的内能 (由于分子运动、化学键等), 内能即使在绝对零度 (0 K) 也有。通过加热或制冷增加或减少。

热电子发射 (Thermionic Emission): 真空中加热金属从而出现的逃逸电子。是阴极射线, 也叫爱迪生效应。

热电耦 (Thermocouple): 两种不同成份的材质导体组成闭合回路, 当两端存在温度差时, 回路中就产生电流。

热电堆 (Thermopile): 由多个热电偶串接组成。

温度计 (Thermometer): 进行温度测量的仪器。例如, 是大气结构测量工具的一部分。

三轴稳定 (Three-axis Stabilization): 航天器在其姿态的俯仰、偏航和滚动三轴分别进行控制。比较自旋稳定。

三向相干 (Three-way Coherent): 一种通信模式, 航天器接收地面 A 站的上行信号, 地面 B 站锁定航天的下行信号。下行信号与上行信号相位相干, 下行频率由地面基准频率确定。

推力 (Thrust): 反作用力, 如使火箭向上运动的力。

推进器 (Thruster): 小型液体推进剂的火箭发动机。

推进器阀 (Thruster-valve): 小型液体推进剂的火箭发动机中装配的电子控制阀, 能够按要求释放推进剂。

推力矢量控制 (Thrust-vector Control): 改变火箭喷嘴方向和它的排气流方向的机械方法。

时分复用 (Time-division Multiplex, TDM): 通过设置每个测量信道的周转时间, 在一条通信信道上组合传输多条测量信号。

泰坦, 土卫六 (Titan): 是土星卫星中最大的一个, 也是太阳系第二大的卫星, 仅次木卫三。斯蒂安·惠更斯在 1655 年发现了它。直径 5150 km, 比水星还大。氮大气层包含甲烷、乙烷云层和雨, 表面气压 146.7 kPa。表面有液体乙烷和甲烷构成的湖泊。泰坦的大部分是由一半水冰一半岩石构成的, 密度 1.88 g/cm³。2004 年由卡西尼号和惠更斯号进行了探索。

钛 (Titanium): 化学符号 Ti, 原子序数 22, 在室温下是一种坚固并且质量很轻的金属。

地面点法 (Topocentric): 相对于球体表面的一个点, 而不是中心。比较地心法。

总冲量 (Total Impulse): 火箭一段时间推力的累计。

跟踪数据 (Tracking Data): 七种深空网数据类型之一。提供测量一个航天器信号的多普勒频偏、径向距离、赤经和赤纬。

弹道 (Trajectory): 穿过空间的一段路径, 是一个轨道或轨道的一部分。

无线电收发机 (Transceiver): 结合发射机和接收机的无线电设备。

传输帧 (Transfer Frame): 一组格式化的比特位, 由 CCSDS 在数据链路层定义的, 将遥测数据分组传送回地面。一个数据帧可能包含多个数据包, 或者一个数据包跨越多个传输帧。

变压器 (Transformer): 通过电磁感应将电力从一个电路转移到另一个电路的设备。能够通过电路抬高或降低电压。

晶体管 (Transistor): 放大信号或开关电流的半导体设备。

发射机 (Transmitter): 将无线电频率信号能量放大到大功率的电子元件。例如, 通过天线将波束集中对准航天器或地面设备。

海王星外天体 (Trans-Neptunian Object): 指太阳系中所在位置或运行轨道超出海王星轨道范围的天体, 例如柯伊伯带。

行波管放大器 (Traveling-wave Tube Amplifier): 航天器上的电子

真空管, 输入一个较低能量的微波信号, 输出一个高质量的具有合适大小的复制信号用于星际空间的传输。

三极管 (Triode): 真空电子放大器, 分成发射区、集电区和基区三部分。

三相点 (Triple-point): 可使一种物质三相 (气相, 液相, 固相) 共存的一个温度和压强的数值。地球表面的水以及土卫六星表面或附近的甲烷具有三相点。

海卫一 (Triton): 海王星的卫星中最大的一颗, 位于一个逆行轨道, 直径 2706.8 km。1989 年与航海家 2 号相遇时表面覆盖了大面积冻结的氮, 同时观测到了活性氮。

对流层 (Troposphere): 在星体表面的大气层, 经常是混乱的。

桁架 (Truss): 具有三角形单元的平面或空间结构架。

地球力学时 (Terrestrial Time, TT): 定义于 1991 年, 与 SI 秒和广义相对论一致。

钨 (Tungsten): 原子序数是 74, 符号是 W 的元素。常温下是固态金属。是金属中具有最高熔点的金属 (3421.85 °C), 同时在高温下具有最大的抗拉强度。

Turbo 码 (Turbo Code): 在并行编码中的前向纠错系统。在接收端, 两个解码器得到不同的编码方式的原始数据, 算法将消息合并, 通过多次迭代和比较达成共识从而获得正确的解码结果。

图灵测试 (Turing Test): 由英国数学家阿兰·图灵 (1912—1954) 提出。如果一台机器表现出智能可以以自然语言与人类交流, 而人类分辨不出是在跟机器交流还是在跟人交流, 那这台机器就通过了测试。

2001 火星奥德赛号 (2001 Mars Odyssey): NASA 行星轨道航天器, 从 2001 开始对火星进行调查。

双程 (Two-way): 航天器接收地面深空网上行链路, 同时地面深空网也接收航天器下行链路的通信模式。可以是相干或者是非相干的。

双向相干 (Two-way Coherent): 一种通信模式, 航天器接收地面设备上行信号, 同时该设备也锁定卫星的下行信号并且下行信号与上行信号相位相干, 频率参考地面的基准频率。

双向非相干 (Two-way Non-coherent): 一种通信模式, 航天器接收地面设备上行信号, 同时该设备也锁定卫星的下行信号, 但是下行信号与上行信号非相干, 并且由航天器中搭载的振荡器形成下行信号的频率。

超稳定振荡器 (Ultra-stable Oscillator): 组装于通信子系统中, 实现较好的频率稳定度, 作为参考源生成下行载波信号。这对一些无线电科学试验很有帮助, 如掩星, 能够支持在一条链路调制遥测信号, 但导航需要更好的稳定度。

紫外线 (Ultraviolet, UV): 电磁波谱中波长从 10 nm 到 400 nm, 或是能量从 3.1 eV 到 124 eV 辐射的总称。见附录 D。是由星体自然发出的。

紫外线光谱仪 (Ultraviolet Spectrometer): 参见光谱仪。测量不可见的紫外线等光谱。

尤利西斯号 (Ulysses): 欧洲航天局 1990 年发射的航天器,通过木星引力的帮助将太阳轨道倾角增加到为 80.2°,并且在高纬度观测了内层太阳风层。截止到发稿日期任务已经结束。

UMDH (UMDH): 非对称二甲基肼 ($C_2H_8N_2$), 火箭的液体燃料。

世界时 (Universal Time, UT): 以地球自转运动为标准的时间计量系统,以前通过天文观测确定,现在通过 GPS 确定。参考国际原子时和协调世界时。

宇宙 (Universe): 存在的一切,包括时间空间、能量和物质。

上行链路 (Uplink): 由深空网设备向航天器发送的信号。可能是单载波,或者在载波或副载波上调制测距或遥控数据。

铀 (Uranium): 原子序数为 92 的元素,其元素符号是 U。在室温下是金属固体,具有放射性。

天王星 (Uranus): 从太阳系由内向外的第七颗行星,是四个气体巨星或类木行星之一。赤道直径是地球的 4.007 倍。大气层由氢、15% 的氦和 2% 的甲烷组成。1781 年由英国天文学家赫歇耳 (1738—1822) 发现。与太阳平均距离 19.2 AU。

UT (UT): 世界时, 是 1928 年国际天文机构对格林威治标准时间新的命名。同时参考它的变化形式: UT0,UT1 和 UT2.

UT0 (UT0): 通过观测恒星或者 GPS 得到的未修正的世界时。

UT1 (UT1): 修正由极移造成的经度变化的世界时。

UT2 (UT2): 基本已经不使用。在 UT1 中加入地球自转速度季节性变化的改正。

UTC (UTC): 协调世界时。在 1972 年引入, 协调世界时与国际原子时出现若干整数秒的差别。协调世界时为确保与世界时相差不会超过 0.9 s, 在有需要的情况下会在协调世界时内进行跳秒, 一般是在一月一日。

真空管 (Vacuum Tube): 封闭的腔体, 一般由玻璃制作, 内部气压 1 μP, 在内部激发阴极来放射电子向相反极运动。

气化 (Vaporization): 通过蒸发或沸腾从液态转变为气态。

矢量 (Vector): 一种符号系统, 内部的所有值既有大小也有方向。例如航天器的速度、角度或者线性动量、磁场等。符号包含箭头。

聚芳酯纤维 (Vectran): 用于制作航天服或者火星着陆器安全气囊的合成纤维, 比芳纶纤维更加强韧。

织女星号 (Vega)：苏联制造，包括两个航天器，主要对金星、哈雷彗星进行探索。

速率 (Velocity)：速度和方向的矢量。

金星号 (Venera)：苏联制造，对金星一共进行 16 次环绕、着陆和大气观测任务。第十三次获得了成功。

康达效应 (Venturi Effect)：增加速度时会减少流体的压力。例如，在螺旋桨表面。

金星 (Venus)：按离太阳由近及远的次序，是第二颗。是四颗类地行星之一，直径是地球的 0.949。具有高压的二氧化碳大气层包裹着二氧化硫云层。与太阳的平均距离 0.723 AU。平均表面温度 460 ℃。

金星快车 (Venus Express)：是欧洲航天局在火星快车后的又一航天器。许多设备都是火星平台的简单升级。在发射 153 天后，2006 年 4 月 11 日进入金星轨道。

春分点 (Vernal Equinox)：每年的春分点 (地球上的 3 月)，是北半球春天的开始。这一天昼夜等长。在昼夜平分点时太阳位于黄道和赤道的交点上。参考秋分点 (9 月)。

灶神星 (Vesta)：小行星带上质量第二大的小行星，直径约为 530 km，同时也是最亮的小行星。是"黎明"号探测器 2011 计划编轨的目标之一。参考谷神星。

光导摄像管 (Vidicon)：在真空中利用荧光电子束进行扫描的图像传感器。是一种过时的技术，已经被 CCD 成像器取代。

海盗号 (Viking)：NASA 向火星发射的两个人造卫星和两个着陆器，分别于 1976 年 6 月和 7 月着陆，通过遥测多年传送回图像数据和其他科学数据。

可见光 (Visible Light)：人眼可以感知的波长大约在 380~750 nm 之间的电磁波。

维特比 (Viterbi)：信息论中的维特比算法用于寻找最有可能产生观测事件序列的隐含状态序列。应用于由无线电信号到遥测编码解调的深空网最大似然卷积译码器。

VLBI 数据 (VLBI Data)：甚长基线干涉测量数据，是深空网七种数据类型之一，包括采样、时间标记、单信源接收微波信号的打包和从相距很远的两个天线搜集数据。传送到相关器中进行处理。用于航天器导航，地球的地壳动力学研究和无线电雷达天文学。

语音网 (Voice Net)：应用在实时飞行操作中，是一组用户利用电话技术进行在线交流的技术之一。网内用户可以按组设置收听、静音或进行有选择的传输。声音协议遵循国际标准，与空中交通管制无线电通信类似。

网络电话 (VOIP)：处理音频信号，对每个波形都进行多次采样，转换为数字，并通过因特网以数据包的形式发送。接收端收到数据包后，先数据包组合成正确的顺序，对于丢失的数据包请求重发，然后重组产生语音信号。一切过程都是在非常快的速度下完成的，几乎察觉不到延迟。

挥发物 (Volatiles)：当暴露在空气中或温度升高时产生挥发的物质。

变压器 (Voltage Converter)：将低或者高的交流、直流电压转换为指定交流、直流电压的设备。由低压转换时，通过精心设计的电路使用电流的消耗进行补充；由高压转换时，多余的能量转换为热量。

稳压器 (Voltage Regulator)：无论当前的输入电压多么不稳定，都能产生稳定直流电压的设备。输入电压必须是高压，多余的能量转化为热量。应用于航天器上一些具有特殊要求的部分。

电堆 (Voltaic Pile)：由原料电化学电池产生，例如，通过含盐浸泡过的纸片分隔铜片和锌片。

旅行者 1 号 (Voyager 1 Spacecraft)：1977 年 9 月 5 号在旅行者 2 号后发射的航天器，返回了观察太阳风层、木星和土星的系统的观测数据。2008 年 7 月在北部轨迹 AU94 位置到达太阳系的边缘，截止到发稿时间操作仍在继续。

旅行者 2 号 (Voyager 2 spacecraft)：1977 年 8 月 20 日在旅行者 1 号之前发射。观测了日光层、木星、土星、天王星和海王星系统。2008 年 7 月在南部轨迹 AU86 位置到达太阳系的边缘。截止到发稿日期操作仍在继续。

监视定时器 (Watchdog Timer)：软件算法，定期检查一个情况，当检查返回一个负值时，计数器减少一个计数，如果 (或) 当计数为 0(或某个设定值) 时，将传递信息或控制给另一个算法。如果检查是正值时，计数器将会重新置回默认值。

波前 (Wave-front)：不断扩张的电磁能量的前沿，由具有相同相位的点组成的面，因为其电场和磁场传播速度均为光速。

波导 (Waveguide)：管状结构，通常光滑内壁的横截面为规则形状。这样微波无线电信号在其中传播，信号传输损耗小。比较能够导光的光纤丝。

波长 (Wavelength)：在电场和磁场中传播的电磁波，相邻的波峰 (或波谷) 之间的物理距离，符号为 λ。

威尔金森微波各向异性探测器 (Wilkinson Microwave Anisotropy Probe, WMAP)：NASA 的探测者计划中的一个项目。2001 年发射，第一次绘制出微波全天图分辨率小于 $1°$。以美国宇宙学家大卫·威尔金森 (1935—2002) 的名字命名。到 2008 年末还在运行中。

沃尔特望远镜 (Wolter Telescope)：采用掠入射镜来收集高能

光子的结构, 例如在同心布置。参见附录钱德拉太空望远镜。

X 波段 (X-band): 频率范围在 8~12 GHz 的微波。

氙 (Xenon): 元素符号为 Xe, 原子序数为 54, 室温下呈气体, 六种惰性气体之一, 受激发时, 发出亮光而用于频闪灯。作为航天器上离子发动机里的推进剂。

X 射线 (X-ray): 范围在 102~105 eV 的电磁辐射, 参见附录 D。由高能量事件产生, 例如, 物体压缩被吸入超重黑洞之前放出。

X 射线荧光光谱仪 (X-ray Fluorescence Spectrometer): 直接传感科学仪器。在主动模式, 近距离采用固定的 X 射线或 γ 射线源照射目标, 并且进行二次观察, 用荧光灯, 从目标发出的低能量的 X 射线来鉴别化学元素。在被动模式下, 观察被自然光源, 如太阳、照射的目标发出的荧光灯。

偏航 (Yaw): 火箭围绕着 (通常) 纵向轴的旋转。

钇 (Yttrium): 元素符号 Y, 原子序数 39。金属, 在室温下呈固体。用于电视阴极射线管产生红光的荧光体。构成了钇铝石榴石 (YAG) 激光。

Yo-yo 消旋器 (Yo-yo): 航天器的消旋装置, 用回旋和释放两个栓的质量来减少角动量从而降低航天器的旋转速度。

天顶 (Zenith): 在观察者正上方处的天球点。比较天底。

锌 (Zinc): 元素符号 Zn, 原子序数 30, 室温下是固态金属。